全国测绘地理信息类职业教育规划教材

数字地形测量

主　编　李宏超　周　荣　陈　贺

副主编　王大伟　马冰冰　刘洪飞

　　　　陈　刚　黄静静　刘　欣

黄河水利出版社

·郑州·

内容提要

本书采用基于工作过程的项目引领、任务驱动的模式编写，以数字地形测量工作流程为主线，完整地体现了从零开始，直至完成地形图测绘并最终进行验收与提交资料的全部过程。过程中的各分步环节，均有相应的任务对应，生产流程与具体技能并重，以培养学生解决问题的能力。

本书共分5篇，11个技能项目，具体内容包括地形测量知识准备、控制测量基础知识、平面控制测量、高程控制测量、控制测量加密及成果资料提交、地形图测绘外业、地形图测绘内业、数字测图成果的质量检查、数字地形测量技术设计书及技术总结、数字地形图的应用、数字地形测量新技术。

本书可作为测绘类大、中专职业院校的专业核心能力课程教材，也可作为从事测量教学、生产人员的参考书。

图书在版编目(CIP)数据

数字地形测量/李宏超，周荣，陈贺主编.—郑州：黄河水利出版社，2019.9 (2022.9 重印)
全国测绘地理信息类职业教育规划教材
ISBN 978-7-5509-2497-0

Ⅰ.①数… Ⅱ.①李… Ⅲ.①数字技术-应用-地形测量-高等职业教育-教材 Ⅳ.①P21739

中国版本图书馆CIP数据核字(2019)第186314号

策划编辑：陶金志　电话：0371-66025273　E-mail：838739632@qq.com

出 版 社：黄河水利出版社　　网址：www.yrcp.com
地址：河南省郑州市顺河路黄委会综合楼14层　　邮政编码：450003
发行单位：黄河水利出版社
发行部电话：0371-66026940、66020550、66028024、66022620(传真)
E-mail：hhslcbs@126.com
承印单位：河南承创印务有限公司
开本：787 mm×1 092 mm　1/16
印张：24.25
字数：590千字
版次：2019年9月第1版　　印次：2022年9月第2次印刷

定价：56.00元

前 言

本书是地形测量学课程和数字化测图(内外业一体化)课程融合重构而成的测绘各专业的一门专业核心能力课程。本书基于工作过程系统化,以工作任务构建课程,以工作过程组织教学内容,以实际的测量工程为主线,以测绘项目为载体,结合认知规律,从简单到复杂,循序渐进地进行了课程构建。本书结合专业培养方案,以工作过程为参照系,针对行动顺序的每一个工作环节来编排包含相关知识与技能的实际情境,使学生学习课程的过程变成基本符合工作过程的过程。

数字地形测量课程共分为11个项目,44个任务,109个活动。本书编写打破传统的学科体系教材编写方式,以任务驱动的模式编写,以数字地形测量工作流程为主线,采取模拟学习情境导入的方式,将枯燥的理论知识与项目活动结合,力求将理论知识融入实际操作中,实现"做中学、学中做"的职业教育特色,力求学做合一、理实一体,可以使学生掌握数字地形测量的基本理论知识及基本技能;培养其分析问题和解决问题的能力,形成良好的学习方法,具备优良的职业素养,为今后解决实际生产问题及职业生涯的发展奠定基础。

本书在陈贺主编的测绘行业职业教育工学结合一体化规划教材《基础测量技术》基础上,依据测绘地理信息行业国家职业技能标准要求进行了改编,着重突出以数字地形测量工作流程为主线,在结构上有较大改变,将生产流程中典型任务分解为若干模拟测量情境的活动,便于学生理解与掌握。本书共分5篇、11个技能项目,具体内容为:第一篇地形测量基础知识,第二篇控制测量,第三篇数字地形测图,第四篇数字测图成果质量检查及验收,第五篇数字测图成果应用及测绘新技术。这种编排体系,将更符合数字测图的内外业作业流程,使讲述的知识与技能更加容易接受和掌握,更符合测绘生产实际。

本书由李宏超、周荣、陈贺担任主编,由王大伟、马冰冰、刘洪飞、陈刚、黄静静、刘欣担任副主编,王建设和李晓参与编写,李宏超负责全书统稿。其中,项目一由李宏超编写,项目二由陈贺、李宏超编写,项目三由陈贺、马冰冰、王建设编写,项目四由王大伟编写,项目五由陈贺编写,项目六由陈刚编写,项目七由李晓、刘欣、刘洪飞、黄静静编写,项目八由黄静静编写,项目九由周荣编写,项目十由刘洪飞编写,项目十一由刘欣编写。全书由李宏超、周荣、陈贺负责定稿。在本书编写过程中,得到了郭增长教授、王春祥副教授、朱文军副教授等多位专家教授的大力指导,并得到了河南测绘职业学院教务处、国土信息与管理系、测绘工程系、空间信息工程系和遥感工程系的大力支持和帮助,在此一并表示衷心感谢!

由于作者水平有限,书中不足之处恳请读者指正。

作 者

2019年7月

目 录

第三篇　数字地形测图

第四篇　数字测图成果质量检查及验收

第五篇　数字测图成果应用及测绘新技术

第一篇　地形测量基础知识

数字地形测量学是测绘及相关各专业的一门专业核心能力课程,以实际的测量工程为主线,以测绘项目为载体,结合认知规律,从简单到复杂,循序渐进地进行了课程构建。通过学习使学生掌握数字地形测量的基本理论知识及基本技能;培养学生分析问题和解决问题的能力,使他们具备优良的职业素养,为今后解决实际生产问题及职业生涯的发展奠定基础。本篇包括一个项目,主要介绍地形测量学基本知识、地面点位表达、测量坐标系建立、测量误差和地形图的基本知识。

项目一　地形测量知识准备

【项目说明】

本项目主要介绍测量学中用到的基础知识、测量常用的基准、测量平差基本概念以及地形图基本知识,为后续内容的学习打下基础。

【项目任务】

1. 测量初识。
2. 地面点点位表达。
3. 测量误差基本知识。
4. 地形图基本知识。

【项目成果】

1. “我心中的测量”短文写作。
2. 平面坐标系统分类及比较表。
3. 高程系统分类及比较表。
4. 水准面与大地水准面的特点分析表。
5. 我国常用坐标系分析比较表。
6. 大地水准面特点分析比较表。
7. 大地高、正高和正常高比较表。
8. 绘制高程系统示意图。
9. 坐标系分析比较表。
10. 投影变形情况分析表。

11. 普通地图与地形图讨论分析表。

12. 地形图认识学习成果表。

13. 比例尺换算成果表。

14. 地物类型对照表。

15. 地貌类型对照表。

任务一　测量初识

【任务目标】

1. 认识测量学。
2. 初步体会测量在国民经济建设中的重要作用。

【学习过程】

1. 观看测量工作简介短片。
2. 分析总结短片内容。
3. 讲述背景知识。
4. 讨论测量工作的实质及内容。

【学习成果】

1. 测绘领域分析记录表。
2. 测绘学科分类及研究内容分析记录表。
3. “我心中的测量”短文。
4. 图形比较分析表。

【知识导航】

测绘是指对自然地理要素或者地表人工设施的形状、大小、空间位置及其属性等进行测定、采集、表述以及对获取的数据、信息、成果进行处理和应用的活动。

测绘学是研究测定和推算地面点的几何位置、地球的形状，大小及地球重力场，据此测量地球表面自然形态和人工设施的几何分布，并结合某些社会信息和自然信息的地球分布，编制全球和局部地区各种比例尺的地图和专题地图的理论和技术的学科，是地球科学的重要组成部分。

测绘学按照研究的范围、研究对象及采用技术手段的不同，分为以下几个分支学科：大地测量学、摄影测量学、地图制图学、工程测量学、海洋测绘学、地籍测量学。

1. 大地测量学

大地测量学是研究地球表面及外层空间点位的精密测定，确定地球的形状、大小、重力场，整体与局部运动和地表面点的几何位置以及它们的变化理论和技术的学科。大地测量学是测绘学各分支学科的理论基础，基本任务是建立地面控制网、重力网，精确测定控制点的空间位置，为地形测图提供控制基础，为各类工程测量提供依据，为研究地球形状、大小、重力场及其变化，地壳形状及地震预报提供信息。现代大地测量学包括三个基本分支：几何大地测量学、物理大地测量学和空间大地测量学。如图 1-1、图 1-2 所示。

2. 摄影测量学

摄影测量学是研究摄影影像与被摄物体之间的内在集合和物理关系，进行分析、处理和

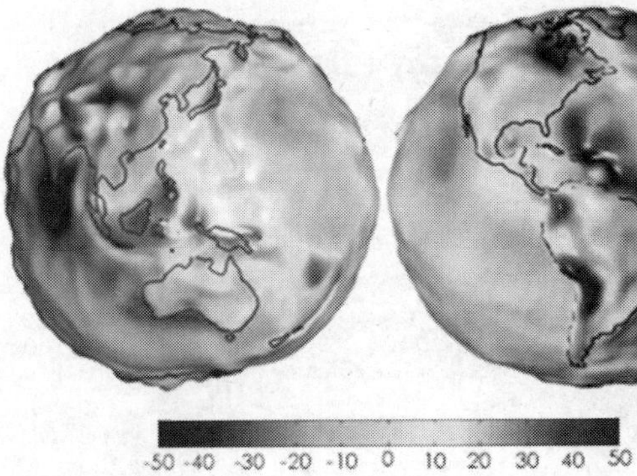

图 1-1 地球重力场异常

图 1-2 中华人民共和国水准原点

解译，以确定被摄物体的形状、大小和空间位置，并判定其性质的一门学科。

从不同角度可对摄影测量学进行如下分类：按距离远近分为航空摄影测量、航天摄影测量、地面摄影测量、近景摄影测量和显微摄影测量；按用途分为地形摄影测量和非地形摄影测量；按技术处理方法分为模拟法摄影测量、解析法摄影测量和数字摄影测量。如图 1-3、图 1-4 所示。

图 1-3 卫星遥感数据获取

图 1-4　无人机摄影测量

3. 地图制图学

地图学是研究模拟和数字地图的基础理论、设计、编绘、复制的技术方法以及应用的学科。

地图学由理论部分、制图方法和地图应用三部分组成。地图是测绘工作的重要产品形式。学科发展促使地图产品从模拟地图向数字地图转变,从二维静态向三维立体、四维动态转变,利用遥感技术获得的信息进行遥感图像制图,利用虚拟现实技术实现对现实环境的模拟,借助特殊装备,可使用户有身临其境的感觉。计算机制图技术和地图数据库的发展,促使地理信息系统(GIS)产生,数字地图的发展及宽广的应用领域为地图学的发展和地图的应用展现出光辉的前景,使数字地图成为21世纪测绘工作的基础和支柱。如图 1-5 所示。

图 1-5　GIS 数据处理

4. 工程测量学

工程测量学是研究工程建设和自然资源开发中,在规划、勘探设计、施工和运营管理各个阶段进行的控制测量、大比例尺地形图测绘、地籍测绘、施工放样、设备安装、变形监测及分析与预报等的理论和技术的学科。

工程测量学是一门应用学科，按其研究的对象可分为：建筑工程测量、水利工程测量、矿山测量、铁路工程测量(见图1-6)、公路工程测量、输电线路与输油管道测量、桥梁工程测量、隧道工程测量、港口工程测量、军事工程测量、城市建设测量以及三维工业测量、精密工程测量、工程摄影测量等。

图1-6 铁路工程测量

5. 海洋测绘学

海洋测绘学是以海洋水体和海底为对象，研究海洋定位、测定海洋大地水准面和平均海水面、海底和海面地形、海洋重力、海洋磁力、海洋环境等自然和社会信息的地理分布及编制各种海图的理论和技术的学科。海洋测绘学内容包括海洋大地测量、海道测量、海底地形测量和海图编制。如图1-7所示。

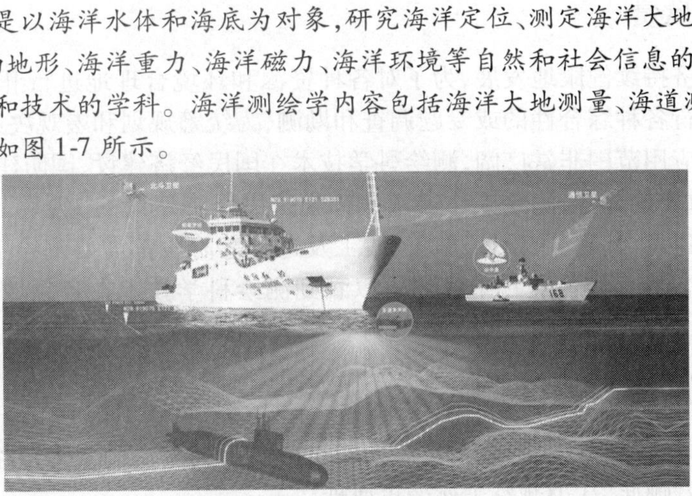

图1-7 立体化海洋测量

6. 地籍测量学

地籍测量是一项基础性的、具有政府行为的官方测绘工作，是政府行使土地行政管理职能的、具有法律意义的行政性技术行为；是为获取和表述地籍信息所进行的测绘工作。其基本内容是测定和调查土地及其附着物的权属、位置、数量、质量和利用现状等基本情况。其成果具有法律、行政效力。

地籍测量工作在土地管理中的地位与作用是十分重要的。它对于科学管理土地、编制国民经济计划、土地利用规划、制定土地政策等有十分重要的意义。地籍测量的各个环节相互关联、相互衔接，获取地籍信息是基础、管理地籍信息是核心、应用地籍信息是目的。如

图 1-8 所示。

图 1-8　地籍测绘

活动一　测绘工作的基本知识

资源与器材:涉及测绘的各行业多媒体素材、媒体播放器材、纸笔。

本活动主要了解测绘在各行业的应用,树立"爱测绘、干测绘"的意识。

一、多媒体欣赏

为了社会经济持续健康地发展,为了对各种资源和环境合理地进行开发、利用和保护,必须有计划地进行各种综合性的或专题调查和勘测,为统筹规划和宏观决策提供基础资料。测绘科学技术的应用范围非常广阔,测绘科学技术在国民经济建设、国防建设以及科学研究等领域,都占有重要的地位,测绘工作者常被称为国民经济建设的"尖兵"。不论是国民经济建设还是国防建设,其勘测、设计、施工、竣工及运营等阶段都需要测绘工作,而且都要求测绘工作"先行"。在多媒体短片中我们可以看到测绘科学技术在各领域中的应用。看完后上网查询资料,并结合自己的经历,思考测绘可能涉及的领域。

二、讨论、分析短片内容

老师引领学生讨论、分析短片内容,使学生初步认识到测绘的基本工作和功能,以及测绘所涉及的领域有哪些,认识测绘工作的重要性。

三、讨论总结

全体学生分组讨论。各组根据组员的理解和讨论结果、所填表格的内容进行陈述,要求各组所述领域不得重复,最终分析、思考并填写测绘学科分析记录表(见表 1-1)。

表 1-1 测绘学科分析记录表

测绘学分支学科	研究内容及对象	应用领域

活动成果:通过本次活动,结合自己的理解,进行写作练习,题目是“我心中的测量”。可以查阅有关文字、网络资料。

活动二 地形测量工作的内容、原则和程序

资源与器材:地形图。

本活动主要是了解地形测量工作的内容、测量原则与程序。

【知识导航】

地形测量工作过程就是将地面实体表示到图上(见图 1-9)。为了将实地上某地物要素准确的绘制到地形图上,就需要对其关键点位进行定位,确定方式两种:一是测定相对其他地物的关系(角度、距离),这就需要进行角度、距离的测量;二是测定绝对位置关系(地物点坐标),这就需要知道已知坐标的控制点。除此之外,还需用形象、合理的符号表示到图上。所以,地形测量工作的基本内容主要包括角度测量、距离测量、高程测量、控制测量、地形图测绘等。

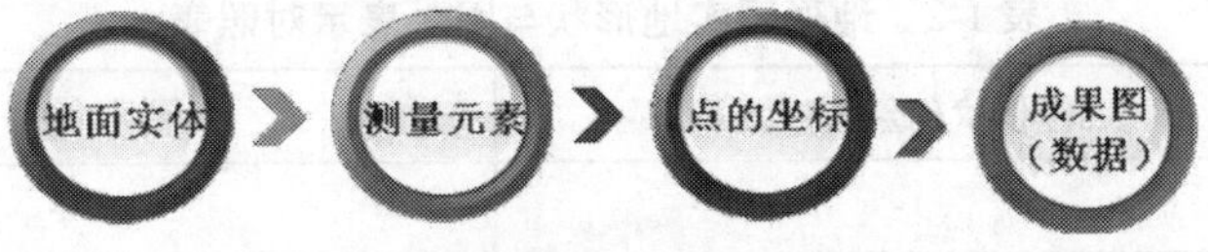

图 1-9 地形测量工作过程

在测量过程中,由于受各种条件的影响,不论采用何种方法、使用何种仪器,测量的成果都会含有误差,所以在实际测量作业中必须遵循的原则是,在布局上“由整体到局部”,在精度上“由高级到低级,分级布网,逐级控制”,在程序上“先控制后测图”。

测量顺序主要采取先控制后测图的方式进行。工作程序如下:

接受任务—收集资料—实地踏勘—技术设计—实施计划—检校仪器—选点埋石—控制测量—图形测绘—内业整饰—自检互检—技术总结—提交成果—检查验收。

地形测量主要是对地表的物体及形态进行测定,并用相应的符号表示到图上,并保持其相互之间的相似性,如图 1-10 所示。

根据图 1-10(b)图形,找出实地的地物与图上表示符号的关系,如房屋、烟囱、桥梁、山体等,绘图填入表 1-2 中。

（a）实物

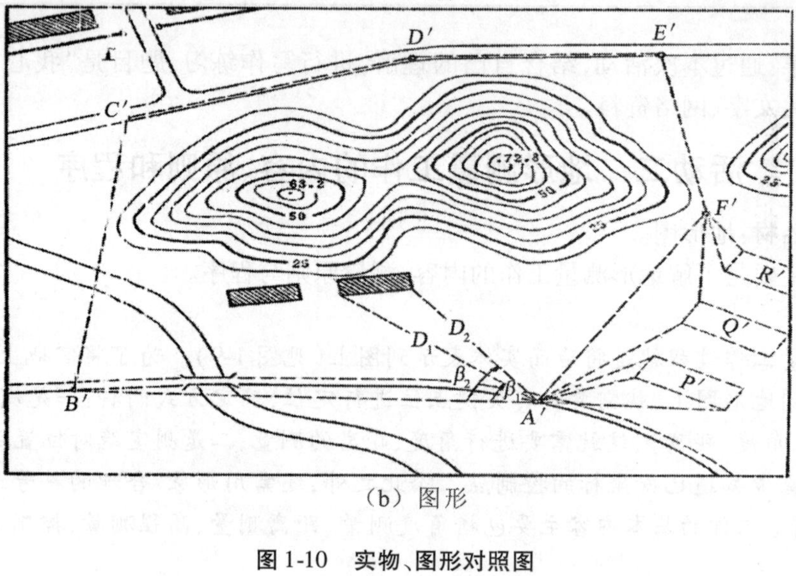

（b）图形

图 1-10　实物、图形对照图

表 1-2　地形图实地形状与图上表示对照表

项目	实地形状(绘图)	图上符号(绘图)
房屋		
烟囱		
桥梁		
山体		

活动三　地形测量发展现状与趋势

资源与器材:数字正射影像图、数字线划图、数字栅格图、数字高程模型、投影仪。

本活动主要了解地形测量的发展现状与趋势。

【知识导航】

20 世纪 80 年代前,数据采集多采用常规光学仪器,随着计算机软硬件、电子测绘仪器的迅速发展,大比例尺地形图测绘技术由传统的图解法白纸测图向自动化、数字化方向发展。现在,地面数字测图技术已广泛应用于大比例尺地形图和地籍图、房产图的测绘中,完全取代了传统的白纸测图方法，使测量学的内容得到了发展和更新。20 世纪末，以全球定位系统(global positioning system，简称 GPS)、遥感(remote sensing，简称 RS)和地理信息系统(geographical information system，简称 GIS)——3S 技术为代表的现代测绘技术得到很快的发展并已普遍应用于测绘生产中。

3S 技术大大促进了数据获取方式的转变，地面数据获取从传统的光学仪器(经纬仪、水准仪、平板仪等)采集过渡到以全站仪、GNSS RTK(real time kinematic)采集、连续运行参考站系统(continuous operational reference system，简称 CORS)采集、无人机技术、三维激光扫描等技术。

请同学们通过网络查询光学经纬仪、水准仪、全站仪、GNSS 接收机、无人机、三维激光扫描仪等测绘仪器的图片，以小组为单位上交查询成果，采用多媒体技术播放，来共同欣赏。

数字测绘产品主要包括数字线划图 DLG(digital ling graphic)、数字高程模型 DEM(digital elevation model)、数字栅格图 DRG(digital raster graphic)、数字正射影像图 DOM(digital orthophoto map)。这四项数字产品常简称为 4D 产品。图样见图 1-11 ~ 图 1-14。本书中主要针对数字线划图的生产进行讲解。

图 1-11　数字正摄影像图

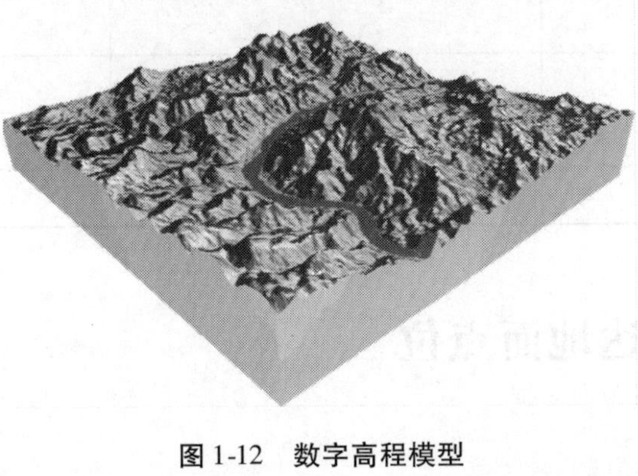

图 1-12　数字高程模型

同学们可根据老师提供的相关图件分析上述 4D 产品的异同，填入表 1-3 中。

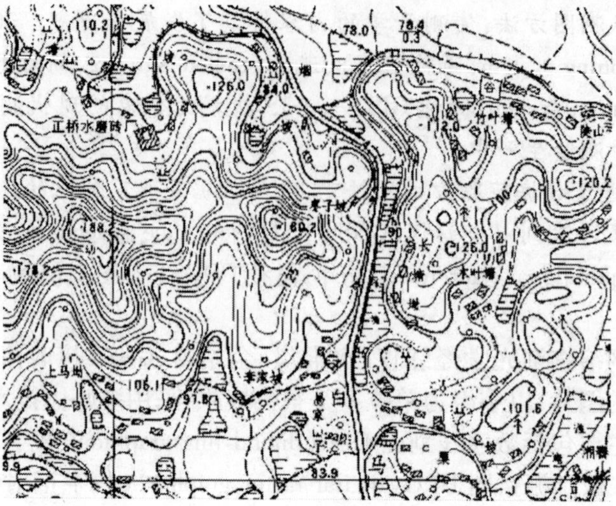

图 1-13 数字栅格图

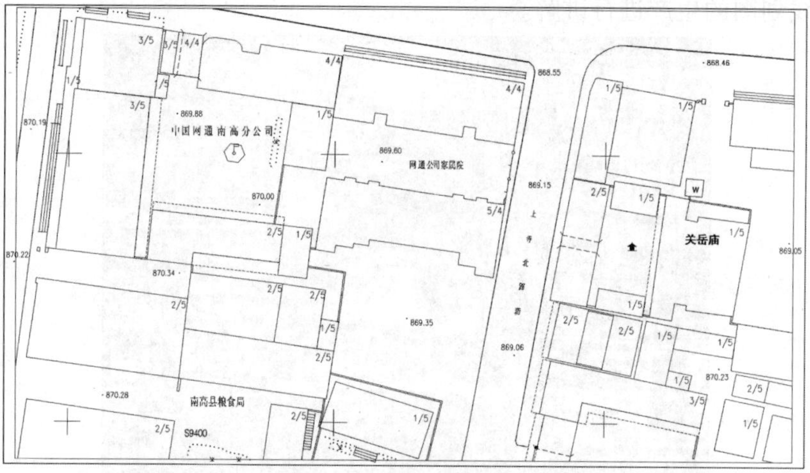

图 1-14 数字线划图

表 1-3 4D 产品比较表

项目	相同点	不同点
数字线划图		
数字高程模型		
数字栅格图		
数字正射影像图		

任务二 表达地面点位

【任务目标】

1. 了解地球形状和大小。

2. 理解大地水准面与参考椭球面的作用与意义。
3. 掌握常用概念:高斯投影、高斯平面直角坐标系。
4. 理解高斯投影原理。
5. 熟练进行高程、高差的相关计算。
6. 掌握我国常用的坐标系统及高程系统。
7. 掌握用水平面代替水准面的限度。

【学习过程】

1. 观看地球知识介绍短片。
2. 学生思考、讨论在地球表面上进行定位的方法及基准的建立。
3. 教师点评,提出大地水准面及参考椭球的概念。
4. 介绍平面直角坐标系的建立及其特点。
5. 学生思考并填写平面坐标系统分类及比较表。
6. 通过游戏,理解地图投影及高斯投影的特点。
7. 介绍平面直角坐标系的建立及其特点。
8. 教师对比介绍高斯平面直角坐标系与笛卡儿坐标系的区别。
9. 比较高程系统并绘制高程系统图。
10. 介绍我国常用的高程系统。
11. 讲述用水平面代替水准面的限度。

【学习成果】

1. 平面坐标系统分类及比较表。
2. 水准面与大地水准面的特点分析表。
3. 我国常用坐标系分析比较表。
4. 大地水准面特点分析比较表。
5. 大地高、正高和正常高比较表。
6. 高程系统特点比较表。
7. 绘制高程系统示意图。
8. 坐标系分析比较表。
9. 投影变形情况分析表。

活动一 认识地球的形状和大小

资源与器材:视频课件、参考椭球模型、挂图。

本活动通过对地球形状的研究,掌握大地水准面的特点以及定义参考椭球的原因。

测量工作的实质是确定地面点的空间位置。地面上任意一点的空间位置由其三维坐标(X,Y,H)来表示。地面点的坐标系统取决于测绘基准的建立,而测绘基准建立的基础要确定地球的形状和大小。

播放多媒体短片,介绍地球的形状,以及人类对地球形状认识的演变过程。注意记录并填入表1-4中。

表 1-4　地球形状的认识过程

阶段	阶段一	阶段二	阶段三	阶段四	…
人类对地球形状的认识过程					

【知识导航】

1. 水准面

地球表面上的海洋面积约占 71%，陆地面积约占 29%。我们可以把地球总的形状看成是一个被海水包围的形体，也就是设想一个静止的海水面（即没有波浪、无潮汐的海水面）向大陆内部延伸、最后包围起来的闭合形体。液体在静止时的表面称为水准面。水准面有无穷多个，如图 1-15 所示。

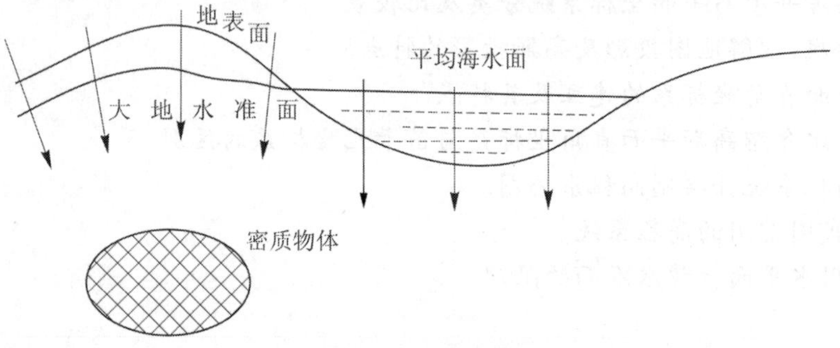

图 1-15　水准面示意图

2. 大地水准面

水准面中，取一个与平均海水面重合的水准面，向大陆内部延伸，从而形成包围整个地球的特定重力等位面，叫作大地水准面。

重力是地球引力和离心力的合力，地球表面离心力与引力之比约为 1∶300，所以重力方向主要取决于引力方向。由于地球内部物质分布不均匀，就使得地面各点铅垂线方向发生不规则的变化，因此大地水准面实际上是一个略有起伏而不规则的光滑封闭曲面。由大地水准面所包围的形体叫作大地体。

地形测量学中，大地水准面是地面点高程的起算基准面。

比较水准面与大地水准面的特点，填表 1-5。

表 1-5　水准面与大地水准面的特点分析表

特点	水准面	大地水准面
1		
2		
3		
⋮		

3. 参考椭球

由于大地水准面是一个不规则的曲面，在这样的曲面上进行各种测量数据的计算和成果处理是相当困难的，甚至是不可能的。然而，人们经过长期的精密测量，发现大地体十分接近于两极稍扁的旋转椭球体,故选择形状和大小与大地体十分接近的旋转椭球体来代替大地体,我们称为地球椭球体,如图1-16所示。地球椭球体表面是旋转椭球面,也就是说,基于椭球建立严密的大地测量坐标系,用椭球面来作为测量计算的基准面。

决定地球椭球大小的因素主要有长半径、短半径和扁率。a表示地球椭球体的长半径,b表示其短半径,则地球椭球体的扁率f为

$$f = \frac{a-b}{a} \tag{1-1}$$

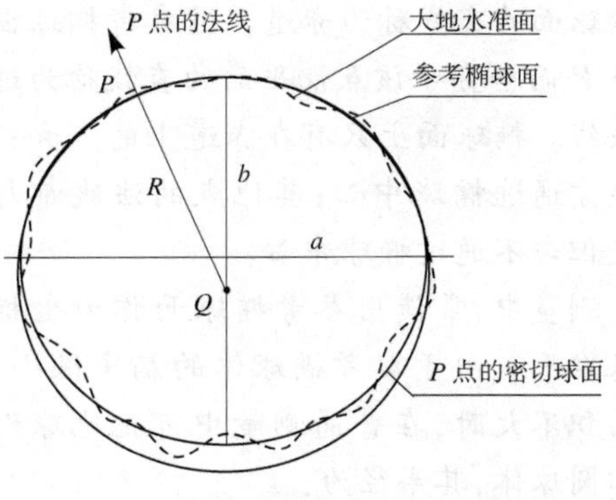

图1-16　大地水准面、参考椭球面示意图

17世纪以来,许多专家根据不同地区,不同年代的测量资料,按不同的处理方法推算出不同的椭球元素。国际常用的地球椭球及相关参数见表1-6。

表1-6　地球椭球几何参数

椭球名称	年代	长半轴a(m)	扁率f	说明
克拉索夫斯基	1940	6 378 245	1:298.3	苏联;1954年北京坐标系采用
1975国际椭球	1975	6 378 140	1:298.257	IUGG第16届大会推荐值;1980西安坐标系采用
WGS-84系统椭球	1984	6 378 137	1:298.257 223 563	美国国防部制图局(DMA)
CGCS2000	2000	6 378 137	1:298.257 222 101	中国;CGCS2000国家大地坐标系采用

注:IUGG——国际大地测量与地球物理联合会(International Union of Geodesy and Geophysics)。

地球椭球的确定必须以全球范围的大地测量和重力测量资料为根据才有可能。国际大地测量与地球物理联合会每4年推出一个国际椭球的推荐值。历史上,由于多种原因,许多国家只能根据部分陆地上的测量成果,确定一个与本国或本地区大地水准面密切配合的椭球面,并将其作为本国测量计算的基准面。这种椭球体称为参考椭球体,其表面称为参考椭球面。参考椭球的中心往往与地球质心不重合,故其对应的坐标系叫作参心坐标系。

近年来,随着科学技术的发展,尤其是卫星大地测量的发展,人们已经趋向于使用国际椭球。

★**思考**:国际椭球与参考椭球有何异同?

参考椭球上的主要点、线、面介绍如下:

如图1-17所示,参考椭球旋转时所绕的短轴NS称为旋转轴,又称为短轴。它通过椭球中心O。旋转轴与参考椭球面的交点称为极点。在北端的极点N称为北极;在南端的极点S称为南极。包含旋转轴NS的任一平面称为子午面。子午面有无数多个。子午面与参考椭球面的交线(椭圆)称为子午线或经线。通过英国格林尼治(Greenwich)天文台的子午面,称为首子午面或起始子午面;通过格林尼治天文台的子午线称为首子午线或起始子午线、起始经线,亦称本初子午线。垂直于旋转轴NS的任一平面与参考椭球面的交线称为纬线(如图1-17中圆TPQ)。过参考椭球中心且垂直于旋转轴NS的平面,称为赤道面;赤道面与参

考椭球面的交线称为赤道。过参考椭球面上任一点 P 而垂直于该点切平面的直线称为过 P 点的法线。椭球面上只有在赤道上的点和极点的法线才通过椭球中心;其他点的法线都与短轴相交但却不通过椭球中心。

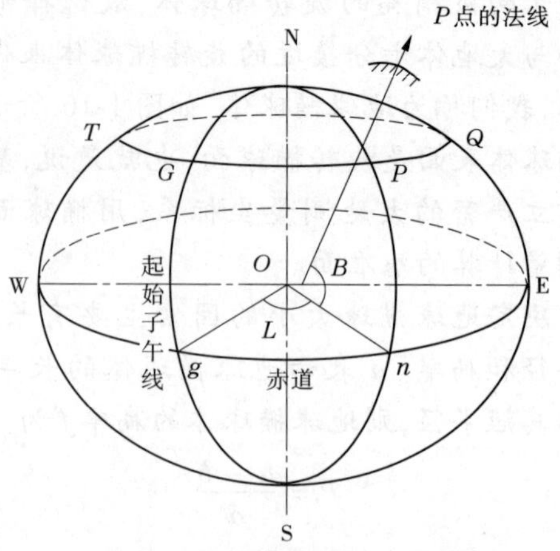

图 1-17　参考椭球上的点线面

测量中,常使用参考椭球面作为坐标定位的基准面。由于参考椭球体的扁率很小,当测区面积不大时,在普通测量中可把地球近似地看作圆球体,其半径为:

$$R = \frac{a + a + b}{3} \approx 6\,371(\text{km}) \qquad (1\text{-}2)$$

结合上述知识,每组抽查 1 ~ 2 人,描述参考椭球的主要点、线、面。

★思考:(1)定义大地水准面的原因?

(2)定义参考椭球的原因?

活动二　我国的坐标系统

资源与器材:参考椭球模型、大地经纬度挂图。

本活动主要是学习 1954 年北京坐标系、1980 西安坐标系、CGCS2000 坐标系的特点,掌握如何在参考椭球面上确定大地经度、大地纬度。

利用图 1-17 及教学挂图,讲解大地经度、大地纬度、大地高、大地坐标系的基本概念。

【知识导航】

测量工作的根本任务是确定地面点位,要确定某地面点空间位置,通常是求出该点相对于基准面和基准线的三维或二维坐标,确定点的球面位置的坐标系有地理坐标系、空间直角坐标系、平面直角坐标系三种。

1. 地理坐标系

地理坐标又因采用的基准面和基准线不同可分为天文地理坐标系和大地地理坐标系。

(1)天文地理坐标系。又称天文坐标(见图 1-18),它的基准是铅垂线和大地水准面,用天文经度 λ 和天文纬度 φ 来表示。

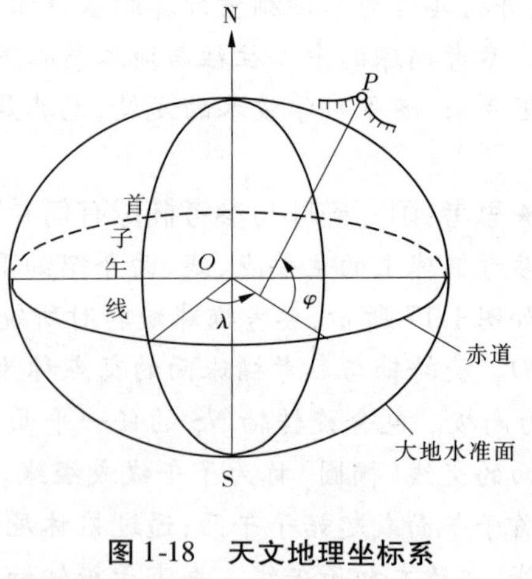

图 1-18　天文地理坐标系

通过地面上任一点 P 的铅垂线与地球旋转轴 NS 所组成的平面称为该点的天文子午面,天文子午面与大地水准面的交线称为天文子午线,也称经线。称经过英国格林尼治天文台 G 的天文子午面为首子午面,也称起始子午面。过 P 点的天文子午面与首子午面的二面角称为 P 点的天文经度 λ,在首子午面以东为东经,以西为西经,取值范围为 0° ~

180°，同一子午线上各点的经度相同。

过 P 点垂直于旋转轴的平面与地球表面的交线称为 P 点的纬线，过球心 O 的纬线称为赤道，过 P 点铅垂线与赤道平面的夹角称为 P 点的天文纬度。在赤道以北为北纬，以南为南纬，取值范围为 0°～90°。

P 点沿铅垂线到大地水准面的距离称为该点的绝对高程或海拔，又称为正高。以大地水准面为高程基准面的高程系统，称为正高系统。

（2）大地地理坐标系。用大地经度 L 和大地纬度 B 表示地面点投影在地球椭球面上的位置。用大地高 H 表示地面上一点的大地高，从而确定地面某点的空间位置（L,B,H），由此建立的坐标系称为大地坐标系。所以，大地坐标系是以地球椭球赤道面和大地起始子午面为起算面并依地球椭球面为参考面而建立的地球椭球面坐标系。

过参考椭球面上任一点 P 的子午面与首子午面的夹角 L，称为该点的大地经度，简称经度。经度由首子午面向东为正，0°～180°称为东经；向西为负，0°～180°称为西经。在同一子午线上的各点，其经度相同，地面上任意两点的经度之差称为经差，用 ΔL 表示。

过参考椭球面上任一点 P 的法线与赤道面的夹角 B，称为该点的大地纬度，简称纬度。纬度由赤道面向北为正，0°～90°称为北纬；向南为负，0°～90°称为南纬。在同一平行圈上的各点的纬度相同，地面上任意两点的纬度之差称为纬差，用 ΔB 表示。

过参考椭球面上任一点 P 沿椭球面法线到椭球面的距离 H，称为大地高，从椭球面起算，向外为正，向内为负。以参考椭球面为高程基准面的高程系统称为大地高系统。

2. 空间直角坐标系

原点 O 设在大地体的质量中心，用相互垂直的 X、Y、Z 三个轴来表示（见图 1-20）。X 轴与首子午面和赤道面的交线重合，向东为正；Z 轴与地球旋转轴重合，向北为正；Y 轴与 XZ 平面垂直构成右手系。

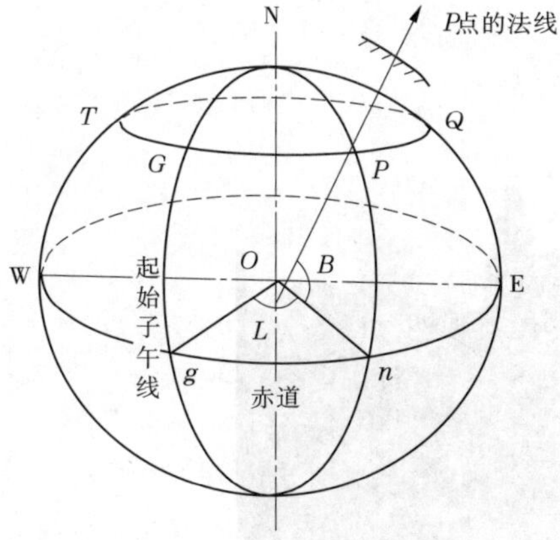

图 1-19　大地地理坐标系

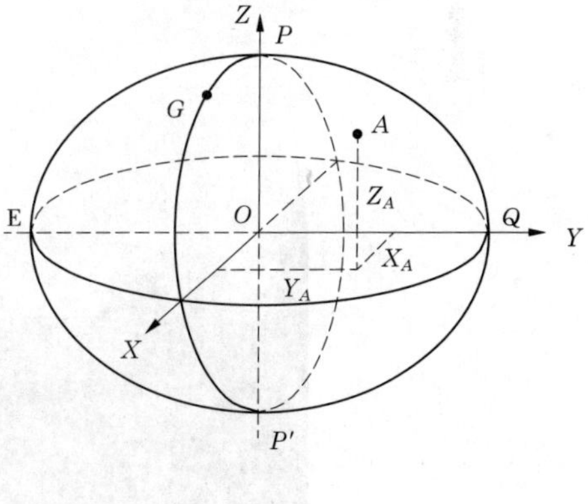

图 1-20　空间直角坐标系

3. 平面直角坐标系

在测量工作中，仅采用地理坐标和空间直角坐标表示地面点的位置在有些情况下是不方便的，地理坐标为球面坐标，不方便进行距离、方位、面积等量算，采用平面直角坐标系对于测算则十分方便。常用的平面直角坐标系有高斯平面直角坐标系、独立平面直角坐标系。

根据下面背景知识，比较分析我国常用的三种坐标系的特点，填入表1-7。

表1-7　我国常用坐标系分析比较表

比较项目	坐标系				
	1954年北京坐标系	1980西安坐标系	CGCS2000坐标系	WGS-84坐标系	独立坐标系

【知识导航】

1.1954年北京坐标系

20世纪50年代，由于国家建设的需要，我国地面点的大地坐标是通过与苏联1942年普尔科沃(Pulkovo)坐标系中的控制点进行联测，经过我国东北传算过来的，这些大地点经平差之后，其坐标系统定名为1954年北京坐标系。实际上，这个坐标系统是苏联1942年普尔科沃大地坐标系的延伸，它采用的是克拉索夫斯基椭球元素值，大地原点位于苏联普尔科沃天文台(见图1-21)。由于大地原点距我国甚远，在我国范围内该参考椭球面与大地水准面存在着明显的差距，到20世纪80年代初，我国已基本完成了天文大地测量，计算表明，1954年北京坐标系普遍低于我国的大地水准面，平均误差为29 m左右，在东部地区，两面的差距最大达69 m之多。1954年北京坐标系为参心大地坐标系。

图1-21　普尔科沃天文台

2.1980西安坐标系

自1980年起，我国采用1975大地测量参考系作为参考椭球，并将大地原点定在西安附近(陕西省泾阳县永乐镇，距西安约60 km，见图1-22)，由此建立了我国新的国家大地坐标系——1980西安坐标系。具体椭球参数见表1-6。

图 1-22　1980 西安坐标系大地原点

3. CGCS2000 坐标系

CGCS2000(China Geodetic Coodinate System 2000)是以地球质量(包括海洋和大气在内)中心为原点的地心大地坐标系,Z 轴为国际地球自转局(IERS)参考极(IRP)方向,X 轴为 IERS 的参考子午面(IRM)与垂直于 Z 轴的赤道面的交线,Y 轴与 X 轴和 Z 轴构成右手正交坐标系。具体椭球参数参见表 1-6。

按照《国土资源部 国家测绘地理信息局关于加快使用 2000 国家大地坐标系的通知》要求,国土资源部(现自然资源部)确定,2018 年 6 月底前完成全系统各类国土资源空间数据向 2000 国家大地坐标系转换,7 月 1 日后自然资源系统将全面使用 2000 国家大地坐标系。涉及空间坐标的报部审查和备案项目,全部采用 2000 国家大地坐标系。

4. WGS－84 坐标系

WGS－84 坐标系是美国全球定位系统(GPS)采用的坐标系,属地心坐标系。WGS－84 坐标系采用 1979 年国际大地测量学与地球物理学联合会第十七届大会推荐的椭球参数,WGS－84 坐标系的原点位于地球质心;Z 轴指向 BIH1984.0 定义的协议地球参考极方向;X 轴指向 BIH1984.0 的零子午面和协议地球参考极赤道的交点;Y 轴垂直于 X、Z 轴,构成右手正交坐标系。

5. 独立坐标系

独立坐标系分为地方独立坐标系和局部独立坐标系两种。

许多城市基于实用、方便的目的,以当地的平均高程面为基准面,过当地的中央子午线为高斯投影带的中央子午线,构成地方独立坐标系。地方独立坐标系隐含着一个与当地高程面相对应的参考椭球,该椭球的中心、轴向和扁率与国家参考椭球相同,只是长半轴的值不一样。

大多数工程专用控制网均采用局部独立坐标系,若需要将其放置到国家大地控制网或地方独立坐标系,应通过坐标转换完成。对于范围不大的工程,一般选测区平均高程面或某一特定高程面作为投影面,以工程的主要轴线为坐标轴。

活动三　高斯投影

资源与器材:橘子皮若干,彩笔、玻璃板、参考椭球模型、篮(足)球一个。

本活动通过做游戏，理解高斯投影的特点，掌握投影分带方法与编号。

一、游戏

第一步：选取剥离较完整的橘子皮半个，在其表面用彩笔绘制一些几何图形，也可以仿照参考椭球上的经纬线绘制。

第二步：将橘子皮平放在桌面上，在上面放置一块玻璃板。

第三步：用力将橘子皮缓慢压平，请同学们注意观察橘子皮表面图形的变化。

第四步：根据图形变形情况，试分析图形的角度、距离、面积的变化情况。

二、高斯投影

播放高斯投影多媒体课件，了解投影的原理及过程。

【知识导航】

地面点的位置可用大地经纬度表示在参考椭球面上，实地图形如果在参考椭球面上表示，比例不可能太大，并且不便于制作、保管和使用，更不便于量算距离、角度、面积等元素，因此通常需要将参考椭球面上的图形表示到平面上，形成平面图，这样平面图的制作和应用就很方便。由于参考椭球面是不可展平的曲面，要将参考椭球面上的点或者图形表示到平面上，必须采用地图投影的方法。地图投影，简单地说就是将参考椭球面上的元素（大地坐标、角度、边长）按一定的数学法则投影到平面上的过程。

地图投影的几何概念是：先将参考椭球面上的点投影到投影面上，再将投影面沿母线切开展为平面。从本质上来讲，地图投影就是按一定的条件确定大地坐标和平面直角坐标之间的一一对应关系。地图投影中常用的投影有圆柱面、圆锥面和平面三种。因此按照所选择投影面的类型，地图投影可分为圆柱投影、圆锥投影和方位投影。按照投影面与参考椭球面的相关位置，地图投影又可分为正轴投影（投影面的中心线与参考椭球的短轴重合）、横轴投影（投影面的中心线与参考椭球的短轴正交）和斜轴投影（投影面的中心线与参考椭球的短轴斜交）。此外，投影面与参考椭球的关系也可以是相切或相割。

通过地图投影，把参考椭球面上的元素投影到平面上，必然会出现变形。投影变形一般有角度变形、长度变形和面积变形三种。投影变形可以采用不同的投影方法加以限制，或使某种变形为零，或使三种变形全部减少到一定的限度，但是同时消除三种变形是不可能的。因此，地图投影按其投影变形分类，又分为等角投影、等面积投影和任意投影。

在测量过程中，一般要求投影前后保持角度不变，这是因为，角度不变就意味着在一定范围内地形图上的图形与椭球面上的图形是相似的，而地形图上的任何图形都与实地图形相似，这在地形图的测绘和应用两方面都很方便。另外，角度测量是测量的主要工作内容之一，如果投影前后保持角度不变，就可以在平面上直接使用观测的角度值，从而可免去大量的投影化算工作。因此，选择等角投影是最有利的。

高斯投影是一个等角横切椭圆柱投影，它是正形投影（保角映射）的一种。这种投影保持图上任意两个方向的夹角与实地相应的角度相等，在小范围内保持图上形状与实地相似。

高斯投影是德国数学家高斯（Gauss，1777～1855年）在1825～1830年首先建立其理论并推导出计算公式的，到1912年又经德国大地测量学家克吕格（Kruger，1857～1923年）加以研究改进并补充完善，所以称高斯－克吕格投影，通常简称高斯投影。

1. 高斯投影的几何概念

设想用一个椭圆柱面横套在参考椭球面的外面(见图1-23),并使椭圆柱面与参考椭球某一子午线相切,相切的子午线 $NKOS$ 称为轴子午线或中央子午线;椭圆柱的中心轴 ZZ' 与赤道面相重合,并通过椭球中心 C。将椭球面上一定经差范围内的点、线投影到椭圆柱面上。然后,沿过极点的母线 AA'、BB' 将椭圆柱面剪开,并将其展成一平面(称为高斯平面),就可得到椭球面投影到平面上的图形了。

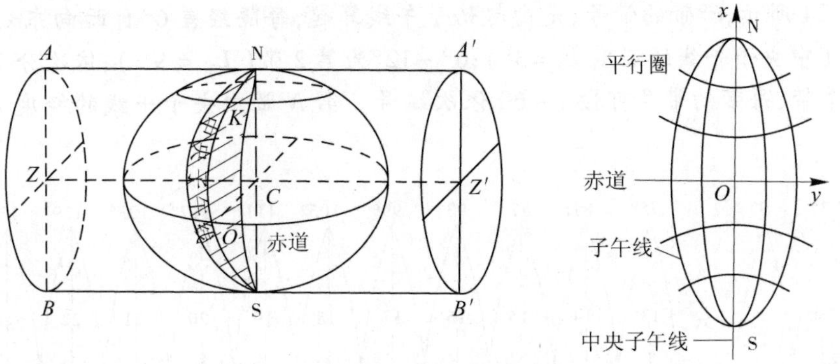

图1-23　高斯投影原理

2. 高斯投影的特点

(1)中央子午线投影后为一条直线,定义为 x 轴,并且是投影的对称轴。中央子午线的长度不变。

(2)除中央子午线外,其余子午线投影后均为凹向中央子午线的曲线,并以中央子午线为对称轴。这些子午线投影后有长度变形,且离中央子午线越远,投影后长度变形越大。

(3)赤道投影后为一条直线,定义为 y 轴,其长度有变形。

(4)除赤道外的其余纬线,投影后均为凸向赤道的曲线,并以赤道为对称轴。

(5)经线与纬线投影后仍保持正交。

三、讨论分析,填写分析比较表

根据游戏环节现象及高斯投影特点,填表1-8。

表1-8　投影变形情况分析

变形情况	游戏观察结果	高斯投影
角度变形		
长度变形		
面积变形		

四、分带投影

使用多媒体课件进行分带投影的动画演示。

【知识导航】

1. 分带投影

根据高斯投影的特点,投影后保持角度不变,但长度除中央子午线外基本都发生了变形,并且距离中央子午线越远,变形越大。既然不能消除变形,就需要控制变形的幅度,使其控制在一定误差允许范围内。一般采用分带投影的办法,将椭球面按照一定的经差划分为若干投影带,通过限制投影宽度,从而限制了长度的变形。

国际上通常将投影宽度按照经差6°或3°来划分,划分出的投影带分别称为6°带和3°带。特殊情况下也可以按照1.5°划分。

2.6°带的划分方法与编号

如图1-24所示,6°带的带号,是由起始子午线算起,每隔经差6°自西向东划分,即0°~6°为第1带(中央子午线的经度$L_0=3°$);6°~12°为第2带($L_0=9°$);依次分下去,可将地球分成60个带,每带的带号可按1~60依次编号。第N带中央子午线的经度L_0与带号N的关系为

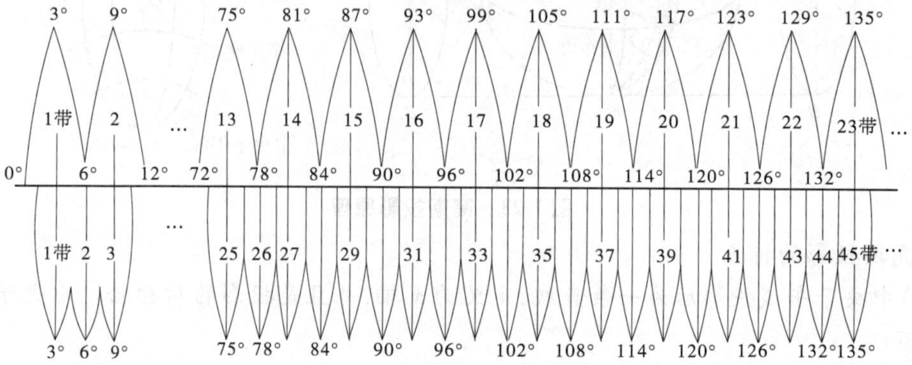

图1-24 高斯投影分带示意图

$$L_0 = 6°N - 3° \quad (N = 1,2,\cdots,60) \tag{1-3}$$

或写成

$$N = \frac{L_0 + 3°}{6°} \tag{1-4}$$

对于6°带,因为各带东侧分带子午线的经度等于6°×N,所以凡是超过此经度,即为下一带。如某点的经度为L,则该点所在6°带的带号为:

$$N = [L/6°] + \begin{cases} 1 & \text{前项有余数时} \\ 0 & \text{前项无余数时} \end{cases} \tag{1-5}$$

这里的[　　]表示"取整数运算",不能整除时舍弃余数。式(1-5)表示取$L \div 6°$的"进整数",当不能整除时,无论余数多小,一律进位。

【例1-1】 已知某点的经度为115°30′,该点位于6°带第几带?该带中央子午线的经度是多少度?

解:

$$N = [115.5°/6°] + 1 = 19 + 1 = 20$$
$$L_0 = 20 \times 6° - 3° = 117°$$

可见,该点位于6°带第20带,其中央子午线的经度为117°。

3.3°带的划分方法与编号

3°带是在6°带的基础上划分的。6°带的中央子午线和分带子午线都是3°带的中央子

午线。3°带的带号是由东经1.5°起算，每隔经差3°自西向东划分，其带号按1～120依次编号。3°带第 n 带的中央子午线的经度 L_0 与带号 n 的关系为：

$$L_0 = 3°n \quad (n = 1,2,\cdots,120) \tag{1-6}$$

或写成

$$n = \frac{L_0}{3°} \tag{1-7}$$

如已知某点的经度为 L，则该点所在的3°带的带号为：

$$n = [(L - 1.5°)/3°] + \begin{cases} 1 & \text{前项有余数时} \\ 0 & \text{前项无余数时} \end{cases} \tag{1-8}$$

因为3°带是以1.5°带起，自西向东划分的，所以式(1-8)中要将 L 减去1.5°。

【例1-2】 已知某点的经度为115°30′，该点位于3°带第几带？该带中央子午线的经度是多少度？

解：

$$n = [(115°30' - 1.5°)/3] = 38$$

$$L_0 = 3°n = 3° \times 38 = 114°$$

所以该点位于3°带的第38带，中央子午线为114°。

4. 我国的分带情况及应用

我国中央子午线的经度从75°到135°，6°带横跨11带(13～23带)；我国3°带中央子午线的经度，从72°到135°，3°带横跨22带(24～45带)。由此，就我国而言，其6°带和3°带的带号是没有重复的，就带号本身，就能看出是3°带还是6°带。

6°带投影后，其边缘部分的变形能满足1∶25 000或更小比例尺测图的精度，当进行1∶10 000或更大比例尺测图或精密工程测量时，要求投影变形更小，则应采用3°分带投影法或1.5°分带投影法。

5. 邻带坐标换算

在高斯投影中，为了限制长度变形而采用了分带投影的方法。由于各带独立投影，各带形成各自独立的坐标系。在测量中若需利用不同投影带的控制点，就必须进行两个坐标系之间的坐标换算，将不同带的点换算到同一坐标系中。另外，在大比例尺地形测量中，为了使投影长度变形不超过规定的限度，往往要采用3°带或者1.5°带投影，而国家控制网通常是6°带坐标，这就产生了6°带坐标换算为3°带坐标的问题。这种相邻带和不同投影带之间的坐标换算，简称坐标换带。

实训：

已知某点的经度为117°23′45″。

(1)试求该点在3°带中的带号，并计算该点所在投影带的中央子午线经度。

(2)试求该点在6°带中的带号，并计算该点所在投影带的中央子午线经度。

(3)该点位于3°带中央子午线的左侧还是右侧？

(4)该点位于6°带中央子午线的左侧还是右侧？

活动四 高斯平面直角坐标系

资源与器材：高斯平面直角坐标系挂图、笛卡儿数学直角坐标系挂图、绘图纸、绘图笔。

本活动主要学习利用高斯投影的特点建立高斯平面直角坐标系。掌握高斯平面直角坐标系与笛卡儿数学坐标系的区别。

一、高斯平面直角坐标系

介绍高斯平面直角坐标系的建立方法及其特点。了解自然坐标、通用坐标。

(一)自然坐标

高斯平面直角坐标系是以每一带的中央子午线的投影为 x 轴,赤道的投影为 y 轴,各个投影带自成一个平面直角坐标系统。x 轴向北为正,向南为负;y 轴向东为正,向西为负(见图1-25)。由此而确定的点位坐标为自然坐标。我国位于北半球,x 的自然坐标均为正,而 y 的自然坐标则有正有负。

(二)通用坐标

为了避免 y 坐标出现负值,规定在自然坐标 y' 上加 500 km。因每带都有一些自然坐标相同的点,为了说明某点的确切位置,则应在加 500 km 后的 y 坐标前加上相应的带号。因此规定,将自然坐标 y' 加 500 km,并在前面冠以带号的坐标称为通用坐标。

例如,在图1-26中,P_1,P_2 两点均位于第21带,其自然坐标分别为:

$$y'_{P_1} = +180\ 736.3\ \text{m}$$
$$y'_{P_2} = -105\ 374.8\ \text{m}$$

则其通用坐标为:

$$y'_{P_1} = 21\ 680\ 736.3\ \text{m}$$
$$y'_{P_2} = 21\ 394\ 625.2\ \text{m}$$

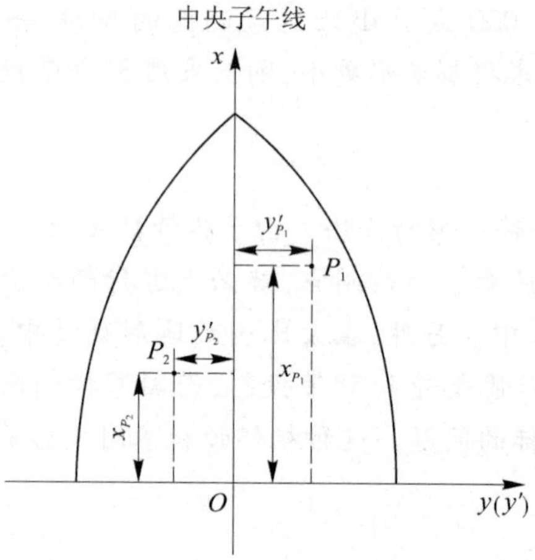

图1-25 自然坐标系示意图

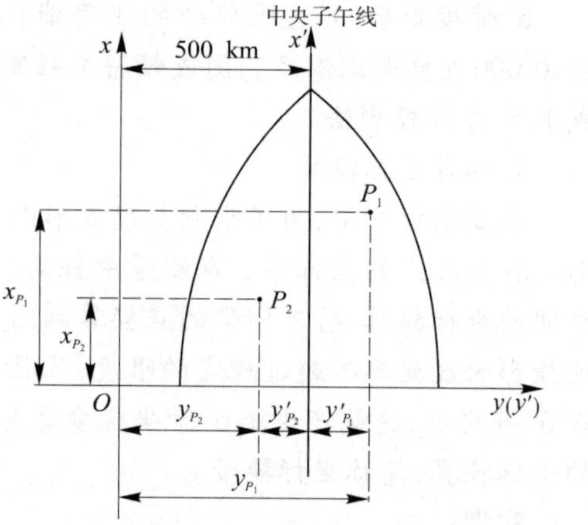

图1-26 通用坐标系示意图

我国位于北半球,所以所有的 X 坐标均为正,因而其自然坐标值和通用坐标值相同。

实训:

(1)某点通用坐标为(3 834 567.890,383 456.789),试判断该点两个坐标值哪个是 X 坐标,哪个是 Y 坐标,为什么?其自然坐标是什么?

(2)某点通用坐标为(3 834 567.890,38 345 678.901),试判断该点两个坐标值哪个是 X 坐标,哪个是 Y 坐标,为什么?

如果该点位于我国境内,该点属于几度带坐标?该点位于其所在投影带中央子午线的西侧还是东侧？

二、高斯平面直角坐标系与笛卡儿数学坐标系比较

教师提问笛卡儿数学直角坐标系的特点，由学生回答，并各自绘出图形，标明坐标轴、坐标轴方向、零点、象限等要素。

展示高斯平面直角坐标系挂图与笛卡儿坐标系挂图，如图1-27和图1-28。分组讨论，找出两组坐标系的异同之处，并填写表格1-9。

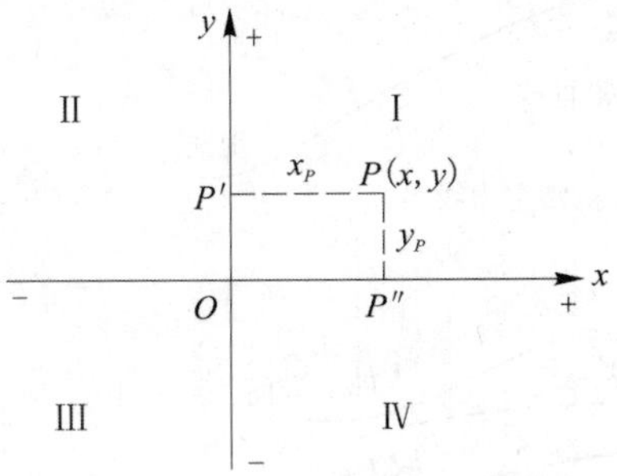

图1-27　笛卡儿数学坐标系示意图

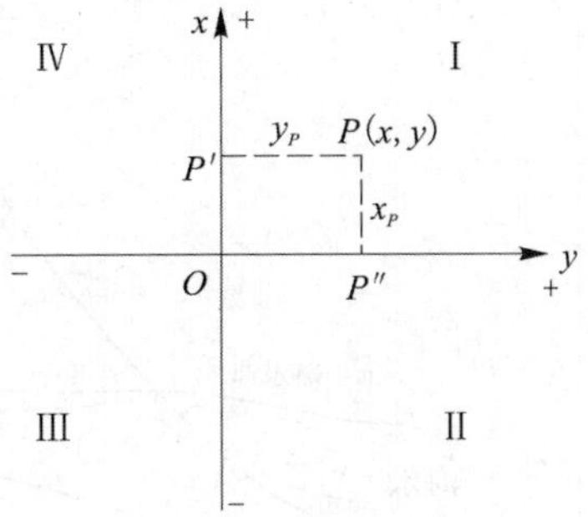

图1-28　高斯平面直角坐标系示意图

表1-9　坐标系分析比较表

坐标系	高斯平面直角坐标系	笛卡儿数学坐标系
X轴向		
Y轴向		
第一象限位置		
象限顺序（顺时针、逆时针）		

【知识拓展】　独立坐标系

（1）在某些较小局部区域地形图测量中，经常会遇到测区内没有控制点的情况，为了方便测量及表示，可以在测区建立自定义的独立平面直角坐标系。

（2）独立直角坐标系一般采用和高斯平面直角坐标系相同的轴系、象限关系。

（3）独立直角坐标系的原点假设在测图区域的西南方向，且必须保证所有测区内坐标值均为正值，假设的坐标系方位与实地尽量一致。

（4）建立独立平面直角坐标系的一般做法是：在测区合适位置假设一点作为已知控制点，同时假设另一控制点作为已知方向（又称假设坐标方位角），该方向最好与实地方位尽量一致。

实际控制测量作业中，虽然有国家标准的控制点数据，但当测区距离标准投影带中央子午线较远时，为了控制投影变形，经常需要改变投影的中央子午线，或者改变投影高度。我们经常把这种情况建立的坐标系也称为独立的高斯平面直角坐标系。

活动五　高程系统

资源与器材：高程系统挂图。

本活动主要认识常见的高程系统的概念,掌握我国采用的高程系统。

一、大地高与大地高系统

地面上某一点沿法线到参考椭球面的距离称为该点的大地高,又称椭球高(见图1-29)。以参考椭球面为高程基准面的高程系统,称为大地高系统,用$H^{大地}$来表示。大地高一般采用卫星定位系统测得。

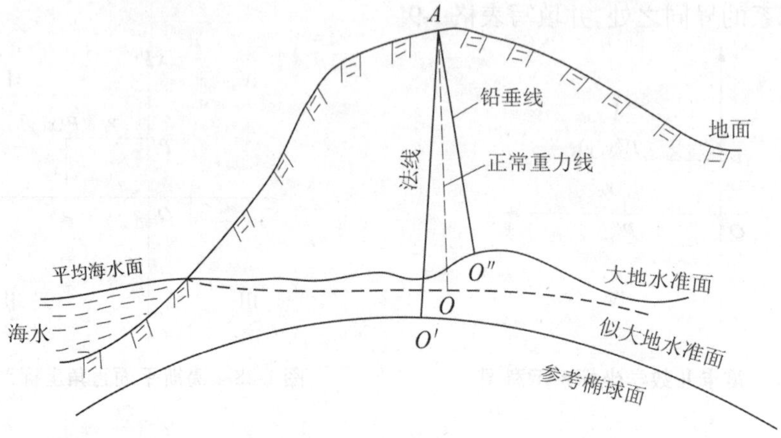

图1-29 高程系统

二、正高与正高系统

地面上某一点沿铅垂线到大地水准面的距离称为该点的绝对高程或海拔,又称为正高(见图1-30)。用$H^{正}$来表示,如A点的高程表示为$H_A^{正}$。以大地水准面为高程基准面的高程系统,称为正高系统。

要求得地面点A的正高,必须知道高程观测沿线的重力值g,以及地面点A沿铅垂线上各点重力值的平均值g_m^A。由于g_m^A既不能实测,也不能精确推算出来,因此严格地说,地面上一点的正高是不可能严格求得的。换句话说,在陆地上无法精确测定出大地水准面的形状。

三、正常高与正常高系统

由于g_m^A无法精确求得,我们在计算高程时,往往用正常重力γ_m^A来代替g_m^A。正常重力γ_m^A是一个假定的重力值,它由具有确定参数的国际椭球产生。与正常重力对应的重力线称为正常重力线。把地面各点向下量取该点的正常高而获得的点组成的连续曲面称作似大地水准面。

地面上某一点沿正常重力线到似大地水准面的距离称为该点的正常高(见图1-30),常用$H^{常}$来表示。

正常高值是可以精确求得的,且与高程观测路线的变换无关。因此,我国现行水准测量规范规定,我国采用正常高系统。本书若没有特殊说明,则高程一般指正常高。

四、大地高与正高、正常高的关系

如图 1-30 所示，大地高的起算面为参考椭球面，正高的起算面为大地水准面。大地高与正高的关系式为

$$H^{大地} = H^{正} + N \tag{1-9}$$

式中，$H^{大地}$ 为大地高程；$H^{正}$ 为正高高程；N 为大地水准面差距。

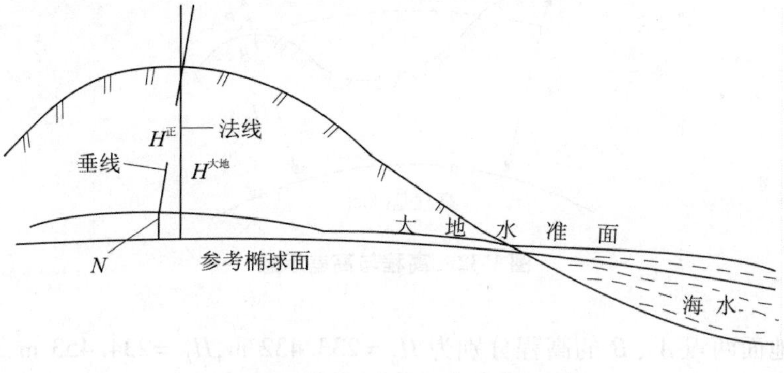

图 1-30　法线、垂线与大地高、正高

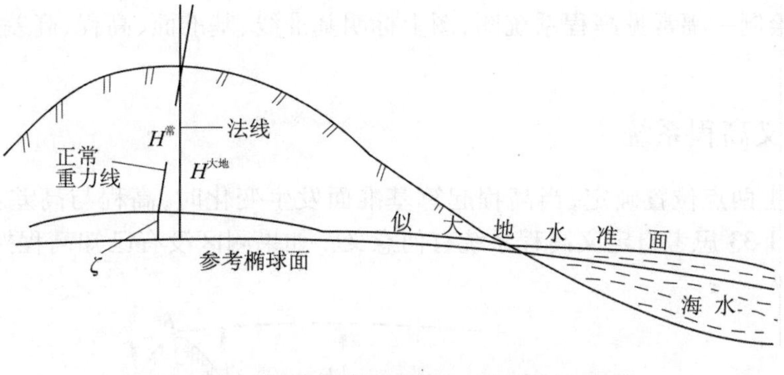

图 1-31　法线、正常重力线与大地高、正常高

如图 1-31 所示，大地高的起算面为参考椭球面，正常高的起算面为似大地水准面。大地高与正常高的关系式为

$$H^{大地} = H^{常} + \zeta \tag{1-10}$$

式中，$H^{大地}$ 为大地高程；$H^{常}$ 为正常高程；ζ（读作 zeta）为高程异常。

高程异常值 ζ 可在国家测绘部门存有的高程异常图中查取。

请根据上述知识背景，讨论比较大地高、正高和正常高之间的区别和联系，填入表 1-10。

表 1-10　大地高、正高和正常高比较表

比较内容	正高	大地高	正常高
适用范围			
基准线			
基准面			
基准面差距			

五、高差

两地面点的高程之差称为高差（或比高）。高差是相对的，其值有正、负，如果测量方向由 A 点到 B 点，A 点高、B 点低，则高差为负值，表示为 $h_{AB} = H_B - H_A$；若测量方向由 B 点到 A 点，即由低点测到高点，则高差 $h_{BA} = H_A - H_B$ 为正值。显然 $h_{AB} = -h_{BA}$，如图 1-32 所示。

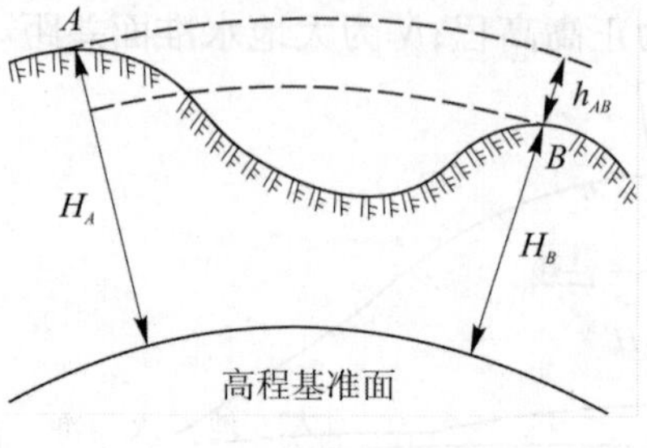

图 1-32　高程与高差示意

实训：

（1）如果地面两点 A 、B 的高程分别为 $H_A = 233.432$ m，$H_B = 234.453$ m，求 h_{AB}。

（2）若 h_{BA} 为负，问 A、B 两点哪点高？

（3）每人绘制一幅常见高程系统图，图上标明基准线、基准面、高程、高差及基准面差距等基本要素。

六、自定义高程系统

如果地面上两点位置确定，当高程起算基准面发生变化时，高程与高差会发生什么变化？请参考图 1-33 思考自定义高程系统有何意义？如果测区没有已知高程控制点，该如何定义高程系统？

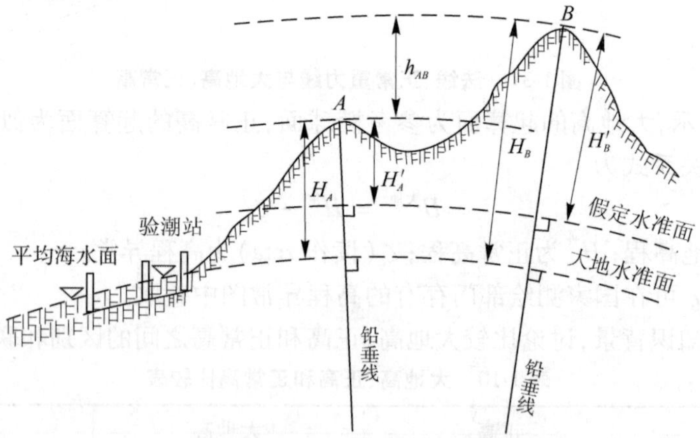

图 1-33　自定义高程系统示意图

在实际工作中，经常碰到测区内没有高程控制点的情况，这就需要假设测区内某一固定点的高程值，即认为是假设了该地区高程基准面，建立了自定义的高程系统。

把地面点沿铅垂线到假定水准面的距离称为假定高程。应特别注意的是，自定义高程系统时，假定点高程值的选取必须保证测区内所有点的高程值为正值。

活动六 我国的高程系统

资源与器材:青岛验潮站影像资料、国家水准原点图片。

本次活动中,根据活动五介绍的高程系统建立方法,结合我国国情与实际,讲解我国的主要高程系统,要求掌握不同高程系统的特点,填写不同系统比较表。

播放青岛验潮站影像资料及水准原点图片,介绍水准原点的由来。教师结合资料,讲解1956年黄海高程系与1985国家高程基准。

根据以上资料,结合背景知识,学员自己分析研究,填写表1-11。

表1-11 高程系统特点比较表

比较项目	高程系统		
	1956年黄海高程系	1985国家高程基准	自定义高程系统
大地水准面			
水准原点位置			
水准原点的高程			
测量方法			
地面某点高程			

【知识导航】

我国先后主要采用1956年黄海高程系与1985国家高程基准两个高程系统。

1.1956年黄海高程系

1956年黄海高程系是以青岛验潮站1950~1956年连续验潮的结果求得的平均海水面作为全国统一的高程基准面而建立的高程系统。为了明显而稳固地表示高程基准面的位置,在山东省青岛市观象山上,建立了一个与该平均海水面相联系的水准点,以坚固的标石加以相应的标志表示,我们把这个水准点叫作国家水准原点。用精密水准测量方法测出该原点高出黄海平均海水面72.289 m。它就是推算国家高程控制点的高程起算点。

2.1985国家高程基准

1985年,国家测绘局根据青岛验潮站1952~1979年间连续观测的潮汐资料,推算出青岛水准原点的高程为72.260 m。此数据于1987年5月正式通告启用,并以此定名为1985国家高程基准,同时1956年黄海高程系相应废止。各部门各类水准点的1956年黄海高程系统成果逐步归算至1985国家高程基准。

1985国家高程基准与1956年黄海高程系比较,验潮站和水准原点的位置未变,只是更精确,两者相差0.029 m(1985国家高程基准低0.029 m)。由1956年黄海高程系的高程换算成1985国家基准高程时需要减去29 mm。

活动七 用水平面代替水准面的限度

资源与器材:计算器。

由已经学过的知识可知,在普通测量中,可视小区域球面为平面,而不必考虑地球的曲率影响，也就是说，在测区范围较小和满足一定的测量精度要求下，通常用水平面代替水准面作为测量数据解算的基准，不考虑地球曲率的影响，直接把地面点沿铅垂线投影到水平面上，以确定其位置，这样的替代可使测量的计算和绘图工作大为简化。但以水平面代替水准面是有一定限度的，当测区范围较大时，就必须考虑地球曲率的影响，不能做这样的代替。那么多大范围内才能用水平面代替水准面呢？本活动就水平面代替水准面对距离、角度、高程等方面的影响进行初步分析，从而得出水平面代替水准面的限度。

【知识导航】

1. 地球曲率对水平距离测量的影响

如图 1-34 所示，设地球的球面半径为 R。地面上 A、B 两点沿铅垂线方向投影到大地水准面上的 ab 弧长为 D，投影到过 a 点水平面上的距离 ab' 为 D'，ab 弧所对的圆心角为 θ，若以水平长度 D' 代替弧长 D，则两者之差即为用水平面代替水准面所产生的距离误差，设其为 ΔD，则

$$\Delta D = D' - D = R\tan\theta - R\theta = R(\tan\theta - \theta) \tag{1-11}$$

将 $\tan\theta$ 用级数展开为

$$\tan\theta = \theta + \frac{1}{3}\theta^3 + \frac{5}{12}\theta^5 + \cdots$$

由于 θ 很小，只取级数的前两项，并代入式(1-11)，得

$$\Delta D = R(\theta + \frac{1}{3}\theta^3 - \theta) = R\frac{1}{3}\theta^3 \tag{1-12}$$

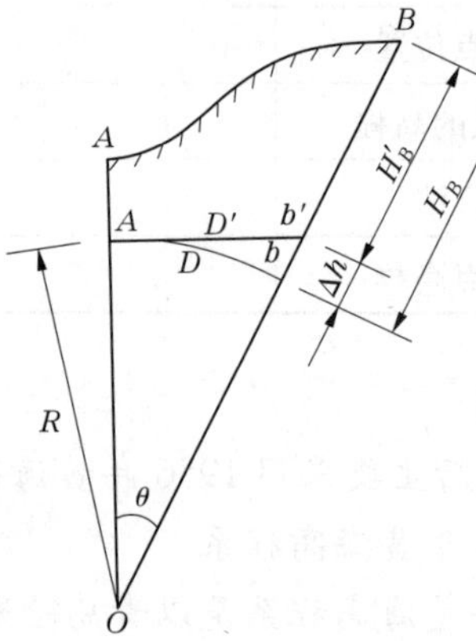

图 1-34 地球曲率对距离和高程的影响

因为 $\theta = \dfrac{D}{R}$，故

$$\Delta D = \frac{D^3}{3R^2} \tag{1-13}$$

对式(1-13)两端同除以 D，得相对误差为

$$\frac{\Delta D}{D} = \frac{D^2}{3R^2} \tag{1-14}$$

取地球的半径 $R = 6\ 371$ km 和不同的 D 值代入式(1-13)和式(1-14)，计算出相应的 ΔD 和 $\dfrac{\Delta D}{D}$，其结果列于表 1-12 中，从表中可以看出，当距离 D 为 10 km 时，其相应的距离误差为 0.8 cm，不到 1 cm，相对误差为 1/1 220 000，而目前最精密测距的相对误差约为 1 000 000。因此，可以认为，在半径为 10 km 的区域内，地球曲率对水平距离的影响可以忽略不计，即可以用该区域的水平面代替水准面，在精度要求较低的测量工作中，其范围还可以适当扩大。

表 1-12　地球曲率对水平距离的影响

距离 D(km)	1	10	20	50	1 000
距离误差 ΔD(mm)	0.008	8	128	1 026	8 212
距离相对误差 $\Delta D/D$	1/125 000 000	1/1 220 000	1/200 000	1/49 000	1/12 000

2. 地球曲率对水平角测量的影响

由球面三角可知，同一个空间多边形在球面上投影的各内角之和比其在平面上投影的相应多边形内角之和大一个球面角超 ε 值，ε 的大小与图形的面积成正比，即

$$\varepsilon = \rho'' \frac{P}{R^2} \tag{1-15}$$

式中，P 为球面多边形的面积；R 为地球半径，取值 6 371 km；ρ'' 为弧度的秒值，$\rho'' = 206\ 265''$。

以 $R = 6\ 371$ km 和不同的面积 P 代入式(1-15)，求得的球面角超 ε 值列于表 1-13。

表 1-13　不同球面多边形面积下的球面角超 ε 值

面积 P(km^2)	10	50	100	500
球面角超 ε 值($''$)	0.05	0.25	0.51	2.54

表 1-13 中的计算结果表明，当面积为 100 km^2 时，用水平面代替水准面，对角度的影响是 0.51″。因此，可以认为，在面积小于 100 km^2 的区域内测量时，只有在最精密的测量中才考虑地球曲率对水平角测量的影响，在普通测量或精度不高的测量中，地球曲率对水平角测量的影响可以忽略不计，即观测的球面角度可以视为平面角度。在精度要求较低的测量工作中，其范围还可以适当扩大。

3. 地球曲率对高程测量的影响

在图 1-34 中，地面点 B 在大地水准面的投影为 b，从大地水准面起算，其高程为 H_B。地面点 B 在水平面的投影为 b'，从水平面起算，其高程为 H'_B。显然 bb' 为水平面替代水准面所产生的高程误差，也即用水平面代替水准面对高程所产生的影响。由图 1-34 可得

$$bb' = \Delta h$$

$$(R + \Delta h)^2 = R^2 + D'^2$$

整理得

$$\Delta h = \frac{D'^2}{2R + \Delta h} \tag{1-16}$$

D' 与 D 相差甚小，以 D 代替 D'，又因式(1-16)右端分母中的 Δh 与 $2R$ 相比较非常小，其值对计算结果影响不大，可以忽略不计，于是得到

$$\Delta h = \frac{D^2}{2R} \tag{1-17}$$

以 $R = 6\ 371$ km 和不同的 D 值代入式(1-17)，算得相应的高程误差 Δh 值，列于表 1-14。

表 1-14　地球曲率对高程的影响

距离 D(m)	100	200	500	1 000	2 000
高程误差 Δh(mm)	0.8	3.1	19.6	78.5	313.9

表 1-14 中的计算结果表明，当距离为 200 m 时，用水平面代替水准面所产生的高程误差为 3.1 mm，这个误差对高程测量的影响是比较大的。因此，可以认为，在高程测量中，即便是距离很短，也不能忽视地球曲率的影响。换言之，在高程测量中，是不允许用水平面来代替水准面的。

通过本活动就水平面代替水准面对距离、角度、高程等方面的影响所做的初步分析，可以得出用水平面代替水准面的限度如下：在半径为 10 km 的区域内，以水平面代替水准面对水平距离所产生的误差可以忽略不计，在精度要求较低的测量工作中，其范围还可以适当扩大；对于面积为 100 km^2 内的多边形，以水平面代替水准面对角度测量的影响可以忽略不计；地球曲率对高程测量的影响比较大，即使是较短距离，也应考虑到地球曲率的影响。

任务三　测量误差基本知识

【任务目标】

1. 了解测量误差来源及产生的原因。
2. 掌握系统误差和偶然误差的特点及其处理方法。
3. 理解精度评定的指标（中误差、相对误差、容许误差）的概念。

【学习过程】

1. 学习测量误差的来源及分类。
2. 对比系统误差和偶然误差，了解各自特点及处理方法。

活动一　测量误差来源及分类

资源及器材：课件。

本活动是让学生了解测量误差的必然存在性以及误差的来源和分类，通过下面知识的学习完成表 1-15。

表 1-15　误差分析表

误差来源	

【知识导航】

在观测过程中，不管使用的测量仪器精度等级有多高，也无论观测者在观测过程中多么认真细致，对同一个量进行观测时，其结果总是存在一定的差异。例如，进行角度测量时，三角形内角和往往不等于理论值 180°，进行距离测量时，往返丈量的结果总会有差异，进行闭合水准测量时，其高差总和往往不等于零等，这都说明观测结果不可避免地包含了误差。任何一个量,本身都有一个反映其真实大小的数值,这个数值称为该量的真值。通过测量,直接或间接得到一个量的大小数据,称为该量的观测值。观测值与真值之差叫作真误差,即

$$真误差 = 观测值 - 真值$$

在测量工作中,任何观测都是在一定的外界环境中进行的,观测误差的产生是不可避免的。通过研究分析误差的性质和规律,找到误差产生的原因,从而采取各种措施来消除或减小误差的影响,是测量过程中一项重要的工作。

1. 测量误差的来源

产生测量误差的因素是多方面的,概括起来有以下三个因素:

(1)仪器精度的有限性,测量中使用的仪器和工具不可能十分完善,致使测量结果产生误差。例如:用普通水准尺进行水准测量时,最小分划为5 mm,就难以保证毫米数的完全正确性。经纬仪、水准仪检校不完善产生的残余误差影响。

(2)观测者感觉器官鉴别能力的局限性,对测量结果产生一定的影响,例如仪器对中、整平误差,观测估读小数误差,瞄准目标误差等。同时,观测者技术熟练程度也会对观测结果产生一定影响。

(3)观测过程中外界条件的不定性,如温度、湿度、阳光、风等时刻都在变化,必将对观测结果产生影响。例如,温度变化使钢尺产生伸缩,阳光照射会使仪器发生微小变化等。

通常把以上三种因素综合起来称为观测条件。观测条件好,观测产生的误差就会小;反之,观测条件差,观测产生的误差就会大。但是不管观测条件如何,受上述因素的影响,测量中存在误差是不可避免的。观测成果的精确程度称为精度;观测条件相同的各次观测称为等精度观测;观测条件不相同的各次观测称为不等精度观测。应该指出,误差与粗差是不同的,粗差是指观测结果中出现的错误,如测错、读错、记错等,粗差必须改正,不允许存在。为杜绝粗差,除了加强作业人员的责任心,提高操作技术外,还应采取必要的检校措施。

2. 真值、真误差、最或然值

测量条件的不完善使观测结果不可避免地带有误差,误差是相对于绝对准确而言的。反映一个量真正大小的绝对准确的数值,称为这一量的真值,与真值相对而言,凡以一定的精确程度反映一个量大小的数值,称为此量的近似值或估计值。通过量测得到一个量的近似值,称为该量的观测值。一个量的近似值与真值的差,叫作真误差,如果用 x 表示真值,X 表示观测值,Δ 表示真误差,则

$$\Delta = X - x$$

测量中所要处理的量的真值通常是无法确切知道的,因此一般也不能求得真误差,只有在特殊情况下才能求得,例如,平面三角形内角之和应等于180°,就是真值,三个内角观测值之和与180°的差 $w = \angle A + \angle B + \angle C - 180°$ 即为真误差。

多数情况下,一个量的真值不能预先知道,那么怎么通过观测值来估计真值,其“可信程度”有多大或“精度”有多高,是本活动讨论的主要问题。

例如,A、B 两点间的高差,从理论上讲,在某一时刻它应该是一个确定的数。但是我们采用不同的方法进行测量,得到的观测结果一般不同,即使采用完全相同的方法(相同观测条件)进行两次测量,所得到的结果一般也不会相同,它们都含有一定的观测误差,显然,在相同观测条件下,我们没有理由认为某次观测结果比另一次观测结果“更好”。也就是说,对等精度观测得到的若干个观测值,不能简单地认为某一观测值比其他观测值更“可信”。

可以理解,两次相同观测条件(等精度观测)所得到的观测值进行平均(简单算术平均)得到的结果(中数),介于两观测值之间,用它作为真值的近似值,其可信程度应该比某一观测值的可信程度更高。如果对一个量 X 进行 n 次等精度观测,得到 n 个观测值 $X_1, X_2, X_3, \dots, X_n$,其算术平均值

$$\overline{X} = \frac{1}{n}(X_1 + X_2 + X_3 + \cdots + X_n)$$

称为 X 的最或然值。可以证明,用最或然值 $\overline{X}$ 作为真值 x 的估计值,可以使所有各观测值 X_i 与 $\overline{X}$ 之差 $\Delta_i = X_i - \overline{X}(i = 1,2,\cdots,n)$ 的平方和 $\Delta_1^2 + \Delta_2^2 + \cdots + \Delta_n^2$ 最小,即符合最小二乘原理。最或然值也可以认为是"最可靠估计值"。因此,测量上一般都用最或然值来作为观测值的估计值(平差值)。对一个观测值而言,若不含系统误差且每个观测值是等精度独立获得的,则算术平均值就是最或然值。

对于不同条件的观测(非等精度观测),由于各观测值的"可信度"不同,就不能取其简单算术平均值作为真值的估计值,而是采取所谓的"加权平均值"。

3. 测量误差的分类

测量误差按其性质不同可分为系统误差和偶然误差。

1)系统误差

在相同的观测条件下,对某量进行一系列观测,若出现的误差在数值、符号上保持不变或按一定的规律变化,这种误差称为系统误差。例如用名义长度为30 m,而实际长度为30.004 m的钢尺量距,每量一尺就有0.004 m的系统误差,它就是一个常数。又如水准测量中,视准轴与水准管轴不能严格平行,存在一个微小夹角 i,i 角使标尺读数随视线长度成比例变化,但大小和符号总是保持一致性。系统误差具有累积性,对测量结果影响显著,但它的大小和符号有一定的规律,可通过计算或观测方法加以消除,或者最大限度地减小其影响。消除或减弱系统误差影响的方法除对测量仪器进行校正外,一般有两种方法。一种是在观测过程中采取一定措施。例如,测角中采用正、倒镜观测,盘左、盘右读数,分不同时间段观测;水准测量中采取前、后视等距离的方法,以消除 i 角的影响,分上、下午进行往返观测;三角高程测量中的对向观测等。另一种方法是通过计算,在观测结果中施加改正。例如,钢尺量距中的尺长改正、温度改正等。尽管系统误差对测量成果影响很大,但是都能通过计算或采取适当措施加以消除或抵消,所以本项目对系统误差不再做深入论述。

2)偶然误差

在相同的观测条件下,对某量进行一系列观测,如出现的误差在数值大小和符号上均不一致,且从表面看没有任何规律性,这种误差称为偶然误差。例如,照准误差、读数误差等都属于偶然误差。水准标尺上毫米数的估读有时偏大、有时偏小;由于大气的能见度和人眼的分辨能力等因素使照准目标有时偏左、有时偏右。

偶然误差的不确定性、偶然性,在数学上称为随机性,所以偶然误差也称为随机误差。偶然误差是不可避免的,它是观测过程中一些偶然因素所造成的,人们不能确知其产生的具体原因。因此,事先既不能防范,事后也不能改正,只能通过较好的观测条件来减弱它。例如,用经纬仪测角时,就单一观测值而言,由于受照准误差、读数误差、外界条件变化所引起的误差等的综合影响,测角误差的大小及正负号都不能预知,具有偶然性,所以测角误差属于偶然误差。

4. 偶然误差的规律

偶然误差的符号和大小在表面上无规律可循,找不到予以完全消除的方法,因此须对其进行研究。

偶然误差就其单个而言,从表面看其大小和符号没有明显的规律性,即偶然性。但人们通过长期的测量实践发现,在相同的观测条件下,对某量进行多次观测,所出现的大量偶然误差也具有一定的规律性,且观测次数越多、规律性就越明显。

如表1-16所示,是96个三角形闭合差的统计结果。

表1-16 三角形闭合差统计表

误差所在区间	正误差个数	负误差个数	总数
0.0″~0.5″	19	20	39
0.5″~1.0″	13	12	25
1.0″~1.5″	8	9	17
1.5″~2.0″	5	4	9
2.0″~2.5″	2	2	4
2.5″~3.0″	1	1	2
3.0″以上	0	0	0
合计	48	48	96

由表1-16可以看出,偶然误差的规律如下:

(1)在一定的观测条件下,偶然误差的绝对值不会超过一定的限制,即有界性。

(2)绝对值小的误差比绝对值大的误差出现的机会要多,即单峰性。

(3)绝对值相等的正、负误差出现的机会相等,可相互抵消,即对称性。

(4)同一量的等精度观测,其偶然误差的算术平均值,随着观测次数的增加而趋近于零,即抵偿性:

$$\lim_{n\to\infty}\frac{[\Delta]}{n}=0 \tag{1-18}$$

式中,$[\Delta]$为误差总和。换言之,偶然误差的理论均值为零。该特性称为偶然误差的抵消性。这个特性对研究偶然误差具有十分重要的意义。

以上是采用表格形式来反映偶然误差的分布情况(称误差频率分布表)。为了更直观、更形象地反映偶然误差的上述特性,我们可以用图形来反映偶然误差的分布情况。如图1-35所示,图中以横坐标表示误差的大小,以纵坐标表示各区间误差出现的频数除以区间的间隔即$\frac{k/n}{d\Delta}$。这样,每一误差区间上方的长方形面积,就代表误差出现在该区间的频率。例如,图中画有斜线的长方形面积就代表误差出现在+10″~+15″区间内的频率,其值$\frac{k/n}{d\Delta}\times d\Delta=0.083$。这种图在统计学上称为直方图,其特点是能形象反映误差的分布情况。

当观测次数愈来愈多时，误差出现在各个区间的频率的变动幅度就愈来愈小。当 $n\to\infty$ 时，各误差出现的频率也就趋近于一个完全确定的值，这个数值就是误差出现在各个区间的概率。此时，如果把误差的区间无限缩小，则图 1-35 中各长方形顶边所形成的折线将变成一条光滑曲线，如图 1-36 所示，这样的曲线称为误差分布曲线。在概率论中，把这种误差分布称为正态分布，描绘这种分布的函数为

$$f(\Delta) = \frac{1}{\sqrt{2\pi}\sigma}e^{-\frac{\Delta^2}{2\sigma^2}} \tag{1-19}$$

式中，e 为自然数，其近似值为 2.718 23；σ 为观测值的标准差，其平方称为方差。

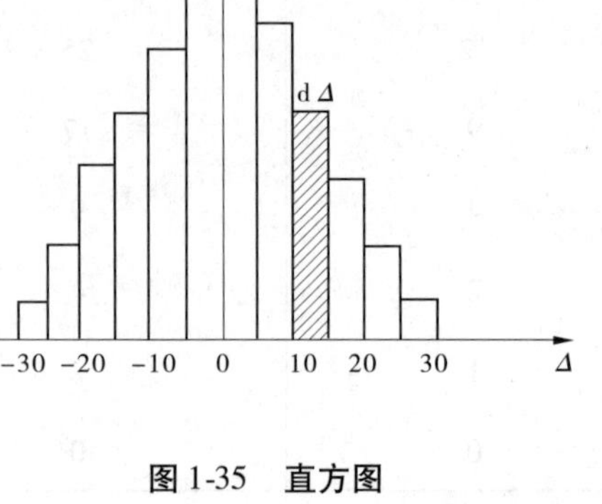

图 1-35 直方图

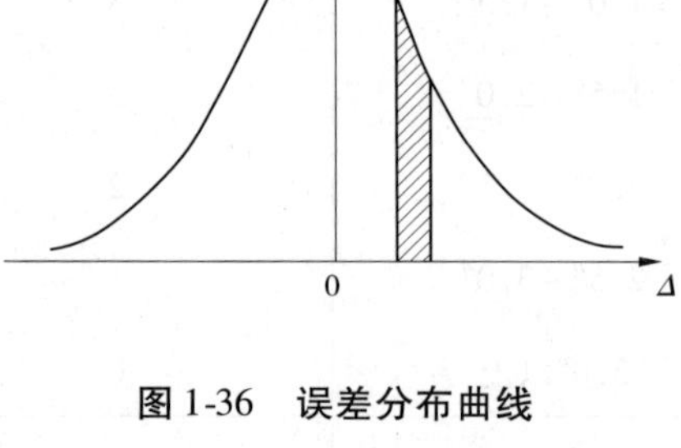

图 1-36 误差分布曲线

图 1-35 中小长方条的面积为 $f(\Delta)\mathrm{d}\Delta$，代表误差出现在该区间的概率 P，即

$$P = f(\Delta)\mathrm{d}\Delta \tag{1-20}$$

当函数 $f(\Delta)$ 较大时，误差出现在该区间的概率也较大；反之则较小。因此，称函数 $f(\Delta)$ 为概率密度函数，简称密度函数或概率密度。从正态分布图中不难看出，曲线中间高、两端低，表明小误差出现的概率大，大误差出现的概率小；曲线对称，表明绝对值相等的正、负误差出现的概率相等；曲线以横轴为渐近线，即最大误差不会超过一定的限值。

综上所述，一定的观测条件对应着一定的误差分布，不同的观测条件误差分布也不同。在图 1-37 中绘出了不同条件下两组观测值的误差分布曲线 y_1 及 y_2 对应的标准差分别为 σ_1 及 σ_2。从图 1-37 中可以看出，曲线 y_1 较高且陡峭，表明绝对值较小的误差出现的概率大，误差分布较密集；曲线 y_2 较低且平缓，表明绝对值较大的误差出现的概率小，误差分布较离散。由此可见，第一组观测精度较高，第二组观测精度较低。所以，观测条件的好坏即观测质量的高低在误差曲线的形态上得到了充分反映。由式(1-19)可知，当 $\Delta=0$ 时，有

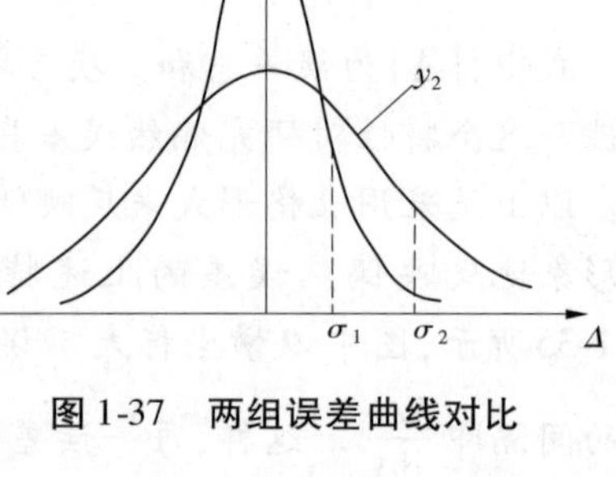

图 1-37 两组误差曲线对比

$$f(\Delta) = \frac{1}{\sqrt{2\pi}\sigma}$$

可见,标准差越小,误差分布越密集,观测精度越高,所以观测成果的质量又可以用标准差来表示。标准差在分布图上的几何意义是分布曲线拐点的横坐标,其值可通过求取$f(\Delta)$二阶导数的方法求得。

★**提示**:在测量工作中,为了提高成果质量,通常要进行多余观测。

活动二　评定精度的指标

资源与器材:课件。

本活动是理解掌握各精度指标的概念和公式。

精度即精密度,是指同一个量的各观测值之间密集和离散的程度。如果各观测值分布很集中,说明观测值的精度高;反之,如果各观测值分布很分散,说明观测值的精度低。准确度是指观测值中系统误差的大小。精确度是准确度与精密度的总称。

在测量中,通常用精确度评价观测成果的优劣。准确度主要取决于系统误差的大小,精度主要取决于偶然误差的分布。有时观测值精度很高,但可能很不准确,因为其中可能含有系统误差,因此只有在观测值中排除了系统误差,只剩偶然误差时,讨论观测值的精度才有意义。在本活动,讨论的观测值是仅含有偶然误差的观测值。

当观测值仅含偶然误差时,精度与观测质量是一致的,它们都取决于测量条件。在相同的测量条件下,对某量所进行的一组观测,对应着同一种误差分布,这一组中的每一个观测值,都具有相同的精度,为了衡量观测值精度的高低,可以将所有可能的误差都统计在内,采用误差分布表或绘制频率直方图来评定,从误差的总体分布中得出反映观测精度的真实数据。但这在实际工作中是不可能做到的。因此,需要建立一个统一的衡量精度的标准,使该标准及其数值大小能反映出误差分布的离散或密集的程度,称为衡量精度的指标。我们通常用中误差、相对误差和容许误差来表示。

一、中误差

标准差的平方为方差。方差反映的是随机变量总体的离散程度,又称总体方差或理论方差。在测量中,当观测值仅含偶然误差时,方差的大小就反映了总体观测结果接近真值的程度,方差小、观测精度高,方差大、观测精度低。测量条件一定时,误差有确定的分布,方差为定值。但是,计算方差必须知道随机变量的总体,实际上这是做不到的。在实际应用中,总是依据有限次观测计算方差的估计值,并以其平方根作为均方差的估计值,称为中误差。

在相同条件下,对某量(真值为X)进行n次独立观测,观测值$L_1, L_2, \cdots, L_n$,偶然误差(真误差)$\Delta_1, \Delta_2, \cdots, \Delta_n$,则中误差$m$的定义为

$$m = \pm\sqrt{\frac{[\Delta\Delta]}{n}} \tag{1-21}$$

式中,$[\Delta\Delta] = \Delta_1^2 + \Delta_2^2 + \Delta_3^2 + \cdots + \Delta_n^2, \Delta_i = L_i - X$,表示各个真误差的平方总和。

由中误差的定义可知,中误差是指在同样观测条件下一次观测值的中误差,它并不等于每个观测值的真误差,而是一组真误差的代表。当一组观测值的真误差越大时,中误差也就越大时,其精度就越低。

【例 1-3】 试根据表 1-17 数据,分别计算各组观测值的中误差。

表 1-17　分组观测数据表

第一组					第二组				
次数	观测值 (°	′	″)	真误差 Δ (″)	次数	观测值 (°	′	″)	真误差 Δ (″)
1	180	00	00	0	1	180	00	00	−1
2	179	59	58	+2	2	179	59	58	+2
3	179	59	59	+1	3	180	00	06	−6
4	180	00	03	−3	4	180	00	00	0
5	179	59	56	+4	5	180	00	01	−1
6	179	59	57	+3	6	179	59	53	+7
7	180	00	02	−2	7	179	59	59	+1
8	180	00	01	−1	8	180	00	00	0
9	179	59	58	+2	9	180	00	03	−3
10	180	00	04	−4	10	180	00	01	−1

解:第一组观测值的中误差:

$$m_1 = \pm\sqrt{\frac{0^2+2^2+1^2+(-3)^2+4^2+3^2+(-2)^2+(-1)^2+2^2+(-4)^2}{10}} = \pm 2.5''$$

第二组观测值的中误差:

$$m_2 = \pm\sqrt{\frac{(-1)^2+2^2+(-6)^2+0^2+(-1)^2+7^2+1^2+0^2+(-3)^2+(-1)^2}{10}} = \pm 3.2''$$

说明第一组的精度高于第二组的精度。中误差越小,精度越高。

二、相对误差

测量工作中对于精度的评定,在很多情况下用中误差这个标准是不能完全描述对某量观测的精确度。例如用钢卷尺丈量了 100 m 和 1 000 m 的两段距离,其观测值中误差均为 ±0.01 m。若以中误差来评定精度,显然就要得出错误的结论,因量距误差与长度有关。相对误差 K 是中误差的绝对值 m 与相应观测值 D 之比,通常以分子为 1 的分式来表示,称其为相对(中)误差。即

$$K = \frac{|m|}{D} = \frac{1}{\frac{D}{|m|}} \tag{1-22}$$

一般情况下,角度、高差的误差用中误差 m 表示,量距误差用相对误差 K 表示,通常把分子化为 1,写成 $1/N$ 的形式。

三、容许误差(极限误差)

中误差虽然反映了一组观测值的精度,但它并不代表个别观测值的真误差的大小,也就

是需要判断每个观测值的结果是否合乎规定要求。因此，要衡量某一观测值的质量，决定其取舍，还要引入允许误差的概念。允许误差是一定观测条件下规定的测量的限值，又称为限差或极限误差。

由偶然误差的第一特性可知，在一定的观测条件下，误差的绝对值不会超过一定的限值。从大量的测量实践得出，在等精度观测的一组误差中，绝对值大于1倍中误差的偶然误差，其出现的概率为32%；绝对值大于2倍中误差的偶然误差，其出现的概率为4.6%；绝对值大于3倍中误差的偶然误差，其出现的概率仅为0.3%，已经是概率接近于零的小概率事件，或者说实际上是不可能事件。因此，对于观测次数有限的测量工作，绝对值大于3倍中误差的偶然误差实际上基本不会出现，故通常规定以3倍中误差作为偶然误差的允许误差，即 $\Delta_{限} = 3m$ 。

在实际的测量工作中，有的测量对精度要求比较高，要求观测值不容许存在较大的误差，常以2倍中误差作为偶然误差的允许误差，即 $\Delta_{限} = 2m$ 。

如果某一观测值超过上述限差，就可以认为该观测值不可靠，应舍去不用或返工重测。

活动三　误差传播定律

资源与器材：课件。

本活动是理解掌握误差传播定律及应用。

本任务活动二已经叙述了衡量一组等精度观测值的精度指标，并指出在测量工作中通常以中误差作为衡量精度的指标。但在实际的测量工作中，某些未知量往往不可能或不便于直接测得，而是由某些直接观测值通过一定的函数关系间接计算而求得的。例如，水准测量中，每一站的高差是由前、后视读数求得的，即 $h = a - b$。这种由某些直接观测值通过一定的函数关系间接计算而求得的量称为间接观测值。间接观测值是直接观测值的函数，由于直接观测值含有误差，受其影响，它的函数也必然存在误差。在此情况下，函数的中误差与直接观测值的中误差之间必定有一定的关系。阐述这种函数关系的定律，称为误差传播定律，现就线性与非线性两种函数形式分别讨论如下。

一、线性函数

线性函数的一般形式为

$$z = k_1x_1 \pm k_2x_2 \pm \cdots \pm k_nx_n \tag{1-23}$$

式中，x_1、x_2、…、x_n 为独立观测值；k_1、k_2、…、k_n 为常数。

设观测值的中误差分别为 m_1、m_2、…、m_n ，函数 z 的中误差为 m_z 。下面来讨论观测值中误差与函数中误差之间的关系。为简单起见，先讨论具有两个独立观测值的函数，此时式(1-23)可写成

$$z = k_1x_1 \pm k_2x_2 \tag{1-24}$$

设 x_1、x_2 真误差为 Δ_{x_1}、Δ_{x_2} ，则函数 z 存在真误差 Δ_z ，即

$$z + \Delta_z = k_1(x_1 + \Delta_{x_1}) \pm k_2(x_2 + \Delta_{x_2}) \tag{1-25}$$

式(1-25)减式(1-24)，得真误差关系式

$$\Delta_z = k_1\Delta_{x_1} \pm k_2\Delta_{x_2} \tag{1-26}$$

若对 x_1、x_2 进行了 n 次观测，则有

$$\left.\begin{aligned}\Delta_{z_1} &= k_1(\Delta_{x_1})_1 \pm k_2(\Delta_{x_2})_1 \\ \Delta_{z_2} &= k_1(\Delta_{x_1})_2 \pm k_2(\Delta_{x_2})_2 \\ &\vdots \\ \Delta_{z_n} &= k_1(\Delta_{x_1})_n \pm k_2(\Delta_{x_2})_n\end{aligned}\right\} \tag{1-27}$$

将式(1-27)等号两边平方求和,并除以 n,得

$$\frac{[\Delta_z^2]}{n} = \frac{k_1^2[\Delta_{x_1}^2]}{n} + \frac{k_2^2[\Delta_{x_2}^2]}{n} \pm 2\frac{k_1k_2[\Delta x_1\Delta_{x_2}]}{n} \tag{1-28}$$

由于 Δ_{x_1}、Δ_{x_2} 均为偶然误差,因此乘积 $\Delta_{x_1}\Delta_{x_2}$ 也必然呈现偶然性,根据偶然误差第四特性,则有

$$\lim_{n\to\infty}\frac{k_1k_2[\Delta_{x_1}\Delta_{x_2}]}{n} = 0$$

于是,根据中误差的定义,则得到观测值中误差与函数中误差的关系为

$$m_z^2 = (k_1m_1)^2 + (k_2m_2)^2 \text{ 或 } m_z = \pm\sqrt{(k_1m_1)^2 + (k_2m_2)^2} \tag{1-29}$$

即两观测值和(差)的中误差的平方,等于各观测值中误差乘常数的平方之和。将其推广,可得线性函数中误差的关系式为

$$m_z^2 = (k_1m_1)^2 + (k_2m_2)^2 + \cdots + (k_nm_n)^2 \text{ 或 } m_z = \pm\sqrt{(k_1m_1)^2 + (k_2m_2)^2 + \cdots + (k_nm_n)^2} \tag{1-30}$$

即 n 个观测值代数和的中误差的平方,等于各观测值中误差乘常数的平方之和。

由式(1-30)可以写出下列两种特殊线性函数及其中误差关系式。

表 1-18 中误差传播公式

函数	函数式	中误差式
和差函数	$z = x_1 \pm x_2 \pm \cdots \pm x_n$	$m_z = \pm\sqrt{(m_1)^2 + (m_2)^2 + \cdots + (m_n)^2}$
倍数函数	$z = kx$	$m_z = \pm km_z$
线性函数	$z = k_1x_1 \pm k_2x_2 \pm \cdots \pm k_nx_n$	$m_z = \pm\sqrt{(k_1m_1)^2 + (k_2m_2)^2 + \cdots + (k_nm_n)^2}$

二、非线性函数

非线性函数即一般函数,其函数形式为

$$z = f(x_1, x_2, \cdots, x_n) \tag{1-31}$$

式中,x_1、x_2、…、x_n 为独立观测值;z 为 x_1、x_2、…、x_n 的函数。

为推导中误差关系式,对式(1-31)取全微分,得

$$\mathrm{d}z = \frac{\partial f}{\partial x_1}\mathrm{d}x_1 + \frac{\partial f}{\partial x_2}\mathrm{d}x_2 + \cdots + \frac{\partial f}{\partial x_n}\mathrm{d}x_n \tag{1-32}$$

设观测值 $x_1, x_2, \cdots, x_n$ 的真误差为 $\Delta_{x_1}, \Delta_{x_2}, \cdots, \Delta_{x_n}$，由这些真误差引起函数 z 的真误差为 Δ_z。因真误差均很小，用其代替式(1-32)中的微分，得真误差关系式为

$$\Delta_z = \frac{\partial f}{\partial x_1}\Delta_{x_1} + \frac{\partial f}{\partial x_2}\Delta_{x_2} + \cdots + \frac{\partial f}{\partial x_n}\Delta_{x_n} \tag{1-33}$$

式中，$\frac{\partial f}{\partial x_i}(i = 1,2,\cdots,n)$ 是函数对各自变量 x 的偏导数，以观测值代入，所得的值为常数，于是设

$$\frac{\partial f}{\partial x_1} = k_1, \frac{\partial f}{\partial x_2} = k_2, \cdots, \frac{\partial f}{\partial x_n} = k_n \tag{1-34}$$

因此，式(1-34)即成为类似于线性函数的真误差关系式，则由式(1-33)可得出非线性函数的中误差关系式为

$$m_z^2 = k_1^2 m_1^2 + k_2^2 m_2^2 + \cdots + k_n^2 m_n^2$$

即

$$m_z = \sqrt{\left(\frac{\partial f}{\partial x_1}\right)^2 m_1^2 + \left(\frac{\partial f}{\partial x_2}\right)^2 m_2^2 + \cdots + \left(\frac{\partial f}{\partial x_n}\right)^2 m_n^2} \tag{1-35}$$

事实上，线性函数的中误差关系式亦可通过求函数全微分的方法导出，因此线性函数中误差可以认为是非线性函数中误差的一种特殊形式。

应用误差传播定律求函数中误差时，首先应根据问题的性质列出正确的函数关系式，对于线性函数，可直接采用相应的中误差公式来求；对于非线性函数，应先对函数进行全微分，再求取函数的中误差。应当注意，观测值必须是独立的观测值，即函数式中各自变量必须是互相独立的，不包含相同的误差，否则应做并项或分项处理，使其均为独立观测值，否则将会得出错误的结果。

【例 1-4】 在 $\triangle ABC$ 中，$\angle A$、$\angle B$ 的观测中误差分别为 $m_A = \pm 6''$、$m_B = \pm 8''$，$\angle C = 180° - \angle A - \angle B$。试求 $\angle C$ 的中误差。

解：$\angle C = 180° - \angle A - \angle B$，因 180° 为一常数，不含误差，则得到 $\angle C$ 的中误差为

$$m_C = \pm\sqrt{m_A^2 + m_B^2} = \sqrt{6^2 + 8^2} = \pm 10''$$

【例 1-5】 等精度观测的某三角形的三内角 A、B、C，其中误差 $m_A = m_B = m_C = m$。由于测角误差的存在，三内角之和不等于 180°，产生闭合差

$$w = A + B + C - 180°$$

为了消除闭合差，将闭合差反号平均分配至各角，得各内角的最后结果为

$$\left.\begin{aligned}\overline{A} &= A - \frac{1}{3}w \\ \overline{B} &= B - \frac{1}{3}w \\ \overline{C} &= C - \frac{1}{3}w\end{aligned}\right\}$$

试求 w 及 $\overline{B}$ 的中误差 m_w 和 $m_{\overline{B}}$。

解：三内角均为独立观测值，闭合差与三内角的函数关系式为和差函数，得

$$m_w = \pm\sqrt{m_A^2 + m_B^2 + m_C^2} = \pm\sqrt{3}m$$

由于 w 是由三内角计算得到的，并非独立观测值，为此将 w 代入 $\overline{B}$ 消去 w，得 $\overline{B}$ 与独立

观测值(三内角)的函数关系式为

$$\overline{B} = B - \frac{1}{3}w = B - \frac{1}{3}(A + B + C - 180°) = -\frac{1}{3}A + \frac{2}{3}B - \frac{1}{3}C + 60°$$

于是

$$m_{\overline{B}} = \pm\sqrt{\left(-\frac{1}{3}\right)^2 m_A^2 + \left(\frac{2}{3}\right)^2 m_B^2 + \left(-\frac{1}{3}\right)^2 m_C^2} = \pm\sqrt{\frac{2}{3}}m$$

【例 1-6】 已知坐标增量计算公式为

$$\left.\begin{aligned} \Delta X &= S\cos\alpha \\ \Delta Y &= S\sin\alpha \end{aligned}\right\}$$

上式中,S 是测距仪测得的距离,α 是利用观测角求得的方位角,已知 S 和 α 的中误差分别为 m_S 和 m_α,求 ΔX 和 ΔY 的中误差 $m_{\Delta X}$ 和 $m_{\Delta Y}$。

解:首先对坐标增量的计算公式求全微分,有

$$\left.\begin{aligned} \mathrm{d}(\Delta X) &= \cos\alpha \mathrm{d}S - S\sin\alpha \frac{\mathrm{d}\alpha}{\rho} \\ \mathrm{d}(\Delta Y) &= \sin\alpha \mathrm{d}S + S\cos\alpha \frac{\mathrm{d}\alpha}{\rho} \end{aligned}\right\}$$

则坐标增量中误差为

$$\left.\begin{aligned} m_{\Delta X} &= \sqrt{\cos^2\alpha m_S^2 + (S\sin\alpha)^2 \frac{m_\alpha^2}{\rho^2}} \\ m_{\Delta Y} &= \sqrt{\sin^2\alpha m_S^2 + (S\cos\alpha)^2 \frac{m_\alpha^2}{\rho^2}} \end{aligned}\right\}$$

任务四　地形图的基本知识

【任务目标】

1. 认识地形图。
2. 理解地形图的内容。
3. 掌握比例尺换算及表达形式。
4. 掌握大比例尺地形图表示内容。

【学习过程】

1. 演示各种不同比例尺地形图,理解地形图的基本知识。
2. 学会识图、用图。

【学习成果】

1. 普通地图与地形图讨论分析表。
2. 地形图认识学习成果表。
3. 比例尺换算成果表。
4. 地物类型对照表。
5. 地貌类型对照表。

活动一　认识地形图

资源与器材：纸质地图挂图、课件。

本活动通过生动逼真的示例，理解地形图的概念。

一、展示普通地图与地形图

根据展示的不同类型的普通地图与地形图（见图 1-38、图 1-39），以组为单位分析讨论两种图中所表示的内容有哪些异同？将讨论结果填入表 1-19。

比例尺 1:199 万

0　19.9　39.8　59.7 km

图上 1 cm 相当于实地 19.9 km

图 1-38　河南省地图

表 1-19　普通地图与地形图讨论分析表

图的类型	内容	区别
地图		
地形图		

【知识导航】

1. 地图

地图是根据一定的数学法则，使用一定的符号，通过制图综合，表示地面上地理事物的

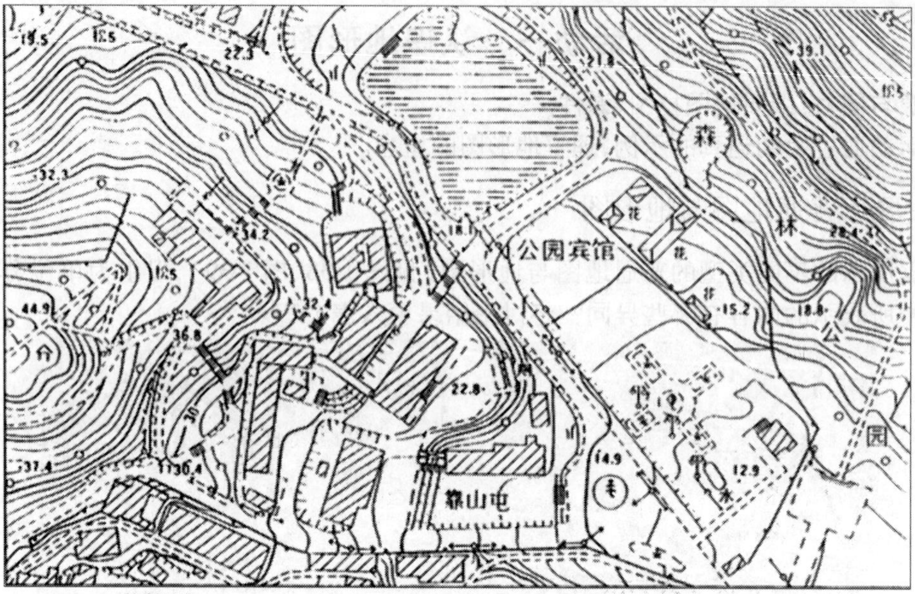

等高距为 1 m　　1:2 000

图 1-39　地形图

空间分布、联系及在时间中发展变化状态的图形。地图按其表示的内容分为普通地图和专题地图两大类。普通地图按其表达方式和详细程度又可分为地形图和普通地理图。

2. 地形图

地形图是按照一定的比例尺和图式符号，表示地物、地貌的平面位置和高程的正射投影图。

地球表面固定性的人为或天然的物体称为地物，如建筑物、道路、河流、管线设施等；地球表面高低起伏的形态称为地貌，如高山、丘陵、盆地、陡崖、冲沟等。地物和地貌总称为地形。

在地形图上，地物一般按图式符号加注记表示；地貌一般用等高线、图式符号和必要的高程注记表示，能反映地面的实际高程和起伏特征。地形图通常是经过实地测绘或根据实测数据和配合有关调查资料编制而成的。

二、地形图的应用领域

根据背景知识的描述，讨论地形图的应用领域，将讨论结果填入表 1-20 中。

表 1-20　地形图的应用

组别	地形图应用领域

【知识导航】

1. 地形图在经济建设中的用途

(1)作为规划和管理用。如城镇规划、新农村规划、交通规划、农业布局规划等及管理的需要,利用地形图设计各种规划图,可精确而直观地显示未来的发展前景。

(2)作为工程建设的勘察、设计、施工用。如铁路、公路、水利工程、工厂、建筑等工程项目的勘察、设计、施工,通常都有用到较大比例尺的反映地面真实状况的地形图。

(3)用于土地管理(地籍管理)和房产管理。为土地管理(地籍管理)和房产管理提供必要的基础数据,如土地整理、拆迁、房产交易等。

(4)进行各种资源的勘察、开发。如矿产资源、森林资源、水力资源等的勘察、开发等。

2. 地形图在国防建设中的作用

地形图是战争的重要工具之一。据不完全统计,第二次世界大战中,仅苏联一个国家就消耗地图达5亿多张。现代条件下的战争,诸兵种协同作战,用图量将更大。

(1)各种国防工程的规划、设计、施工。

(2)各种军事战术作业、战场指挥。

(3)军事后勤保障及军事手段的执行,如导弹的飞行、卫星侦察等。

3. 地形图在科学研究、文化方面的用途

(1)各种环境监测、分析及预警,如地震预报、自然灾害影响分析、耕地面积变化监测等。

(2)地学研究的基础资料,如地质普查、地壳运动及监测。

(3)考古。

(4)社会人文研究,如民风民俗变迁、姓氏文化演变及地理分布等。

4. 其他方面的用途

(1)政府决策参考,如救灾抢险指挥、城市道路交通指挥等。

(2)旅游指南。

(3)公共场所信息查询(电子地图)。

(4)宣传教育的工具。

活动二　地形图的内容

资源与器材:地形图、图式、课件。

本活动通过展示各种地形图,学生讨论总结地形图组成要素。

展示各种地形图,以小组为单位分组讨论地形图上的组成要素,并将讨论结果填在表1-21中。

表1-21　学习成果表

地形图要素类型	地形图要素包含内容

【知识导航】

地形图的内容比较丰富,大致可分为以下三类:

(1)数学要素。如坐标系统、投影方式、比例尺等。

(2)地形要素。各种地物、地貌。

(3)注记与整饰要素。各种注记说明和辅助图表。注记说明包括文字注记,如单位名称、道路、植被等;还包括数字注记,如点的高程、点号等。整饰要素包括图名、图号、图幅接合表、图框、测绘机关、比例尺、采用的坐标系统、高程系统、图式、测量员、绘图员、检查员等。

活动三　地形图的比例尺

资源与器材:纸质挂图、直尺。

一、比例尺概念

地面上的各种地物、地貌都不可能按其真实大小描绘在图纸上,是按一定比例缩小后表示在图上的,这种图上距离与实地水平距离之比,称为图的比例尺。为了直观、明确表示比例尺,图的比例尺一般是用分子为1的分数表示。

$$图的比例尺 = \frac{d}{D} = \frac{1}{M} \tag{1-36}$$

式中,d 为图上距离;D 为实地水平距离;M 为比例尺分母。

根据图1-40所示地形图(局部),理解地形图比例尺的概念,并量取图上地物长度,换算相应比例尺,将换算结果填入表1-22中。

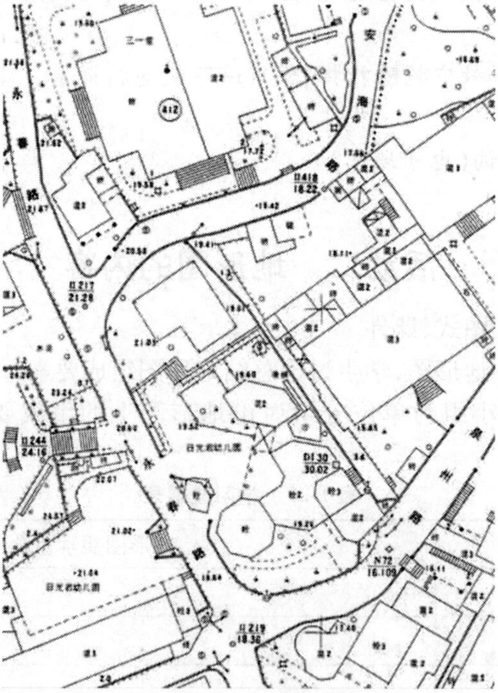

图1-40　地形图(局部)

表 1-22　比例尺换算成果表

地形图地物名称	图上量算长度(mm)	实地长度(m)	比例尺

依据比例尺概念,计算常用比例尺中每毫米代表的实地距离,填入表 1-23 中。

表 1-23　常用比例尺换算表

比例尺	图上距离(mm)	实地距离(m)
1∶500	1	
1∶1 000	1	
1∶2 000	1	

★**思考**:为什么换算的比例尺与图上标注比例尺不相同?

二、地形图比例尺的类型

观察图 1-38、图 1-39,比较两图比例尺的表示方法有何不同?根据背景知识内容,将其名称标注在图上相应位置。

【知识导航】

地形图的比例尺按比值的大小分为三类:

(1)大比例尺:1∶500～1∶5 000,主要采用常规或野外数据采集成图。

(2)中比例尺:1∶10 000～1∶50 000,主要采用航测法成图。

(3)小比例尺:1∶100 000～1∶1 000 000,主要根据大、中比例尺地形图及各种资料编绘而成。

地形图比例尺按其表达方式,又可分为数字比例尺、直线比例尺两种。

1. 数字比例尺

用数字形式表示的比例尺称为数字比例尺。如 1∶500、1∶1 000、1∶2 000 等,地形图上一般都标注有数字比例尺,它的特点是直观、准确。

2. 直线比例尺

用一定长度的线段表示图上的实际长度,并按图上比例尺计算出相应地面上的水平距离注记在线段上,这种比例尺称为直线比例尺。图 1-41 为直线比例尺。

直线比例尺多绘制在图幅下方,具有随图纸同样伸缩的特点,故用它量取同一图幅上的距离时,在很大程度上减小了图纸伸缩变形带来的影响。

3. 比例尺的精度

测图用的比例尺越大,就越能反映出测区地形的详细情况,但测图所需的工作量也越大。因此,测图比例尺关系到实际需要、成图时间及测量成本。一般应以工作需要决定图上应表示出的最小地物有多大,点的平面位置或点间距离要精确到什么程度为准。正常人的眼睛能分辨出的最短距离为 0.1 mm,距离再小,就难以分辨了。因此,实地水平距离按比例

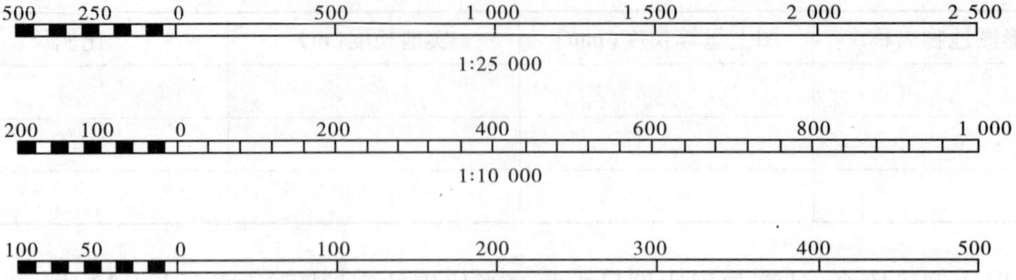

图 1-41　直线比例尺

缩绘到图上，相当于 0.1 mm 的实地水平距离称为比例尺的精度。

$$\delta = 0.1\ \text{mm} \times M \tag{1-37}$$

式中，δ 为比例尺精度；M 为比例尺分母。

依据比例尺精度，可参考决定：

(1)按工作需要，多大的地物须在图上表示出来或测量地物要求精确到什么程度，由此可参考决定测图的比例尺。

(2)当测图比例尺确定后，可以推算出测量地物时应精确到什么程度。

依据背景知识计算出表 1-24 中其余比例尺精度。

表 1-24　比例尺精度

比例尺	1∶500	1∶1 000	1∶2 000	1∶5 000	1∶10 000
比例尺精度(m)	0.05				

★思考：若进行 1∶500 地形图测量，则应表示的最小地物是多大？

活动四　测量常用的度量单位

资源与器材：课件。

本活动是使学生学会如何正确规范地领取测绘仪器，完成测绘实习。

【知识导航】

1. 测量常用度量单位

测量工作中常用的度量单位有长度单位、面积单位及角度单位 3 种。我国的法定计量单位以国际单位制(IS)为基础，测量中必须使用法定计量单位。

长度国际单位是米，符号为 m。测量中常用的长度单位还有毫米(mm)、厘米(cm)、分米(dm)和千米(km)。它们之间的换算关系为

$$1\ \text{m} = 10\ \text{dm} = 100\ \text{cm} = 1\ 000\ \text{mm},\ 1\ \text{km} = 1\ 000\ \text{m}$$

面积的国际单位是平方米，符号为 m^2。图上面积通常用平方毫米(mm^2)、平方厘米(cm^2)、平方分米(dm^2)等表示。大面积可用平方千米(km^2)。它们的换算关系为

$$1\ \text{m}^2 = 100\ \text{dm}^2 = 10\ 000\ \text{cm}^2 = 1\ 000\ 000\ \text{mm}^2,\ 1\ \text{km}^2 = 1\ 000\ 000\ \text{m}^2$$

我国常用公顷、亩来表示土地面积：$1\ \text{m}^2 = 0.001\ 5$ 亩，$1\ \text{km}^2 = 1\ 500$ 亩 $= 100\ \text{hm}^2$。

将一圆周等分为 360 份，每一等份所对的圆心角值称为一度，即 1°。1°的 1/60 为 1′，1′

的 1/60 为 1″，即 1°＝60′＝3 600″。度及其衍生的分、秒不是国际单位，但是我国的法定计量单位之一，也是测量中表示角度的最常用单位。

圆周上等于半径的弧长所对的圆心角值称为一弧度，即 1 rad。用 $\widehat{\theta}$ 表示圆心角的弧度值，用 L 表示弧长，用 R 表示圆的半径，则有

$$\widehat{\theta} = \frac{L}{R} \tag{1-38}$$

测量计算中，有时要将度、分、秒化成弧度，或反过来将弧度化成度、分、秒。习惯上分别以 ρ°、ρ'、ρ'' 表示 1 弧度对应的度、分、秒值。

圆的一周为 360°，对应的弧度值为 $2\pi = 2\pi R/R$（周长除以半径），所以

(1) $1\ \text{rad} = \rho^\circ = (180/\pi)^\circ = 57.29578^\circ \approx 57.3^\circ$

(2) $1\ \text{rad} = \rho' = (180 \times 60/\pi)' \approx 3\ 438'$

(3) $1\ \text{rad} = \rho'' = (180 \times 3\ 600/\pi)'' \approx 206\ 265''$

2. 测量计算中的有效数字

1) 有效数字的概念

测量结果都是包含误差的近似数据，在其记录、计算时应以测量可能达到的精度为依据来确定数据的位数和取位。如果参加计算的数据的位数取少了，就会损害外业成果的精度并影响计算结果的应有精度；如果位数取多了，易使人误认为测量精度很高，且增加不必要的计算工作量。

一般而言，对一个数据取其可靠位数的全部数字加上第一位可疑数字，就称为这个数据的有效数字。一个近似数据的有效位数是该数中有效数字的个数，指从该数左方第一个非零数字算起到最末一个数字（包括零）的个数，它不取决于小数点的位置。

2) 数字凑整规则

由于数字的取舍而引起的误差称为“凑整误差”或“取舍误差”。为避免取舍误差的迅速累积而影响测量成果的精度，在计算中通常采用如下的凑整规则：

(1) 若拟舍去的数字部分小于保留末位的 0.5，则被保留的末位数不变。

(2) 若拟舍去的数字部分大于保留末位的 0.5，则被保留的末位数加 1。

(3) 若拟舍去的数字部分等于保留末位的 0.5，则被保留的末位数是奇数时就加 1，是偶数时就不变。

思考题

1. 什么是测绘？测绘学的分类是什么？
2. 简述“3S”技术、“4D”产品的含义。
3. 什么是大地水准面？大地水准面有什么特性？
4. 什么是参考椭球面？参考椭球面有什么特性？
5. 我国采用哪些平面坐标系统？
6. 简述高斯投影的特点。
7. 什么是高程？什么是高差？
8. 我国采用哪些高程系统？

9. 简述用水平面代替水准面的限度。

10. 测量误差包括哪些影响因素?

11. 测量精度指标有哪些?

12. 偶然误差和系统误差有什么不同? 偶然误差具有哪些特性?

13. 什么是地形图?

14. 地形图包括哪些内容?

15. 简述地形测量工作主要包括哪些内容。

第二篇 控制测量

控制测量是测绘的基础工作之一,在测量工作中占有重要地位。控制测量的主要目的包括建立测区统一的控制网,控制全局;高精度测定控制点空间坐标,限制误差累积等。控制测量的主要内容包括平面控制测量和高程控制测量。本篇主要介绍控制测量概述、平面控制测量、高程控制测量、控制测量加密及成果资料提交等知识。

项目二 控制测量基础知识

【项目说明】

现有任务为测制某区域1:500数字地形图。已收集到该区域影像图及相应的控制点,如图2-1所示。最终数字地形图成果如图2-2所示。为保证数字地形图测绘质量,按照地形测量"先控制,后碎部"的要求,应首先进行控制测量工作。控制测量的前期工作包括控制测量准备、选点埋石等。GNSS作为当前最为重要的控制测量方法,在任务四中进行介绍。

图2-1 某区域影像图

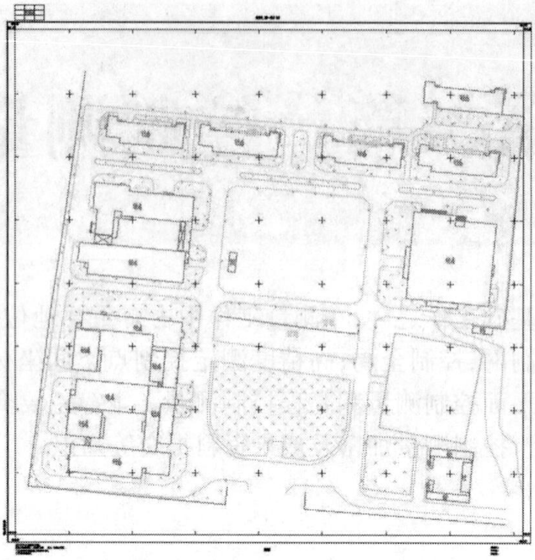

图 2-2　某区域地形图

【项目任务】

1. 控制测量认识。

2. 控制测量准备。

3. 选点埋石及路线布设。

4. GNSS 定位测量基础。

【项目成果】

1. 收集资料清单。

2. 规范对比表。

3. 选点略图。

4. 点之记。

任务一　控制测量认识

【任务目标】

1. 认识控制测量的目的和意义。

2. 了解控制测量的分类和常见方法。

【学习过程】

1. 课件演示。

2. 分组讨论。

【学习成果】

针对不同测区制定控制测量方法。

活动一　控制测量初识

资源与器材：影像图、网络资料。

阅读知识导航中关于控制测量的知识，结合查找网络资源，以及使用影像图辅助建立感官认识，构建对控制测量的基本认知。将了解到的控制测量的分类填入表 2-1。

表 2-1　控制测量分类

分类方法	具体分类

【知识导航】

1. 控制测量概述

任何一种测量工作都会产生误差，为了不使测量误差累积，保证测量成果的质量，必须采用一定的程序和方法。在测量工作中，首先在测区内选择一些具有控制意义的点，组成一定的几何图形，构成测区的整体骨架，用相对精确的测量手段和方法，在统一坐标系中，确定这些点的平面坐标和高程，这些具有控制意义的点称为控制点；由控制点组成的几何图形称为控制网；对控制网进行布设、观测、计算，确定控制点位置的工作称为控制测量。控制测量的目的是通过在测区内测定足够数量的控制点，满足测图需要，控制测量误差的积累，提高测量精度。

在实际测量工作中必须遵循"从整体到局部，先控制后碎部"的原则，即先在整个测区内进行控制测量，建立控制网，然后以测定的控制网点为基础，分别在各个控制点上施测周围的碎部点。

一般地，作业半径小于 10 km 范围的区域建立的控制网，称为小区域控制网。在这个范围内，大地水准面可视为水平面，直接使用测量成果计算出控制点的平面直角坐标，不需归算到高斯平面上。小区域平面控制网应尽可能与国家平面控制网或城市平面控制网联测，如果测区无高级控制点，或联测已知高等级控制点有困难，也可建立独立平面控制网。在全测区范围内建立的精度最高的控制网，称为首级控制网；直接为测图而建立的控制网称为图根控制网。

2. 控制测量分类

(1) 控制测量按内容分为平面控制测量和高程控制测量。测定控制点平面位置 (x,y)

的工作,称为平面控制测量;测定控制点高程(H)的工作,称为高程控制测量。

(2)按精度分。包括首级控制测量、图根控制测量。

(3)按方法分。包括天文测量、常规测量(三角测量、导线测量、水准测量等)、卫星定位测量。

3.控制测量的作用

控制测量服务的对象主要是各种工程建设、城镇建设、土地规划与管理等工作。一般地,一项工程建设需要经过设计、施工和运营三个阶段,各个阶段对控制测量工作提出的要求不同,控制测量的任务和作用也各不相同。

(1)设计阶段建立用于测绘大比例尺地形图的测图控制网。其任务是布设作为图根控制依据的测图控制网,以保证地形图的精度和各幅地形图之间的准确拼接。

(2)在施工阶段建立施工控制网。对于不同的工程来说,施工测量的具体任务也不同。

(3)在工程竣工后的运营阶段,建立以监测建筑物变形为目的的变形观测专用控制网。

活动二　控制测量的方法

资源与器材:网络资料。

阅读知识导航中关于控制测量方法的知识,结合查找网络资源,认识控制测量的各类方法,将了解到的方法及特点填入表2-2。

表2-2　控制测量方法与特点

分类	方法	特点
平面控制测量		
高程控制测量		

【知识导航】

1.小区域平面控制测量的方法

平面控制测量的方法主要分三角测量、导线测量与卫星定位测量。

1)三角测量

把地面上选定的控制点依次连接成三角形,观测各三角形的全部内角,并化算到平面上,根据起始边的平面边长和方位角,即按三角形边角关系逐一推算各边的边长和方位角,进而根据已知点坐标推算出各点坐标,这种测量方法称为三角测量法。

在电磁波测距仪和卫星定位测量方法被广泛使用以前,三角测量是主要的平面控制网建网方法。我国1984年完成平差的国家天文大地网的主体形式就是三角锁或网。但三角网由于需多方向通视,并常常建立高标,且耗时、费力,成本高,现已基本不再采用三角网测量,代之的是导线网和卫星定位网。

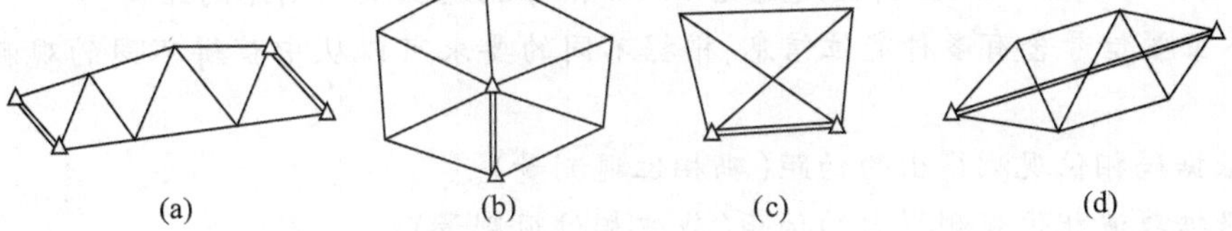

图 2-3　三角网形式

2）导线测量

地面上选定相邻点间通视的控制点，连接成一条折线形状（见图 2-4），直接测定各边边长和方向值，利用已知点推算各点坐标。

图 2-4　导线测量

导线测量的优点是：呈单线布设，坐标传递速度快；只需前后两个相邻导线点通视，易于越过地形、地物障碍，布设灵活；各导线边均直接测定，精度均匀；导线纵向误差较小。缺点是：控制面积小，检核观测成果质量的几何条件少，横向误差较大。因此，在不易进行三角测量和卫星定位测量的地区，一般用导线测量方法建立平面控制网。我国的传统天文大地网就是以三角测量为主、导线测量为辅的方法建立的。

随着电磁波测距仪的普及应用，导线测量在一个时期内成为常规地面测量建网的主要方法。

3）卫星定位测量

卫星定位测量是以分布在空中的多颗导航定位卫星（4 颗以上）为观测目标来确定地面点三维坐标，其定位原理如图 2-5 所示。

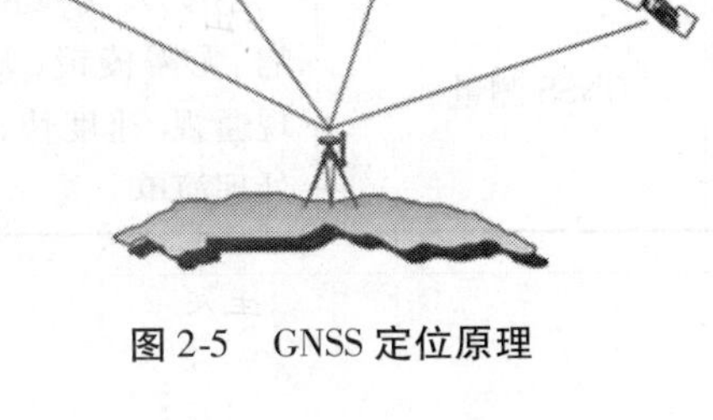

图 2-5　GNSS 定位原理

卫星定位测量应用最为广泛的是 GNSS 测量技术。它可为用户提供精密的三维坐标、三维速度和时间信息。由卫星定位的几何原理可知，若同时观测三颗卫星至测站的距离，便可交会出地面点的位置。所以 GNSS 观测,就是通过 GNSS 信号测定卫星至测站的距离。

GNSS 卫星信号含有多种定位信息,根据不同的要求可以从中获得不同的观测量,主要有:

(1)根据码相位观测得出的伪距(码相位观测量)。

(2)根据载波相位观测得出的伪距(载波相位观测量)。

(3)由积分多普勒计数得出的伪距差。

(4)由干涉法测量得出的时间延迟。

其中最广泛采用的基本观测量是码相位观测量和载波相位观测量。

GNSS 控制测量的精度等级分为 A、B、C、D、E 5 个等级,具体要求见表 2-3。

表 2-3 GNSS 测量精度分级及技术要求

等级	A	B	C	D	E
相邻点间平均距离(km)	300 以上	50	20	5	3
相对精度	1×10^{-8}	1×10^{-7}	1×10^{-6}	1×10^{-5}	1/60 000
闭合环或附和路线条数(条)		6	6	8	10
同步观测接收机机数		4	3	2	2
卫星高度角(°)		10	15	15	15
同步观测有效卫星数		≥4	≥4	≥4	≥4
有效观测卫星总数		≥20	≥6	≥4	≥4
观测时段数		≥3	≥3	≥1.6	≥1.6
观测时段长度		≥23 h	≥4 h	≥60 min	≥40 min
采样间隔(s)		30	10 ~ 30	5 ~ 15	5 ~ 15

注:表 2-1 中所列精度指标引自《全球定位系统(GPS)测量规范》(GB/T 18314—2009)。

目前在全国范围内,已建有 GNSS A 级网 27 个点、B 级网 818 个点。

表 2-4 平面控制测量方法比较

平面控制测量方法	优点	缺点	适用范围
三角测量	控制面积大、几何条件多、图形结构强、角度质量易检查	需多方向通视,并常常需建立高标,耗时、费力、成本高	平坦地区及地形起伏不大的地区
导线测量	布设灵活,要求通视的方向少,边长直接测定,精度均匀	控制面积小、检核条件少、横向误差大	平坦地区及地形起伏不大的地区
GNSS 测量	不受天气及温度影响、无需棱镜、无需实现通视、速度快、数据处理简单	精度依赖卫星信号,受外界影响大	基本不受地形的影响

2. 小区域高程控制测量

高程控制测量就是在测区布设高程控制点，用精确方法测定它们的高程，构成高程控制网。高程控制测量的方法主要有水准测量、三角高程测量。

高程控制测量的具体方法在项目四中进行阐述。

任务二 控制测量准备

【任务目标】

1. 掌握控制测量的作业内容。
2. 掌握控制测量资料收集内容。

【学习过程】

1. 课件演示。
2. 分组讨论。

【学习成果】

小区域控制测量资料收集内容表格。

【知识导航】

控制测量作业包括资料收集、技术设计、实地踏勘、选点埋石、外业观测、平差计算等主要步骤。

控制测量的技术设计主要包括精度指标的确定和控制网的网型设计。在实际工作中，控制网的等级和精度标准可根据测区大小和控制网的用途确定。当测区范围较大时，为了能使控制网形成一个整体，又能相互独立工作，必须采用“从整体到局部，分级布网，逐级控制”的布网程序。若测区面积不大，也可布设同级全面网。控制网网形设计是在收集测区地形图、已有控制点成果及测区的人文、地理、气象、交通、电力等资料的基础上进行的。首先在图件资料上标出已有的控制点和测区范围，再根据测量目的对控制网的要求，结合地形条件在图上设计控制网的形式和控制点位置，然后到实地踏勘，查明图上标定的已知点与实地是否相符，并查明标石是否完好；查看设计路线和控制点点位是否合理，通视情况是否理想。根据图上设计的网形，到实地选取最佳的控制点位置。控制点点位选取一般应满足：点位稳定，视野开阔，便于保存和扩展、加密及观测。

控制网的外业观测方案依据不同的技术要求、不同的仪器设备及不同的起算数据的数量而不同。观测工作完成后，应对数据进行检核，在保证观测成果满足精度要求的情况下，才能进行平差计算。一般地，对于高等级控制测量，可以采用严密平差方法；对于低等级控制网（如图根控制测量），可以采用近似平差方法。

活动一 测区资料收集

资源与器材：地形图、航片、影像图。

首先阅读背景知识，然后分组讨论，以图2-1、图2-2为例，列举出所需收集哪些方面的资料，填入表2-5。

表 2-5　资料收集类型表

资料类型	资料列举

【知识导航】

对测区情况有足够了解之后，才能进行控制测量整体方案的确定。测区情况的了解应基于相应的基础资料。

资料收集包括收集、整理、分析测区概况资料、各种图件资料、已知点坐标数据及相应各种规范、技术文件等。为了便于分析资料的可靠性、精确性，还需要对原测图资料、已知控制点坐标进行检核。

在项目案例中，测量实施前所需准备收集的资料有测区已有大比例尺地形图、相应区域影像资料、已知控制点成果表等。

1. 测区已有大比例尺地形图

通过测区已有大比例尺地形图，可以清楚地了解到测区内的地形情况。测区内居民地、道路、河流、耕地、林地等地物的分布情况决定了设计导线的走向与控制点的分布。测区所处位置是平原、丘陵、山地还是高山地，决定了采用的技术等级标准。

2. 已知控制点成果表

如要进行控制测量，在测区内必须有 1 个及以上已知控制点。已知控制点数量的多少及分布决定了导线的布设形式。

活动二　仪器设备、工具准备

资源与器材：全站仪、觇标、棱镜、外业观测手簿等。

以图 2-1 所示范围为例，分组讨论列举所需的仪器设备、工具并填入表 2-6。

表 2-6　测量仪器与工具清单

仪器名称(型号)	数量	作用

活动三　技术标准

资源与器材：项目案例区域影像图、相应规范。

本活动主要结合图 2-1，查找与控制测量相关的技术规范，认识各规范面向的主要领域，填入表 2-7。

表 2-7 各规范对比表

规范名称	标准编号及年份	规范适用范围
《工程测量规范》		
《城市测量规范》		
《国家三、四等水准测量规范》		
《三、四等导线测量规范》		
《全球定位系统(GPS)测量规范》		
《1∶500、1∶1 000、1∶2 000 外业数字测图技术规程》		

任务三 控制测量选点埋石与路线布设

【任务目标】

1. 掌握控制点规格及埋石要求。
2. 掌握点之记绘制方法。
3. 掌握导线测量的布设形式。

【学习过程】

1. 课件演示。
2. 场地实训。

【学习成果】

1. 点之记成果。
2. 导线布设方式对比表。

活动一 选点埋石

资源与器材:课件、实物标志、相关规范、钢尺、记录板、米格纸、红漆、毛笔。

各小组以图 2-4 为例,讨论选定的控制点类型,并绘制一份点之记,填在表 2-8 中。其中点位略图(见图 2-6)应该依据其实地位置绘制,四至方位物关系应依据导线点位置实地勘丈 2 个以上邻近主要地物关系距离。

【知识导航】

1. 选点、埋石

选点前应调查、收集测区已有的近期大、中比例尺地形图和高级控制点的成果资料。然后到实地踏勘,根据已知点的分布和完好状况,以及测区地形情况和测图比例尺,在地形图上拟订出导线布设方案,最后到实地确定点位。如果没有测区原有地形图资料,则需要详细踏勘现场,根据测区的已知控制点的分布、地形条件及测图比例尺等具体情况,合理地选定导线点的位置。实地选点应注意以下几点:

(1)相邻点间通视良好,便于测角和量距。

(2)点位应选择在土质坚实、便于保存标志和安置仪器的地方。

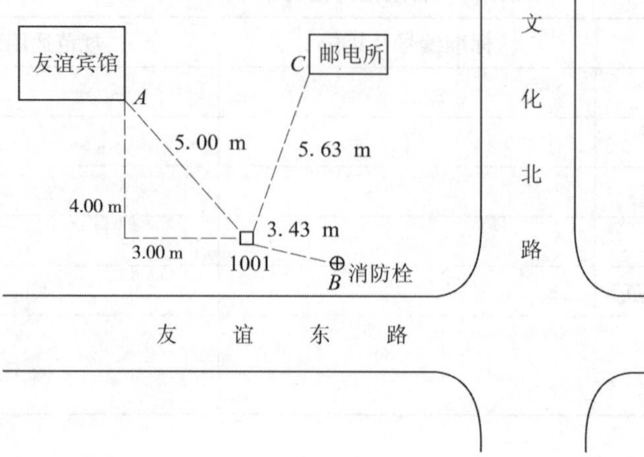

图 2-6　点位略图

(3)视野开阔,便于测图。

(4)导线各边的边长应大致相等,相邻边长之比不宜超过1∶3。对于一、二级导线,尽可能布设成为直伸形状。

(5)导线点应有足够的密度,分布均匀,便于控制整个测区。

导线点选定后,要在每一点位上打一木桩,并在桩顶钉一小钉,作为临时测量标志。若导线点需保存时间较长,就要埋设标石,在地面或附近明显建(构)筑物上用红漆书写点号,字头向北,画箭头指示点位,并绘出导线选点略图及“点之记”。

图 2-7 列出了常见控制点标志类型。

(a)　(b)　(c)　(d)

图 2-7　常见控制点标志类型

参考《城市测量规范》(CJJ/T 8—2011)，查找常用控制点标石类型规格及适用范围，填入表2-8中。

表2-8　导线点标石类型

标石类型	规格	适用范围
混凝土标桩		
钢钉		
木桩		

2. 绘制选点略图及点之记

实地踏勘选点后，应将导线点的实地方位及相邻点的位置关系绘制在米格纸上，可作为外业观测的指导用图，如图2-8所示。

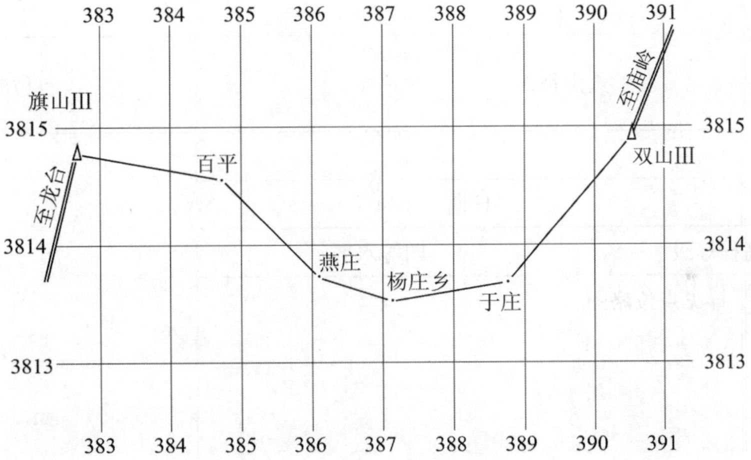

图2-8　导线选点略图

对于永久性导线点，还需按照要求绘制“导线点点之记”。应在点之记略图上标绘控制点点位和相邻永久性的主要地物之间的相对关系，一般应丈量3个主要地物关系距离，并记录有关数据，包括控制点的坐标和它们之间的几何关系数据，以便于寻找控制点的地下标志和一旦控制点被破坏时能容易恢复其原来的准确位置。点位略图如图2-6所示。点之记样表可参见表2-9。

表 2-9　导线点点之记

日期：　　年　　月　　　　　　　　　　　　　　绘图：　　　校对：

<table>
<tr><td rowspan="10">点名及等级</td><td>点名</td><td></td><td rowspan="2">土质</td><td colspan="2" rowspan="2">硬质路面</td></tr>
<tr><td>点号</td><td></td></tr>
<tr><td>等级</td><td></td><td rowspan="2">标石说明</td><td colspan="2" rowspan="2"></td></tr>
<tr><td rowspan="7">通视点列表</td><td></td></tr>
<tr><td></td><td rowspan="2">旧点名</td><td colspan="2" rowspan="2"></td></tr>
<tr><td></td></tr>
<tr><td></td><td rowspan="4">坐标</td><td rowspan="2">平面坐标</td><td rowspan="2">高程</td></tr>
<tr><td></td></tr>
<tr><td></td><td>X：</td><td rowspan="2"></td></tr>
<tr><td></td><td>Y：</td></tr>
<tr><td colspan="2">所在地</td><td colspan="4"></td></tr>
<tr><td colspan="4">选点情况</td><td colspan="2">点位略图</td></tr>
<tr><td>单位</td><td colspan="3"></td><td colspan="2" rowspan="4">北
↑</td></tr>
<tr><td>选点员</td><td></td><td>日期</td><td></td></tr>
<tr><td colspan="2">联测高程等级</td><td colspan="2">四等水准</td></tr>
<tr><td>点位说明</td><td colspan="3">详见点位略图</td></tr>
</table>

活动二　路线布设

资源与器材：课件、影像图。

以图 2-4 为例，分组讨论控制测量路线布设形式，并阐述原因。

【知识导航】

1. 导线测量的概念

在测量工作中，将一系列控制点以折线的形式连接起来的布设形式称为导线，导线测量是目前平面控制测量中的常见方法。其中的控制点称为导线点，连接相邻控制点的直线段称为导线边，相邻导线边间的水平角称为转折角（转折角分左角和右角：沿导线前进方向左侧的角称为左角，沿导线前进方向右侧的角称为右角，左角 + 右角 =360°）。野外观测和测定导线边、转折角的过程称为导线测量；由观测的数据和已知点的坐标推算导线点平面坐标的过程称为导线计算，导线计算的成果是导线点坐标。

2. 导线测量的布设形式

导线按布设形式的不同可分为附合导线、闭合导线、支导线、导线网等。

1) 附合导线

由一个已知点出发，附合于另一已知点的导线称为附合导线。根据已知点数量及相对关系的不同，附合导线还可细分为测两个连接角的双定向附合导线、只测一个连接角的单定向附合导线、不测连接角的无定向附合导线。其中，互相通视的一对已知点构成已知边，也称为定向边。如图 2-9(a)、(b)、(c)所示。

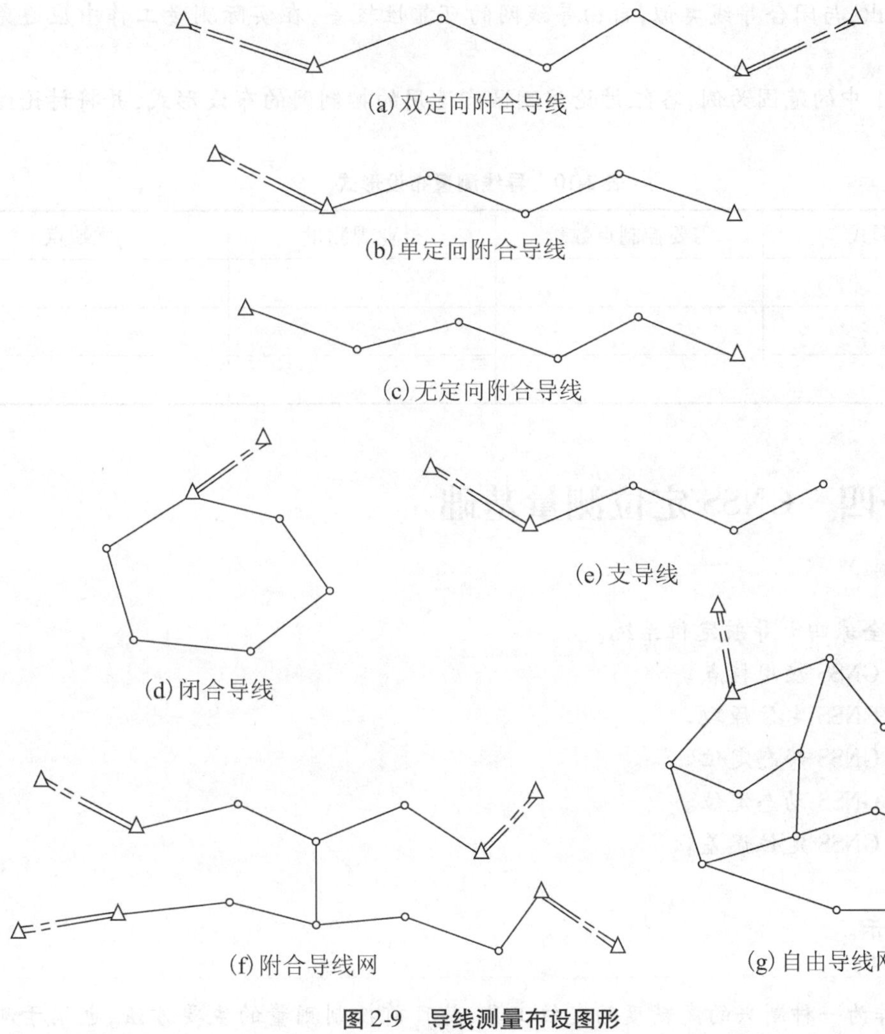

(a) 双定向附合导线

(b) 单定向附合导线

(c) 无定向附合导线

(d) 闭合导线

(e) 支导线

(f) 附合导线网

(g) 自由导线网

图 2-9　导线测量布设图形

2) 闭合导线

由一已知点出发，最后仍回到这一点而形成一个闭合多边形的导线称为闭合导线。如图 2-9(d)。由于闭合导线的检校条件过于单一，可靠性较差，在实际工作中应避免单独使用。

3)支导线

由一已知点出发,既不附合也不闭合于一已知点的导线称为支导线,如图 2-9(e)所示。由于支导线缺乏检核条件,故一般只限于地形测量的图根导线中采用。

4)导线网

导线网分为附合导线网(见图 2-9(f))、自由导线网(见图 2-9(g))。

具有一个以上已知控制点或具有附合条件的导线网称为附合导线网。仅有一个已知控制点和一个起始方位角的导线网称为自由导线网。

导线网中导线相交的交点称为结点,只含有一个结点的导线网,称为单结点导线网;多于一个结点的导线网称为多结点导线网。

应该指出,与闭合导线类似,自由导线网的可靠性较差,在实际测量工作中应避免单独使用。

以图 2-1 中的范围为例,各组讨论该测区宜选用的控制网的布设形式,并将讨论结果填在表 2-10 中。

表 2-10　导线测量布设形式

布网形式	需要控制点数量	外业观测量	优缺点

任务四　GNSS 定位测量基础

【任务目标】

1. 掌握全球四大导航定位系统。
2. 掌握 GNSS 应用特点。
3. 掌握 GNSS 定位原理。
4. 掌握 GNSS 静态定位。
5. 掌握 GNSS 动态定位。
6. 掌握 GNSS 定位误差。

【学习过程】

课件演示。

【知识导航】

GNSS 作为一种新兴的高精度的定位工具,是目前控制测量的主要方法,也用于测定地形要素的位置,本任务主要介绍 GNSS 定位测量基础知识。

一、GNSS 简介

(一)全球四大导航定位系统

全球导航卫星系统(global navigation satellite system,GNSS)是随着现代科学技术的发展

而建立起来的新一代卫星无线电导航定位系统，是所有在轨工作的卫星导航系统的总称。全球四大导航定位系统分别为：中国的 BDS、美国的 GPS、俄罗斯的 GLONASS 和欧盟的 GALILEO。GNSS 正在步入以这四大系统为主、涵盖其他卫星导航系统的多系统并存时代。

美国的 GPS 系统和俄罗斯的 GLONASS 系统已发展成为第二代全球卫星导航定位系统，欧盟 GALILEO 系统和中国 BDS 系统正在逐步完善，它们共同组成了全球导航卫星系统。到时，全球导航卫星将有一百多颗，定位精度和速度都将大大提高。

1. 北斗卫星导航系统

北斗卫星导航系统(beidou navigation satellite system，BDS)是中国自主研发、独立运行的全球卫星导航系统。

我国于 20 世纪后期开始探索适合国情的卫星导航系统发展道路，逐步形成“三步走”发展战略：2000 年年底建成北斗一号系统，向中国提供服务；2012 年年底建成北斗二号系统，向亚太地区提供服务；2020 年前后建成北斗全球系统，向全球提供服务。北斗一号系统是我国自主研制的第一代卫星导航定位系统，采用主动式定位方法，定位基本原理为空间球面交会测量。北斗二号系统是继北斗一号系统后的新一代卫星导航系统，与 GPS 系统一样，同属第二代全球导航定位系统，采用被动式定位方法。与北斗二号相比，北斗三号卫星将增加性能更优、与世界其他卫星导航系统兼容性更好的信号 B1C；按照国际标准提供星基增强服务(SBAS)及搜索救援服务(SAR)。同时，还将采用更高性能的铷原子钟和氢原子钟，铷原子钟天稳定度为 10^{-14} 量级，氢原子钟天稳定度为 10^{-15} 量级。新技术使北斗三号的性能得到大幅提升，空间信号精度(SIS)优于 0.5 m，北斗三号的定位精度将达到 2.6 ~ 5 m 的水平，并在保留短报文功能的前提下提升相关性能。新时代北斗发展蓝图是构建国家综合 PNT 体系建设，就是以北斗卫星导航系统为核心，建成天地一体、覆盖无缝、安全可信、高效便捷的国家综合 PNT 体系，显著提升国家时空信息服务能力，满足国民经济和国家安全需求，为全球用户提供更为优质的服务。

2019 年 5 月 17 日，我国在西昌卫星发射中心用长征三号丙运载火箭，成功发射第 45 颗北斗导航卫星。目前，北斗三号基本系统已完成建设。根据计划，2020 年 10 月前，由北斗二号和北斗三号系统共同提供服务；2020 年 10 月后，将以北斗三号系统为主提供服务。

北斗卫星导航系统主要具有快速定位(导航)、短报文通信和定时授时三大功能，短报文通信是 GPS 系统所不具有的。BDS 系统提供两种服务方式：开放服务和授权服务。开放服务是在服务区免费提供定位、测速和授时服务，定位精度为 10 m，授时精度为 50 ns，测速精度为 0.2 m/s。授权服务是向授权用户提供更安全的定位、测速、授时和通信服务以及系统完好性信息。

北斗卫星导航系统由空间段、地面段和用户段三部分组成。

1) BDS 空间段

BDS 空间段由 35 颗卫星组成，包括 5 颗静止轨道卫星和 30 颗非静止轨道卫星。5 颗静止轨道卫星(GEO)，轨道高度 35 786 km，在赤道上空的定位位置为：58.75°、80°、110.5°、140°和 160°。30 颗非静止轨道卫星由 27 颗中圆轨道地球轨道卫星(MEO)和 3 颗倾斜地球同步卫星(IGSO)组成，27 颗 MEO 卫星分布在倾角为 55°的三个轨道平面上，每个面上有 9 颗卫星，轨道高度为21 528 km；3 颗 IGSO 卫星分布在 3 个倾斜轨道面上，轨道高度 35 786 km，轨道倾角 55°，其星下点轨迹重合，交叉点经度为东经 118°，相位差 120°(见图 2-10)。

2) BDS 地面段

BDS 地面段由主控站、注入站和监测站组成。

(1) 主控站的主要任务是收集各个监测站段的观测数据，进行数据处理，生成卫星导航电文和差分完好性信息，完成任务规划与调度，实现系统运行管理与控制等。

(2) 注入站的主要任务是在主控站的统一调度下，完成卫星导航电文、差分完好性信息注入和有效载荷段控制管理。

(3) 监测站接收导航卫星信号，发送给主控站，实现对卫星段跟踪、监测，为卫星轨道确定和时间同步提供观测资料。

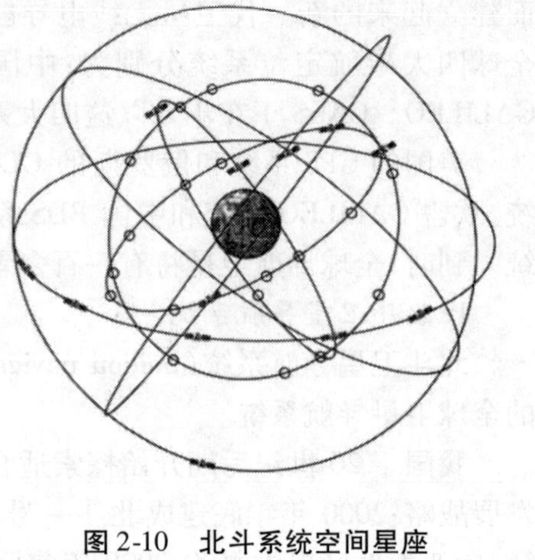

图 2-10　北斗系统空间星座

3) BDS 用户段

BDS 用户段包括北斗系统用户终端以及与其他卫星导航系统兼容的终端。北斗卫星导航系统采用卫星无线电测定（RDSS）与卫星无线电导航（RNSS）集成体制，既能像 GNSS、GLONASS、GALILEO 系统一样，为用户提供卫星无线电导航服务，又具有位置报告以及短报文通信功能。

2. GPS 系统

GPS 全称为“navigation system timing and raging/global positioning system”，译为“授时与测距导航系统/全球定位系统”。该系统于 1973 年由美国政府组织研究，耗费巨资，历经约 20 年，于 1993 年全部建成。

GPS 系统由空间星座部分、地面监控部分和用户设备部分组成（见图 2-11）。

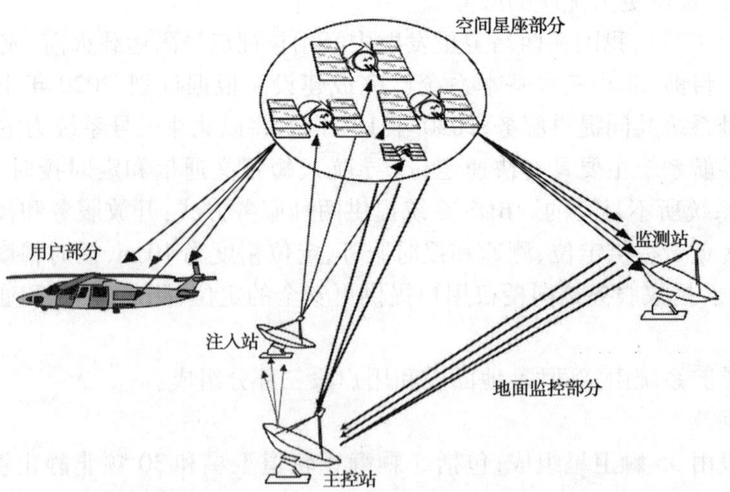

图 2-11　GPS 系统的组成

1) GPS 空间星座部分

GPS 卫星星座由 24 颗卫星组成（其中 21 颗为工作卫星、3 颗为备用卫星）。卫星轨道平均高度为 20 200 km，运行速度为 3 800 m/s，运行周期为 11 h 58 min，分布在 6 个近圆形轨道面内，每个轨道面上有4颗卫星。卫星轨道面相对地球赤道面的倾角为55°，各轨道平面升交点的赤经相差60°，同一轨道上两卫星之间的升交角距相差90°。每颗卫星可覆盖全球约38%的面积，在地平线以上的卫星数目随时间和地点而异，最少为4颗，最多时达11颗(见图2-12)。

GPS每颗卫星装有4台高精度原子钟(铷钟和铯钟各两台)，以保证发射出标准频率，为GPS测量提供高精度的时间标准。GPS卫星的主要功能有：

(1)接收和储存由地面监控系统发射来的导航信息和其他信息。

(2)接收并执行地面监控系统发送的控制指令，如调整卫星姿态和启用备用时钟、备用卫星等。

(3)向用户连续不断地发送导航与定位信息，并提供时间标准、卫星本身的空间实时位置及其他在轨卫星的概略位置。

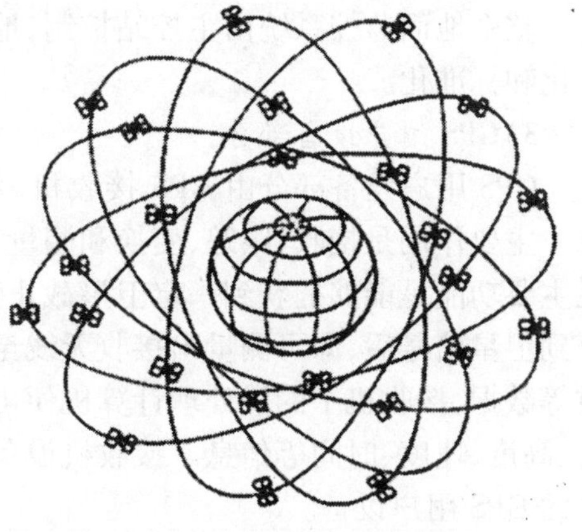

图2-12 GPS卫星星座分布

2)GPS地面监控部分

GPS的地面监控系统由分布在全球的若干个跟踪站组成，根据功能分为一个主控站(MCS)、三个注入站(GA)和五个监测站(MS)(见图2-13)。

图2-13 GPS地面监控站分布

(1)主控站。设在美国本土科罗拉多州斯平士(Colorado Spings)的联合空间执行中心。负责协调和管理所有地面监控系统。主要任务是：根据所有地面监测站的观测资料推算编制各卫星的星历、卫星钟差和大气层修正参数等，并把这些数据及导航电文传送到注入站；提供全球定位系统的时间基准；调整卫星状态和启用备用卫星；还具有监测站功能等。

(2)注入站。分别设在印度洋的迭哥伽西亚(Diego Garcia)、南太平洋的卡瓦加兰(Kwajalein)和南大西洋的阿松森群岛(Ascension)。主要任务是：将来自主控站的卫星星历、钟差、导航电文和其他控制指令注入到相应卫星的存储系统，并监测注入信息的正确性；

亦具有监测站功能。

(3)监测站。五个地面站具有监控站的功能,除上述四个地面站外,还有一个设在夏威夷(Hawaii)。主要任务是:连续观测和接收所有 GPS 卫星发出的信号并监测卫星的工作状况,将采集到的数据连同当地气象观测资料和时间信息经初步处理后传送到主控站。

整个地面监控系统由主控站控制,地面站之间的通信系统无须人工操作,实现了高度自动化和标准化。

3)GPS 用户设备部分

GPS 用户设备部分由 GPS 接收机、数据处理软件和微处理机及其用户终端设备等组成。主要作用是接收、跟踪、变换和测量 GPS 卫星信号,从而进行导航定位。GPS 信号接收机主要功能是能够捕获到一定卫星截止角的可视卫星,并跟踪这些卫星,当接收机跟踪并捕获到卫星信号后,即可测量出接收天线至卫星的距离及其变化率,通过解调出的卫星轨道参数等数据,接收机中的微处理计算机便可根据相应的解算方法,计算出用户所在位置的经纬度、高度、速度、时间等信息。接收机设备和机内软件以及 GPS 数据的后处理软件包构成完整的 GPS 用户设备。

3. GLONASS 系统

苏联在全面总结 CICADA 第一代卫星导航系统的基础上,认真吸收了美国 GPS 系统的成功经验,研制、组建了第二代卫星导航定位系统 GLONASS(global navigation satellite system),并于 1996 年 1 月 18 日正式运行。GLONASS 系统与 GPS 系统一样,可为地球上任何地方的用户提供连续的、精确的三维坐标、速度及时间信息。

GLONASS 系统由卫星星座、地面支持系统和用户设备三部分组成。

1)GLONASS 卫星星座

GLONASS 设计星座由 24 颗卫星组成(21 颗工作卫星和 3 颗备用卫星),均匀分布在 3 个近圆形的轨道平面上,每个轨道面 8 颗卫星,轨道平面两两相隔 120°,同平面内的卫星之间相隔 45°,轨道高度约 19 100 km,轨道倾角 64.8°,运行周期 11 h 15 min 44 s(见图 2-14)。

图 2-14 GLONASS 卫星星座

2)GLONASS 地面支持系统

地面支持系统由系统控制中心、中央同步器、遥测遥控站(含激光跟踪站)和外场导航控制设备组成。地面支持系统的功能由苏联境内的许多场地来完成。随着苏联的解体,GLONASS 系统由俄罗斯航天局管理,地面支持段已经减少到只有俄罗斯境内的场地了,系统控制中心和中央同步处理器位于莫斯科,遥测遥控站位于圣彼得堡、捷尔诺波尔、埃尼谢斯克和共青城。

相对于 GPS 均匀分布在全球范围的监测站,GLONASS 的监测站分布在俄罗斯境内,为了弥补国内布站的缺陷,在卫星上安装了后向激光反射棱镜,通过高精度的人工激光测距成果来修正无线电测距结果,以此提高测距精度。目前,GLONASS 正在国外开展建立地面监测站的工作。

3)GLONASS 用户设备

GLONASS 用户接收机设备接收 GLONASS 卫星发射的信号,并测量其伪距和伪距变化率,同时从卫星信号中提取并处理导航电文,接收机处理器对上述数据进行处理并计算出用户所在的位置、速度和时间信息。

GLONASS 系统运行正常,但生产用户设备的厂家较少,多为专用型。如采用 GPS/GLONASS 联合接收机有很多优点:用户同时可以接收的卫星数目增加一倍,可以明显改善观测卫星的几何分布,提高定位精度;由于可见卫星数目增加,在一些遮挡物较多的城市、森林等地区进行测量定位,可提高作业的精度和速度;利用两个独立的卫星定位系统进行导航和定位,可有效地削弱美俄两国对各自定位系统的可能控制,提高定位的可靠性和安全性。

4. GALILEO 系统

伽利略定位系统(galileo positioning system,GALILEO),是由欧盟研制和建立的全球卫星导航定位系统,由欧洲委员会和欧空局共同负责。作为世界上第一个全球民用卫星导航定位系统,将对未来世界产生重要影响。

GALILEO 系统服务范围覆盖全球,可以提供导航、定位、时间、通信等项服务。其服务方式包括开放服务、商业服务和官方服务三个方面。除具有与 GPS 相同的全球导航定位功能以外,还具有全球搜寻援救(search and rescue,SAR)功能。为此,每颗 GALILEO 卫星装备了一种援救收发器,接收来自遇险用户的求援信号,并将它转发给地面援救协调中心,后者组织对遇险用户的援救。同时,GALILEO 还向遇险用户发送援救安排通报,以便遇险用户等待援救。GALILEO 接收机不仅可以接收本系统信号,而且可以接收 GPS 和 GLONASS 系统的信号,并且实现导航功能和移动电话功能的结合。

伽利略系统于 2016 年 12 月 15 日投入使用,截至 2016 年 12 月,伽利略导航系统在轨卫星达到 18 颗星。欧盟委员会和欧洲航天局表示,到 2020 年,伽利略卫星导航系统在轨卫星将达到 30 颗,届时将向全球提供定位精度在 1 ~ 2 m 的免费服务和 1 m 以内的付费服务。

GALILEO 系统的基本结构包括空间星座、地面控制设施、用户接收机等。

1)GALILEO 空间星座部分

GALILEO 系统由 30 颗中轨道卫星(MEO)组成(27 颗工作卫星和 3 颗备用卫星)。卫星均匀地分布在高度约为 23 616 km 的 3 个轨道面上,每个轨道上有 10 颗,其中包括一颗备用卫星,轨道倾角为 56°,卫星绕地球一周约 14 h 22 min,这样的布设可以满足全球无缝隙导航定位(见图 2-15)。

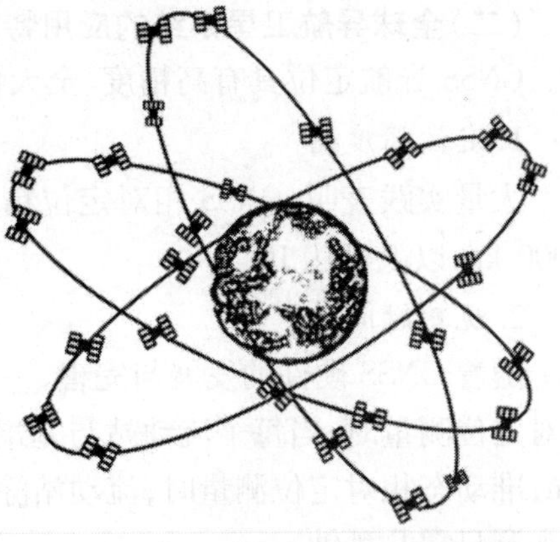

图 2-15 GALILEO 空间星座

卫星授时部分由原子钟提供精确的时间参考。有两种不同的原子钟,即铷原子钟和氢原子钟。铷原子钟质量为 3.3 kg,由激光泵浦激发铷原子振荡,使其频率达到微波级的 6.2 GHz。氢原子钟最终模型质量为 15 kg,将直接以 1.4 GHz 的频率振动。这种微波激射器的稳定性非常高,卫星绕轨道运行一周只需要一次地面注入。

2)GALILEO 地面控制设施

地面控制设施包括卫星控制中心和提供各项服务所必需的地面设施,用于管理卫星星座及测定和传播集成信号。地面控制部分两大功能:导航控制与星座维护以及完好性监控。

地面控制部分的构成如下:

(1)两个控制中心(GCC)。两个控制中心是地面控制部分的核心,分别位于法国和意大利。功能是:控制星座,保证卫星原子钟的同步,完好性信号的处理,监控卫星及由它们提供的服务,还有内部及外部数据的处理。GCC 由轨道同步与处理设施(OSPF),精确授时设施(PTF),完好性处理设施(IPF),任务控制设施(MCF),卫星控制设施(SCF),服务产品设施(SPF)组成。

(2)GALILEO 上行链路站(GUS)。往返于卫星的数据将通过 GALILEO 上行链路站的全球网络来传输,其中每个 GUS 都综合了一个 TT&C 站和一个任务上行站(MUS)。TT&C 站上行链路通过 S 波段发射,MUS 通过 C 波段发射。

(3)GALILEO 监测站(GSS)网络。分布在全球范围的 GSS 网络接收卫星导航信息(SIS),并且检测卫星导航信号的质量以及气象和其他所要求的环境信息。这些站收到的信息将通过 GALILEO 通信网(GCN)中继传输至两个 GCC。完好性信息是 GALILEO 与其他 GNSS 系统的主要区别。

(4)GALILEO 全球通信网络(GCN)。利用地面和 VSAT 卫星链路,把所有地面站和地面设施连接起来。

3)GALILEO 用户接收机

GALILEO 用户部分主要由导航定位模块和通信模块组成。用户接收机具备下列功能:①接收 GALILEO 信号;②拥有与区域和局域设施部分所提供服务的接口;③能与其他定位导航系统(如 GNSS)及通信系统互操作。另外,GALILEO 接收机还具有通过集成标准化微芯片来实现其他功能的技术潜力,如将 GALILEO 微型终端集成进入移动电话,使之具备定位导航功能;集成航空导航功能,使之应用于飞行器试验;集成进入车载导航平台,向驾驶员提供定位与交通监测服务等。

(二)全球导航卫星系统的应用特点

GNSS 导航定位具有高精度、全天候、高效率、多功能、操作简便、应用广泛等特点著称。

1. 定位精度高

大量实践表明,GNSS 相对定位精度在 50 km 以内可达 10^{-6}、100 ~ 500 km 可达 10^{-7}、1 000 km 以上可达 10^{-9}。

2. 观测时间短

随着 GNSS 硬件的发展与完善,一般 20 km 内相对静态定位仅需 15 ~ 20 min;快速静态相对定位测量时,当每个流动站与基准站相距在 15 km 以内时,流动站观测时间只需 1 ~ 2 min;准动态相对定位测量时,流动站除了刚开始观测需 1 ~ 2 min 外,然后可以随时定位,每站观测只需几秒钟。

3. 测站间无须通视

GNSS 测量不要求测站之间互相通视,只要求测站上空开阔,因此选点、观测、使用都极其方便,也减少了传统测量中的过渡点、传算点的测量工作,更不需要造标。

4. 观测方便

GNSS 定位测量技术极大地减轻了外业的工作强度,使用接收机工作只需简单安置天线、开机即可自动测量并记录观测数据,回到内业将数据处理即可。

5. 提供统一的三维坐标

传统的测量是将平面与高程分别按不同的方法测量的。GNSS 定位测量是提供测站点三维坐标或坐标差。

6. 全天候作业

GNSS 观测工作可以在任何地点、任何时间连续进行,一般不受天气条件的影响。当然,受观测原理的限制,GNSS 观测还是有一定的条件的。

7. 实时定位

GNSS 可以为各类用户连续地提供动态目标的三维位置、三维速度和时间信息。

8. 应用广泛

随着 GNSS 定位技术的发展,其应用领域在不断拓宽。如海陆空导航、运动目标的监测,在专业测量方面,普遍应用于大地测量、工程测量、房产测量、地籍测量、地壳变形监测、航空摄影测量和海洋河道等方面。

综上所述,GNSS 定位技术的发展,对于经典测量来说是一次重大突破。一方面,它是经典的测量方法和理论产生了深刻的变革;另一方面,也进一步加强了测量学与其他学科之间的相互渗透,从而促进了测绘科学技术的现代化发展。

二、GNSS 定位方法

(一)GNSS 定位方法解析

GNSS 定位的方法,按用户接收机天线在测量中所处的状态来分,可分为静态定位和动态定位;若按定位的结果来分,可分为绝对定位和相对定位。各种定位方法可以有多种组合,如静态绝对定位、静态相对定位、动态相对定位、动态绝对定位、准动态相对定位和快速静态相对定位等。

1. 静态定位与动态定位

静态定位是相对动态定位而言的,如果待定点相对于周围各点没有可察觉到的运动,在处理观测数据时认为待定点固定不动。确定这些点的位置称为静态定位。例如,经典的大地测量、控制测量都是静态定位。动态定位是把 GNSS 接收机置于运动载体,如车船或飞机上,随时确定出载体的位置。静态测量方法主要用于控制测量、地壳形变监测等方面。

2. 绝对定位与相对定位

绝对定位也称为单点定位,用一台接收机的资料独立测定所测点的位置,这就是绝对定位或单点定位。相对定位是用两台或多台接收机确定点位间的坐标增量。相对定位可以利用误差的相关性消除这些误差的影响,因此在 GNSS 测地中被广泛应用。

3. GNSS 定位的基本原理

在进行平面测量中,观测一未知点到两已知点的距离可以交会出未知点的坐标(X,Y),在空间里,观测一未知点到三个已知点的距离可以交会出该点的坐标(X,Y,Z)。GNSS 定位测定卫星到测站距离,恰恰运用了这一点。

GNSS 卫星定位的原理是:利用空间分布的卫星(已知点)以及卫星到接收机测得的距

离(观测值),按空间距离交会的方法计算出接收机的位置(待定点)。实质是把卫星视为"动态"的已知点,在已知其瞬时(历元)坐标的条件下,进行空间距离后方交会,确定用户接收机天线相位中心所在的位置(见图2-16)。

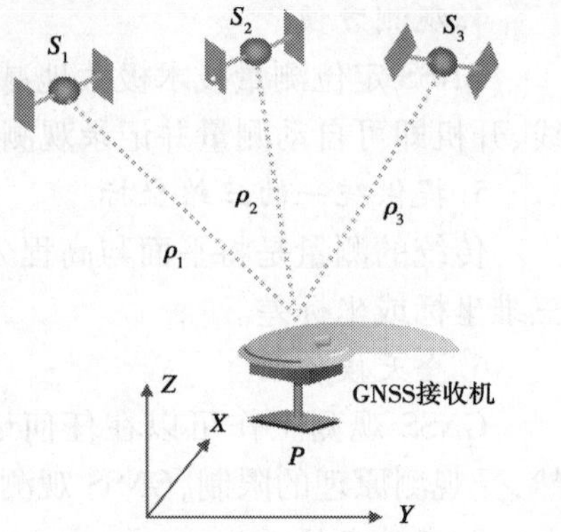

图2-16 GNSS定位原理

按照空间距离后方交会原理,要解算待定点 P 的三个坐标分量参数(X、Y、Z),理论上需要3颗卫星建立三个方程来解算待定点 P 的三个坐标分量参数即可。

设某时刻,用户接收机待定位置 P 为(X_{ue},Y_{ue},Z_{ue}),接收机到3颗导航卫星中第 i 颗卫星的(S_1、S_2、S_3)的距离为 ρ_i,第 i 颗卫星的三维坐标为(X_{sv}^i,Y_{sv}^i,Z_{sv}^i),$i=1,2,3$,则3颗卫星的观测方程为

$$\begin{cases}\rho_1 = \sqrt{(X_{sv}^1 - X_{ue})^2 + (Y_{sv}^1 - Y_{ue})^2 + (Z_{sv}^1 - Z_{ue})^2} \\ \rho_2 = \sqrt{(X_{sv}^2 - X_{ue})^2 + (Y_{sv}^2 - Y_{ue})^2 + (Z_{sv}^2 - Z_{ue})^2} \\ \rho_3 = \sqrt{(X_{sv}^3 - X_{ue})^2 + (Y_{sv}^3 - Y_{ue})^2 + (Z_{sv}^3 - Z_{ue})^2}\end{cases} \tag{2-1}$$

(二)静态定位

GNSS定位测量实际上就是对GNSS卫星播发的信号进行接收、测量以及处理的过程。GNSS卫星信号种类很多,下面以GPS为例进行介绍。GPS卫星信号由两种调制波组成,其中一种调制波组合了卫星导航电文、L_1 载波和两种伪随机测距码(粗码C/A和精码P码)等多种信号分量;另一种调制波组合了导航电文、L_2 载波和一种伪随机测距码(精码P码),用户通过接收机接收GPS卫星信号,利用其中的测距码或载波测定卫星信号的传播时间或相位延迟,解算接收机到GPS卫星间的空间距离,确定接收机的空间位置。因此,GPS定位的关键是如何利用卫星信号中的测距码或载波测定GPS卫星的用户接收机的距离,与此相关的GPS定位方法分别称为测距码伪距测量和载波相位测量。

1. 测距码伪距测量

测距码伪距是指由卫星发射的测距码到观测站的传播时间 Δt(时间延迟)乘以光速 C 所得出的距离。由于传播时间 Δt 中包含有卫星时钟与接收机时钟不同步的误差,测距码在大气中传播的延迟误差等,由此求得的距离值并非真正的站星间的几何距离,习惯上称为"伪距"。与之相应的定位方法称为伪距法定位。

为了测定测距码的时间延迟,即GPS卫星信号的传播时间,需要在用户接收机内复制测距码信号,并通过接收机内的可调延时器进行相移,使复制的码信号与接收到的码信号相应的码元对齐。为此,所调整的相移量便是卫星发射的测距码信号到达接收机天线的传播时间,即时间延迟 Δt。

现设在某一GPS标准时刻 T_a,卫星 S 发出一个信号,该瞬间卫星钟的时刻为 t_a;该信号在标准时刻 T_b 到达接收机,相应接收机时钟的时刻为 t_b;则卫星与接收机天线相位中心之间的伪距为:

$$\tilde{\rho} = C\Delta_t = C(t_b - t_a) \tag{2-2}$$

上述伪距又称测码伪距,它是测距码伪距测量的基本观测值。

由于卫星钟和接收机时钟与 GPS 标准时间存在着不同步，将某时刻钟面时与 GPS 标准时之差称为钟差。设信号发射和接收时刻的卫星与接收机的钟差改正数分别为 V_a 和 V_b，则有：

$$\begin{cases} t_a + V_a = T_a \\ t_b + V_b = T_b \end{cases} \tag{2-3}$$

将式(2-3)代入式(2-2)，可得

$$\tilde{\rho}' = (T_b - T_a)C + (V_a - V_b)C \tag{2-4}$$

式中，$T_b - T_a$ 即为测距码从卫星到接收机的实际传播时间 ΔT。

由上述分析可知，在 ΔT 中已对钟差进行了改正；但由 $\Delta T \times C$ 所计算的距离中，仍包含测距码在大气中传播时因折射而产生的延迟误差，必须加以改正。设伪距测量时，大气中电离层和对流层的延迟改正数分别为 $\delta_{\rho I}$ 和 $\delta_{\rho T}$，得到实际距离 ρ 与伪距 $\tilde{\rho}$ 之间的关系式：

$$\rho = \tilde{\rho} + \delta_{\rho I} + \delta_{\rho T} - CV_a + CV_b \tag{2-5}$$

式(2-5)即测距码伪距测量的基本观测方程。

测距码伪距测量的精度与测距码的波长及接收机对测距码复制精度有关。目前，接收机的复制码精度一般为 1/100，而公开的 C/A 码的波长为 293 m，故上述伪距测量的精度最高仅能达到 3 m(293×1/100≈3 m)，难以满足一般测量工作的要求。

测距码伪距测量绝对定位：它是以测距观测值为基础，确定用户接收机天线安置点在 WGS－84 坐标系中的三维坐标(X,Y,Z)，是绝对定位（又称单点定位）的基本方法。其优点是只需用一台接收机即可独立确定待求点的绝对坐标；且观测方便，速度快，数据处理也较简单；主要缺点是精度较低，目前仅能达到米级的定位精度。

在伪距测量的观测方程中，若卫星钟和接收机时钟改正数 V_a 和 V_b 已知；且电离层折射改正和对流层折射改正均可精确求得；那么测定伪距 $\tilde{\rho}$ 就等于测定了站星之间的真正几何距离 ρ，而 ρ 与卫星坐标(X_s,Y_s,Z_s)和接收机天线相位中心坐标(X,Y,Z)之间有如下关系

$$\rho = \sqrt{(X_s - X)^2 + (Y_s - Y)^2 + (Z_s - Z)^2} \tag{2-6}$$

卫星的瞬时坐标(X_s,Y_s,Z_s)可根据接收到的卫星导航电文求得，故在式(2-6)中仅有三个未知数，即三维坐标(X,Y,Z)。如果接收机在某一时刻测得对三颗卫星的伪距，从理论上说，就可解算出接收机天线相位中心的位置；因此 GPS 绝对定位的实质，就是空间距离后方交会，如图 2-17 所示。

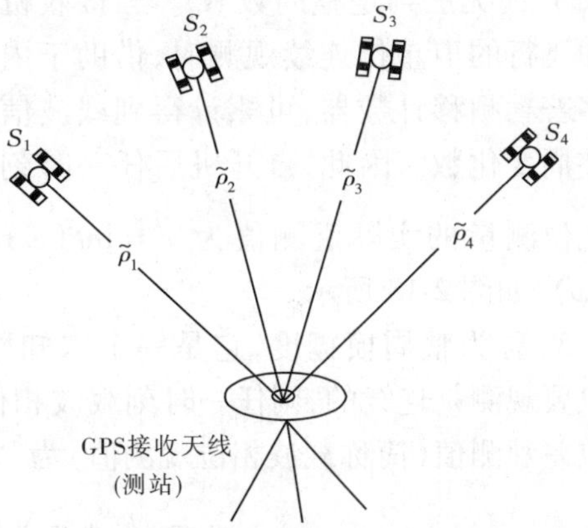

图 2-17　GNSS 定位

实际上，在伪距测量观测方程中，接收机的钟差改正数并不能精确求得。因此，在伪距绝对定位中，把接收机钟差 V_b 也当作未知数，与待定点坐标在数据处理时一并解。这样一来，在实际绝对定位工作中，为了在一个待定点上实时求解四个未知数 X、Y、Z、V_b，便至少需要四个同步伪距观测方程值，亦即必须同时

观测四颗卫星,相应有四个伪距观测方程。

由式(2-5)和式(2-6),可得伪距法绝对定位原理的数学模型:

$$\sqrt{(X_{si}-X)^2+(Y_{si}+Y)^2+(Z_{si}-Z)^2}-CV_b=\tilde{\rho}+\delta_{\rho Ii}+\delta_{\rho TI}-CV_{ai} \tag{2-7}$$

其中,$i=1,2,3,4,\cdots$

若在某一时刻同时观测的卫星多于四颗,则有多余观测,由式(2-7)可求得最小二乘解。若每隔一定的时间间隔(称为观测历元)进行一次伪距绝对定位,可通过大量的重复观测来提高定位精度。

2. 载波相位测量

载波相位测量是测定 GPS 卫星发射的载波信号在传播路程上的相位变化值,以确定信号传播的距离。由于载波的波长($\lambda_{L1}=19$ cm,$\lambda_{L2}=24$ cm)比测距码波长要短很多,因此对载波进行相位测量,可得到较高的定位精度。目前接收机的载波相位测量精度一般为 1 ~ 2 mm,有的精度更高。

1)瞬时载波相位差及其观测值

瞬时载波相位差是指在任一时刻由接收机产生的参考载波信号的相位与此时接收到的卫星载波信号的相位之差。

GPS 接收机能产生一个频率和初相位与卫星载波信号完全一致的基准信号,设卫星 S 发出的载波信号,任一时刻 t_0 在卫星 S 处的相位为 $\Phi(S)$,而当它传播到接收机 R 时,接收机基准信号的相位为 $\Phi(R)$,则由 S 到 R 的相位变化为 $\Phi(R)-\Phi(S)$。设这两个相位的差值包含 N_0 个整周相位和不足一周的相位 $Fr(\varphi)$,由此可求得 t_0 时刻接收机天线到卫星的距离:

$$\tilde{\rho}=\lambda[\Phi(R)-\Phi(S)]=\lambda[N_0+Fr(\varphi)] \tag{2-8}$$

式中,λ 为载波的波长;$\tilde{\rho}$ 中含有卫星钟与用户接收机钟非同步误差、电离层和对流层延迟误差的影响,称为测相伪距。

载波信号是一种周期性的余弦波,实际相位测量只能测定不足一周的小数部分 $Fr(\varphi)$,而无法判定整周数 N_0。当接收机对空中飞行的卫星作连续观测时,借助于内含的多普勒频移计数器,可累计得到载波信号的整周变化数。因此,自开机后任一时刻载波相位测量的实际观测值为 $\tilde{\varphi}=\mathrm{Int}(\varphi)+Fr(\varphi)$,如图 2-18 所示。

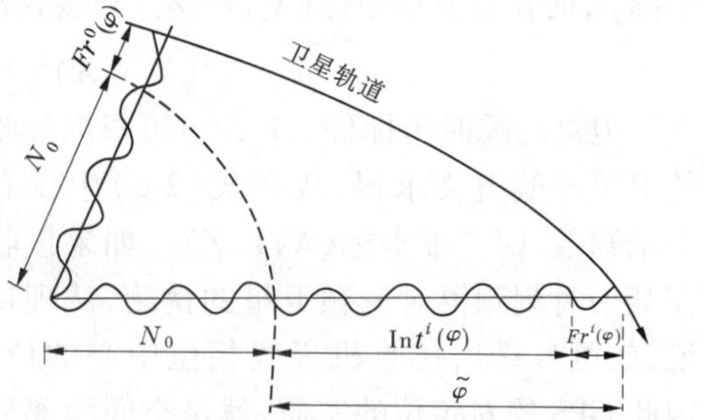

图 2-18　载波相位测量

N_0 称为整周模糊度,它是一个未知数,但只要观测是连续的,则任一时刻载波相位差观测值都应含有相同的 N_0,亦即完整的载波相位差观测值(简称载波相位观测值)为

$$\varphi=N_0+\tilde{\varphi}=N_0+\mathrm{Int}(\varphi)+Fr(\varphi) \tag{2-9}$$

考虑式(2-9),则自开机后任一时刻接收机天线至卫星的距离为

$$\tilde{\rho}=\lambda(N_0+\tilde{\varphi})=\lambda[N_0+\mathrm{Int}(\varphi)+Fr(\varphi)] \tag{2-10}$$

图2-18中，在 t_0 时刻首次观测值中 $\mathrm{Int}(\varphi)=0$，不足整周的零数为 $Fr^0(\varphi)$，N_0 是未知数；在 t_i 时刻 N_0 值不变，接收机实际观测值 $\tilde{\varphi}$ 由信号整周变化数 $\mathrm{Int}^i(\varphi)$ 和其零数 $Fr^i(\varphi)$ 组成。

2）载波相位测量基本观测方程

由式(2-5)和式(2-9)，并考虑 $\lambda = C/f$，不难得到

$$\tilde{\varphi} = \frac{f}{C}(\rho - \delta_{\rho I} - \delta_{\rho T}) - fV_b + fV_a - N_0 \tag{2-11}$$

式(2-11)为载波相位测量的基本观测方程。从比较式(2-5)和式(2-11)不难看出，载波相位测量观测方程比测距码伪距测量观测方程只增加了一个整周未知数 N_0，两者在形式上完全相同。根据上述原理，在载波相位测量中，接收机要连续跟踪载波，但由于多种原因，如接收机天线被阻挡、外界噪声信号的干扰等，经常会引起跟踪卫星的暂时中断，而产生整周观测值意外丢失，即周跳现象。整周模糊度和周跳是载波相位测量的两个主要问题，虽然可以通过数据处理适当地解决，但给整个数据处理工作增加不少麻烦和困难，关于确定整周未知数 N_0 的具体算法以及对周跳的探测和修复的具体方法，这里不再论述，请参阅有关书籍和文献。

在载波相位测量基本观测方程的基础上，既可以进行静态绝对定位，也可进行静态相对定位。载波相位静态绝对定位精度高于测距码伪距测量静态绝对定位，但数据处理较后者复杂。绝对定位由于受卫星星历误差和大气传播延迟误差影响较大，则定位精度不高。应用载波相位测量进行相对定位时，由于可消除或减弱许多相关的误差影响，从而获得极高的相对定位精度。另外，由于它直接测量载波相位，可不受P码保密的限制。

3. 静态相对定位

它是用两台接收机分别安置在基线的两端，固定不动，同步观测相同的GNSS卫星，以确定基线端点的相对位置或基线向量。同样，多台接收机安置在若干条基线的端点，通过同步观测GNSS卫星可以确定多条基线向量。在一个端点坐标已知的情况下，可以用基线向量推求另一待定点的坐标。静态相对定位由于可通过多个历元的连续观测，取得充分的多余观测，因而是目前GNSS测量中精度最高的一种定位方法，它广泛用于高精度测量工作中。

静态相对定位，一般均采用载波相位观测值(即测相伪距)为基本观测量，在此基础上可采用非差法和差分法。非差法是利用载波相位观测值，直接组成观测误差方程，在已知一点坐标的条件下，求解另一点的坐标。差分法首先对相位观测值作差，消除一些多余参数，利用观测值的线性组合组成误差方程。从原理上讲，非差法和差分法是等价的，但差分法降低了解算工作量，并可消除或减弱多种误差对定位的影响。因此，目前载波相位测量相对定位普遍采用差分法，差分法有单差法、双差法、三差法等形式，现分述如下。

1）单差法

单差即两个不同观测站(测站 i 和测站 j)同步观测同一卫星 p 所得相位观测值之差。它是GNSS相对定位中观测量组合的最基本形式，其表达式可简写为：

$$\Delta\Phi_{ij}^{p} = \tilde{\varphi}_j^p - \tilde{\varphi}_i^p \tag{2-12}$$

单差法并不能提高GNSS绝对定位的精度，但由于基线长度与卫星高度相比，是一个微小量，因而两测站的大气折射影响和卫星星历误差的影响，具有良好的相关性。因此，通过

求一次差，必然削弱这些误差的影响；同时由于两台接收机在同一时刻接收同一颗卫星的信号，卫星钟差改正数 V_a 相等，因此消除了卫星钟的误差。由此可见，单差法能有效地提高相对定位的精度，其解算结果为两测站点间的坐标差，又称基线向量。

2）双差法

双差是两个不同观测站上 GNSS 接收机同步观测两颗卫星所得到的两个单差之差，在 k 时刻测站 i 和 j 两台接收机同时观测卫星 p 和 q，得到相位观测值 $\tilde{\varphi}_i^p$、$\tilde{\varphi}_i^q$、$\tilde{\varphi}_j^p$、$\tilde{\varphi}_j^q$（见图 2-19），则双差法表达式为：

$$\Delta\Phi_{ij}^{pq} = (\tilde{\varphi}_j^q - \tilde{\varphi}_i^q) - (\tilde{\varphi}_j^p - \tilde{\varphi}_i^p) = \Delta\Phi_{ij}^q - \Delta\Phi_{ij}^p \tag{2-13}$$

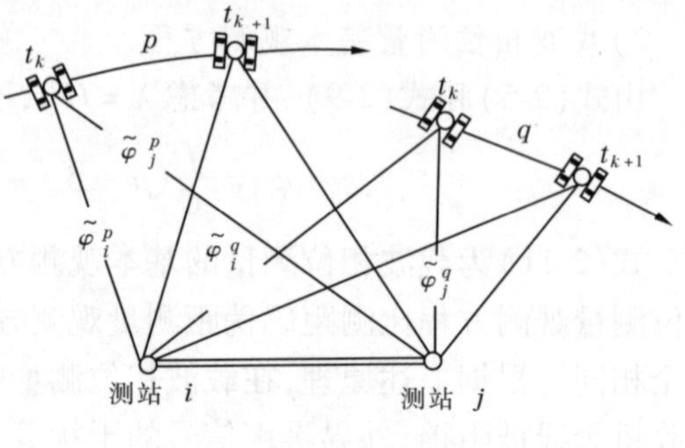

图 2-19　相对定位观测量

通过求二次差，可进一步地消除两测站接收机的相对钟差改正数，这是双差模型的主要优点；同时也大大地减小了其他误差的影响。因此，在 GNSS 相对定位中，广泛采用双差法进行平差计算和数据处理。

3）三差法

三差法即两个不同观测站对同一对卫星不同历元（t_k 和 t_{k+1}）的两个双差之差，其表达式为：

$$\Delta\Phi_{ij}^{pq}(t_k, t_{k+1}) = \Delta\Phi_{ij}^{pq}(t_{k+1}) - \Delta\Phi_{ij}^{pq}(t_k) \tag{2-14}$$

三差法可以从观测方程中消除整周未知数 N_0，这是三差法的主要优点。但由于三差模型中未知参数的数目较少，独立的观测量方程的数目也明显减少，这对未知数的解算将会产生不良的影响，使精度降低。因此，在实际工作中通常三差法结果仅作为前两种方法的初次解（近似值），而最终解采用双差法结果。

在载波相位观测的数据处理中，为了可靠地确定载波相位的整周未知数，静态相对定位一般需要较长的观测时间（例如 1.0～3.0 h），为了缩短观测时间，提高作业效率，在上述经典静态相对定位法的基础上，又发展了多种快速相对定位模式。

4. 静态相对定位技术应用

近年来，由于 GNSS 测量数据处理软件系统的发展，使得确定两点间的相对位置有多种作业方式可供选择。工作中，主要根据 GNSS 硬件和软件条件、测量目的、精度要求以及观测条件等确定不同的作业方式。目前，主要的静态 GNSS 作业方式有经典静态相对定位测量和快速静态定位测量。

1）经典静态相对定位测量

该作业方式是采用两台（或两台以上）接收设备，分别安置在一条（或多条）基线的端点，同步观测四颗以上卫星，每时段长 45 min 至 2 h 或更长。这种作业方式所观测过的基线边，应构成闭合图形，以便于观测成果的检核、提高成果的可靠性和 GNSS 网平差后的精度。基线长度可由 20 km 至几百千米。基线的相对定位精度可达 5 mm + 10^{-6} × D，D 为基线长度（单位为 km）。

经典静态相对定位作业方式适用于建立全球性或国家级大地控制网，建立地壳运动或工程变形监测网，建立长距离检校基线，进行岛屿与大陆联测及精密定位。

2) 快速静态定位测量

该作业方式是在测区的中部选择一个基准站,安置一台接收设备连续跟踪所有可见卫星,另一台接收机依次到各点流动设站,每个点上观测数分钟至十几分钟。该作业模式要求在观测时段中,必须要五颗卫星观测,同时流动站与基准站相距不超过15 km。接收机在流动站之间移动时,不必保持对所测卫星的连续跟踪,因而,可关闭电源以降低能耗。该作业方式速度快,精度高。流动站相对于基准站的基线中误差为5 mm + $10^{-6} \times D$。其缺点是两台接收机工作时,构不成闭合图形,可靠性较差。

快速静态定位法适用于控制测量及其加密测量,工程测量、房产测量、地籍测量及相距较近的点位定位。

(三)GNSS 动态定位

GNSS 动态定位,是利用 GNSS 信号实时地测得相对于地球运动的接收机载体的三维坐标和速度。

1. 静态定位和动态定位的区别

GNSS 动态定位与静态定位的基本区分,是测量定位时接收机天线的状态不同。动态定位中,接收机天线始终处于运动状态。静态定位,不论在定位前接收机是否处于运动状态,在定位测量时,接收机的天线都是处于待定点上固定不动的,即使定位测量只需几秒钟。也就是说,静态定位是确定一些不随时间(观测时间段内)变化的点位坐标,其速度分量为零;动态定位则是确定一系列随时间变化的点位坐标和速度。

另外,静态定位的目的是确定点位的坐标,对接收机运动中的轨道信息不感兴趣;而动态定位则是通过测定一系列离散点的位置、速度,来确定和描述接收机载体的运动轨道。

2. 动态定位方法

(1)动态绝对定位又称单点动态定位,它是用安设在一个运动载体上的 GNSS 信号接收机,通过测距码伪距测量或载波相位测量测得该运动载体的实时位置,从而描绘出该运动载体的运行轨迹。只要始终保持能接收到4颗或4颗以上的卫星的信号,就能获得实时定位结果。即使在观测过程中发生卫星信号的暂时失锁,只能收到少于4颗的卫星信号,在信号失锁的那段时间里,不能确定接收机的位置,但在失锁之前及之后各观测历元的绝对定位值仍然是有效的、正确的。由于观测站是运动的,动态绝对定位一般只能得到没有(或很少)多余观测量的实时解,其定位精度为10 ~ 40 m,在美国实施SA政策时,精度低于100 m。这种定位方法,被广泛地应用于飞机、船舶以及陆地车辆等运动载体的导航。另外,在航空物探和卫星遥感等领域也有着广泛的应用。

(2)动态相对定位,是用一台接收机安设在基准站上固定不动,另一台接收机安设在运动的载体上,两台接收机同步观测相同的卫星,以确定运动点相对基准站的实时位置。

动态相对定位,根据其采用的观测量不同,通常可分为以测码伪距为观测量的动态相对定位,和以测相伪距为观测量的动态相对定位。

测码伪距动态相对定位法,目前进行实时定位的精度可达米级。远较测码伪距动态绝对定位的精度为高,所以这一方法获得了迅速发展,并在运动目标的导航、监测和管理方面得到了普遍的应用。另外,在地球物理勘探、航空与海洋重力测量,以及海洋采矿等领域也有着广泛的应用。

测相伪距动态相对定位法,是以预先初始化或动态解算载波相位整周未知数为基础的一种高精度动态相对定位法。目前在较小的范围内(例如距离基准站 20 km 以内),获得了成功的应用,其定位精度可达 1 ~2 cm。

动态相对定位中,根据数据处理的方式不同,通常可分为实时处理和测后处理。数据的实时处理,要求在观测过程中实时地获得定位的结果,无需存储观测数据。但在流动站与基准站之间,必需实时地传输观测数据或观测量的修正数据。这种处理方式,对于运动目标的导航、监测和管理具有重要意义。

数据的测后处理,要求在观测工作结束后,通过数据处理而获得定位的结果。这种处理数据的方法,可能对观测数据进行详细的分析,易于发现粗差,也不需要实时地传输数据。但需要存储观测数据。观测数据的测后处理方式,主要应用于基线较长,不需实时获得定位结果的测量工作,如航空摄影测量和地球物理勘探等。

因为建立和维持一个数据实时传输系统(主要包括无线电信号的发射与接收设备),不仅在技术上较为复杂,花费也较大。所以,一般除非必须实时获得定位结果外,均采用观测数据的测后处理方式。

3. 动态相对定位技术应用

根据采用的观测值类型(伪距、载波相位)的不同可进一步分为:伪距动态相对定位及载波相位动态相对定位。由于载波相位动态相对定位观测值比测码伪距精度要高,因此在高精度实际测量工作中,伪距动态相对定位方法与应用较少,主要采用载波相位动态相对定位的方法。

实际应用中,载波相位动态相对定位常用的有常规 RTK 技术和网络 RTK 技术。

1) 常规 RTK 技术

位置差分和伪距差分能满足米级定位精度,广泛用于导航等领域。为了获取厘米级的实时定位精度,需要采用载波相位作为观测值进行差分定位测量,这种定位方法称为 RTK (Real Time Kinematic)技术。其基本原理是:由基准站通过数据链实时将其载波相位观测量及基准站坐标信息一同发送到用户站,并与用户站的载波相位观测量进行差分处理,适时地给出用户站的精确坐标。

载波相位差分定位又可分修正法与求差法。

修正法的基本思想是:基准站接收机与卫星之间的载波相位改正数在基准站解算出,并通过数据链发送给流动站用户接收机,利用此伪距改正数去修正用户接收机到观测卫星之间的载波相位,获得比较精确的用户站至卫星的伪距,再采用它计算用户站的位置。

求差法的基本思想是:基准站不再计算载波相位修正数,而是将其观测的载波相位观测值由数据链实时发送给用户站接收机,然后由用户机进行载波相位求差,再解算出用户的位置。采用该方法的 RTK 定位过程为:用户接收机静态观测若干历元,并接收基准站发送的载波相位观测量,采用静态观测程序,求出整周模糊度,并确认此整周模糊度正确无误。这一过程称为初始化。将确认的整周模糊度代入双差方程。由于基准站的位置坐标是精确测定的已知值,两颗卫星的位置坐标可由星历参数计算出来,故双差方程中只包含用户在协议地球系中的位置坐标(未知数),此时可利用观测到的卫星进行求解。

由上可知,修正法与伪距差分法原理相同,是准 RTK 技术;载波相位求差法,通过对观测方程进行求差来解算用户站的实时位置,才是真正的 RTK 技术。

常规 RTK 定位原理为:基准站把接收到的所有卫星信息(包括伪距和载波相位观测值)

和基准站的一些信息(如基站坐标、天线高等)都通过无线电通信系统传递到流动站,流动站在接收卫星数据的同时也接收基准站传递的卫星数据。在流动站完成初始化后,把接收到的基准站信息传送到控制器内并将基准站的载波观测信号与本身接收到的载波观测信号进行差分处理,即可实时求得未知点的坐标。

常规 RTK 定位精度为厘米级,算法较为简单,技术成熟,作业距离随着离基准站距离的增加,精度逐渐降低,因此需不断迁站,主要适用于小范围的差分定位测量。

2)网络 RTK 技术

网络 RTK 技术是在常规 RTK 技术、计算机技术、通信网络技术等基础上发展起来的一种实时动态定位技术,是对常规 RTK 技术的改进。常规 RTK 技术存在着一定的局限性:用户需要架设本地的参考站;定位精度随离基站距离的增长而逐渐降低;误差随距离的增加使流动站和参考站的距离受到限制,流动站离基站的距离一般小于 15 km;可靠性和可行性随距离增加逐渐降低;常规 RTK 数据传输方式和定位解算模式很难实现数据和解的实时质量控制。网络 RTK 技术的意义在于它能克服以上局限性,扩展 RTK 的作业距离和应用范围,保证定位结果的可靠性和精度。

网络 RTK 工作的基本思路是:在一定区域范围内布设一定数量的 GNSS 参考站(一般不少于 3 个)构成相应的网络,利用观测得到的载波相位等观测值,采用一定的算法解算 GNSS 改正信息并对用户位置进行实时改正定位。

目前,应用于网络 RTK 数据处理的算法技术有:虚拟参考站技术(VRS)、主辅站技术(MAX)、区域改正数技术(FKP)和综合内插技术(CBI)等。

3)RTK 技术应用

(1)RTK 技术在控制测量中的应用。

高精度卫星定位技术,实现了静态相对定位向载波相位动态定位(RTK)的应用;实现了单基站 RTK 技术向网络 RTK 技术的发展与应用;网络 RTK 有虚拟基站技术、连续运行参考站技术(CORS),利用 GSM、GPRS、CDMA 等无线通信网,用户只需一台卫星定位接收机即可实现长距离快速 RTK 定位。定位精度平面最高能达到 1 ~ 2 cm,高程最高能达到 3 ~ 4 cm,完全可以满足常规测量的要求。

(2)RTK 技术在不动产测量中的应用。

GNSS 作为一种高精度的定位工具,随着我国不动产测量工作的全面开展,已普遍用于建立不动产平面控制网,也用于测定不动产界址点、房角点和某些不动产要素的位置。连续运行卫星定位系统(CORS),同传统的不动产测绘方式相比,具有操作简便、成本低、精度高、实时性强、覆盖率广等优点,在我国目前的不动产测绘工作中得到了广泛的应用。特别是 CORS 系统内网络 RTK 测量功能的实现改变了传统测量作业模式,可以极大地提高测量的工作效率。同时它还是一个连续、动态的过程,这样一来就可以全天候地、全自动地给大量用户提供高可靠、高精度的时间信息及空间实时定位信息,以便用户实现区域决策、管理和规划。在不动产控制测量中,RTK 的应用,极大地方便了不动产控制测量。当然,不动产测绘控制测量的精度要求较高,末级平面控制网相邻控制点的相对点位中误差不超过 ±0.025 m,最大误差不超过 ±0.05 m,在 CORS 环境下,以 CORS 基准站为起算点进行测量,由于相邻控制点一般同步观测,相对精度较高,完全可以满足不动产测绘平面控制点的精度要求。

(3)RTK技术在地形测绘中的应用。

传统的地形测量首先根据测区的情况布设首级控制网,再加密图根控制点。然后在图根点上架设全站仪采集数据,通常一个测量小组至少需要3人。随着RTK技术的普及,大部分地形测绘单位都采用RTK测图。采用RTK测图仅需1人携带仪器,直接在野外采集地形数据,并且3~5 s可以完成一个特征点的测量工作,在现场将特征点编码输入测量手簿。最后将测量手簿中的测量数据及编码数据导入计算机,再采用专业绘图软件进行地形图的编绘,直至成果的输出。RTK测量和传统全站仪外业数据采集,提高了工作效率,现阶段被广泛应用。

(4)RTK技术在施工测量中的应用。

在工程项目的施工阶段,需要将图纸上的设计坐标在实地标定出来;作为工程施工的依据。这一测量工作过程称为施工放样,简称为放样。常规的施工放样工作通常采用全站仪进行,一般至少需要2个人配合,其中一人观测仪器,另一人利用反射棱镜找点、定点。利用全站仪放样要求测站点与放样点间要通视才行,若不通视,必须转点设站,而采用RTK进行放样,只要将放样点的坐标输入到电子测量手簿中,测量操作人员直接使用GNSS接收机,根据电子手簿中的方向和距离指示移动GNSS接收机到放样点上,就可以完成放样工作。因此,在施工测量中利用RTK技术可以大大地节省人力和物力,提高测量速度,同时放样精度较高,各放样点的误差也是相互独立的。

(5)RTK技术在城市测量中的应用。

随着RTK技术的进步,RTK系统具有能满足城市测量要求的各种优势:RTK可以跟踪到更多卫星,抑制多路径效应,抵抗干扰,即使在城市卫星遮挡严重的地区,也能进行测量;RTK技术可有效剔除卫星信号的瞬时变动,使初始化可靠性达99.99%,确保测量结果更加准确;RTK测量系统手簿内置高像素数码相机,用以及时拍摄现场环境,并在相片上注记测量信息,如距离、方位等,实现现场注记直观、方便;RTK测量系统无缝接入互联网,实现内外业一体化和信息化,远程数据实时传输,足不出户就可获得外业测量数据。RTK技术主要应用在城市地形测量、管线测量、城市土地测量及评估等方面。

三、GNSS定位误差

(一)GNSS测量误差的分类

按误差性质可分为系统误差与偶然误差两类。偶然误差主要包括信号的多路径效应、天线姿态误差等;系统误差主要包括卫星的星历误差、卫星钟钟差、接收机钟差以及大气折射的误差等。其中系统误差无论从误差的大小还是对定位结果的危害性讲都比偶然误差要大得多,它是GNSS测量的主要误差源;同时,系统误差有一定的规律可循,可采取一定的措施加以消除。如建立误差改正模型对观测值进行改正,或选择良好的观测条件,采用恰当的观测方法等。

根据测量误差的来源,可分为来源于导航卫星的误差、卫星信号传播过程的误差和地面接收设备的误差。在高精度GNSS测量中,还应考虑与地球整体运动有关的地球潮汐、相对论效应等。在分析研究误差对GNSS测量的影响时,往往将误差化算为卫星至观测站的距离,以相应的距离误差表示,称为等效距离误差。此处将按照GNSS误差的来源来分析误差,并提出相应的应对措施。

（二）与卫星有关的误差

与GNSS卫星有关的误差主要包括卫星星历误差、卫星钟钟差等。

1.卫星星历误差

卫星星历误差主要是卫星轨道偏差。估计与处理卫星的轨道偏差较为困难，其主要原因是，卫星在运行中要受到多种摄动力的复杂影响，而通过地面监测站，难以可靠地测定这种作用力，并掌握其作用规律。目前，卫星轨道信息是通过导航电文等得到的。应该说，卫星轨道误差是当前GNSS测量的主要误差来源之一。测量的基线长度越长，此项误差的影响就越大。

在GNSS定位测量中，处理卫星轨道误差有以下几种方法：

(1)忽略轨道误差：广泛地用于精度较低的实时单点定位工作中。

(2)建立自己的卫星跟踪网独立定轨。

(3)采用轨道改进法处理观测数据：这种方法是在数据处理中，引入表征卫星轨道偏差的改正参数，并假设在短时间内这些参数为常量，将其与其他未知数一并求解。

(4)同步观测值求差：这一方法是利用在两个或多个观测站一同对同一卫星的同步观测值求差，以减弱卫星轨道误差的影响。该方法对于精度相对定位具有极其重要的意义。

2.卫星钟钟差

尽管GNSS卫星均设有高精度的原子钟（如GPS系统的铷钟和铯钟），但是它们与理想的GNSS时之间，仍存在着难以避免的偏差和漂移。

对于卫星钟的这种偏差，一般可由卫星的主控站，通过对卫星钟运行状态的连续监测确定，并通过卫星的导航电文提供给接收机。经钟差改正后，各卫星之间的同步差，即可保持在20 ns以内。

在相对定位中，卫星钟差可通过观测量求差（或差分）的方法消除。

（三）与卫星信号有关的误差

与卫星信号有关的误差主要包括大气折射误差和多路径效应。

1.大气折射误差

1)电离层折射的影响

GNSS卫星信号与其他电磁波信号一样，当通过电离层时，将受到这一介质弥散特性的影响，使其信号的传播路径发生变化。当GNSS卫星处于天顶方向时，电离层折射对信号传播路径的影响最小；而当卫星接近地平线时，则影响最大。为了减弱电离层的影响，在GNSS定位中通常采用下面措施：

(1)利用双频观测。由于电离层的影响是信号频率的函数，所以利用不同频率的电磁波信号进行观测，便能够确定其影响，而对观测量加以修正。因此，具有双频的GNSS接收机，在精密定位测量中得到广泛的应用。不过应当明确指出，在太阳辐射的正午或在太阳黑子活动的异常期，应尽量避免观测，尤其是精密定位测量。

(2)利用电离层模型加以修正。对于单频GNSS接收机，为了减弱电离层的影响，一般采用导航电文提供的电离层模型，或其他适合的电离层模型对观测量加以修正，但这种模型仍在完善中，目前模型改正的有效率约为75%。

(3)利用同步观测值求差。这一方法是利用两台或多台接收机，对同一卫星的同步观测值求差，以减弱电离层折射的影响，尤其当观测站间的距离较近（<20 km）时，由于卫星

信号到达各观测站的路径相近，所经过的介质状况相似，因此通过各观测站对相同卫星信号的同步观测值求差，便可显著减弱电离层折射影响，其残差将不会超过0.000 001。对于单频GNSS接收机而言，这种方法极为重要。

2）对流层折射的影响

对流层折射对观测值的影响，可分为干分量与湿分量。干分量主要与大气的湿度与压力有关，而湿分量主要与信号传播路径上的大气湿度有关。对于干分量的影响，可通过地面的大气资料计算；湿分量目前尚无法准确测定。对于短基线（<50 km），湿分量的影响较小。关于对流层折射的影响，一般有以下几种处理方法：

（1）定位精度要求不高时，可不考虑其影响。

（2）采用对流层模型进行改正。

（3）采用观测量求差的方法。与电离层的影响相类似，当观测站间相距不远（<20 km）时，由于信号通过对流层的路径相近，对流层的物理特性相近，所以对同一卫星的同步观测值求差，可以明显减弱对流层折射的影响。

2. 多路径效应

多路径效应亦称多路径误差，是指接收机天线除直接收到卫星发射的信号外，还可能收到经天线周围地物一次或多次反射的卫星信号，信号叠加将会引起测量参考点（相位中心点）位置的变化，从而使观测量产生误差，而且这种误差随天线周围反射面的性质而异，难以控制。试验资料表明，在一般反射环境下，多路径效应对测码伪距的影响可达到米级，对测相伪距的影响可达到厘米级。而在高反射环境下，不仅其影响将显著增大，而且常常导致接收的卫星信号失锁和使载波相位观测量产生周跳。因此，在精密导航和测量中，多路径效应的影响是不可忽视的。

目前减弱多路径效应影响的措施有：

（1）安置接收机天线的环境，应避开较强的反射面，如水面、平坦光滑的地面以及平整的建筑物表面等。

（2）选择造型适宜且屏蔽良好的天线等。

（3）适当延长观测时间，减弱多路径效应的周期性影响。

（4）改善GPS接收机的电路设计，减弱多路径效应的影响。

（四）与接收机有关的误差

与GNSS接收机设备有关的误差主要包括观测误差、接收机钟差、天线相位中心偏差等。

1. 观测误差

观测误差包括观测的分辨误差及接收机天线相对于测站点的安置误差等。一般认为观测的分辨误差约为信号波长的1%。

接收机天线相对于观测站中心的安置误差，主要是天线的安置对中误差以及量取天线高的误差，在精密定位工作中，必须认真、仔细地操作，以尽量减小这种误差的影响。

2. 接收机钟差

尽管GNSS接收机装有高精度的石英钟，其日频率稳定度可以达到10^{-11}，但对载波相位观测的影响仍是不可忽视的。处理接收机钟差较为有效的方法：

（1）将每个时刻的接收机钟差作为未知参数参与平差。

(2)将各观测时刻的接收机钟差间看成是相关的,由此建立一个钟差模型,并表示为一个时间多项式的形式,然后在观测量的平差计算中统一求解,得到多项式的系数,因而也得到接收机的钟差改正。

(3)通过星际一次差分可消除接收机钟差的影响。

3. 天线相位中心偏差

定位中,实际上天线的相位中心位置随着信号输入的强度和方向不同而有所变化,即观测时相位中心的瞬时位置(称为视相位中心)与理论上的本相位中心位置将有所不同,天线相位中心的偏差对相对定位结果的影响,根据天线性能的优劣,可达数毫米至数厘米。所以对于精密相对定位,这种影响是不容忽视的。

在实际工作中,如果使用同一类型的天线,在相距不远的两个或多个观测站上,同步观测同一组卫星,那么便可通过观测值求差,以削弱相位中心偏移的影响。需要提及的是,安置各观测站的天线时,均应按天线附有的方位标进行定向,使之根据罗盘指向磁北极。

思考题

1. 什么是控制测量? 有什么作用?
2. 控制测量需要收集的资料有哪些?
3. 控制测量的方法有哪些? 试比较之。
4. 导线的布设形式有哪些? 各有什么特点?
5. 简述 GNSS 定位测量原理。
6. 简述 GNSS 静态定位及动态定位方法。

项目三　平面控制测量

【项目说明】

本项目主要学习全站仪的使用方法、角度测量的原理及方法、距离测量的方法、角度测量外业施测和导线测量内业计算。通过各项具体案例，教授学生熟悉全站仪的使用，理解角度测量的原理，掌握全站仪测量角度和距离的作业方法、作业过程及成果的整理，掌握导线测量内业计算方法，引导学生分析作业过程中误差对角度和距离测量的影响，了解全站仪检验、校正及相关知识。使学生能够独立完成导线测量的全部过程。

【项目任务】

1.全站仪的认识及使用。

2.水平角观测。

3.垂直角观测。

4.距离测量。

5.全站仪的检校、维护与保养。

6.角度测量误差的来源及削弱或消除误差的措施。

7.距离测量误差的来源及削弱或消除误差的措施。

8.导线测量外业施测。

9.导线测量内业计算。

【项目成果】

1.案例分析记录表。

2.水平角观测记录实训表。

3.垂直角观测、记录与计算实训表。

4.距离测量记录实训表。

5.导线测量内业计算表。

任务一　全站仪的基本结构及功能

【任务目标】

1.认识全站仪的结构及功能。

2.正确使用全站仪。

【学习过程】

1.认识全站仪各部件的名称及作用。

2.演示全站仪的架设。

3.演示全站仪的基本使用。

4.实践操作全站仪。

【学习成果】

全站仪操作实训情况记录表。

活动一　全站仪的基本构造和功能

资源与器材：全站仪、脚架。

全站型电子速测仪简称全站仪。这种仪器能同时测角、测距，而且能自动显示、记录、存储数据，并能进行数据处理，可在野外直接测得点的坐标和高程。全站仪基本组成包括电子经纬仪、光电（多为红外线）测距仪、微处理器和数据自动记录装置。

全站仪的品牌和型号较多，本书以拓普康 GTS-330N 为例进行介绍。

一、演示全站仪的架设

为了进行相关的测量工作或认识使用全站仪，需要将全站仪先架设起来。全站仪的架设步骤如下：

（1）抽取三脚架，注意在脚架并拢的情况下，一手扶住架头，弯腰松开螺旋，抽取脚架至胸前，拧紧螺旋，撑开脚架，使脚架面尽量平整；双手放在脚架面向下压一下，以检查脚架螺旋是否拧紧。

（2）开箱取仪器，打开仪器箱后不要急于取出仪器，仔细观察仪器在箱中的放置位置（见图 3-1），防止使用完毕后无法顺利装箱。

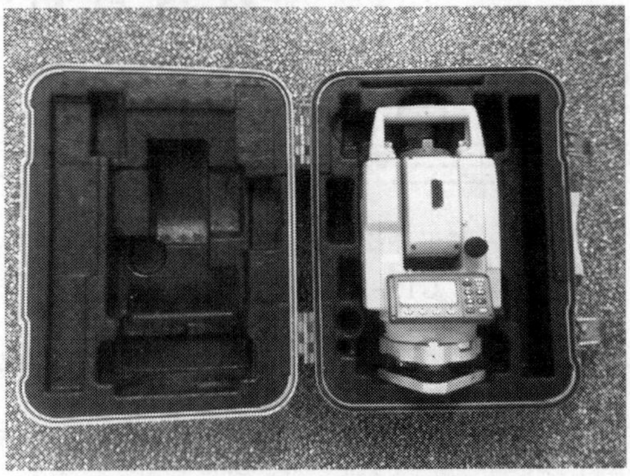

图 3-1　全站仪装箱示例

（3）双手取出仪器，取出仪器后一手抓紧提手，一手托住仪器的基座。仪器取出后注意锁紧仪器箱。

（4）将仪器置于三脚架上表面，一手握紧提手，一手旋紧中心螺旋，以松紧适度为宜。在此过程中严禁换手操作。

二、全站仪的基本构造

全站仪结构由照准部、基座组成，其结构如图 3-2。图 3-3 为 GTS-330N 全站仪操作面板。

三、全站仪主要部件功能认识

根据介绍的全站仪结构部件名称及作用，在讲述过程中观察自己的仪器，将其名称及作用总结后填写到表 3-1。

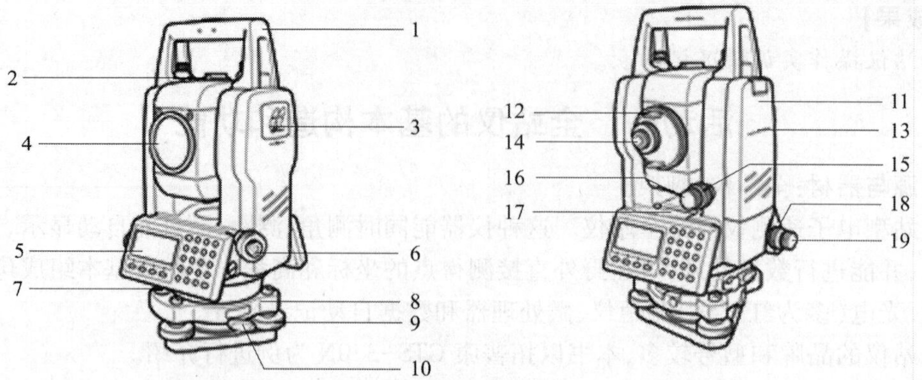

1—提手;2—粗瞄准器;3—竖盘;4—物镜;5—操作面板;6—光学对中器;7—圆水准器;
8—基座;9—脚螺旋;10—基座固定钮;11—电池;12—物镜调焦环;13—仪器中心标志;
14—目镜调焦螺旋;15—垂直制动螺旋;16—垂直微动螺旋;17—管水准器;
18—水平制动螺旋;19—水平微动螺旋

图 3-2　GTS-330N 全站仪

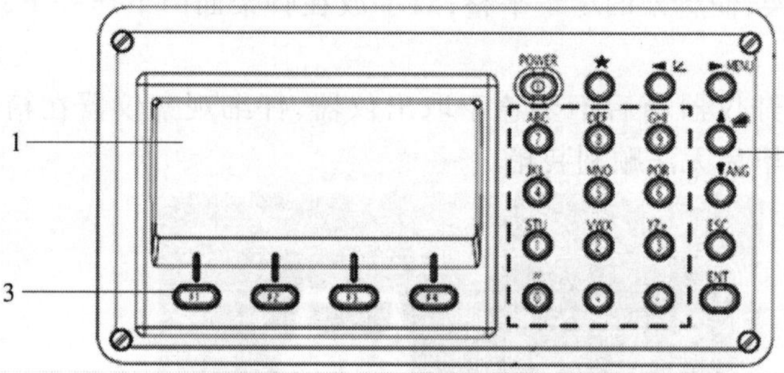

1—显示屏;2—输入键;3—功能键

图 3-3　GTS-330N 全站仪操作面板

表 3-1　全站仪的结构及功能作用

部件名称	作用

【知识导航】

1.望远镜

望远镜的物理结构在项目四中已经做过介绍,全站仪的望远镜与水准仪的成像原理相同。全站仪望远镜主要包括物镜、目镜、物镜调焦环、粗瞄准器等,如图 3-2 所示。

物镜调焦环(见图3-2中12)用来调节望远镜成像的清晰程度,在目镜调焦螺旋(见图3-2中14)用来调节十字丝的清晰程度,要和物镜调焦环配合使用。

粗瞄准器用来概略照准目标。

2.制动、微动系统

照准部可以在水平方向旋转,望远镜可以在垂直方向旋转,配合使用可照准任意方向的目标。通过粗瞄准器找到观测目标时,可旋紧水平制动螺旋(见图3-2中18)和垂直制动螺旋(见图3-2中15),通过旋转水平微动螺旋(见图3-2中19)和垂直微动螺旋(见图3-2中16)精确照准目标。注意在使用中只有先制动,微动螺旋才起作用。

3.水准器

全站仪的水准器包括圆水准器(见图3-2中7)和管水准器(见图3-2中17)。圆水准器用来指示仪器的概略整平,在需要对中的前提下,使用升降脚架的方法完成整平;管水准器用来指示仪器精确水平,使用脚螺旋进行整平。

4.基座固定钮

基座固定钮用来连接全站仪照准部和基座。松开基座固定钮,可使照准部和基座分开。因此,在每次使用全站仪前应当检查基座固定钮是否旋紧,防止因基座固定钮松开而损坏仪器。

5.仪器的中心标志

仪器的中心标志是全站仪水平轴(望远镜旋转时所绕的轴线)的位置,通常量取仪器高度时量到该位置。

6.操作面板

操作面板上各按键的作用见表3-2。各按键功能的使用在后续的内容中将逐步介绍。

表3-2　操作面板按键功能对照表

键	名称	功能
★	星键	星键模式用于如下项目或显示： (1)显示屏对比度； (2)十字丝照明； (3)背景光； (4)倾斜改正； (5)定线点指示器(仅适用于有定线点指示器类型)； (6)设置音响模式
	坐标测量键	坐标测量模式
	距离测量键	距离测量模式
ANG	角度测量键	角度测量模式
POWER	电源键	电源开关
MENU	菜单键	在菜单模式和正常测量模式之间切换,在菜单模式下可设置应用测量与照明调节,仪器系统误差改正

续表 3-2

键	名称	功能
ESC	退出键	返回测量模式或上一层模式 从正常测量模式直接进入数据采集模式或放样模式 也可作为正常测量模式下的记录键
ENT	确认输入键	在输入值末尾按此键
F1~F4	软件(功能键)	对应于显示的软键功能信息

★**思考**:基座固定钮松开会有什么潜在的危害?

活动二　全站仪的基本使用方法

资源与器材:全站仪、脚架。

全站仪的基本使用包括:对中、整平、照准目标、调焦等。本活动通过分步实训的方法,使学生掌握全站仪的整置步骤。

整置仪器前,首先应把脚螺旋旋至螺旋中段位置。在整置仪器过程中,应时刻注意仪器安全。在确保仪器紧固在三脚架架头上之后,方可按下列步骤整置和操作仪器。

一、全站仪对中

对中的目的是使全站仪仪器中心与标石中心在同一铅垂线上。对中可通过光学对中器来完成。其步骤如下:

(1)架设仪器。

(2)调整光学对中器目镜焦距,使对中器的圆圈标志清晰;调整光学对中器物镜焦距,使地面影像清晰。

(3)固定三脚架的一条腿于适当位置,两手分别握往另外两条架腿,移动这两条架腿的同时,从光学对中器中观察,使对中器中心对准标石中心(如图 3-4(b)所示)。光学对中器中可以看见标石中心时,可调节仪器脚螺旋,使标石中心与对中器中心重合。

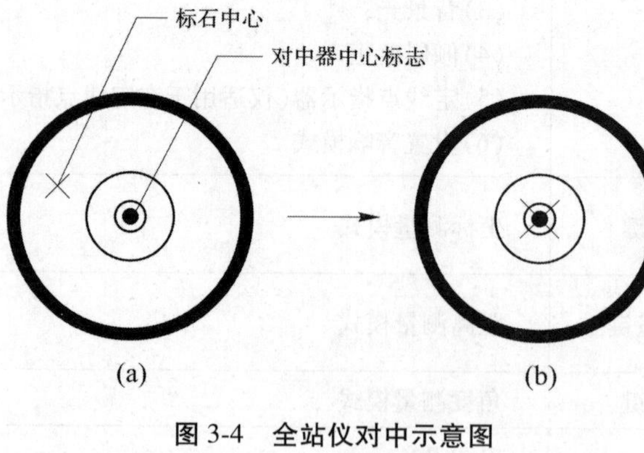

图 3-4　全站仪对中示意图

★**提示**:

(1)在坚实地面上设站时,应将脚架腿用绳子绑住或用砖、石顶住,以防架腿滑动。

(2)在山坡上设站时,应使脚架的两个腿在下坡,一个腿在上坡,以保障仪器稳定、安全。

(3)对中后应及时固紧连接螺旋和架腿固定螺旋。

(4)检查对中偏差,应在大约90°的两个方向上检查。

二、全站仪的整平

整平的目的是让全站仪的水平度盘处于水平位置。整平工作包括粗平和精平两步。

(一)粗平

粗平是通过调节脚架腿使圆水准器气泡居中。粗平时,首先观察圆水准器气泡的位置,气泡在哪边说明哪边高;然后通过调节相对应的脚架腿的长度来调整仪器的高度。为了防止脚架滑动,可用脚踩稳脚架。

(二)精平

精平通过调节脚螺旋实现。

(1)让管水准器和两个脚螺旋A、B平行,管水准器气泡的运动方向和左手大拇指的运动方向一致为原则,判断气泡位置并通过左右手旋转脚螺旋来调整。气泡居中后,将照准部旋转90°,根据气泡的位置调节第三个脚螺旋C。重复上述操作,直至管水准器气泡在任何方向都是居中,如图3-5所示。

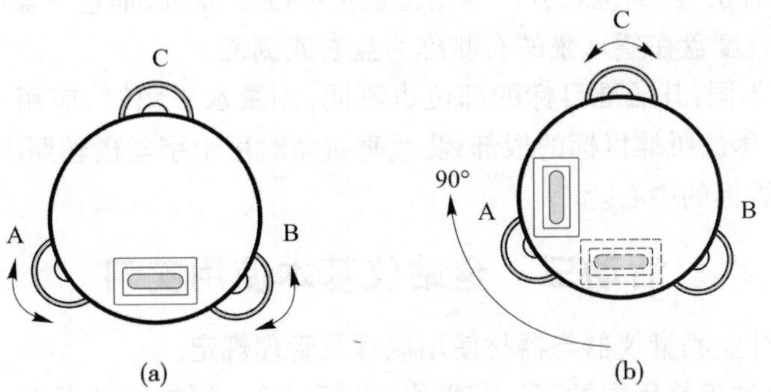

图3-5　全站仪精平

需要注意的是,精平是一个循环往复的过程,在旋转脚螺旋时要注意动作要轻,不要过快过猛。当脚螺旋旋转至螺旋末端时,应将脚螺旋调节至中间位置,再调节脚架。

(2)精平结束后,应重新检查对中情况,如果偏离较小,可松开中心螺旋,通过平推仪器来调节对中,平推仪器后要重新检查精平。此过程是一个循环往复的过程,要保证仪器对中完好,管水准器气泡居中。

★**提示:**精平后,若圆水准器气泡不居中,可不理会,只要保证管水准器气泡居中即可。

三、照准目标

照准即用望远镜十字丝中心部位照准目标,故十字丝是照准目标的主要参照物。旋转照准部及望远镜,通过粗瞄准器先概略照准目标,调节微动螺旋精确照准目标。

(一)演示

(1)旋转照准部,利用望远镜上方粗瞄准器概略照准目标,固定水平制动螺旋。

(2)目镜调焦。转动目镜调节环,调节目镜,使十字丝清晰。

(3)物镜调焦。旋转物镜调焦环,使目标成像清晰,且无视差存在。

(4)精确照准。旋转水平微动螺旋和垂直微动螺旋,使十字丝精确照准目标(见图 3-6)。

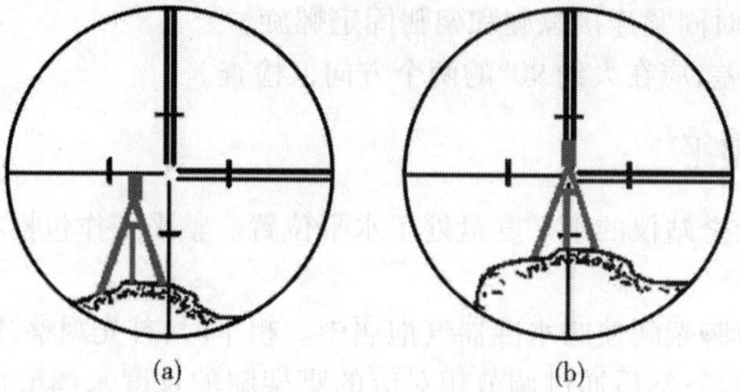

图 3-6　照准目标

(二)操作

按照演示的操作步骤进行练习。

★提示:

(1)微动螺旋的旋转范围是有一定限度的,在使用时应注意不要用力过大、过猛。若拧不动了,则需要松开制动螺旋,轻微旋转照准部或用望远镜重新照准目标。

(2)照准目标有正镜、倒镜之分。当用望远镜照准目标时,垂直度盘在望远镜的左侧称为盘左或正镜;垂直度盘在望远镜的右侧称为盘右或倒镜。

(3)观测内容不同,其照准目标的部位也不同,测量水平角时,应用十字丝纵丝照准目标(见图 3-6(a)),尽量照准目标的根部;测量垂直角时用十字丝横丝照准目标的顶部;当使用觇标时,应照准觇标的中心。

活动三　全站仪基本使用实习

资源与器材:外业测量仪器与器材使用规程及管理规定。

本活动针对全站仪使用中的不规范操作,进行讨论、总结,并指导学生按规范的操作要领进行实训。

一、实习情况记录

结合以上学习内容,将全站仪基本使用方法贯穿起来,综合练习。练习过程中填写全站仪操作实训情况记录表(见表 3-3)。

表 3-3　全站仪操作实训情况记录表

次数	时间	练习中存在问题	解决方法
1			
2			
3			
4			
⋮			

二、全站仪使用的注意事项

在实训场地，随机抽取一组学生，进行全站仪使用操作演示，其余各组同学仔细观察操作过程，并记录演示过程中的不规范操作，填入表3-4，以组为单位进行总结发言。

表3-4 不规范操作情况记录表

序号	不规范操作记录	规范操作
1		
2		
3		
4		
⋮		

【知识导航】

1.仪器使用时的注意事项

(1)测量仪器属精密仪器，使用时必须严格按照操作程序精心操作。在任何时候，仪器必须有人看管，做到“人不离仪器”，以防止其他无关人员拨弄仪器或行人、车辆撞倒仪器。看管仪器的人员，必须将仪器随时置于视线范围之内，必须站立在伸手就能握住仪器的位置，严禁远离仪器。严禁在仪器周围嬉戏打闹。要随时注意周边环境中可能对仪器造成损坏的各种安全隐患。特别是校内实习时，应随时注意篮球、足球、排球等飞来物可能对仪器的伤害。

(2)实习前，应检查仪器箱背带及提手是否牢固。开箱后提取仪器前，要看清楚仪器在箱内放置的方式和位置；装卸仪器时，必须握住提手，将仪器从仪器箱取出或装入仪器箱时，要握住仪器提手并托住基座，不可握住显示单元的下部。切不可拿仪器的镜筒，否则会影响内部固定部件，从而降低仪器的精度；仪器用毕，先盖上物镜罩，并擦去表面的灰尘；装箱时各部位要放置妥帖，合上箱盖时应无障碍。

(3)在太阳光照射下观测仪器，应给仪器打伞，并带上遮阳罩，以免影响观测精度；在杂乱环境下测量，仪器要有专人守护；当仪器架设在光滑的表面时，要用细绳(或细铅丝)将三脚架三个脚连起来，以防滑倒。

(4)使用微动螺旋时，应先旋紧制动螺旋。转动仪器时，应先松开制动螺旋，然后平稳转动。制动螺旋未松开前切勿强行旋转照准部和望远镜，以防轴系和制动螺旋损坏。微动螺旋和脚螺旋宜使用中段螺纹，不要旋到顶端，以免损伤螺纹。外业完毕后，应将所有微动螺旋旋至中央位置。严禁用手握望远镜旋转。

(5)当测站之间距离较远，搬站时应将仪器卸下，装箱后背着走；行走前要检查仪器箱是否锁好，检查安全带是否系好；若测站之间距离较近，搬站时可将脚架合起，双臂微屈，双手握紧脚架进行搬站，但仪器要尽量保持直立放置。

(6)搬站之前，应检查仪器与脚架的连接是否牢固；搬运时，应把制动螺旋略微旋紧，使仪器在搬站过程中不致晃动。

(7)仪器任何部分发生故障，不勉强使用，应立即检修，否则会加剧仪器的损坏程度。

(8)观测过程中,除正常操作仪器螺旋外,尽量不要用手扶仪器及脚架,以免碰动仪器,影响观测精度。作业时,必须由一人单独操作,因故换人时,必须先检查中心螺旋是否旋上或拧紧,以防操作或搬站时将仪器摔下。

2.仪器转运时的注意事项

(1)首先把仪器装在仪器箱内,再把仪器箱装在专供转运用的木箱内,并在空隙处填以泡沫、海绵、刨花或其他防震物品;装好后将木箱或塑料箱盖子盖好,需要时应用绳子捆扎结实。

(2)无专供转运的木箱或塑料箱的仪器不应托运,应由测量员亲自携带;在整个转运过程中,要做到人不离开仪器,如乘车,应将仪器放在松软物品上面,并用手扶着,在颠簸厉害的道路上行驶时,应将仪器抱在怀里。

(3)注意轻拿轻放、放正、不挤不压,无论天气晴雨,均要事先做好防晒、防雨、防震等措施。

任务二　全站仪水平角测量

【任务目标】

1.理解水平角测量原理。

2.掌握全站仪测量水平角的方法。

3.掌握测回法观测、记录及计算。

4.了解全圆方向观测法的观测方法、记录和计算。

【学习过程】

1.复习全站仪的安置过程。

2.研习案例,理解水平角测量原理。

3.讲解水平角测量方法及仪器的使用。

【学习成果】

1.绘制水平角测量原理图。

2.水平角观测记录表。

3.水平角观测手簿存在问题分析表。

活动一　水平角测量原理

资源与器材:全站仪、水平角测量原理挂图或图片。

本活动通过思考互动的方式,理解水平角测量的原理。

(1)如图 3-7 所示,借助什么样的工具可测出$\angle AOB$?

(2)在实训场地中选择地面一点,另选择高度不同的两个目标点。在地面点安置全站仪,演示水平角测量,配合挂图讲解水平角测量原理。

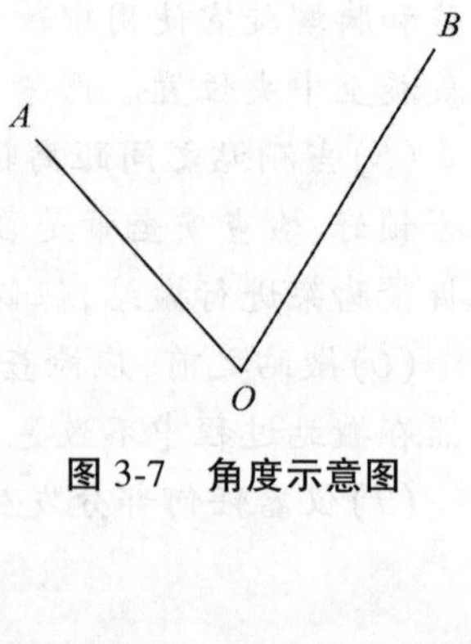

图 3-7　角度示意图

【知识导航】

要确定地面点的平面位置,一般需要观测水平角。所谓水平角,就是测站与两目标的连线在水平面上的投影之间的夹角,角值为0°~360°。如图3-8所示，测站为A，目标C、B，AC和AB在水平面上投影之间的夹角β即为测站与目标C、B之间的水平角，测量中所需要观测的水平角是$\angle CAB$角在水平面上的投影，即$\angle cab$，而不是斜面上的角$\angle CAB$。

由图3-8可以看出，$\angle cab$就是通过AC和AB的两个铅垂面形成的二面角。这个二面角在铅垂面交线Aa上任意位置都可以测量。

要想测量水平角，可设想在竖线Aa上放置一个顺时针注记的全圆量角器(度盘)，使其中心正好在Aa线上，并成水平位置。在$ACca$铅垂面与度盘的交线得一读数n，再从$ABba$铅垂面与度盘的交线得一读数m，则水平角β为两个方向值之差：

$$\beta = m - n \tag{3-1}$$

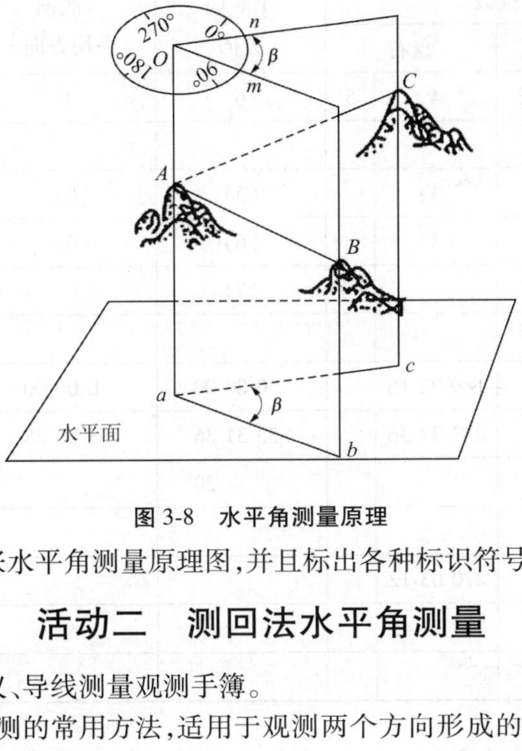

图3-8 水平角测量原理

活动成果：绘制一张水平角测量原理图，并且标出各种标识符号，然后写出计算公式。

活动二 测回法水平角测量

资源与器材：全站仪、导线测量观测手簿。

测回法是水平角观测的常用方法，适用于观测两个方向形成的单角。其观测和计算步骤如下。

一、观测方法

如图3-7所示，测站点为O，两个目标分别为A、B。水平角的观测步骤如下：

(1)盘左位置(正镜)，照准目标A，配置度盘。读取水平度盘读数，记入表3-5第(1)栏内。

(2)顺时针旋转照准部，照准目标B，同样读取水平度盘读数，记入第(2)栏内。

(1)、(2)操作称为上半测回。

(3)纵转望远镜变换为盘右位置(倒镜)，顺时针旋转照准部，照准目标B，读取水平度盘读数，记入第(3)栏内。

(4)逆时针旋转照准部，照准目标A，读取水平度盘读数，记入第(4)栏内。

(3)、(4)操作称为下半测回。上、下两个半测回合称为一测回。

二、计算方法

水平角观测的计算表格如表 3-5 所示，按下面介绍的步骤进行计算。

表 3-5　水平角观测记录实例

作业日期：2019-04-20　　测站：P_5

观测方向略图

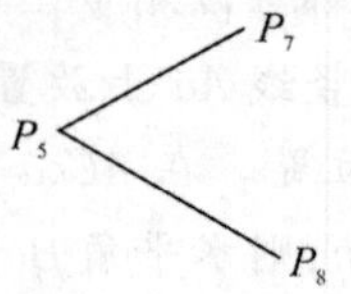

仪器：GTS-330N

观测者：×××

记录者：×××

觇点	读数				半测回方向	一测回平均方向	各测回平均方向	附注
	盘左		盘右					
1	2	3	4	5	6	7	8	9
第　测回								
	(1)		(4)		(5)	(8)	(10)	
	(2)		(3)		(6)	(9)	(11)	
					(7)			
第Ⅰ测回								
1.　P_7	0 02 18		180 02 16		0 00 00	0 00 00		
2.　P_8	53 33 54		233 33 36		53 31 36	53 31 28		
					20			
第Ⅱ测回								
1.　P_7	90 03 06		270 03 12					
2.　P_8	143 34 42		323 34 42					

上半测回的两个方向值均各自减去第(1)栏的方向值：

$$(5)=(1)-(1)=0°00'00''$$

$$(6)=(2)-(1)$$

$$(7)=(3)-(4)$$

(8)栏同第(5)栏；

$$(9)=\frac{1}{2}[(6)+(7)]$$

第(6)和(7)栏之差即上、下半测回较差。上、下半测回较差在图根导线测量中要求不超过±36″；满足限差要求时，则可计算第(9)栏。

如观测多个测回，则可计算各测回平均方向。各测回的第(9)栏互差在图根导线测量中要求不超过±24″，不超限时，则取平均值记入(11)栏。

$$(10)=0°00'00''$$

三、计算实训

（1）按上述方法计算表3-5中第Ⅱ测回相关数值。

（2）若某一项目中水平角需观测3个测回，试计算各测回配置度盘值。

★**提示**：实际生产中，各项限差应参阅相关作业规范。

【知识导航】

1.各测回配置度盘值

在测回法水平角测量过程中，各测回配置度盘值按下式计算

$$\delta = \frac{180°}{n}(i-1) \tag{3-2}$$

式中：δ为某测回度盘配置的度数；n为总的测回数；i为当前测回数。

2.全圆方向观测法

1）观测方法

当一个测站上有三个或三个以上方向，需要观测多个角度时，通常采用方向观测法。方向观测法是以任一目标为起始方向（又称零方向），依次观测出其余各个方向相对于起始方向的方向值，则任意两个方向的方向值之差即为该方向线之间的水平角。当方向数超过3个时，须在每个半测回末尾再观测一次零方向（称归零），两次观测零方向的读数应相等或差值不超过规定要求，其差值称为"归零差"。由于重新照准零方向时，照准部已旋转了360°，故又称这种方法为全圆方向法或全圆测回法。

如图3-9所示，OA为起始方向，也称零方向，观测步骤如下：

（1）盘左观测：将度盘配置在0°00′或稍大的读数（目的便于计算），先观测所选定的起始方向（又称零方向）A，再按顺时针方向依次观测B、C、D各方向。每观测一个方向均读取水平度盘读数，并记入观测手簿。最后还要回到起始方向A，读数并记录。这一步骤称为"归零"，其目的是检查水平度盘的位置在观测过程中是否发生变动。以上全部工作叫作上半测回。

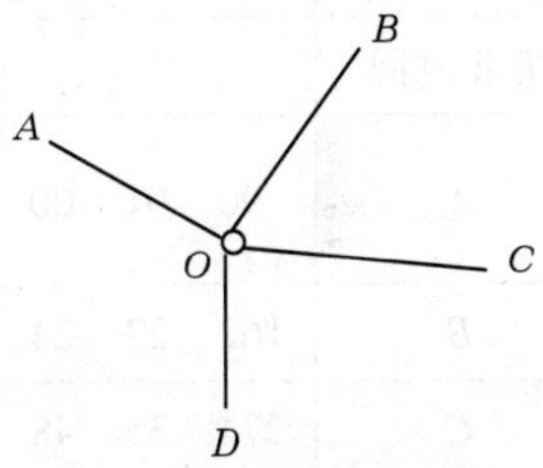

图3-9　方向观测法

（2）倒转望远镜，用盘右位置按逆时针方向依次照准A、D、C、B、A，读数并记录。此为下半测回。

上、下半测回合起来称为一测回，由于半测回中零方向有前后两次读数，两次读数之差称为"半测回归零差"，半测回归零差限差为±18″，如果归零差超限，则说明在观测过程中，仪器度盘位置有变动，此半测回应重测。

2）全圆观测法的计算与限差

（1）计算上、下半测回归零差（两次瞄准零方向A的读数之差）。

（2）计算2倍照准误差$2C$值。

理论上同一目标盘左读数和盘右读数应相差180°，如果不是，其偏差值称为$2C$值。

$$2C = \text{盘左读数} - (\text{盘右读数} \pm 180°)$$

其中，当盘右读数大于180°时取"-"号；反之取"+"号。

（3）计算各方向的平均数。

$$平均读数=\frac{1}{2}[\ 盘左读数+(盘右读数\pm 180°)\ ]$$

由于零方向 A 有两个平均数，故应再取平均值，填入表 3-6 第 5 栏上方的小括号内。

(4)计算各方向归零后的方向值。

将各方向的平均读数减去零方向，最后取平均值（括号内数值），即得各方向归零后的方向值，填入表 3-6 第 6 栏。

(5)取各个测回归零后方向值的平均值作为各方向的最后成果，填入表 3-6 第 7 栏。

表 3-6　水平角(全圆方向法)观测手簿

觇点	读数		2C	平均读数	一测回归零方向值	各测回平均方向	附注
	盘左	盘右					
1	2	3	4	5	6	7	8
第Ⅰ测回							
A	0　01　00	180　01　12	−12	(0　01　09) 0　01　06	0　00　00	0　00　00	
B	77　22　36	252　22　48	−12	72　22　42	72　21　33	72　21　22	
C	184　35　48	4　35　54	−6	184　35　51	184　34　42	184　34　38	
D	246　46　24	66　46　24	0	246　46　24	246　45　15	246　45　26	
A	0　01　06	180　01　18	−12	0　01　12			
归零差	$\Delta_左=+6''$	$\Delta_右=+6''$					
第Ⅱ测回							
A	90　01　00	270　01　06	−6	(90　01　09) 90　01　03	0　00　00		
B	162　22　24	342　22　18	+6	162　22　21	72　21　12		
C	274　35　48	94　35　36	+12	274　35　42	184　34　33		
D	336　46　42	156　46　48	−6	336　46　45	246　45　36		
A	90　01　12	270　01　18	−6	90　01　15			
归零差	$\Delta_左=+12''$	$\Delta_右=+12''$					

(6)方向观测法限差要求见表 3-7。

表 3-7　方向观测法限差要求

仪器型号	半测回归零差	一测回内 2C 互差	同一方向值各测回较差
DJ_1	6″	9″	6″
DJ_2	8″	13″	9″
DJ_6	18″	—	24″

注：摘自《城市测量规范》(CJJ/T 8—2011)。

活动三　全站仪水平角测量基本操作

资源与器材：拓普康 GTS-330N、导线测量观测手簿。

本活动中，分组熟悉全站仪水平角测量的基本功能。

一、角度测量界面

安置全站仪，按“POWER”（开机键），显示如图 3-10 所示角度测量界面。若开机后界面不同，可按“角度测量键”切换到角度测量模式。

V　:　90°10′20″
HR:　0°00′00″

置零　锁定　置盘　P1↓

图 3-10　角度测量界面

实训：在角度测量模式下，水平转动照准部，看屏幕中有什么变化；垂直转动望远镜，看屏幕中有什么变化；思考 V、HR 代表的含义；照准同一个观测目标情况时，盘右 HR 水平方向值和盘左 HR 水平方向值有何关系？

★提示：

（1）V 表示天顶距或高度角；HR 表示水平方向值（顺时针旋转增加）。

（2）在照准同一个观测目标时，若不考虑照准误差，则有

盘右 HR 水平方向值=盘左 HR 水平方向值+180°

二、角度测量模式下的功能

在角度测量模式下，按“F4”键，观察有哪些功能？并与表 3-8 对照，了解不同页面下各功能软键的作用。

表 3-8　角度测量模式

页数	软键	显示符号	功能
1	F1	置零	水平角置为 0°00′00″
	F2	锁定	水平角读数锁定
	F3	置盘	通过键盘输入数字，设置水平角
	F4	P1↓	显示第 2 页软键功能
2	F1	倾斜	设置倾斜改正开或关，若选择开，则显示倾斜改正值
	F2	复测	角度重复测量模式
	F3	V%	垂直角百分比坡度（%）显示
	F4	P2↓	显示第 3 页软键功能
3	F1	H-蜂鸣	仪器每转动水平角 90°是否要发出蜂鸣声的设置
	F2	R/L	水平角右/左计数方向的转换
	F3	竖盘	垂直角显示格式（高度角/天顶距）的切换
	F4	P3↓	显示第 1 页软键功能

三、水平角观测

（一）设置后视方向

后视方向设置通常有两种方法：置零和置盘。

1.置零

置零是使全站仪当前水平方向设置为0°00′00″。

在角度测量模式第1页按F1（置零）软键，则屏幕显示询问页面（见图3-11）。当精确瞄准照准目标后选择“是”确认即可。

水平角置零
>OK?
--- --- ［是］［否］

图3-11　水平角置零

2.置盘

置盘作用是将当前照准方向手工设置为任意水平方向值。例如，若当前照准方向需要设置为90°32′12″，按F3（置盘）后，在HR对应位置输入“90.3212”，按“是”确认即可。

（二）待测水平方向值观测

设置好后视方向后，松开水平制动螺旋，精确照准前视待测方向，此时屏幕上显示的HR值即为待测前视水平方向值。

（三）水平角计算

待测前视水平方向值和后视水平方向值之差即为待测的水平角。

四、水平角观测操作步骤实例

以表3-9所列数据为例，进行说明。

表3-9　水平角观测记录表

觇点	读数		半测回方向	一测回平均方向	各测回平均方向	附注
	盘左	盘右				
1	2	3	4	5	6	7
第Ⅰ测回						
A	0 00 00 ①	180 00 02 ④	0 00 00	0 00 00	0 00 00	
B	53 33 54 ②	233 33 58 ③	53 33 54	53 33 55	53 33 52	
			56			
第Ⅱ测回						
A	90 00 00 ⑤	270 00 04 ⑧	0 00 00	0 00 00		

续表 3-9

觇点	读数		半测回 方向	一测回 平均方向	各测回 平均方向	附注
	盘左	盘右				
B	143 33 48 ⑥	323 33 54 ⑦	53 33 48	53 33 49		
			50			

水平角观测具体操作步骤如下。

(一)第Ⅰ测回观测

在准备好记录表和仪器后,选择零方向(即先照准的目标),照准目标。按表 3-10 所列过程操作。

表 3-10　水平角第Ⅰ测回观测过程

操作过程	操作按键	屏幕显示
盘左位置照准目标 *A*		V:　90°12′32″ HR:　0°02′12″ 置零　锁定　置盘　P1↓
配置度盘为 0°,并填写表 3-9 中"①"栏	F1	水平角置零 >OK? ---　---　[是]　[否]
	F3	V:　90°12′32″ HR:　0°00′00″ 置零　锁定　置盘　P1↓
顺时针旋转照准目标 *B*,读数,并填写表 3-9 中"②"栏		V:　90°12′32″ HR:　53°33′54″ 置零　锁定　置盘　P1↓
换为盘右,照准目标 *B*,读数,并填写表 3-9 中"③"栏		V:　90°12′32″ HR:　233°33′58″ 置零　锁定　置盘　P1↓
逆时针照准目标 *A*,读数,并填写表 3-9 中"④"栏		V:　90°12′32″ HR:　180°00′02″ 置零　锁定　置盘　P1↓

观测完成后，按照本项目活动二讲述的方法进行计算，合格后进行第Ⅱ测回的观测。

(二)第Ⅱ测回观测

第Ⅱ测回应配置度盘数为90°左右。

第Ⅱ测回按表3-11所列过程操作。

表3-11　水平角第Ⅱ测回观测过程

操作过程	操作按键	屏幕显示
盘左位置照准目标 *A*		V: 90°12′32″ HR: 0°02′12″ 置零　锁定　置盘　P1↓
配置度盘为90°，并填写表3-9中"⑤"栏	先按F3键 按F1键，输入90	水平角设置 HR: 输入　---　---　回车
	按F4键确认	V: 90°12′32″ HR: 90°00′00″ 置零　锁定　置盘　P1↓
顺时针旋转照准目标 *B*，读数，并填写表3-9中"⑥"栏		V: 90°12′32″ HR: 143°33′48″ 置零　锁定　置盘　P1↓
换为盘右，照准目标 *B*，读数，并填写表3-9中"⑦"栏		V: 90°12′32″ HR: 323°33′54″ 置零　锁定　置盘　P1↓
逆时针照准目标 *A*，读数，并填写表3-9中"⑧"栏		V: 90°12′32″ HR: 270°00′04″ 置零　锁定　置盘　P1↓

五、水平角观测实训

在实训场地上，每组选择两个目标，每人各观测两个测回。观测结果记录在导线测量观测手簿上，作为最终成果上交。

活动四　水平角观测与记录规定

资源与器材:学生水平角观测手簿。

本活动利用学生水平角观测手簿,分析讨论、记录计算过程中存在的问题和不足,掌握观测手簿的记录计算要求。表 3-12 为某学生记录的水平角观测手簿。

表 3-12　某学生记录的水平角观测手簿

觇点	读数		半测回方向	一测回平均方向	各测回平均方向	附注
	盘左	盘右				
1	2	3	4	5	6	7
第Ⅰ测回						
A	0 0 0	180 00 02	0 00 00	0 00 00	0 00 00	
B	53 33 54	233 33 58	53 33 54	53 33 55	53 33 52	
			56			
第Ⅱ测回						
A	90 00 00	270 00 04	0 00 00	0 00 00		
B	143 33 48	323 33 54	53 33 48	53 33 49		
			50			

请结合背景知识,分组讨论记录过程中存在的问题和不足,把讨论结果填入表 3-13。

表 3-13　水平角观测手簿存在问题分析表

序号	存在的问题和不足	解决方案
1		
2		
3		
4		
5		
6		

【知识导航】

1.外业手簿记录及资料整理的要求

(1)外业观测记录必须在编号、装订成册的手簿上进行,已编号的各页不得任意撕掉,记录中间不得留下空页。

(2)读记错误的度、分值,必须在现场更改,读记错误的秒值不许改动,应重新观测。

(3)一切原始观测值和记事项目,必须在现场用钢笔或铅笔直接记录在正式外业手簿中,字迹要清楚、整齐、美观,不得涂改、擦改、重笔、转抄。手簿中各记事项目,每一测站或每一观测时间段的首末页都必须记载清楚、填写齐全。

(4)需重测的方向或需重测的测回可用从左上角至右下角的斜线划去。凡划改的数字或划去的不合格成果,均应在附注栏内注明原因。需重测的方向或测回,应注明其重测结果所在页数。废站也应整齐划去并注明原因。补测或重测结果不得记录在测错的手簿页数之前页面上。

凡更改错误,均应将错误数字、文字用横线整齐划去,在其上方写出正确数字或文字。原错误数字或文字应仍能看清,以便检查。

(5)不允许连环更改,否则均应重测。如同一方向盘左、盘右、半测回方向值三者同时更改两个相关数字,即为连环涂改。

2.重测与补测规定

因对错度盘、测错方向、读记错误、碰动仪器、气泡偏离过大以及其他原因未测定的测回,均可立即重新观测,而不算作重测测回数,称为补测。补测数没有限制。而重测通常在本点的基本测回完成后进行,其规定如下:

(1)凡超出限差规定的成果,均应进行重测。

(2)两个半测回同一方向值互差超限,应重测本测回。

(3)各测回同一方向值互差超限,应重测。

(4)基本测回成果和重测成果,应记入手簿。重测与基本测回结果不取中数,每一测回只取一个符合限差的结果。

3.水平角观测注意事项

(1)仪器高度要和观测者的身高相适应;三脚架要踩实,仪器与脚架连接要牢固,操作仪器时不要手扶三脚架,走动时要防止碰动脚架。操作仪器要轻、稳、准,要有节奏、果断。使用各种螺旋时用力要适当,不可过猛、过大。

(2)对中要认真、仔细,特别是对于短边观测水平角时,对中要求应更严格。

观测员读数后,记录员要复诵一遍,观测员没有提出疑问后方可记入手簿中。

(3)当观测目标间高低相差较大时,更需注意仪器整平。

(4)观测目标要竖直;尽可能用十字丝中心部位瞄准目标(花杆或旗杆)底部;并注意消除视差。

(5)有阳光照射时,要打伞遮光观测;一测回观测过程中,不得再调整照准部管水准器气泡;若在一测回观测中,气泡偏离中心超过1格,应重新整平仪器、重新观测本测回;在成像不清晰的情况下,要停止观测。

(6)在一个测站上只有当所有观测结果全部计算、检查合格后,方可迁站。

活动五　测回法水平角观测实习

资源与器材:TOPCON全站仪、水平角观测记录表。

本活动结合活动二、活动三和活动四进行综合实习,把观测计算结果填入表3-14。

表 3-14　水平角观测记录表

作业日期：　　　测站：　　　观测略图：　　　仪器：

观测者：

记录者：

觇点	读数		半测回方向	一测回平均方向	各测回平均方向	附注
	盘左	盘右				
1	2	3	4	5	6	7

任务三　全站仪垂直角测量

【任务目标】

1.理解垂直角测量原理。

2.掌握全站仪测量垂直角的方法。

3.掌握垂直角观测、记录及计算。

【学习过程】

1.复习全站仪水平角观测计算过程。

2.理解垂直角测量原理。

3.讲解垂直角测量方法及仪器的使用。

【学习成果】

垂直角观测、记录与计算实训表。

活动一　垂直角测量原理

资源与器材:TOPCON 全站仪、垂直角测量原理挂图。

本活动主要掌握垂直角、天顶距的概念及测量、计算方法。

一、垂直角

一点至观测目标的方向线与其在水平面上投影间的夹角称为高度角,简称竖角或垂直角,通常用 α 表示。

如图 3-11 所示,测站点 A 到目标点 B、C 的方向线 AB、AC 与水平面之间的夹角 α_{AB}、α_{AC} 就是 A 点到 B、C 两点的垂直角。

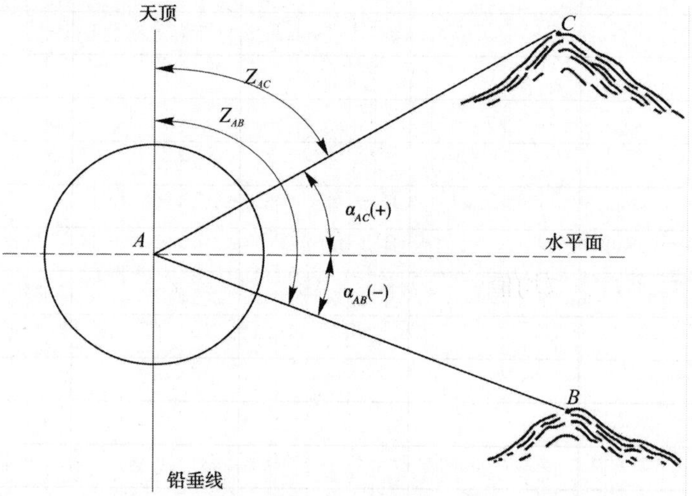

图 3-12　垂直角测量原理

视线上倾所构成的仰角为正,视线下倾所构成的俯角为负,角值范围为−90°~90°。

二、天顶距

目标方向与天顶方向(即铅垂线的反方向)所构成的角,称为天顶距,一般用 Z 表示,天顶距的大小从 0°~180°。

垂直角与天顶距的关系为

$$\alpha = 90° - Z \tag{3-3}$$

实训:如表 3-15 所示,把实测的天顶距(或垂直角)换算成相应的垂直角(或天顶距)。

表 3-15　天顶距和垂直角换算实训表

天顶距 (°　′　″)	垂直角 (°　′　″)
166　35　21	
	36　42　09

活动二 垂直角及指标差计算

资源与器材:垂直角观测记录表。

本活动利用观测到的垂直角观测记录表,计算垂直角及相应指标差。

一、垂直角与指标差计算

全站仪上显示的垂直度盘读数均是通过读数指标得到的。大部分全站仪的读数指标正常情况下处于铅垂向下方向。但实际情况下,读数指标位置不可能完全正确,当指标水准器居中时,读数指标与水平视线总有一夹角 i,我们称之为指标差。当读数指标偏移方向与竖盘注记方向一致时,指标差为正,反之为负。

设盘左垂直度盘读数为 L,盘右垂直度盘读数为 R。没有指标差时的相应正确读数为 L_0、R_0。它们之间的关系为

$$\left.\begin{aligned} L_0 &= L - i \\ R_0 &= R - i \end{aligned}\right\} \tag{3-4}$$

垂直角为

$$\left.\begin{aligned} \alpha_{左} &= 90° - L + i \\ \alpha_{右} &= R - 270° - i \end{aligned}\right\} \tag{3-5}$$

式中,$\alpha_{左}$为盘左相应的垂直角,$\alpha_{右}$为盘右相应的垂直角。

把式(3-5)中两式相加取均值,得到的垂直角为

$$\alpha = \frac{1}{2}[(R - L) - 180°] \tag{3-6}$$

可见,由式(3-6)得到的垂直角可以消除指标差的影响。

将式(3-5)中两式相减,可得

$$(90° - L + i) - (R - 270° - i) = 0$$

即

$$i = \frac{L + R - 360°}{2} \tag{3-7}$$

二、垂直角与指标差计算实训

利用活动三中表 3-17 中的垂直观测读数,计算各测回的指标差 i 及垂直角 α,填入表 3-17。观察计算得到的指标差是否一致,并思考原因。

活动三 垂直角观测方法与记录计算

资源与器材:TOPCON 全站仪。

本活动通过 TOPCON 全站仪实训,学会垂直角测量的方法与计算。

一、V 值显示模式判断

在实训场地架设好 TOPCON 全站仪后,开机进入角度测量模式后,首先应判断 V 值对应的显示状态,可参见表 3-16。

表 3-16　V 值模式状况判断表

竖直度盘位置	望远镜状态	角度测量界面上显示的 V 值	V 值显示模式
盘左	俯视	≥90°	垂直度盘读数
		≤0°	垂直角
盘右	俯视	≤270°	垂直度盘读数
		≤0°	垂直角

★**提示：**

（1）盘左时，天顶方向的垂直度盘读数默认为 0°，望远镜向前方下旋，垂直方向从 0°逐渐变化到 180°；盘右时，天顶方向的垂直度盘读数默认为 360°望远镜向前方下旋，垂直方向从 360°逐渐变化到 180°。因此可知，当照准同一个观测目标时，若不考虑照准误差，则应有

$$\text{盘右垂直度盘读数 } R + \text{盘左垂直度盘读数 } L = 360°$$

（2）垂直度盘读数和天顶距换算关系为：

盘左时，　$\text{天顶距 } Z = \text{垂直度盘读数 } L$

盘右时，　$\text{天顶距 } Z = 360° - \text{垂直度盘读数 } R$

二、V 值模式切换

无论是盘左还是盘右，在全站仪测角模式下，按 F4 键翻至如图 3-13 所示界面（垂直度盘读数模式）。

```
V:              116°05′24″
HR:               0°02′12″
H-蜂鸣   R/L   竖角   P3↓
```

图 3-13　V 值显示垂直度盘读数

再按 F3（竖角），即可切换为垂直角测量模式，如图 3-14 所示。

```
V:              -26°05′24″
HR:               0°02′12″
H-蜂鸣   R/L   竖角   P3↓
```

图 3-14　V 值显示垂直角

反复按 F3 键实现垂直角和垂直度盘读数的循环切换功能。

三、垂直度盘读数（或垂直角）测量与记录

粗略瞄准照准目标后，旋紧垂直制动螺旋，再旋转垂直微动螺旋，使望远镜十字丝的横丝精确瞄准照准目标，此时角度测量模式下的 V 值即为所测目标的垂直度盘读数（也可切换为垂直角）。

垂直角观测记录样例表见表 3-17。

表 3-17 垂直角观测记录样例表

作业日期：2019-04-20　　天气：晴　　观测者：×××
开始时间：10 时 50 分　　成像：清晰
结束时间：12 时 10 分　　仪器：　　记录者：×××

测站	觇点	垂直度盘读数	
		盘左 L(° ′ ″)	盘右 R(° ′ ″)
P_5	P_6	88 05 24 ①	271 55 54 ②

下面以表 3-17 所记录的数据为例，说明其操作步骤（见表 3-18）。

表 3-18 垂直角观测操作步骤

操作过程	屏幕显示
盘左位置照准目标 P_6，读数，并填写表 3-17 中"①"栏	V: 88°05′24″ HR: 0°02′12″ 置零 锁定 置盘 P1↓
换为盘右，照准目标 P_6，读数，并填写表 3-17 中"②"栏	V: 271°55′54″ HR: 233°33′58″ 置零 锁定 置盘 P1↓

★提示：垂直度盘读数盘左、盘右各观测一次为一测回。

实训：每两人一组，分组观测。每组照准同一观测目标，比较两测回垂直角之差，每组数据填入表 3-19。

表 3-19 垂直角观测记录表

作业日期：　　天气：　　观测者：
开始时间：　　成像：　　记录者：
结束时间：　　仪器：　　仪器高：

测站	觇点	垂直度盘读数		指标差 i (″)	垂直角 α (° ′ ″)	觇点觇标高 (m)	照准觇标部位
		盘左 L (° ′ ″)	盘右 R (° ′ ″)				
(1)	(2)	(3)	(4)	(5)	(6)		
(7)	(8)	(9)	(10)	(11)	(12)		
P_5	P_6	88 05 24	271 55 54	+39	+1 55 15	1.54	花杆顶
P_5	P_6	08 05 30	271 55 18	+24	+1 54 54	1.54	花杆顶

注：1.指标差(i)、垂直角(α)、计算公式见式(3-6)和式(3-7)。

2.两测回指标差和垂直角互差不超过±24″。

活动四　垂直角观测实习

资源与器材:TOPCON 全站仪、垂直角观测记录表。

本活动结合活动二和活动三进行综合实训,把观测计算结果填入表 3-20。

表 3-20　垂直角观测记录表

作业日期:　　　　　　天气:　　　　　　观测者:

开始时间:　　　　　　成像:　　　　　　记录者:

结束时间:　　　　　　仪器:　　　　　　仪器高:

测站	觇点	垂直度盘读数		指标差 i	垂直角 α	觇点觇标高(m)	照准觇标部位
		盘左 L	盘右 R				

观测完成后,按照记录的注意事项,小组成员间互相检查是否有违规记录,并评定成绩。

任务四　全站仪距离测量

【任务目标】

1.理解距离测量的原理。

2.了解不同品牌全站仪的标称精度。

3.掌握距离的改正计算。

4.掌握全站仪距离测量的方法。

【学习过程】

1.探讨全站仪测距精度。

2.查阅相关规范对距离测量的要求。

3.讲解距离测量方法及仪器的使用。

【学习成果】

1.电磁波测距仪分类表。

2.电磁波测距记录表。

活动一　电磁波测距的基本原理、仪器分类和标称精度的确定

资源与器材:网络资源、测量规范。

本活动在讲解全站仪测距基本原理的基础上,让学生自主查询测距仪器的分类和不同品牌全站仪标称精度。

用网络资源查找电磁波测距仪的分类，并参考测量规范，补充完整表 3-21。

表 3-21　电磁波测距仪的分类

分类方法	类别	简要说明
按测距原理分类		
	相位式测距仪	
按其所采用的载波分类		
	红外测距仪	
按测程分类	短程测距仪	
按测距仪标称精度分类	Ⅰ级	
	Ⅱ级	
	Ⅲ级	

【知识导航】

1.电磁波测距原理

距离是指地面上两点之间的直线长度。距离测量是地形测量的主要任务之一。水平面两点之间的距离称为水平距离，简称平距。不同高度上两点之间的距离称为倾斜距离，简称斜距。斜距加上倾斜改正之后，可以化为平距。

电磁波测距的基本原理是通过测定电磁波在待测距离两端点间往返一次的传播时间 t，利用电磁波在大气中的传播速度 c 来计算两点间的距离。

若测定 A、B 两点间的距离 D，把测距仪安置在 A 点，反射镜安置在 B 点，则其距离 D 可按下式计算

$$D=\frac{1}{2}ct \tag{3-8}$$

了解测距的原理后，要求每位学生利用计算机网络资源，查找并绘制电磁波测距原理图。

2.测距精度表达

测距精度表达式为

$$m_D=\pm(a+b\times D) \tag{3-9}$$

式中，a 为测距仪标称精度的固定误差，mm；b 为测距仪标称精度比例误差系数，mm/km；D 为测量距离，km，计算仪器标称精度时以 1 km 计算；m_D 为测距精度，mm。

在测绘作业过程中，知道了技术设计中对距离测量的精度要求，就可以根据仪器出厂的标称精度来选择测量应使用的仪器。

实训：某测绘项目中，测得 A、B 两点间的距离 $D_{AB}=1\ 786.345$ m，采用的全站仪测距标称精度为 $m_D=\pm(3+2\times D)$，试计算 D_{AB} 的测距精度。

表 3-24　气象改正的设置步骤

操作过程	操作按键	屏幕显示
按测距键		V:　271°55′54″ HD[r]:　m VD:　m 测量　模式　S/A　P1↓
选择 F3	F3	设置音响模式 PSM:0.0　PPM:0.0 信号:【　】 棱镜　PPM　T-P　回车
选择 F3 进入气象改正设置。 选择 F1 键进行输入, 完成后按 F4 结束	F3	温度和气压设置: 温度→0.0 ℃ 气压:1 013.2 hPa 输入　---　---　回车

(四)倾斜改正

由全站仪测得的距离观测值经加常数、乘常数和气象改正后,得到改正后的倾斜距离,必须加倾斜改正后才能得到水平距离。

全站仪中既可以测定倾斜距离,也可以测定水平距离。其换算公式为

$$D = S\cos\alpha \tag{3-10}$$

式中,S 为斜距;D 为平距;α 为垂直角。

三、相关改正在全站仪中的设置实训

在实训场地上架设全站仪。根据给定的相关改正值进行电磁波测距成果的改正设置。

活动三　测距的主要技术要求和测距时的温度、气压量测

资源与器材:全站仪、全站仪模拟器、温度计、气压计。

本活动通过查阅规范,让学生自主学习测距的主要技术要求和测距时温度气压的量测仪器。

一、距离测量技术要求

通过图书查阅或互联网资源,查找《城市测量规范》(CJJ/T 8—2011)中关于距离测量时的相关技术要求,并提交个人的查询报告,查询报告中应涵盖以下问题:

(1)距离测量时测距边选择的要求。

(2)距离测量时观测时间选择的要求。

(3)距离测量作业过程中的要求。

【知识导航】

1.距离测量的主要技术要求

《城市测量规范》(CJJ/T 8—2011)中关于距离测量技术要求见表3-25。

表3-25　距离测量技术要求

等级	仪器等级	观测次数		总测回数	备注
		往	返		
二等	Ⅰ级	1	1	6	(1)一测回是指照准目标一次,一般读数4次,可根据仪器出现的离散程度和大气透明度作适当增减。往返测回数各占总测回数的一半; (2)根据具体情况,可采用不同时段观测代替往返观测,不同时段是指上午、下午或不同的白天
三等	Ⅰ级	1	1	4	
	Ⅱ级			6	
四等	Ⅰ级	1	1	2	
	Ⅱ级			4	
一级	Ⅱ级	1	—	2	
二、三级	Ⅱ级	1	—	1	

2.各级精度测距仪观测结果较差限值

《城市测量规范》(CJJ/T 8—2011)中关于各级精度测距仪观测结果较差限值见表3-26。

表3-26　各级精度较差限值　(单位:mm)

测距仪精度等级	一测回读数间较差限值	测回间较差限值	往返测或不同时间段内较差限差
Ⅰ	2	3	$2(a+b\times D)$
Ⅱ	5	7	
Ⅲ	10	15	
Ⅳ	20	30	

注:往返测较差,应将斜距化算到同一水平面上,方可进行比较。

二、气象数据的测定

通过了解规范中对气象数据测定的要求,每个小组借助温度计和气压计量测一组数据,并填入表3-27。

表3-27　气象数据测定表

量测时间	天气状况	温度	气压

【知识导航】

当光穿过大气时,其速度会随温度和气压变化。而通过在全站仪中输入温度和气压值,就能自动对其进行改正。气象数据测定使用温度计和气压计。

(1)气象仪表宜选用通风干湿温度计和空盒气压计。在测距时使用的温度计及气压计宜与测距仪检定时使用的一致。

(2)到达测站后,应立刻打开装气压计的盒子,置平气压计,避免日光暴晒。温度计宜悬挂在与测距视线同高、不受日光辐射影响和通风良好的地方,待气压计和温度计与周围温度一致后,才能正式记录气象数据。

(3)气象数据的测定要求见表 3-28 所示。

表 3-28 气象数据测定要求

等级	最小读数		测定的时间间隔	气象数据的取用
	温度(℃)	气压(Pa)		
二、三、四等网的起始边和边长	0.2	50(0.5 mmHg)	一测站同时段观测的始末	测边两端的平均值
一级网的起始边和边长	0.5	100(或 1 mmHg)	每边测定一次	观测一端的数据
二级网的起始边和边长,以及三级导线边长	0.5	100(或 1 mmHg)	一时段始末各测定一次	取平均值作为各边测量的气象数据

注:摘自《城市测量规范》(CJJ/T 8—2011)。

活动四 电磁波测距实习

资源与器材:全站仪。

本活动通过操作全站仪,每名同学完成两个测回的距离测量观测和记录。将结果填写在表 3-27 中,并进行各项计算。

安置好全站仪后,精确照准目标棱镜。测量距离的操作步骤如表 3-29 所示。

表 3-29 全站仪距离测量操作步骤

操作过程	操作按键	屏幕显示
在目标点安置棱镜,盘左位置照准目标	照准	V: 88°05′24″ HR: 0°02′12″ 置零 锁定 置盘 P1↓
按距离测量键 屏幕显示中: HD 为平距,VD 为高差		V: 271°55′54″ HD[r]: m VD: m 测量 模式 S/A P1↓

续表 3-29

操作过程	操作按键	屏幕显示
按“测量”键，测取平距	F1	V：　271°55′54″ HD[r]：　123.456 m VD：　5.719 m 测量　模式　S/A　P1↓
重复上一步，获取多次距离测量结果	F1	

★**提示**：重复按 ，可以实现平距和斜距的相互切换。斜距的测量方法和平距的测量方法相同。斜距测量界面如图 3-15 所示。SD 为斜距。

V：	271°55′54″
HR：	1°50′35″
SD：	5.719 m
测量　模式	S/A　P1↓

图 3-15　斜距测量界面

实训：每人利用全站仪测距，每人观测 2 测回，填入表 3-30，并计算相应结果。

表 3-30　电磁波测距记录表

测　　站：　　　　测站点气温：　　　　测站点气压：

作业日期：　　　　观　测　者：　　　　记　录　者：

项目			第一测回	第二测回
读数	斜距/平距	次数		
		1		
		2		
		3		
		4		
一测回读数间较差(mm)				
一测回平均值(m)				
各测回平均值(m)				

任务五　全站仪的检校、维护与保养

【任务目标】

1. 了解全站仪测角应满足的轴系条件。

续表 3-32

操作过程	操作按键	屏幕显示
安置仪器并整平		
选择一目标 A,照准后按 F4“回车”	F4	竖角零基准 <第二步>正镜 V:　　270°00′00″ 回车
换为盘右,照准目标 A 后按 F4“回车”,屏幕显示“设置”后退出,完成校正	F4	<设置! >

校正完成后,应按前述检验方法,重新进行检验。若不满足条件,则应重新校正。

八、光学对中器的校正

(一)检验方法

(1)将光学对中器中心对准某一清晰地面点。

(2)将仪器旋转 180°,观察光学对中器的中心标志,若与地面点重合,则不需校正,否则,需校正。

(二)校正方法

(1)打开光学对中器目镜端的护罩,可见四颗校正螺丝(见图 3-21(a)),利用改针旋转校正螺丝,将中心标志移向地面点,注意校正量应为偏离量的一半(见图 3-21(b))。

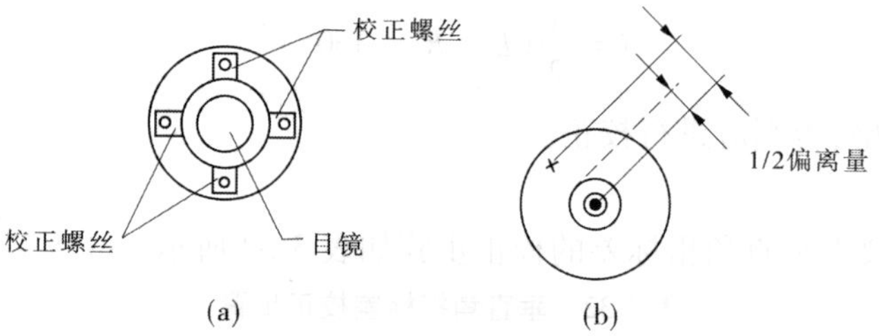

图 3-21　光学对中器校正

(2)利用脚螺旋使地面点与中心标志重合。

(3)再一次将仪器旋转 180°,检查光学对中器的中心标志与地面点是否重合;若不重合,则重复上述步骤。

活动三　全站仪测距误差检验项目与方法

资源与器材:全站仪、记录纸、笔。

本活动让学生掌握全站仪测距误差检验方法。

一、仪器光轴的检验

按如下步骤检验全站仪的测距光轴与视准轴是否一致，当目镜的十字丝经过校正后，进行这项检验尤为重要。

(1)如图 3-22 所示，将全站仪与棱镜面对面安置在相距 2 m 的地方(此时，仪器处于开机状态)。

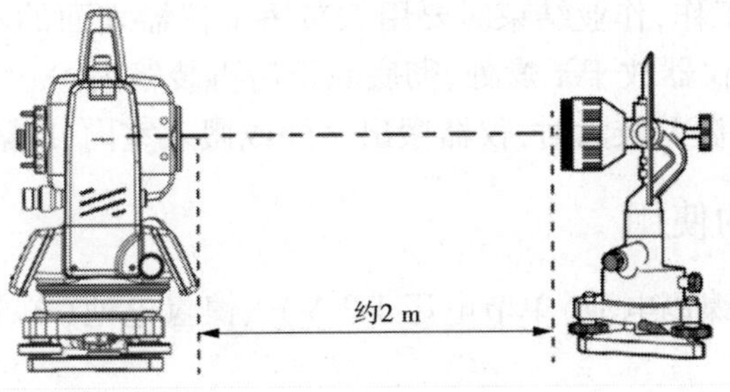

图 3-22　光轴检验

(2)瞄准并调焦，将十字丝对准棱镜中心。

(3)将观测模式设置为测距。

(4)观察目镜，顺时针旋转物镜调焦螺旋，看清红色光点(闪烁)，如十字丝与光点在垂直方向和水平方向上的偏差均不超过光点直径的1/5，则不需校正。若超过，交由专业仪器修理人员校正。

★思考：若测距光轴与视准轴不同轴，会引起什么样的误差？

二、仪器常数的测定与设置

按照如下步骤粗略测定并设置全站仪的仪器常数。

(1)首先打开全站仪仪器常数设置界面，把原仪器常数抄在记录纸上。

(2)采用任务四中仪器常数的设置方法，把仪器常数设置为 0。

(3)在一条近似水平边长 100 m 的直线 AB 上，选择一点 C(见图 3-23)，用该全站仪观测直线 AB、AC 和 BC 的长度。

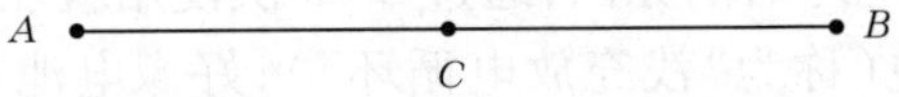

图 3-23　仪器常数测定

(4)通过多次重复以上观测，按下式计算仪器常数。

$$\text{仪器常数} = AB - (AC + BC) \tag{3-13}$$

如果原仪器常数和计算所得的常数之间差值超限，需在仪器中设置改正，设置的过程参见任务四中的仪器常数设置。

活动三　全站仪维护和保养

资源与器材：《外业测量仪器与器材使用规程及管理规定》。

本活动主要学习全站仪的维护和保养。

一、全站仪的日常维护和保养

(1)光学元件应保持清洁,如沾染灰沙必须用毛刷或柔软的擦镜纸擦掉;禁止用手指抚摸仪器的任何光学元件表面;清洁仪器透镜表面时,请先用干净的毛刷扫去灰尘,再用干净的无线棉布沾酒精由透镜中心向外一圈一圈地轻轻擦拭;除去仪器箱上的灰尘时切不可用任何稀释剂或汽油,而应用干净的布块沾中性洗涤剂擦洗。

(2)在潮湿环境中工作,作业结束时要用软布擦干仪器表面的水分及灰尘后装箱;回到办公室后立即开箱取出仪器放于干燥处,彻底晾干后再装箱内。

(3)冬天室内、室外温差较大时,仪器搬出室外或搬入室内,应隔一段时间后才能开箱。

二、全站仪电池的使用

全站仪使用的多是镍镉电池(单节电压 1.2 V)、镍氢电池(单节电压 1.2 V)和锂电池(单节电压 3.6 V)。

(一)镍镉电池、镍氢电池的使用注意事项

(1)应避开在高温(40 ℃以上)情况下存放和充电,应存放在温度和湿度较低的地方。高温将加速电池极板的性能和组件的恶化,缩短电池寿命。在高温下充电,阳极的氧气使电位降低,气体的过早产生会降低电池容量,缩短使用时间(但是这种现象是暂时的,再在常温下充电还会恢复电池容量)。有时高温下存放电池会产生惰性、不易恢复容量的现象。所以在存放中应防止过度自放电,尽量放在温度和湿度低的地方。

(2)应在室温下使用专用充电器充电,所设计的充电器只适用于镍镉电池的电池组。同时,在高温或低温下即使充电也不会充足,所以要在 10~40 ℃时充电。

(3)放电状况存放时,在使用前先充电。镍镉电池不管在充电状况或放电状况下都可存放,使用后(即放电状况)存放,其容量恢复快,易发生活化。同时,电池组(两节以上的电池)在充电状况长时间存放时,由于电池组每节电池各自的放电量不同,连在一起会自然放电,其容量逐步减少会引起电池的极性反转,故必须在使用前进行充电。

(4)若充电后使用时间还是比较短,可进行 2~3 次的反复放电和充电。镍镉电池虽未超过使用寿命,也可能出现比通常的使用时间短的现象。这种现象主要是由于镍镉电池内部暂时的惰性,只要不是电池寿命的原因,通过 2~3 次使用就能恢复电池的容量。通常在电池尚未用完就要进行充电(称为"浅充放电循环"),好像电池自身记忆(存储)其途中的电压,因此不管是否还有容量都会产生电压下降,这种现象称为"存储效应",可用 1~2 次的完全放电来消除此暂时现象。消除这种现象,即使"浅充放电循环"连续反复 100 多次还不及在放电末期以数分钟放电来得效果好。因此,即使充电数十分钟而使用时间仍然短,那就不一定是"存储效应"造成的,多数是由于电池的寿命和使用条件(低温或高温下的使用和充电,长时间存放后的使用等)所引起的。

(二)锂电池日常保养

(1)锂电池在使用时,不要在电池完全耗尽后才充电。否则电池会因电量过低,造成不可逆的损坏,影响电池电量。

(2)日常使用中,不要对刚充好电的电池马上再次充电,否则会影响电池性能。

(3)不使用仪器时,务必将电池取出保存。

四、外界条件的影响

外界条件的影响主要指各种外界条件的变化对角度观测精度的影响。如大风影响仪器稳定;大气透明度差影响照准精度;空气气温变化,特别是太阳直接暴晒,可能使脚架产生扭转,并影响仪器的正常状态;地面辐射热会引起空气剧烈波动,使目标变得模糊甚至漂移;视线贴近地面或通过建筑物旁、冒烟的烟囱上方、接近水面的空间还会产生不规则的折光,地面坚实与否影响仪器的稳定程度等。这些影响是极其复杂的,要想完全避免是不可能的,但大多数是与时间有关的。因此,在角度观测时应选择有利的观测时间,操作要稳定,尽量缩短一测回的观测时间,仪器不让太阳直接暴晒,尽可能避开不利的条件等,以减小外界条件变化的影响。

根据活动一表格分析的结果,查找比对自己在水平角观测中,是否有以上原因造成观测结果超限。每组推荐一名代表发言总结。

任务七　全站仪距离测量的误差来源及消除或削弱误差的措施

【任务目标】

1.了解距离测量误差来源。

2.掌握消除或削弱误差的措施。

【学习过程】

1.分析全站仪距离测量误差来源。

2.讨论消除或削弱误差的措施。

【学习成果】

距离测量误差来源表。

活动一　距离测量的误差来源

资源与器材:全站仪、棱镜、脚架、参考书、网络资源。

本活动主要学习距离测量误差的来源。

一、距离测量误差来源的分析

全站仪测距误差可分为三部分:一是与距离成比例的误差(如光速值误差、大气折射率误差和测距频率误差等),称为比例误差;二是与距离无关的误差(如测相误差、加常数误差等),称为固定误差;三是周期误差(是由测距仪内部的光电信号串扰引起的以一定距离为周期重复出现的误差),周期误差有其特殊性,它与距离有关,但不成比例,仪器设计和调试时可严格控制其数值。

根据任务四距离测量的结果,分析距离测量误差的来源有哪些,填写表3-38。

表 3-38　距离测量误差来源

序号	原因	消除或削弱误差的措施
1		
2		
3		
4		
5		
6		

二、比对提高

根据分析的结果,查找比对自己小组和其他组之间的距离观测结果中,是否有以上原因造成观测结果超限。每组推荐一名代表进行发言总结。

请查阅相关参考书以及查询网络资源,查找并讨论削弱或减小距离测量误差的方法和措施,补充表 3-38。

活动二　消除或削弱距离测量误差的方法和措施

资源与器材:全站仪、棱镜、脚架、参考书、网络资源。

本活动学习消除或削弱距离测量误差的方法和措施。

一、比例误差

(一)真空中光速 c_0 的误差

真空中的光速是物理学中的一个重要常数,很多国家的研究单位对它进行过测定。1975 年国际大地测量及地球物理协会联合采用 $c_0=299\ 792\ 458\pm1.2$(m/s)。这是目前国际上通用的数值。它对测距误差的影响甚微,可忽略不计。

(二)大气折射率 n 的误差

已知大气中的光速为 $c=\frac{c_0}{n}$,可见大气折射率的变化将使光在大气中的传播速度发生变化,从而影响测尺长度,引起测距误差。

因为大气折射率是由空气的密度及大气中所含的水分决定的。而空气的密度又与温度、气压有关,所以大气折射率 n 是温度 t、气压 P 及湿度 e 的函数。

在一般气象条件下,对于 1 km 的距离,温度变化 1 ℃所产生的测距误差为 0.95 mm;气压变化 1 hPa 所产生的测距误差为 0.27 mm;湿度变化 1 hPa 所产生的测距误差为 0.04 mm。

假如计算 n 的公式无误,这时引起的大气折射率 n 产生误差的原因:一是气象参数的测定误差;二是测站上测的气象参数不能代表整个测程的气象参数所产生的气象代表性误差。至于测距时的实际气象条件不同于仪器设计时选用的基准气象条件所引起的折射率变化,可以用加入气象改正数的方法加以消除。

(三)调制频率f的误差

调制频率误差的来源主要有两方面:一是装调仪器时频率校正的精确性不够;二是振荡器所用的晶体的频率稳定性不好。对于前者,由于是用高精度的数字频率计作频率校正的,其误差可以忽略不计。对于后者,则与主控振荡器所用的石英晶体的质量、老化过程及是否采用恒温措施密切相关。

由于测距仪中都采用了精、粗测定值衔接的运算电路,所以作业前应对它的精测晶振频率进行校正,短期内它的影响可以忽略。对于粗测频率,只要求有10^{-4}的精度,一般石英晶体振荡器均可满足此要求。

二、固定误差

固定误差通常都具有一定的数值,与测程无关。测程较长时,比例误差占主要地位,而测程较短时,固定误差可能处于突出位置。因而,在地形测量中更应该注意固定误差的改正。

(一)测相测定和脉冲测定误差

在相位式测距仪中相位差测定的误差,或脉冲式测距仪中脉冲个数测定的误差都影响距离测量的尾数,与距离的长短无关。误差的大小决定于仪器测相系统或脉冲系统的精度以及调制信号在大气传输中的信噪比误差等。前者决定于仪器性能和精度,后者来源于测距时的自然环境,例如,天气的阴晴、大气的透明度等。可通过测定几组读数取其平均值,来减小测相误差的影响。

(二)仪器加常数改正误差

测距加常数改正误差包括加常数的检定误差和加常数的变化。加常数是通过检定得到的,具有较高的精度。测距仪加常数的检定误差值应小于测距仪标准偏差的1/2,否则不宜用该加常数改正其距离。加常数发生变化后需要重新测定。

(三)仪器和目标的对中误差

光电测距是测定测距仪中心至棱镜中心的距离,因此仪器和棱镜的对中误差有多大,对测距的影响也有多大,与距离的长短无关。因此,对于仪器和棱镜的水准管和光学对中器,应事先进行检定;测距时,应进行仔细的整平和对中。

三、周期误差

要减小周期误差,在制造仪器时应加强屏蔽,尽量减小仪器内部的信号串扰;在使用仪器时,尽量避免用弱信号测距和避免其他外部杂乱信号的串扰。

通过上述分析可以看出,影响测距精度的因素很多,但其中比较主要的是调制频率误差、仪器常数误差以及周期误差。对待这些误差,应进一步通过仪器检验,客观地发现它们,或者调整仪器,或者加入改正数,以便将它们的影响控制在允许范围之内。

任务八 导线测量外业施测

【任务目标】

掌握导线测量方法及技术要求。

【学习过程】

场地实训。

【学习成果】

导线外业观测记录。

【知识导航】

导线测量的外业工作分为平面控制测量部分和高程控制测量部分。导线的观测包括转折角的观测、边长的观测。具体任务包括踏勘选点、角度测量、边长测量、导线点高程测量。最终目的是通过观测数据,计算得到所选控制点的平面坐标和高程。

导线测量外业的各步骤须在规范明确的技术要求下进行,包括导线点的选埋、导线施测中的边长和角度测量,都有相应的技术要求加以规范。可在全站仪测定转折角的同时,测定导线的边长。导线边长应对向观测,以增加检核条件。当观测短边之间的转折角时,测站偏心和目标偏心对转折角的影响将十分明显。因此,应对所用仪器和光学对中器进行严格检校,并且要特别仔细地进行对中和精确照准。为了减少对中误差对测角量边的影响,各等级导线观测采用三联脚架法。

各等级测距导线技术要求应符合表 3-39 的规定。

表 3-39　各等级测距导线技术要求

等级	附合导线长度(km)	平均边长(m)	每边测距中误差(mm)	测角中误差(″)	导线全长相对闭合差	测回数		方位角闭合差(″)
						J_2	J_6	
一级	3.6	300	±15	±5	1/14 000	2	4	$\pm 10\sqrt{n}$
二级	2.4	200	±15	±8	1/10 000	1	3	$\pm 16\sqrt{n}$
三级	1.5	100	±15	±12	1/6 000	1	2	$\pm 24\sqrt{n}$

注:1.n 为转折角个数。

2.摘自《城市测量规范》(CJJ/T 8—2011)。

导线应尽可能布设成直伸形,并构成网形。导线布设成结点网时,结点与结点、结点与高级点间的附合导线长度,不超过表 3-39 中附合导线长度的 0.7 倍。当附合导线长度短于规定长度的 1/2 时,导线全长闭合差可放宽至不超过±0.12 m。

导线转折角的测量一般采用测回法观测。在附合导线和支导线中一般测左角;在闭合导线中,一般测内角;对于支导线,应分别测左、右角。水平角观测各项限差不超过表 3-7 的规定。凡超过规定限差的成果,均应进行重测。因对错度盘、测错方向、读记错误,以及其他原因未测完的测回,可立即重新观测。

距离测量不超过表 3-40 的规定。光电测距时,应测定气象数据,一、二级导线测距时温度测记至 0.5 ℃,气压测记至 100 Pa,每边测定一次。

表 3-40　光电测距限差

仪器精度等级	一测回读数较差(mm)	单测回读数较差(mm)	往返测或不同时段观测结果较差
Ⅰ	5	7	$2\times(a+bD)$
Ⅱ	10	15	

注:摘自《城市测量规范》(CJJ/T 8—2011)。

活动一　导线测量观测

资源与器材：全站仪、棱镜、钢卷尺、记录板、记录手簿、铅笔。

各组在实训场地按图3-26及图3-27进行导线测量实训，按要求完成图上所标距离和角度的测定，并记录观测数据，角度测二测回，距离测一测回，其限差要求参照表3-40、表3-41。

【知识导航】

1.外业观测元素

外业观测元素主要包括水平角测量和水平距离测量。附合导线和闭合导线观测中有一定区别。

1）附合导线

AB、CD为已知边，点1、2、3为新建导线点。

已知数据：α_{AB}、(X_B,Y_B)、α_{CD}、(X_C,Y_C)。

观测数据：连接角β_B、β_C；导线转折角β_1、β_2、β_3；导线各边长S_{B1}、S_{12}、…、S_{3C}。附合导线示意图如图3-26所示。

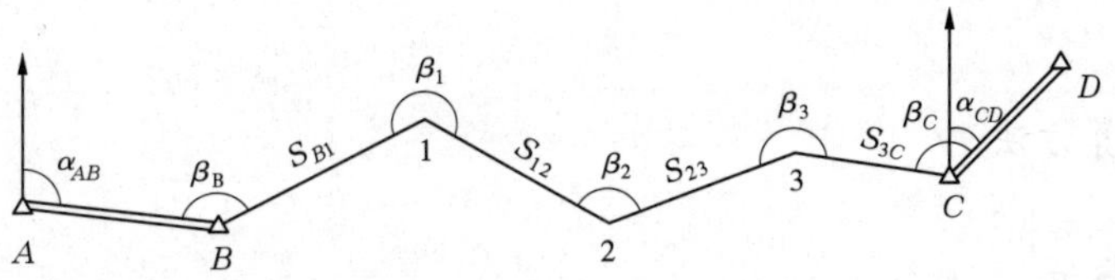

图3-26　附合导线示意图

2）闭合导线

已知数据：α_{AB}、(X_B,Y_B)。

观测数据：连接角β_B；导线转折角β_0、β_1、…β_3；导线各边长S_{B1}、S_{12}、…、S_{3B}。

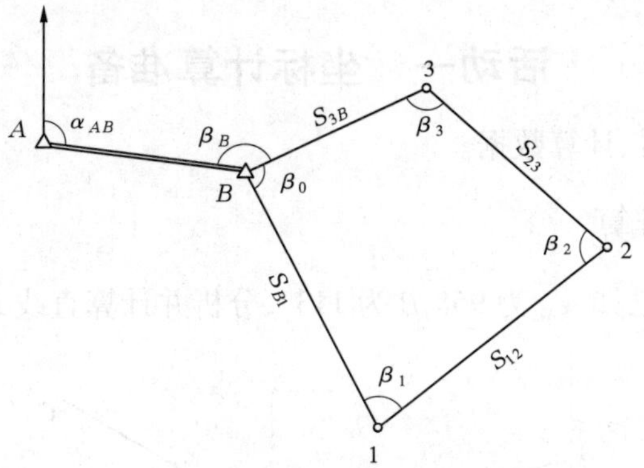

图3-27　闭合导线示意图

2.导线施测方法

按图3-28所示的观测顺序，在i站上安置全站仪，在$i-1$和$i+1$站上分别安置棱镜，完成该站观测后，关闭电源将全站仪的基座固定钮松开，基座和脚架不动，取下全站仪照准部移动到$i+1$站，将全站仪照准部安置在$i+1$站基座上，同时将$i+1$站上带有觇牌的棱镜松开

安置在 i 站基座上，并将 $i-1$ 站上的棱镜移至 i 站，进行本站观测，完成后依此类推直至测完整条导线为止。

以上作业步骤称之为三联脚架法。

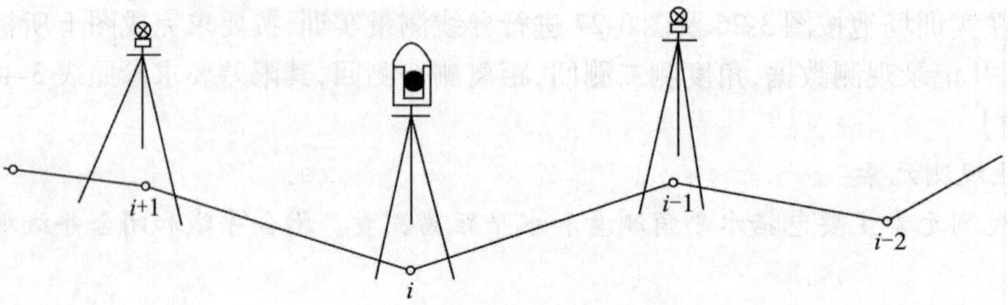

图 3-28　三联脚架法导线观测

★**提示**：在迁站过程中，注意锁紧基座固定钮，防止损坏仪器。

任务九　导线测量内业计算

【任务目标】

掌握导线计算方法。

【学习过程】

1.计算过程演示。

2.导线测量计算实训。

【学习成果】

1.附合导线计算表。

2.闭合导线计算表。

3.三角高程测量计算表。

活动一　坐标计算准备

资源与器材：计算器、计算数据。

一、坐标方位角推算

如图 3-29 所示，若已知 α_{AB} 为 95°，β 为 113°，分析并计算直线 BC 的坐标方位角 α_{BC}。

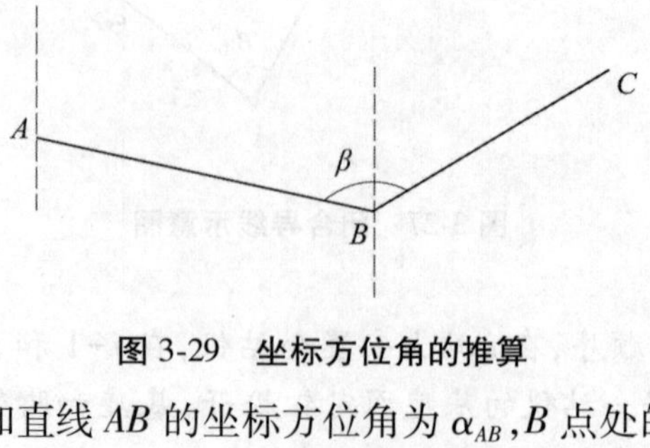

图 3-29　坐标方位角的推算

如图 3-29 所示，若已知直线 AB 的坐标方位角为 α_{AB}，B 点处的转折角为 β，β 为左角，则直线 BC 的坐标方位角 α_{BC} 为

$$\alpha_{BC} = \alpha_{AB} + \beta_{左} - 180° \tag{3-14}$$

★思考：如图 3-29 中，若已知直线 AB 和直线 BC 的坐标方位角，怎样计算转折角 β？

【知识导航】

以通过直线一端点的坐标北方向为基准方向，顺时针量至该直线的水平角称为该直线的坐标方位角，用 α 来表示，其取值范围为 0°~360°。要确定某一直线的坐标方位角，将坐标垂直轴平移至直线一端点，顺时针旋转至该直线。图 3-30 为某一直线的坐标方位角。

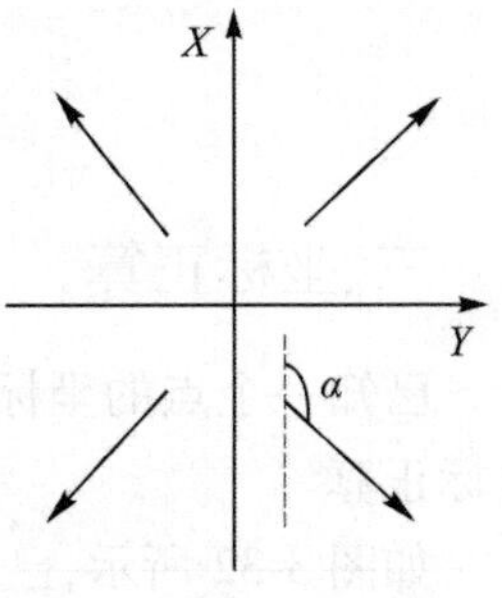

图 3-30　坐标方位角

一条直线的坐标方位角，由于起始点的不同而存在着两个值。如图 3-29 所示，A、B 为直线 AB 的两端点，α_{AB} 表示 A 到 B 的坐标方位角；α_{BA} 表示 B 到 A 的坐标方位角。α_{AB} 与 α_{BA} 互为正、反坐标方位角。若以 α_{AB} 为该直线的正方位角，则称 α_{BA} 为该直线的反方位角。由图 3-29 中不难看出：同一条直线的正、反坐标方位角相差 180°，即

$$\alpha_{AB} = \alpha_{BA} \pm 180° \tag{3-15}$$

实训：

(1)已知 α_{AB} = 185°30′45″，则 α_{BA} 为多少？

(2)如图 3-31 所示，已知 α_{AB} = 138°46′30″，α_{CB} = 263°47′30″，求转折角 β。

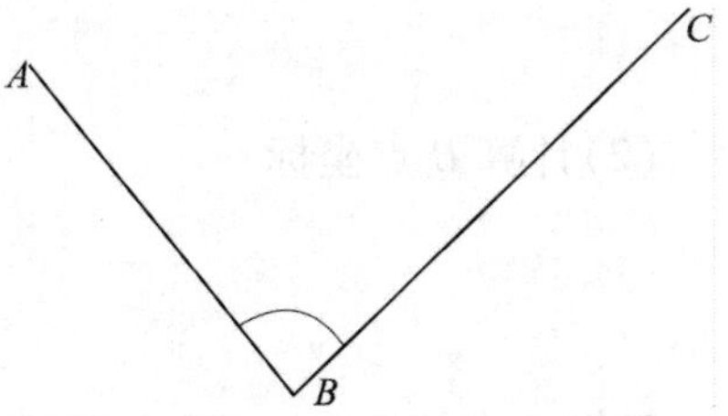

图 3-31　转折角

二、坐标增量计算

在图 3-32 中，设 A、B 两点的坐标分别为 $A(X_A, Y_A)$、$B(X_B, Y_B)$，则 A 点至 B 点的坐标增量为

$$\begin{cases}\Delta x_{AB} = X_B - X_A \\ \Delta y_{AB} = Y_B - Y_A\end{cases} \tag{3-16}$$

而 B 点至 A 点的坐标增量为：

$$\begin{cases}\Delta x_{BA} = X_A - X_B \\ \Delta y_{BA} = Y_A - Y_B\end{cases} \tag{3-17}$$

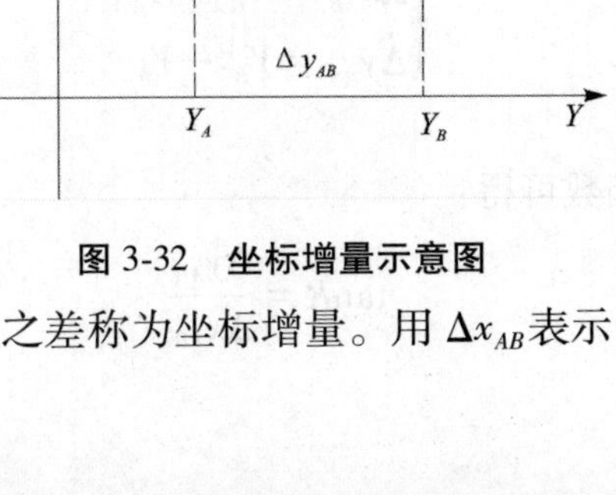

图 3-32　坐标增量示意图

地面上两点的直角坐标值之差称为坐标增量。用 Δx_{AB} 表示 A 点至 B 点的纵坐标增量；

Δy_{AB}表示 A 点至 B 点的横坐标增量。坐标增量有方向性和正负意义，Δx_{BA}、Δy_{BA}则表示 B 点至 A 点的纵、横坐标增量，其符号与 Δx_{AB}、Δy_{AB}相反。

在图 3-32 中，若测得 AB 边长 S_{AB}及 α_{AB}，则坐标增量为

$$\begin{cases}\Delta x_{AB} = S_{AB}\cos\alpha_{AB} \\ \Delta y_{AB} = S_{AB}\sin\alpha_{AB}\end{cases} \tag{3-18}$$

三、坐标正算

已知一个点的坐标及该点至未知点的距离和坐标方位角，计算未知点坐标的方法称为坐标正算。

如图 3-32 所示，已知 A 点的坐标(X_A, X_B)及该点至 B 点的距离 S_{AB}和坐标方位角 α_{AB}，计算 B 点坐标(X_B, Y_B)。

根据图 3-32 所示，求 B 点的坐标，就要知道 A、B 两点的坐标增量，然后加上 A 的坐标即是 B 点坐标；求 A、B 两点的坐标增量，可根据相关的三角函数来计算。计算过程如下：

（1）计算坐标增量

$$\begin{cases}\Delta x_{AB} = S_{AB}\cos\alpha_{AB} \\ \Delta y_{AB} = S_{AB}\sin\alpha_{AB}\end{cases} \tag{3-19}$$

（2）计算 B 点坐标

$$\begin{cases}X_D = X_A + \Delta x_{AB} \\ Y_B = Y_A + \Delta y_{AB}\end{cases} \tag{3-20}$$

已知 A 点的坐标（1 000，1 000）及该点至 B 点的距离 134.51 m 和坐标方位角 90°46′38″，计算 B 点坐标(X_B, Y_B)。

解：（1）计算坐标增量

$$\begin{cases}\Delta x_{AB} = S_{AB}\cos\alpha_{AB} = 134.51 \times \cos(90°46'38'') = -1.825(\text{m}) \\ \Delta y_{AB} = S_{AB}\sin\alpha_{AB} = 134.51 \times \sin(90°46'38'') = 134.498(\text{m})\end{cases}$$

（2）计算 B 点坐标

$$X_B = X_A + \Delta x_{AB} = 1\,000 + (-1.825) = 998.175(\text{m})$$

$$Y_B = Y_A + \Delta y_{AB} = 1\,000 + 134.498 = 1\,134.498(\text{m})$$

四、坐标反算

已知两个点的坐标，求该两已知点间的距离和坐标方位角的方法称为坐标反算。

（1）计算坐标增量。

$$\begin{cases}\Delta x_{AB} = X_B - X_A \\ \Delta y_{AB} = Y_B - Y_A\end{cases} \tag{3-21}$$

（2）计算坐标方位角。

由三角函数和反三角函数可得：

$$\tan R = \frac{\Delta y_{AB}}{\Delta x_{AB}}$$

$$R = \arctan \frac{\Delta y_{AB}}{\Delta x_{AB}} \tag{3-22}$$

利用坐标增量和坐标方位角的关系，判断坐标方位角的象限；利用坐标方位角和象限角的关系，计算坐标方位角。

★**提示**：象限角是直线与坐标垂直轴所成的锐角，如图3-33所示。

$$\begin{aligned} &\alpha_{AB} = R &&（第\ \text{I}\ 象限）\\ &\alpha_{AB} = 180° - |R| &&（第\ \text{II}\ 象限）\\ &\alpha_{AB} = 180° + |R| &&（第\ \text{III}\ 象限）\\ &\alpha_{AB} = 360° - |R| &&（第\ \text{IV}\ 象限）\end{aligned} \tag{3-23}$$

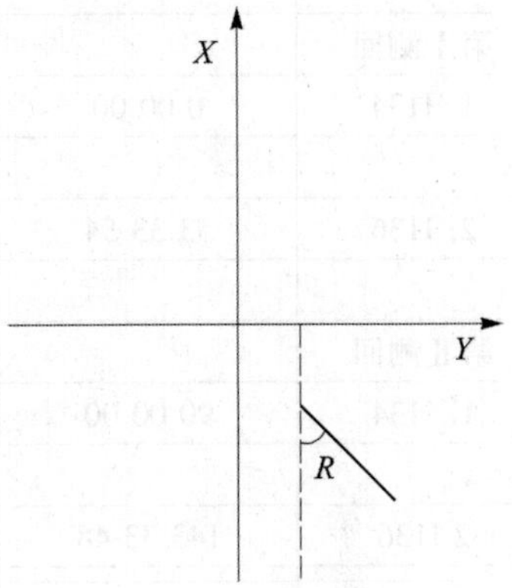

图3-33　象限角

(3)计算距离。

反算两已知点间的距离，可利用两点之间的坐标增量按勾股定理进行计算。即

$$S_{AB} = \sqrt{\Delta x_{AB}^2 + \Delta y_{AB}^2} \tag{3-24}$$

已知 $A(2034.589, 1345.771)$，$B(2014.589, 1365.771)$，求 α_{AB}、S_{AB}。

解：(1)计算坐标增量

$$\begin{cases} \Delta x_{AB} = X_B - X_A = 2014.589 - 2034.589 = -20(\text{m}) \\ \Delta y_{AB} = Y_B - Y_A = 1365.771 - 1345.771 = +20(\text{m}) \end{cases}$$

(2)计算象限角

$$R = \arctan \frac{\Delta y_{AB}}{\Delta x_{AB}} = \arctan \frac{+20}{-20} = -45°$$

(3)计算方位角。

因为 $\Delta x<0$，$\Delta y>0$，所以坐标方位角在第Ⅱ象限

$$\alpha_{AB} = 180° - |R| = 180° - 45° = 135°$$

(4)计算距离

$$S_{AB} = \sqrt{\Delta x_{AB}^2 + \Delta y_{AB}^2} = \sqrt{(-20)^2 + 20^2} = 28.284(\text{m})$$

实训：

(1)在某测量项目中，已知Ⅱ012点的坐标为(234785.213，45693.119)，用全站仪测得Ⅱ012点至Ⅱ013点的距离为180.467 m，坐标方位角为145°23′17″，试计算Ⅱ013点的坐标。

(2)在某测量项目中，已知I134点的坐标为(214765.339，38645.177)，I135点的坐标为(214549.021，38379.334)，试计算I135点到I134点的坐标方位角和距离。

(3)如图3-34所示，在某测量项目中，已知I134点的坐标为(214765.339，38645.177)，I135点的坐标为(214549.021，38379.334)，水平角观测见表3-41，I135至I136间的距离为177.349 m，试计算I136点的坐标。

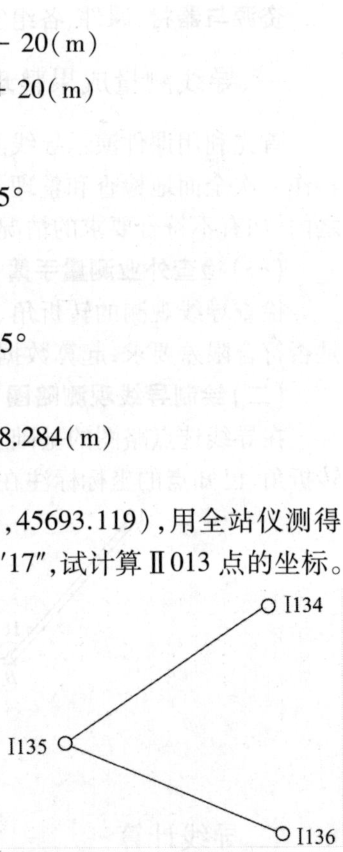

图3-34　水平角观测略图

表 3-41　水平角观测记录表

觇点	读数		半测回方向	一测回平均方向	各测回平均方向	附注
	盘左	盘右				
1	2	3	4	5	6	7
第Ⅰ测回						
1. I134	0 00 00	180 00 02				
2. I136	53 33 54	233 33 58				
第Ⅱ测回						
1. I134	90 00 00	270 00 04				
2.I136	143 33 48	323 33 54				

活动二　导线成果整理与计算

资源与器材:课件、各组实训观测成果、计算器。

一、导线测量成果整理

首先利用课件演示导线测量的过程,说明外业测量中获得的观测数据,针对外业观测资料作一次全面地检查和整理,查看有无遗漏、记错或算错的地方;各项限差是否在允许范围之内,如有不符合要求的情况,应立即进行重测。

(一)检查外业测量手簿

检查导线观测的转折角、天顶距、边长、仪器高、觇标高等外业记录、计算是否正确,成果是否符合限差要求,起算数据是否正确。

(二)绘制导线观测略图

在导线选点略图的基础上,结合导线观测手簿,绘制导线观测略图,将导线点号、边长、转折角、已知点的坐标标注在导线观测略图上。如图 3-35 所示。

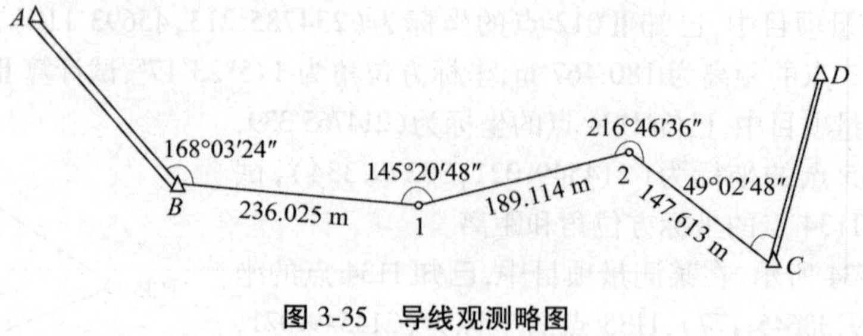

图 3-35　导线观测略图

二、导线计算

【例 3-1】　有附合导线如图 3-35 所示。A、B、C、D 为已知控制点,1、2 为待定点。其中

A、D 点为定向点,B 点为起点,C 点为终点。已知:B 点坐标(2453.84,3709.65),C 点坐标(2123.44,4147.75);坐标方位角 $\alpha_{AB}=149°40'00''$,$\alpha_{CD}=8°52'55''$。测量数据见图 3-35。

步骤:

(一)填写已知数据及观测数据

将导线测量数据和给定的已知数据填入表 3-43 中。

(二)角度平差

1.计算已知边坐标方位角

按坐标反算的方法计算出 α_{AB}、α_{CD}。

2.计算坐标方位角闭合差

附合导线坐标方位角闭合差是由观测角推算的终边方位角和已知的终边方位角相比较有一个差值,这个差值称为坐标方位角闭合差,又称角度闭合差,用 f_β 表示:

$$f_\beta=\alpha_{AB}+\sum\beta-n\times180°-\alpha_{CD} \tag{3-25}$$

式中:$\sum\beta$ 表示观测角总和;n 为转折角个数。

按式(3-25),将计算结果填在表 3-43 中。

3.分配坐标方位角闭合差

坐标方位角闭合差按相反符号平均分配于各观测角中。设以 $V_{\beta i}$ 表示各观测角 β_i 的改正数,则有

$$V_{\beta i}=-\frac{f_\beta}{n} \tag{3-26}$$

式中,n 为观测角的总数。

★提示:

(1)当式(3-26)不能除尽时,则可将余数凑整到短边所夹的角的改正数中。

(2)角度改正数之和应满足下式,用来检校改正数是否正确。

$$\sum V_{\beta i}=-f_\beta \tag{3-27}$$

4.推算各导线边方位角

用改正后的观测角和起始方位角依次推求各导线边的坐标方位角。

$$\begin{cases}\alpha_{B1}=\alpha_{AB}\pm180°+\beta_1+V_{\beta1}\\ \alpha_{12}=\alpha_{B1}\pm180°+\beta_2+V_{\beta2}\\ \alpha_{2C}=\alpha_{12}\pm180°+\beta_3+V_{\beta3}\\ \alpha'_{CD}=\alpha_{2C}\pm180°+\beta_4+V_{\beta4}\end{cases} \tag{3-28}$$

★提示:推算的终边坐标方位角 α'_{CD} 应与坐标反算的 α_{CD} 相等。

(三)坐标平差

1.计算各边坐标增量

在图 3-35 中,根据各边的距离观测值 D_{ij} 和推算出的坐标方位角 α_{ij},可逐一求出各边坐标增量,即

$$\begin{cases}\Delta x_{B1}=S_{B1}\cos\alpha_{B1},\Delta y_{B1}=S_{B1}\sin\alpha_{B1}\\ \Delta x_{12}=S_{12}\cos\alpha_{12},\Delta y_{12}=S_{12}\sin\alpha_{12}\\ \Delta x_{2C}=S_{2C}\cos\alpha_{2C},\Delta y_{2C}=S_{2C}\sin\alpha_{2C}\end{cases} \tag{3-29}$$

2.计算坐标闭合差

由式(3-28)计算的纵横坐标增量总和$\sum \Delta x$、$\sum \Delta y$一般不等于已知的坐标增量,其差值称为坐标闭合差。以f_x、f_y分别表示纵、横坐标闭合差,即

$$\begin{cases} f_x = \sum \Delta x - (x_C - x_B) \\ f_y = \sum \Delta y - (y_C - y_B) \end{cases} \tag{3-30}$$

3.评定导线测量精度

由于观测误差的影响,推算的终点坐标与已知终点坐标不相等,所产生的位移值称为导线全长闭合差,用f_s表示,可按下式计算

$$f_s = \sqrt{f_x^2 + f_y^2} \tag{3-31}$$

若导线全长(各导线边长度之和)为$\sum S$,则导线全长相对闭合差为

$$k = \frac{f_s}{\sum S} \tag{3-32}$$

★**提示**:导线全长相对闭合差一般用分子为1的分数形式表示,其限差应不超过表3-39规定。

4.分配坐标增量闭合差

将f_x、f_y反号按边长成比例配赋到各边坐标增量中去,以V_x、V_y分别表示纵、横坐标增量的改正数,则有

$$\begin{cases} V_{x_{ij}} = \dfrac{-f_x}{\sum S} S_{ij} \\ V_{y_{ij}} = \dfrac{-f_y}{\sum S} S_{ij} \end{cases} \tag{3-33}$$

★**提示**:坐标增量改正数之和应满足式(3-34)的要求。

$$\sum V_x = -f_x, \sum V_y = -f_y \tag{3-34}$$

5.计算导线点的坐标

坐标增量改正后,便可从已知点开始逐点推算出各待求导线点的坐标。

$$\begin{cases} x_1 = x_B + \Delta x_{B1} + V_{xB1}, y_1 = y_B + \Delta y_{B1} + V_{yB1} \\ x_2 = x_1 + \Delta x_{12} + V_{x12}, y_2 = y_1 + \Delta y_{12} + V_{y12} \\ x'_C = x_2 + \Delta x_{2C} + V_{x2C}, y'_C = y_2 + \Delta y_{2C} + V_{y2C} \end{cases} \tag{3-35}$$

★**提示**:推算的C点坐标应与已知坐标相等。

导线计算结果见表3-42。

【例3-2】 由四个控制点构成闭合导线。A点为起点,其坐标是(1 000.000,1 000.000),外业测量数据见导线观测略图3-36。请把计算结果填入表3-43。

【知识导航】

闭合导线计算与附合导线计算基本相同。因为起、闭点重合,所构成的图形为多边形,所以坐标方位角闭合差为

表 3-42　附合导线坐标计算表

点号	观测角（° ′ ″）	改正数（″）	坐标方位角（° ′ ″）	边长（m）	坐标增量（m）		改正数（mm）		改正后坐标增量（m）		导线点坐标（m）	
					Δx	Δy	$V_{\Delta x}$	$V_{\Delta y}$	$\Delta x'$	$\Delta y'$	X	Y
A												
			149 40 00									
B	168 03 24	-10									2 453.840	3 709.650
			137 43 14	236.025	-174.628	+158.785	-88	-44	-174.716	+158.741		
1	145 20 48	-10									2 279.124	3 868.391
			103 03 52	189.114	-42.749	+184.219	-70	-35	-42.819	+184.184		
2	216 46 36	-10									2 236.305	4 052.575
			139 50 18	147.613	-112.810	+95.202	-55	-27	-112.865	+95.175		
C	49 02 48	-11									2 123.440	4 147.750
			8 52 55									
D												
Σ	579 13 36	-41		572.752	-330.187	+438.206	-213	-106	-330.400	+438.100		

备注：

$\alpha_{CD}^{测} = \alpha_{AB} + \sum\beta^{测} - n \times 180°$
$= 28°53'36''$

$f_\beta = \alpha_{CD}^{测} - \alpha_{CD} = +41''$

$f_\beta^{容} = \pm 60\sqrt{n} = \pm 120''$

$v_\beta = -(+41'')/4 = -10''$,余$(-1'')$

$f_x = \sum\Delta x - (X_C - X_B) = +0.213(\mathrm{m})$

$f_y = \sum\Delta y - (Y_C - Y_B) = +0.106(\mathrm{m})$

$f_S = 0.237\ \mathrm{m}$

$K = f_D / \sum D = 1/2\,417$

$K < K_{容} = 1/2\,000$

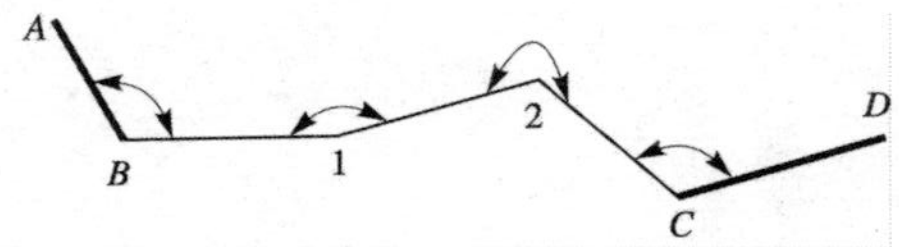

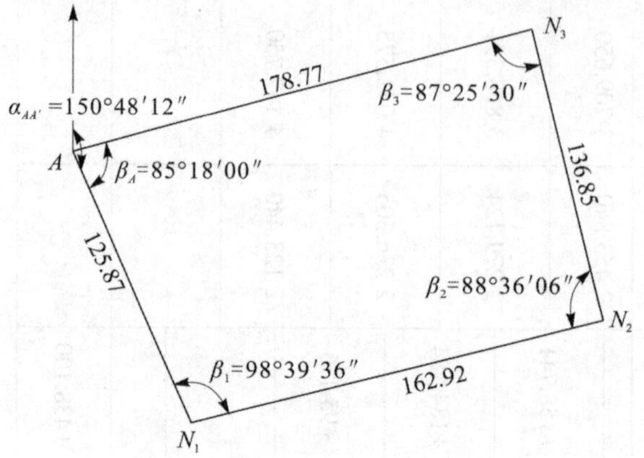

图 3-36 闭合导线观测略图

$$f_\beta = \sum \beta - (n-2) \cdot 180° \tag{3-36}$$

式中:n 为多边形边数;$\sum\beta$ 为多边形观测内角和。

坐标闭合差为

$$\begin{cases} f_x = \sum \Delta x \\ f_y = \sum \Delta y \end{cases} \tag{3-37}$$

其他计算步骤与附合导线相同。

★**提示**:对于闭合导线测量,如果连接角测错、抄错或已知点坐标抄错,在计算过程中是无法发现的,虽然 f_β、f_x、f_y 都很小,但计算结果都是错的。因此,实际工作中,能用附合导线时,应尽量避免使用闭合导线。

三、导线测量成果计算实训

以本项目各组导线综合实训的测量成果为观测数据,首先绘制出导线观测略图,标注每边距离、水平角,及导线的起算数据,按照附合导线的计算方法计算出导线上各待定点坐标,填入表 3-44 中。

思考题

1.全站仪的整置操作顺序是否可以调整?
2.测角精度如何提高?
3.测距精度如何提高?
4.平距和斜距在实际工作中有哪些应用?
5.导线计算中的 K 值与哪些测量要素关系较大?

表 3-43 闭合导线坐标计算表

点号	观测角 (° ′ ″)	改正数 (″)	坐标方位角 (° ′ ″)	边长 (m)	坐标增量(m)		改正数(mm)		改正后坐标增量(m)		导线点坐标(m)	
					Δx	Δy	$V_{\Delta x}$	$V_{\Delta y}$	$\Delta x'$	$\Delta y'$	X	Y
A												
B												
1												
2												
C												
D												
Σ												
备注												

表 3-44　导线坐标计算表

点号	观测角 (° ′ ″)	改正数 (″)	坐标方位角 (° ′ ″)	边长 (m)	坐标增量(m)		改正数(mm)		改正后坐标增量		导线点坐标(m)	
					Δx	Δy	$V_{\Delta x}$	$V_{\Delta y}$	$\Delta x'$	$\Delta y'$	X	Y
A												
B												
1												
2												
3												
4												
C												
D												
Σ												
备注												

项目四　高程控制测量

【项目说明】

本项目主要学习高程控制测量的理论技术和方法，包括水准测量的基本原理、水准仪的使用方法、四等水准测量施测、三角高程测量等。通过演示、案例教学，教授学生熟悉水准仪的使用；理解水准测量的原理，掌握水准测量的作业方法、技术要求、作业过程及成果的整理计算；引导学生分析作业过程中误差对测量的影响，了解水准仪检验、校正、维护和保养方法；三角高程测量的原理、测量方法及成果计算，使学生能够达到独立完成水准测量及三角高程测量全部过程的目的。

【项目任务】

1.资料收集与准备。

2.实地踏勘与线路布设。

3.仪器检校。

4.水准路线施测。

5.水准路线计算。

6.水准测量精度分析。

7.提交成果资料。

8.三角高程测量。

【项目成果】

1.各项案例分析记录表。

2.水准测量记录手簿。

3.高程误差配赋表。

4.水准测量技术总结报告。

5.水准仪检验与校正记录。

6.三角高程测量与水准测量优缺点比较表。

7.三角高程测量记录手簿。

8.三角高程测量计算表。

【知识导航】

1.高程测量基本方法

高程测量通常采用的方法有水准测量、三角高程测量、GPS 高程测量、物理测高法。

(1)水准测量是一种直接测定两点间高差的方法，也是最精密的方法，但受地形条件限制，工作量比较大，主要用于建立国家或地区的高程控制网。

(2)三角高程测量时确定两点间高差的简便方法，不受地形条件限制，传递高程迅速，精度低于水准测量，可达到三四等水准测量的精度。

(3)GPS 高程测量是利用全球定位系统(GPS)直接测定地面点高程的方法。其最大的优点在于不受距离限制，具有速度快、精度高、全天候、全自动化的特点。目前，GPS 测高的精度在 5～10 km 以上的距离已达到三等水准测量的精度，在大范围内可接近二等水准的精度。

(4) 物理测高法主要是根据大气压力和温度随高度变化的规律，用气压计或温度计测定两点的差值，推算高程的方法，精度最低，主要用于丘陵地和山区的勘测工作。

2. 水准测量的等级

水准测量按精度要求可分为一等、二等、三等、四等、等外水准等。

国家水准网布设成一等、二等、三等、四等 4 个等级。在国家水准网的基础上，还可布设等外水准测量。其布设原则采用从高级到低级，从整体到局部，分级布置，逐级加密的原则。

3. 水准测量原理

水准测量的基本原理是利用水准仪提供的水平视线，观测两端地面点上垂直竖立的水准标尺，以测定两点间的高差，进而求得待定点高程。

如图 4-1 所示，若要测定 A、B 两点间的高差，则须在 A、B 两点上分别垂直竖立水准标尺，在 A、B 两点中间安置水准仪，用仪器的水平视线分别在 A、B 两点的标尺上读取标尺分划数 a 和 b，则 A、B 两点间的高差为

$$h_{AB} = a - b \tag{4-1}$$

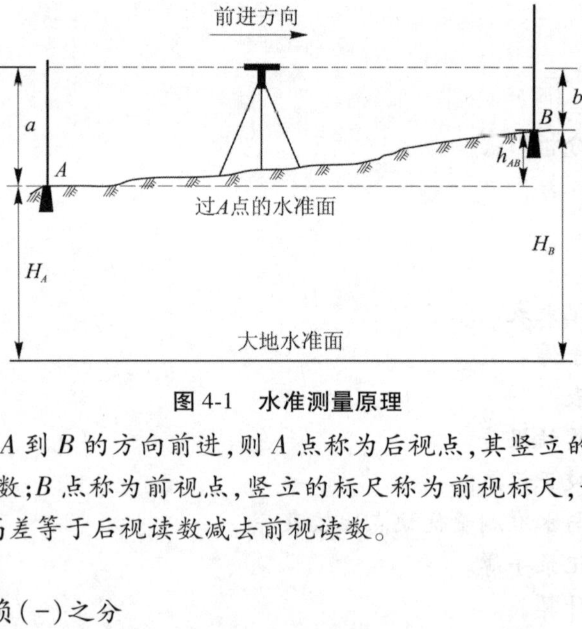

图 4-1　水准测量原理

若水准测量是沿 A 到 B 的方向前进，则 A 点称为后视点，其竖立的标尺称为后视标尺，读数值 a 称为后视读数；B 点称为前视点，竖立的标尺称为前视标尺，读数值 b 称为前视读数。因此，两点间的高差等于后视读数减去前视读数。

★注意：

1) 高差有正(+)负(−)之分

当 B 点比 A 点高时，前视读数 b 比后视读数 a 要小，高差为正；当 B 点比 A 点低时，前视读数 b 比后视读数 a 要大，高差为负。因此，水准测量的高差 h 必须冠以“+”号或“−”号。

2) 高差具有方向性

h_{AB} 表示 B 点相对于 A 点的高差，而 A 点相对于 B 点的高差则为 h_{BA}，它与 h_{AB} 的绝对值大小相等，符号相反，即

$$h_{BA} = -h_{AB} \tag{4-2}$$

显然，如果 A 点的高程为已知，则 B 点的高程为

$$H_B = H_A + h_{AB} = H_A - h_{BA} \tag{4-3}$$

从上文介绍可以看出，水准测量的实质是测量两点之间的高差，如果知道其中一点的高程，可以根据高差求得另外一点的高程。这也是测量高差的目的。

实训：

(1)为了加深对水准测量原理的认识，要求每人绘制一张水准测量原理图，并且标出各种标识符号，然后写出计算公式。

(2)讨论如何对图 4-2 实地地形图实施测量。

图 4-2 实地地形图

4.连续水准测量

对于长距离或大高差段的两点间高差测定，由于受到仪器高度和视距长度的影响，我们经常无法安置一次仪器就测得高差，这种情况下，就需要在两点间加设若干个临时的立尺点，测量很多站，再把各个测站的高差累积在一起，从而得到两点间高差。我们把这种测量方式称为连续水准测量，如图 4-3 所示。

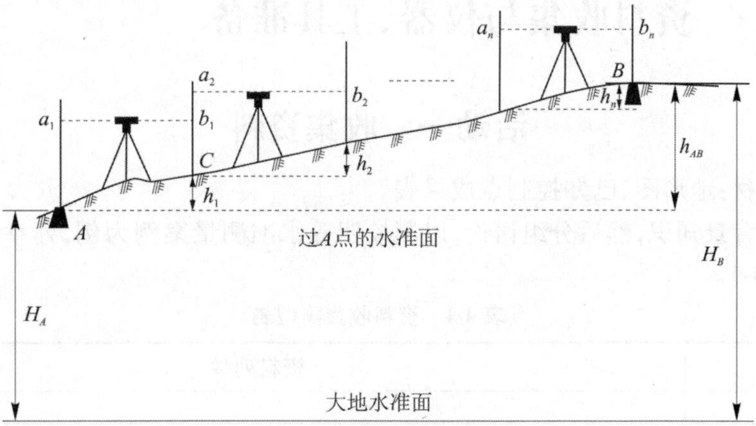

图 4-3 连续水准测量

起点至终点的高差等于各测站高差的总和，也等于各测站所有后视读数的总和减去所有前视读数的总和。根据水准测量原理，可得出各测站的高差计算公式

$$\begin{cases} h_1 = a_1 - b_1 \\ h_2 = a_2 - b_2 \\ \vdots \\ h_n = a_n - b_n \end{cases} \tag{4-4}$$

将以上各段高差相加，则得 A、B 两点间的高差 h_{AB} 为

$$h_{AB} = h_1 + h_2 + \cdots + h_n = \sum_{i=1}^{n} h_i \tag{4-5}$$

或

$$\begin{aligned} h_{AB} &= (a_1 - b_1) + (a_2 - b_2) + \cdots + (a_n - b_n) \\ &= (a_1 + a_2 + \cdots + a_n) - (b_1 + b_2 + \cdots + b_n) \\ &= \sum_{i=1}^{n} a_i - \sum_{i=1}^{n} b_i \end{aligned} \tag{4-6}$$

式(4-6)在水准测量过程中通常用来检核计算成果。

若已知 A 点的高程 H_A，则 B 点的高程 H_B 为

$$H_B = H_A + h_{AB} = H_A + \sum_{i=1}^{n} h_i \tag{4-7}$$

水准测量过程中，安置仪器的地方称为测站。在观测时，每安置一次仪器并完成相应的观测称为一个测站。水准测量过程中，临时设置的立尺点称为转点。由于转点只起到传递高程的作用，不需要测出其高程，因此不需要有固定的点位，只需在地面上合适的位置放上尺垫，踩实并垂直竖立标尺即可。观测完毕拿走尺垫，继续往前观测。完成一个测站后，将仪器搬至下一测站的过程，称为迁站。

★提示：

(1)水准测量过程中，只在转点放置尺垫，水准点上不能放尺垫。

(2)在一个测站上，前、后视读数都测合格后，后视尺的标尺和尺垫才能随仪器一同迁站。决不允许测完后视标尺，立尺员就移动尺垫。

任务一　资料收集与仪器、工具准备

活动一　收集资料

资源与器材：地形图、已知控制点成果表。

首先阅读背景知识，然后分组讨论，以测校四等水准测量案例为例，列举出所需收集的资料，填入表 4-1。

表 4-1　资料收集类型表

资料类型	资料列举

【知识导航】

收集的资料包括收集、整理、分析各种图件资料。为了便于分析资料的可靠性、精确性，需要对资料进行检核。以郑州测绘学校四等水准测量为例，在测量实施前所需准备收集的

资料有测区已有大比例尺地形图、已知水准点成果表、水准测量规范等。

1.测区已有大比例尺地形图(郑州测绘学校 1∶500 地形图)。

通过测区已有大比例尺地形图,可以清楚地了解到测区内的地形情况。测区内居民地、道路、河流、耕地、林地等地物的分布情况决定了水准实施过程中路线的走向与水准点的分布。测区所处位置地貌是平原、丘陵、山地还是高山地,决定了采用的水准技术等级标准。

2.已知水准点成果表(学校内等级水准点、已知水准点)。

如要进行水准测量或高程控制测量,在测区内必须有 1 个及以上已知水准点。已知水准点的多少及分布决定了水准测量路线的布设形式及路线数量。

3.水准测量规范《国家三、四等水准测量规范》(GB/T 12898—2009)。

实施的水准测量等级不同,所采用的技术、精度要求不同。

活动二　仪器、工具准备

资源与器材:水准仪、标尺、尺垫、记录表格、记录板、铅笔。

本活动通过清点仪器及其配套工具。水准仪和配套工具认识活动结束后,每组分别进行水准仪器的认识实训,并要求指出各个部件的名称及主要功能。

一、仪器与工具的清点

每组分发一套水准测量设备,并进行设备的清点,在清点过程中认识设备并填写表 4-2。

表 4-2　水准测量仪器与工具清单

仪器名称(型号)	数量	作用

二、水准测量仪器与工具的认识

各组学生结合图 4-4,认识水准仪各部件结构名称。

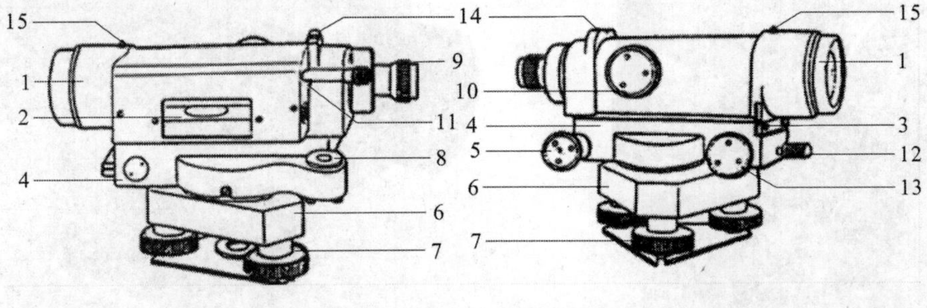

1—望远镜;2—符合水准器;3—簧片;4—支架;5—微倾螺旋;6—基座;7—脚螺旋;8—圆水准器
9—望远镜目镜;10—物镜调焦螺旋;11—气泡观察镜;12—制动螺旋;13—微动螺旋;14—缺口;15—准星

图 4-4　水准仪部件结构名称

对水准仪各结构部件进行试操作，并体验其功能，总结后填写到表 4-3 中。

表 4-3 水准仪的结构及功能

部件名称	功能

【知识导航】

水准测量所使用的仪器和器材主要有水准仪（包括脚架）、水准标尺和尺垫三种。

1.水准仪

水准仪是水准测量的主要仪器，它可提供一条水平视线用来测定地面两点之间的高差。水准仪由照准部、基座和三脚架三部分组成。

水准仪的型号主要有 DS_{05}、DS_1、DS_3、DS_{10}，水准仪型号都以 DS 开头，分别为“大地”和“水准仪”的汉语拼音第一个字母，通常书写省略字母 D；其后“05”“1”“3”“10”等数字表示该仪器的精度（“D”即汉语拼音“大地（Dadi）”的首字母，“S”是水准仪的代号，即“水（shui）”的首字母，合在一起就是“大地水准仪”，3 代表本仪器每千米往返测高差中数偶然中误差为±3 mm，实际工作中简称为 S_3 水准仪）。S_3 级和 S_{10}级水准仪又称为普通水准仪，用于国家三、四等水准及普通水准测量，S_{05}级和 S_1 级水准仪称为精密水准仪，用于国家一、二等精密水准测量。水准仪的种类按精度分为精密水准仪和普通水准仪。水准仪按结构分为微倾式水准仪（见图 4-5）、自动安平水准仪（见图 4-6）、激光水准仪（见图 4-7）和数字水准仪（又称电子水准仪，见图 4-8）。

图 4-5 微倾式水准仪

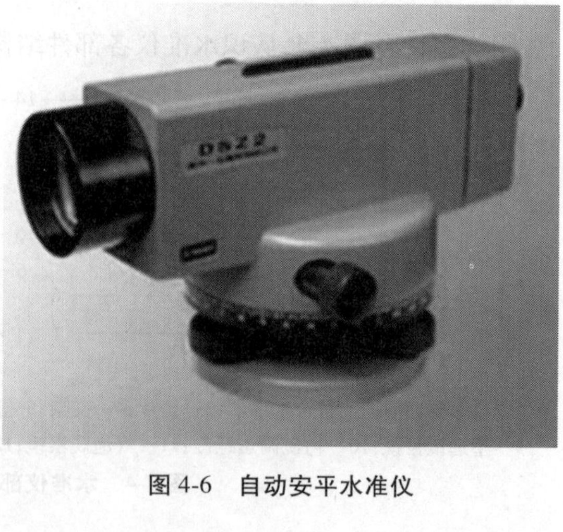

图 4-6 自动安平水准仪

图 4-7 激光水准仪

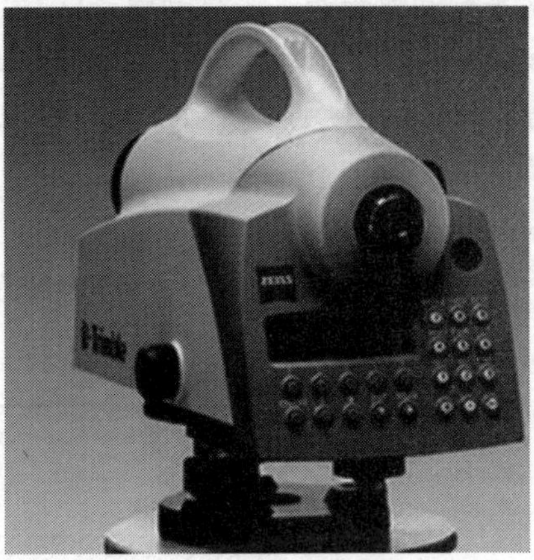

图 4-8 数字水准仪

1) 望远镜

望远镜主要由物镜、目镜、十字丝分划板、调焦(对光)装置及固定和连接这些光学零件的望远镜筒所组成(见图 4-9)。十字丝分划板安置在物镜和目镜之间,观测目标时,要求物体在望远镜中的成像恰好与十字丝平面共面。

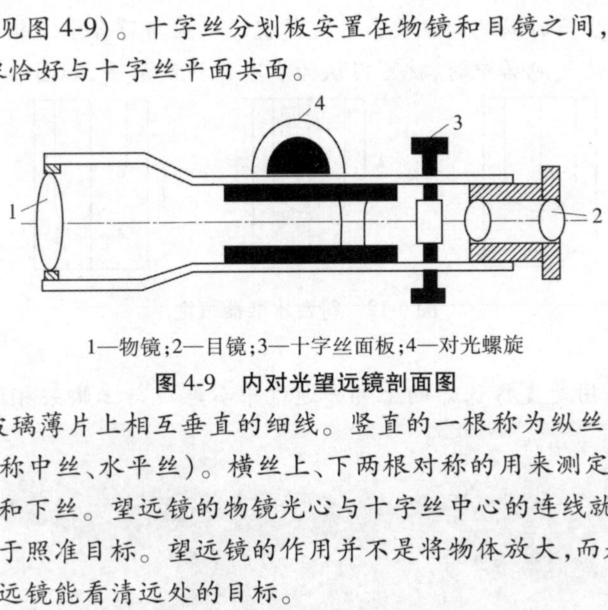

1—物镜;2—目镜;3—十字丝面板;4—对光螺旋

图 4-9 内对光望远镜剖面图

十字丝是刻在玻璃薄片上相互垂直的细线。竖直的一根称为纵丝(又称竖丝),中间横的一根称为横丝(又称中丝、水平丝)。横丝上、下两根对称的用来测定距离的短线,称为视距丝,视距丝分上丝和下丝。望远镜的物镜光心与十字丝中心的连线就是望远镜的视准轴,又称照准轴,它可用于照准目标。望远镜的作用并不是将物体放大,而是将人眼观察物体的视角放大了,故用望远镜能看清远处的目标。

2) 调焦螺旋

调焦螺旋分为目镜调焦环和物镜调焦(对光)螺旋。目镜调焦环用来调节十字丝的清晰程度,对光螺旋用来调节物像的清晰程度,两者应配合使用。具体光路图如图 4-10 所示。

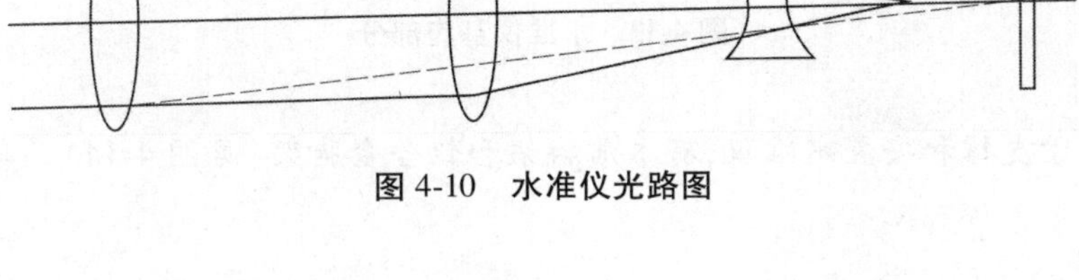

图 4-10 水准仪光路图

3) 水平制动螺旋和水平微动螺旋

照准部可以在水平方向旋转，以便照准任意方向的目标。当找到观测目标时，可旋紧水平制动螺旋，通过旋转水平微动螺旋精确照准目标，注意在使用中只有先制动照准部，水平微动螺旋才起作用。

4) 圆水准器和脚螺旋

圆水准器的作用是概略标定仪器是否水平，可通过脚螺旋进行调节。当圆水准器中的气泡处于圆圈中心时，认为水准仪概略整平，如图 4-11 所示。

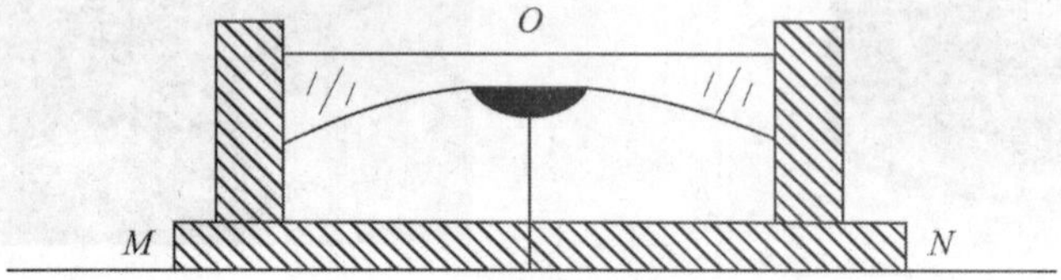

图 4-11　圆水准器气泡

5) 符合水准器和微倾螺旋

水准器原理是利用液体受重力作用后气泡居于最高位置的特性来标示仪器的轴线是否在水平位置。水准仪在生产时满足的主要条件就是视准轴应与符合水准轴平行。当通过微倾螺旋调节符合水准器并使气泡居中时，就可以认为水准仪视线水平，如图 4-12 所示。

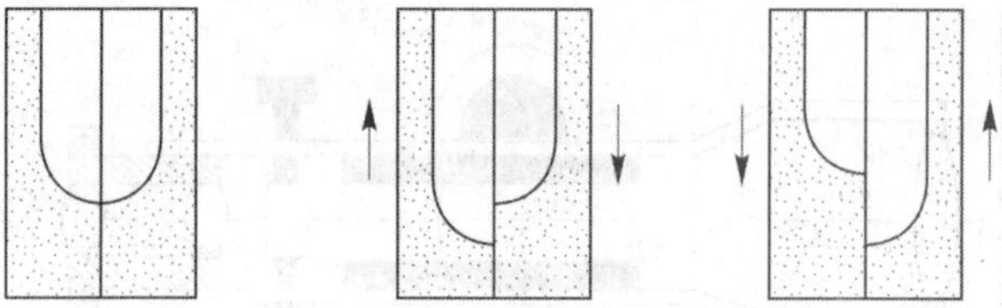

图 4-12　符合水准器气泡

6) 基座

水准仪基座的作用是支撑仪器的上部并通过中心螺旋与三脚架相连(见图 4-13)。

图 4-13　水准仪基座部分

7) 三脚架

三脚架用于支撑和安置水准仪，有木质脚架和铝合金脚架(见图 4-14)。

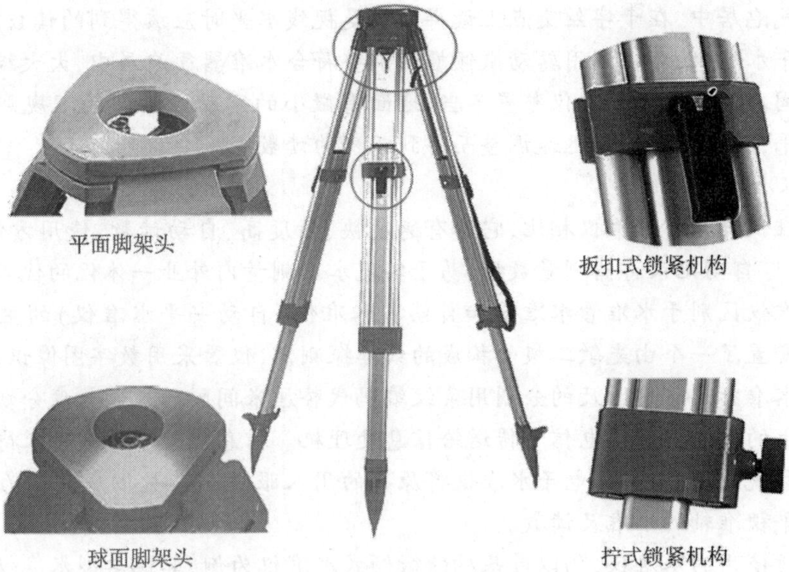

图 4-14　铝合金脚架

2.水准标尺和尺垫

水准标尺是水准测量的重要工具,水准测量作业时与水准仪配合使用。按其构造不同可分为折尺、塔尺、直尺等。用于普通水准测量的标尺一般为区格式双面直尺,称为双面水准标尺。尺面基本分划为 1 cm,为了避免观测时产生印象错误和每站的计算检核,每对双面标尺的黑面底部起点均为 0,而红面底部起点分别为 4687(mm)和 4787(mm)。标尺必须成对使用,即红面起始读数分别为 4687 和 4787 的两根标尺为一对,切莫用错。

尺垫的作用是在水准测量过程中减少水准标尺下沉,保证测量精度。

水准标尺和尺垫如图 4-15 所示。

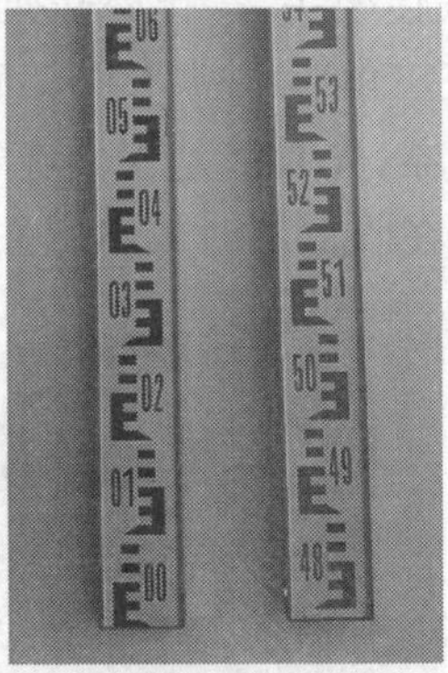

(a)水准标尺

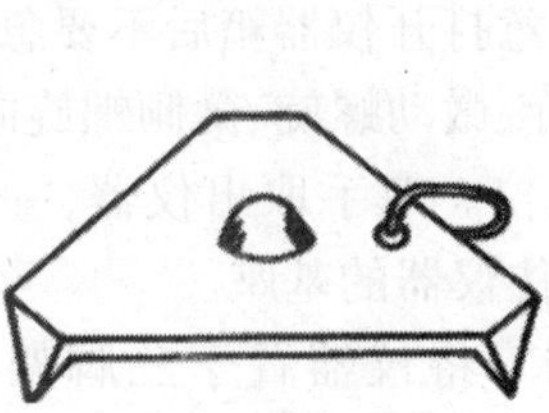

(b)尺垫

图 4-15　标尺与尺垫

3.自动安平水准仪

用水准仪进行水准测量的特点是,根据水准管的气泡居中而获得水平视线。因此,在水准尺上每次读数都要用微倾螺旋将水准管气泡调至居中位置,这对于提高水准测量的速度和精度是很大障碍。自动安平水准仪上没有水准管和微倾螺旋,使用时只需将水准仪上的圆水准器的气泡居中，在十字丝交点上读得的便是视线水平时应该得到的读数。因此，使用这种自动安平水准仪，可以不用转动微倾螺旋调整符合水准器气泡居中，大大缩短了水准测量的观测时间。同时由于水准仪整置不当、地面有微小的震动或脚架的不规则下沉等造成的视线不水平，可以由补偿器迅速调整而得到正确的读数。

4.电子水准仪

电子水准仪与光学水准仪相比，它具有速度快、精度高、自动读数、使用方便、能减轻作业劳动强度、可自动记录存储测量数据、易于实现水准测量内外业一体化的优点。

电子水准仪区别于水准管水准仪和补偿器水准仪(自动安平水准仪)的主要不同点是在望远镜中安置了一个由光敏二极管构成的线阵探测器，仪器采用数字图像识别处理系统，并配用条码水准标尺。水准尺的分划用条纹编码代替厘米间隔的米制长度分划。线阵探测器将水准尺上的条码图像用电信号传送给信息处理机。信息经处理后即可求得水平视线的水准尺读数和视距值。因此，电子水准仪将原有的用人眼观测读数彻底改变为由光电设备自动探测水平视准轴的水准尺读数。

本项目所使用的水准仪，仍以最基础的微倾式水准仪为例，其他类型水准仪的使用可查询相关资料或在后续课程中学习。

活动三　水准仪的操作使用

资源与器材：水准仪、标尺、尺垫、记录表格、记录板。

本活动主要是通过练习，掌握光学水准仪的安置、瞄准、读数等。

一、水准仪架设

为了进行水准测量工作，需要将水准仪架设起来。各组学员跟随教师的演示，逐步完成。

(一)操作演示

(1)安置三脚架。在脚架并拢的情况下，一手扶住架头，弯腰松开架腿固紧螺旋，抽取脚架至胸前，适度拧紧螺旋，撑开脚架，使三个架腿呈正三角形，并调整脚架面使之基本水平。

(2)开箱。注意打开仪器箱后不要急于取出仪器，先看清楚仪器在箱中的放置位置(见图4-16)，调焦螺旋、微动螺旋、微倾螺旋向上，防止在收仪器时放不回去。

(3)拿出水准仪。双手取出仪器，一手抓紧照准部，一手托住仪器的基座。

(4)安置仪器。将仪器置于三脚架上表面，一手扶住仪器照准部，一手拧紧中心螺旋，注意不要拧太紧，防止拆卸时困难。

(5)盖好仪器箱。如果仪器盖不上，则表示没有放好，应及时调整。

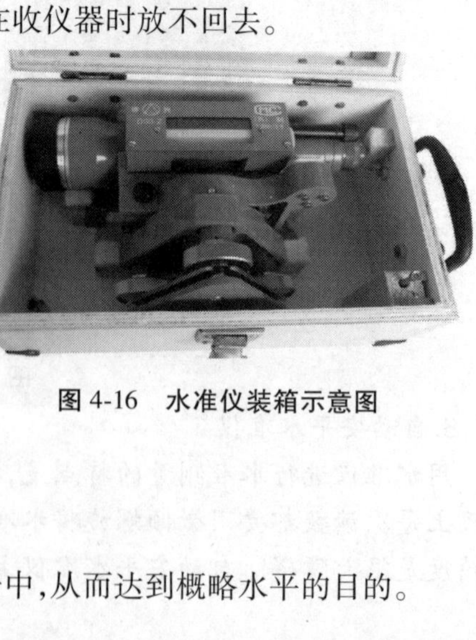

图4-16　水准仪装箱示意图

实训：所有学生按上述演示顺序，独立操作至少一次。

二、水准仪的粗平

粗平就是调节水准仪脚螺旋，使圆水准器气泡居中，从而达到概略水平的目的。

(一)原则

气泡移动的方向与左手大拇指的旋转方向一致。粗平时,气泡在哪边说明哪边高,左手大拇指的旋转方向为气泡运动的方向。一般来说,使用双手调节更快,右手与左手对向旋转脚螺旋,右手食指移动的方向即气泡前进的方向。

(二)演示

旋转照准部将圆水准器气泡置于两脚螺旋平行方向,判断气泡确定旋转方向,用双手按相对方向等速旋转两脚螺旋,使气泡移至圆水准器零点垂直于脚螺旋1和2连线的方向上,旋转第三个脚螺旋使气泡移到圆圈中,即使气泡居中,如图4-17所示。若气泡没有居中,可重复以上操作,直至居中。

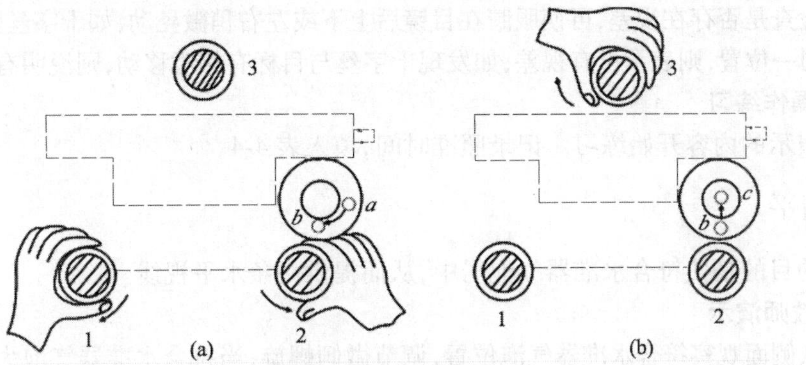

图4-17 水准仪的粗平示意

(三)操作实训

各组按照演示的内容开始实训,并记录从开始架设到粗平完成的时间,填入表4-4。

表4-4 水准仪操作时间比对表

姓名	实训项目		
	粗平	照准	精平

三、目标照准

旋转照准部,使望远镜十字丝中心切准水准标尺的操作过程称为照准。

各组按照下列步骤进行练习。

(一)概略照准

由于望远镜视场较小,为了能够直接通过望远镜看见水准标尺,首先应进行概略照准。方法是:移动照准部,利用望远镜上方的缺口和准星照准水准标尺,三点一线。固定水平制动螺旋,完成概略照准。

(二)精确照准

目镜调焦:转动目镜调节环,调节目镜,使十字丝最黑、最清晰。

物镜调焦:旋转物镜调焦螺旋,使其成像清晰,且无视差存在。

精确照准:旋转水平微动螺旋,从望远镜目镜中观测,使十字丝纵丝精确照准水准标尺。

★注意:

望远镜是用来精确照准目标的,为此,目标在望远镜中的成像必须清晰,且成像于十字丝面上。但由于人的眼睛辨别微小差距的能力不够强,往往平面与十字丝面还没有严密重合就误认为调节好了,当观测者眼睛在目镜后上下左右晃动时,目标的像与十字丝发生相对变化,由此给观测照准带来的误差称为视差。

为了检查是否存在视差,可使眼睛在目镜后上下或左右稍微晃动,如十字丝的交点始终对着目标的同一位置,则表示没有视差;如发现十字丝与目标有相对移动,则说明有视差存在。

(三)操作练习

按照演示的内容开始练习。记录照准时间,填入表 4-4。

四、精平

精平的目的是使符合水准器气泡居中,从而提供一条水平视线。

(一)教师演示

首先从侧面观察符合水准器气泡位置,调节微倾螺旋,当符合水准器气泡大致居中时,通过水准管符合气泡观察窗口进行微调,让窗口中看到的两个 U 形气泡对齐,就完成了精平。

(二)学员操作练习

按照演示的内容开始练习,重点感知微倾螺旋与气泡移动方向的关系。记录精平时间,填入表 4-4。

五、读数

(1)读数前,先认清水准标尺的注记特征,按由小到大的方向读取。

(2)标尺的最小刻划为 1 cm。

(3)按照米、分米、厘米、毫米的格式来读数。米和分米从标尺上直接读取,厘米位需要按照刻划读取,毫米位应进行估读。如图 4-18 所示两个读数分别为 1610 和 6296。

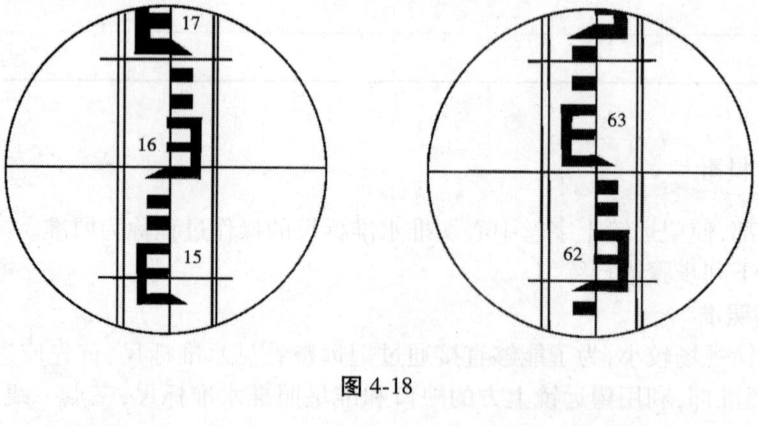

图 4-18

在读数时,注意水准仪的正像与倒像之分。无论正、倒像,都从小向大的方向读数。水准读数采用四位数表示,如 1610,单位为 mm。不足四位时,从首位起补零表示,如 0234。

由于红面标尺起点高度分别为 4687 与 4787,所以读数完成后可以通过下式来检核读数是否正确:

$$黑面读数+4687(或 4787)=红面读数$$

实训:

教师首先为每个组读取一个读数,让同学们体会如何读数。然后每组分别进行读数实训,黑面读数、红面读数为一组,填入表 4-5。

表 4-5 读数实训成果表

序号	实训项目			
	中丝黑面读数	中丝红面读数	中丝黑红面读数之差 *K*+黑-红	用时
1				
2				
3				
4				
5				
6				

六、读取视距

利用十字丝分划板上的上、下两根视距丝,在标尺上读取上、下丝之间的距离 S,单位取 cm。可以直接得到立尺点到安置仪器的测站点之间的距离 $D=S\times100$ m。例如 $S=23.4$ cm,则实地距离 $D=23.4$ m。在读取视距时,可以通过微倾螺旋将上丝调整至一整数位,这样不管是数格数还是读数计算都方便。

读取视距共有两种方法:

(1)直接读取视距。即在水准标尺上读取十字丝对应的上、下丝之间的格数,不足一格的估读至 0.1 格。每格表示 1 m 视距。

(2)分别读取上丝和下丝读数,利用|下丝读数-上丝读数|/10,求得立尺点到测站点的距离,单位为 m。视距不考虑正负号。

实训:

按照上述方法进行读取视距实训。在保持水准仪和标尺固定不定的情况下,每人分别读数。把视距结果填入表 4-6。

综合实训:

分别采用“直接读取视距”和“读取上、下丝计算视距”两种方法,按照上述操作步骤,进行完整的水准仪操作实训。在实训场地垂直竖立标尺,每组完成读数,把观测读数记入表 4-7中。

表 4-6　视距实训成果表

序号	实训项目			
	上丝读数	下丝读数	视距	用时
1				
2				
3				
4				
5				

表 4-7　观测记录表

后视距	前视距	后视读数	前视读数	高差（后视读数-前视读数）

任务二　实地踏勘与线路布设

【任务目标】

1.掌握水准测量路线的布设形式及其特点。

2.掌握水准路线的设计、踏勘与埋石。

【学习过程】

1.分组讨论水准路线的特点，掌握水准测量路线的布设形式。

2.讲述水准点的选点与埋石要求。

【学习成果】

1.水准路线特点分析比较表。

2.水准点点之记。

活动一　水准测量路线的布设

资源与器材：水准路线布设形式挂图、绘图纸笔。

本此活动主要理解水准路线的布设形式，分析其优缺点，达到灵活运用的目的。

根据水准测量原理，如果需要测量得到地面点 P 的高程，一般来讲，需要利用已知高程点 A，根据连续水准测量的原理，测量得到已知点 A 与未知点 P 之间的高差 h_{AP}，利用已知点高程计算出未知点的高程,即 $H_P = H_A + h_{AP}$。但是,如果 P 点距离 A 点较远的话,两点之间就必须测设若干站,这样误差就会积累到很大,为了解决这个问题,需要布设一定形式的测量路线,控制误差积累,提高待定点测量精度。

根据分析及背景知识,在充分理解水准路线布设形式的基础上,分组讨论、分析各种水准路线的特点,填写表 4-8。

表 4-8 水准路线特点分析比较表

特点分析	单一水准路线			水准网
	附合水准路线	闭合水准路线	支水准路线	
需要已知点个数				
路线长度分析				
精度分析				
可靠性分析				
其他				

【知识导航】

水准测量设站观测经过的路线称为水准路线。沿水准路线每隔一定距离布设的高程控制点称为水准点(bench mark,简称 BM)。在水准路线中,相邻两个水准点之间的观测称为一个测段。布设水准路线的目的是将高级水准点与低级水准点连在一起,通过平差测算未知水准点的高程。

水准路线的布设形式分为单一水准路线和水准网。

1.单一水准路线

单一水准路线的布设形式可分为附合水准路线、闭合水准路线、支水准路线三种。

1)附合水准路线

从一个已知高程的高级水准点出发,沿各个待定高程的水准点进行水准测量,最后附合到另一已知高程的高级水准点所构成的单一水准路线称为附合水准路线,如图 4-19(a)所示。

2)闭合水准路线

从一个已知高程的高级水准点出发,沿各待定高程的水准点进行水准测量,最后仍闭合到原水准点所组成的环形水准路线称为闭合水准路线,如图 4-19(b)所示。

3)支水准路线

从一个已知高程的高级水准点出发,沿各个待定高程的水准点进行水准测量,最后没有连接到已知高程点上的水准路线称为支水准路线,如图 4-19(c)所示。

2.水准网

若干条单一水准路线相互连接,形成网状的水准路线。由多个已知高程点和若干个未知高程点所构成的水准网称为附合水准网,见图 4-20(a)。只有一个已知高程点和若干个未知高程点所构成的水准网称为独立水准网,见图 4-20(b)。单一水准路线相互连接的点称为结点。只有一个结点的水准网称为单结点水准网,见图 4-20(c)。

★**提示**:水准路线的长度,应根据作业规范的规定来选择。

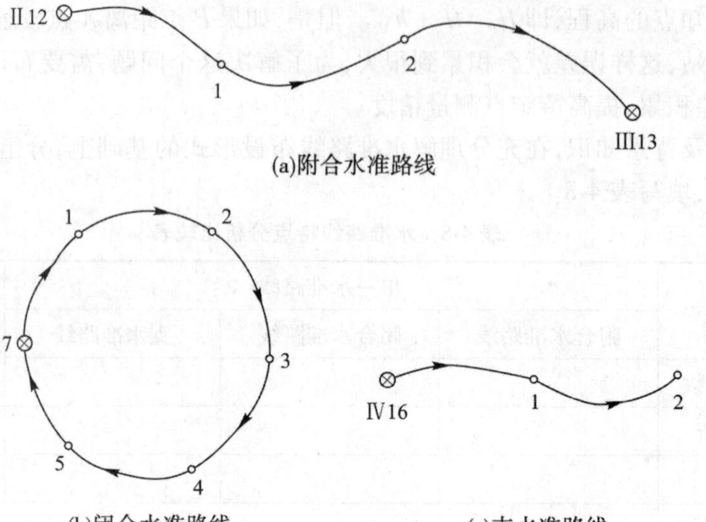

(a)附合水准路线

(b)闭合水准路线　　(c)支水准路线

图 4-19　单一水准路线

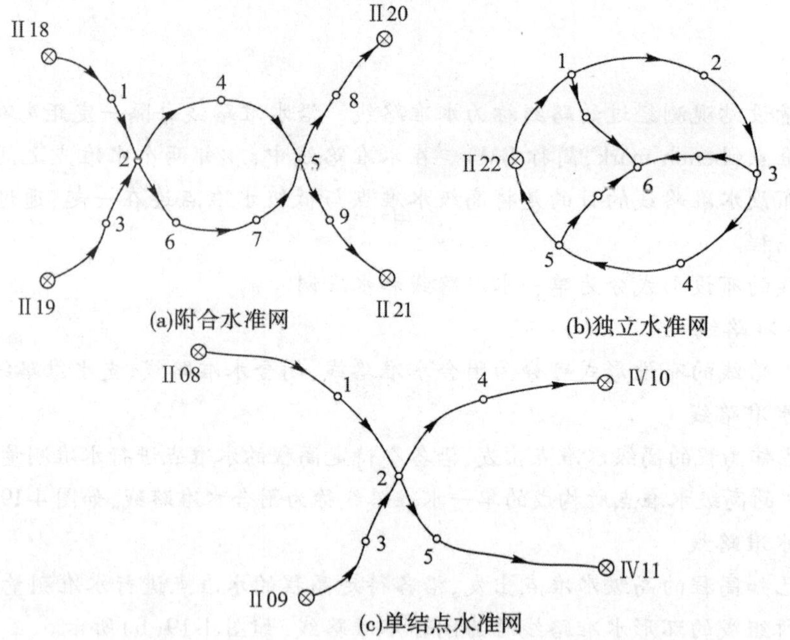

(a)附合水准网　　(b)独立水准网

(c)单结点水准网

图 4-20　水准网

活动二　水准路线的设计、踏勘与选埋

资源与器材:水准标石图片资料、水准点标志图片。

学习了水准路线布设形式,这些只是理论方面的要求,在实际水准测量中,还需要掌握水准点标石的制作、选点、埋设,设计合理的测量路线,达到既满足规范要求,又省时省力的目的。

实训 1:以校园为例,以小组为单位,现场踏勘,实地标定出预埋设的水准点点位,并绘制一份水准路线布设图,图上按一定比例绘出水准路线、水准点位置,注明水准路线的等级、水准点编号等。

实训 2:在实训 1 选择的水准点中任选 3 点,绘制相应的水准点点之记。

一、水准标志及标石类型

(一)水准点标志

水准点标志如图 4-21 所示。

图 4-21 常用水准测量标志

(二)水准标石

水准点标石可分为基岩水准标石、基本水准标石、普通水准标石和墙角水准标志四种。各类水准点标志、标石及其造埋的规格可参见相应规范。如图 4-22 所示为混凝土普通水准标石造埋规格。

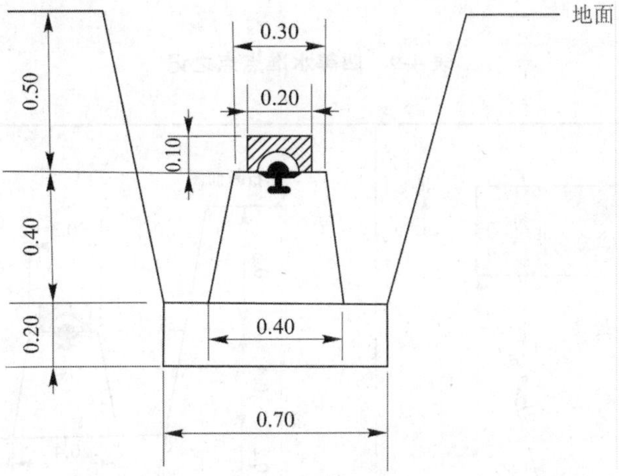

图 4-22 混凝土普通水准标石 (单位:m)

★**提示:**水准点可以利用已有高等级平面控制点,也可以单独埋设。

二、水准点的踏勘与选埋

水准点选埋一般考虑如下情况。

(一)已知高等级水准控制点的位置及数量

由活动一可知,水准网需要的已知水准点较多,附合水准路线至少需要两个高级水准点,闭合(支)水准路线只需一个高级水准点。所以,在选取路线时,应该实地调查落实,测区附近的已知高级水准点数量。水准点应选在土质坚实、安全僻静、观测方便、利于长期保存的地点,同时尽量考虑交通和埋设的便利。水准点不能埋在易受水淹或地下水位较高处,不能埋在易发生土崩、滑坡、沉陷的地方,不能埋在准备规划拆迁的地方。

(二)水准路线的交通情况

水准测量的特点决定了水准路线应该沿地形起伏不大的地区布设,以方便实测。水准路线应沿有利于施测的公路、大路及坡度较小的乡村路布设。

(三)水准测量的路线长度

水准测量的等级不同,可选取的水准路线长度不同,单位区域面积中的水准点埋设密度也就不同。具体路线长度可查阅相关规范。

埋设水准点时,水准标石应低于地面,将标石附近的土夯实。在标石上方覆盖方形水泥板。同时,在水准点附近埋设标志牌。

(四)水准点点之记绘制

记载控制点点名、等级、点位略图、交通情况及与周围固定地物的关系等情况的资料,称为"点之记"。埋设水准点完成后,应做好"点之记"。

点之记的绘制必须在实地进行,量取水准点到三个固定地物点的距离。点位略图可以不限定比例尺,但应该简单清晰,相对位置准确。必须交待清楚交通路线,能够保证利用该点之记顺利找到水准点埋设处。

对于和平面控制点共用同一标石的水准点,可直接利用平面控制点点之记。水准点点之记样例见表 4-9。

表 4-9　四等水准点点之记

新文　线　　　　点名:Ⅳ 新文 17

详细位置图

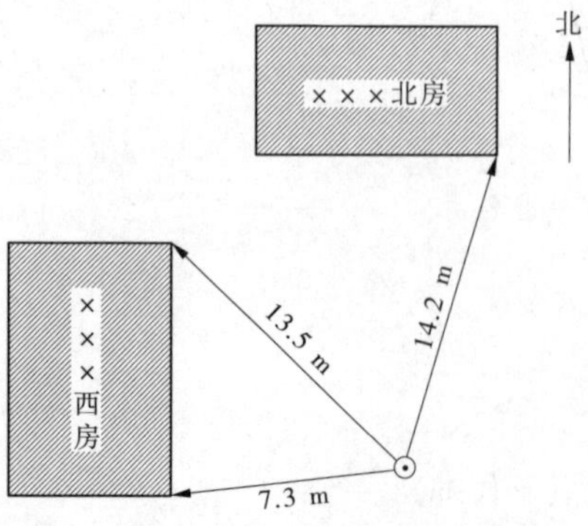

比例尺 1∶500

标石断面图

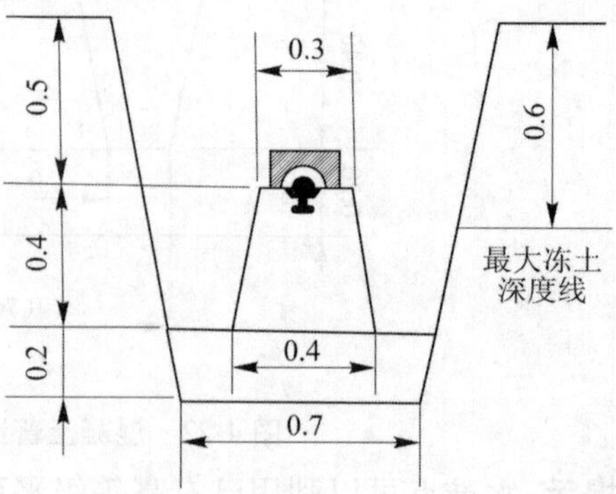

续表 4-9

所在图幅	J-50-19	标石类型	混凝土普通水准标石		
经纬度	L:117°06.5′ B:39°25.4′	标石质料	混凝土玻璃钢标志		
所在地	河北省文清县青山乡李家村			土地使用者	×××
地别土质	院地，黄土，含沙 30%			地下水深度	5 m
交通路线	自新镇至文清县大路靠近青山堡				
点位详细说明	1.西至×××西房东南角 7.3 m 2.西北至×××西房东北角 13.5 m 3.东北至×××北房东南角 14.2 m 4.标石上方埋有保护井、保护盘				
接管单位	青山乡人民政府		保管人	×××	
选点单位	华北测绘院	埋石单位	华北测绘院	维修单位	
选点者	×××	埋石者	×××	维修者	
选点日期	1990 年 5 月 2 日	埋石日期	1990 年 5 月 12 日	维修日期	
备注	Ⅳ 新文 16—Ⅳ 新文 17　5.8 km(平地) Ⅳ 新文 17—Ⅳ 新文 18　4.7 km(丘陵)				

任务三　仪器检校

【任务目标】

1.掌握并熟练使用水准仪。

2.掌握水准仪圆水准器的检验与校正。

3.掌握水准仪十字丝的检验与校正。

4.掌握水准仪 i 角的检验与校正。

【学习过程】

1.演示水准仪的使用。

2.实践操作水准仪。

3.水准仪的检验与校正。

【学习成果】

1.观测记录表。

2.水准仪轴线关系示意图。

3.水准检验校正记录。

活动　水准仪的检验与校正

资源与器材：S_3水准仪、改针、小螺丝刀、水准仪 i 角检校记录表。

本活动采取教师边演示、学生边动手的方式进行，逐步完成各项检验与校正。

一、圆水准轴应平行于垂直轴的检校

（一）检校的目的

当圆水准器气泡居中时，垂直轴位于铅垂位置。

（二）检验方法

（1）安好水准仪，将脚架固定踩稳。转动照准部使望远镜平行于任意两个脚螺旋的连线，调整脚螺旋使圆水准器气泡居中。

（2）将照准部旋转180°后，如果气泡仍然居中，表示此项条件满足。如果气泡偏离中心，则需要校正。

（三）校正方法

（1）先用脚螺旋校正圆水准器气泡偏离量的一半。

（2）用改针调整圆水准器底部的三个校正螺丝改正，如图 4-23 所示，使圆水准器气泡居中，见图 4-24。

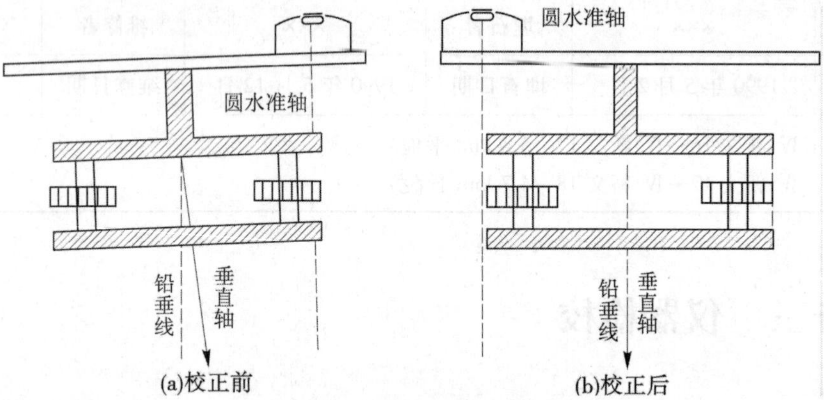

图 4-23　圆水准轴校正示意图

（3）照准部旋转 180°，反复（1）、（2）步骤，直到圆水准器气泡始终都在分划圈内为止。

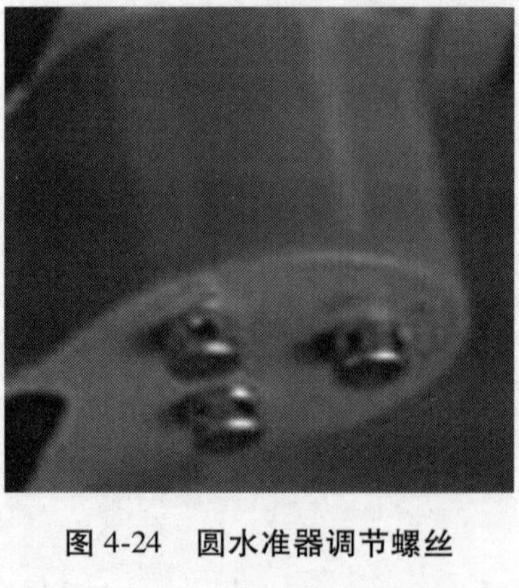

图 4-24　圆水准器调节螺丝

具体校正过程如图 4-25 所示。

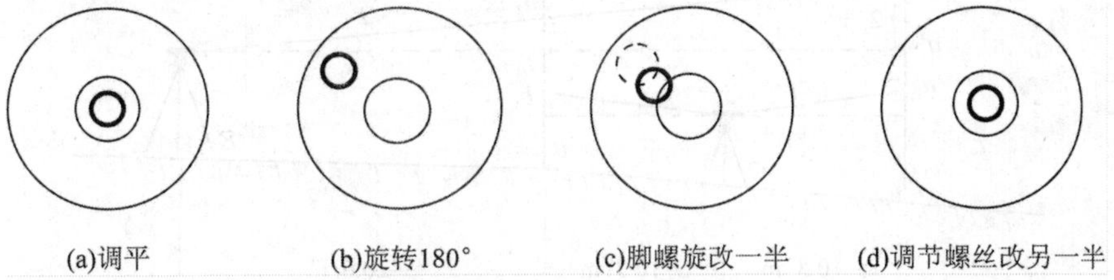

图 4-25　圆水准器检校示意图

二、十字丝横丝应垂直于垂直轴的检校

(一)检校的目的

当垂直轴垂直时,十字丝横丝位于水平位置。

(二)检验方法

(1)整平水准仪,用望远镜横丝左端照准墙上一点状目标,然后制动照准部。

(2)转动水平微动螺旋,使目标点由左端移到右端。若目标点不离开横丝,表示横丝水平;若目标点离开横丝,表示横丝不水平,需要校正。

(三)校正方法

(1)用小螺丝刀松开十字丝环的固定螺丝(有的仪器要先旋开十字丝护盖才能看见固定螺丝)。

(2)转动十字丝环,使十字丝水平。

(3)重复上述步骤,直到目标点始终不离开横丝为止。

(4)最后紧固十字丝环的固定螺丝,将护盖旋紧。

十字丝校正示意图如图 4-26 所示。

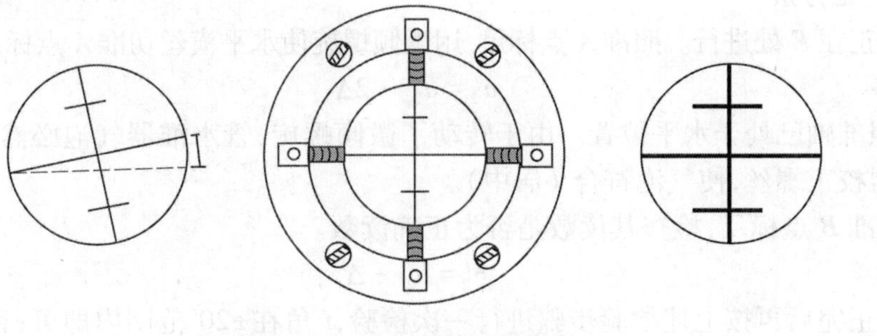

图 4-26　十字丝校正示意图

三、管水准轴应平行于照准轴的检校

(一)检校的目的

当符合水准器气泡居中时,照准轴位于水平位置。

(二)检验方法

(1)如图 4-27 所示,在较平坦场地上量取 $AE=41.2$ m 的线段,将其分为三段,即 $CA=CB=10.3$ m,$BE=20.6$ m。在 A、B 两点处各放一尺垫并立标尺,在 C、E 点做好标记,方便安置仪器。

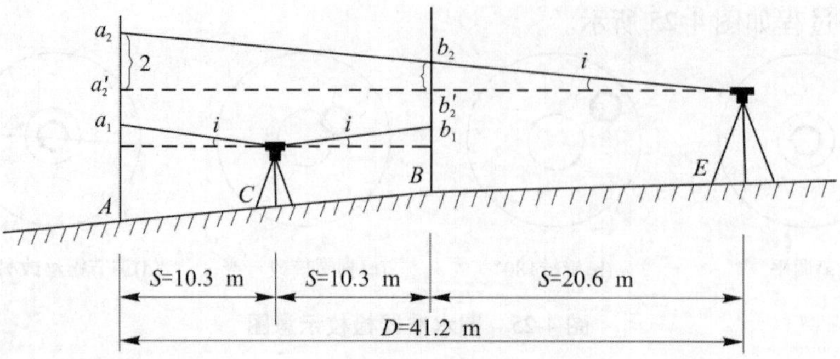

图 4-27　水准仪 i 角检验示意图

(2)将水准仪安置在 C 点处,整平,照准 A 点标尺黑面,调微倾螺旋使符合水准器气泡精平,用中丝读取标尺读数,记作 a_1。

(3)照准 B 点标尺黑面,调微倾螺旋使符合水准器气泡精平,用中丝读取标尺读数,记作 b_1。

重复(2)、(3)再连续读数 3 次,共计 4 个读数,其互差应小于 4 mm,然后取中数(取小数点后一位)。

(4)将仪器搬到 E 处,分别照准 A 点标尺与 B 点标尺,精平读数。得到 A 点标尺 4 个读数的中数 a_2 和 B 点标尺 4 个读数中数 b_2,然后用下式计算 i 角:

$$\Delta = (a_2 - b_2) - (a_1 - b_1)$$

$$i = \frac{\Delta}{S}\rho'' \approx 10\Delta'' \tag{4-8}$$

式中,Δ 及 S 均以毫米为单位。若计算出的 i 角在±20″(四等水准测量)以内,可不必校正;否则,应按下述步骤进行校正。

(三)校正方法

(1)校正在 E 处进行。照准 A 点标尺,用微倾螺旋使水平横丝切准 A 点标尺的正确读数。

$$a_2' = a_2 - 2\Delta \tag{4-9}$$

这时照准轴已处于水平位置。由于转动了微倾螺旋,管水准器气泡必然偏离中心。调整管水准器校正螺丝,使气泡符合(居中)。

(2)照准 B 点标尺,检查其读数是否为正确读数。

$$b_2' = b_2 - \Delta \tag{4-10}$$

(3)校正完后再按上述检验步骤进行一次检验,i 角在±20″范围内即可;否则,应反复检验校正,直到符合要求为止。

i 角检验记录、计算表格如表 4-10 所示。

(四)注意事项

(1)校正时应注意校正螺丝的旋转方向,看管水准器一端是要提高还是要降低,怎样转才能达到校正目的,应转多大角度,要做到心中有数,不得盲目乱动。特别是转不动时不要硬转,以免拧断螺丝或损坏丝扣及校正孔。一般应先松一个螺丝,后紧另一个螺丝,微松微紧。每项校正完后,一定要固紧校正螺丝。

(2)i 角有正负之分,i 为负值表示照准轴低于水平视线。Δ 也有正负,注意不要算错,以免影响校正。

表 4-10 i 角检验表

仪器编号： 观测者：

年 月 日 记录者：

测站	观测次序	标尺读数		高差($a-b$)(mm)	i 角的计算
		a	b		
C	1				$\Delta=(a_2-b_2)-(a_1-b_1)=$ $i=\frac{\Delta}{S}\rho''\approx 10\Delta''=$
	2				
	3				
	4				
	中数				
E	1				校正时正确读数应为： $a'_2=a_2-2\Delta=$ $b'_2=b_2-\Delta=$ 校后检测为 $b'_2=$
	2				
	3				
	4				
	中数				

(3)在 i 角没有校正好之前，千万不要动尺垫，否则应重新检验。

(4)为了计算方便，检验距离使用了 $\rho''\approx 206\,000''$ 的可约数 20.6 m、10.3 m。在条件允许的情况下，检验使用的距离可以放大一倍，以方便检较。另外。在实践测量检验中，AB、BE 的距离值也可使用任意数，i 角值通过计算一样能够获得。

(5)检验时，调平符合水准器的气泡，管水准轴水平，照准轴倾斜，如图 4-28(a)所示。准备校正前，转动微倾螺旋使照准轴对准正确读数，这时照准轴水平，管水准轴发生倾斜，如图 4-28(b)所示。校正时，调节管水准器上的上、下调节螺丝，使管水准轴重新水平。而照准轴不动，这样二轴同时水平，达到了校正的目的，如图 4-28(c)所示。

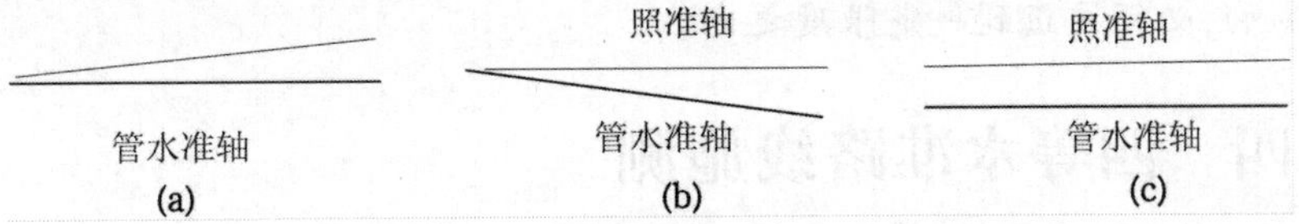

图 4-28 管水准轴的检验与校正

【知识导航】

1.水准仪的主要轴线

水准仪有 4 条主要轴线：望远镜的照准轴(视准轴)、管水准轴、圆水准轴和垂直轴，如图 4-29 所示。

照准轴：望远镜的物镜光心与十字丝网中心的连线，称为照准轴(视准轴)。

管水准轴：过管水准器的零点（水准管圆弧的中心点）与圆弧相切的切线称为管水准轴。

圆水准轴：连接圆水准器零点（玻璃盖中央小圆圈的中心）与球面球心的直线称为圆水准轴。

垂直轴：照准部旋转的中心轴称为垂直轴（或纵轴）。

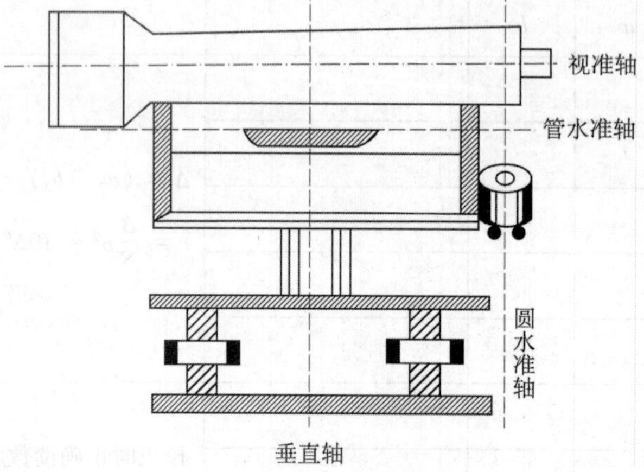

图 4-29　水准仪

2.水准仪应满足的主要条件

根据水准测量原理，水准仪的主要功能是提供水平视线，为了保证这个功能，水准仪的主要轴线必须满足如下几何条件：

（1）圆水准轴应平行于仪器的垂直轴。

水准仪的粗平主要是看圆水准器的气泡是否居中。当圆水准轴与仪器的垂直轴不平行时，虽然在某个位置气泡居中，但旋转一定角度后气泡会偏，无法知道仪器是否粗平。

（2）十字丝横丝应垂直于垂直轴。

当仪器粗平后，垂直轴处于铅垂位置时，横丝则处于水平状态，这样可保证用横丝的任意部位在标尺上读数都是准确的。

（3）管水准轴应平行于照准轴。

对于带管水准器的水准仪来说，当管水准轴与照准轴平行时，只要调平管水准轴就可以认为照准轴处于水平状态。由于机械制造以及使用、搬运等原因，水准仪的照准轴与管水准轴一般不会严格平行，这两条轴线之间在垂直方向的投影存在一个夹角 i，该角对水准测量读数有较大影响，必须校正到一定限度之内。

任务四　四等水准路线施测

【任务目标】

1.掌握四等水准测量各项限差要求。

2.掌握水准测量手簿的记录格式及要求。

3.掌握四等水准测量的作业流程。

【学习过程】

1.讲述水准测量的等级。

2.讲述四等水准测量各项限差要求。

3.讲述四等水准测量的手薄记录、计算要求。

4.四等水准测量实训练习。

【学习成果】

1.水准测量外业观测手簿。

2.水准测量观测手簿存在问题分析表。

活动一 四等水准测量方法

资源与器材:S_3水准仪、木质水准标尺、尺垫、脚架、水准测量记录手簿。

本活动主要是通过实训,掌握四等水准测量的方法、要求。

一、四等水准测量的一般规定及限差要求

(1)四等水准测量适用于平坦地区,起闭点应是国家三等以上控制点。使用仪器不低于 DS_3 型水准仪。标尺为具有厘米区格式分划的双面或单面标尺。

(2)观测前,应按规范要求对仪器进行全面的检验、校正。四等水准测量 i 角应不超过±20″。

(3)四等水准测量每测段观测站数应为偶数站。每测站的观测顺序为:后—后—前—前(黑—红—黑—红)。

(4)直接读取视距,按中丝读数法测定高差,附合、闭合水准路线单程观测,支水准路线应往返观测(或单程双测),估读至毫米。

(5)三、四等水准测量各项技术要求可见表 4-11 ~ 表 4-13。

(6)视距及高差中数保留小数点后一位。

表 4-11 三、四等水准测量的主要技术要求

《国家三、四等水准测量规范》(GB/T 12898—2009) (单位:mm)

等级	测段、路线往返测高差不符值	测段、路线的左、右路线高差不符值	附合路线或环线闭合差		检测已测测段高差的差
			平原	山区	
三等	$\pm12\sqrt{K}$	$\pm8\sqrt{K}$	$\pm12\sqrt{L}$	$\pm15\sqrt{L}$	$\pm20\sqrt{R}$
四等	$\pm20\sqrt{K}$	$\pm14\sqrt{K}$	$\pm20\sqrt{L}$	$\pm25\sqrt{L}$	$\pm30\sqrt{R}$

注:K 为路线或测段长度,单位为千米(km);L 为附合路线(环线)长度,单位为千米(km);R 为检测测段长度,单位为千米(km);山区指高程超过 1 000 m 或路线中最大高差超过 400 m 的地区。

表 4-12 三、四等水准观测的视线长度前后视距差视线高度的要求

《国家三、四等水准测量规范》(GB/T 12898—2009) (单位:m)

等级	仪器类别	视线长度	前后视距差	任一测站上前后视距累积差	视线高度	数字水准仪重复测量次数
三等	DS_3	≤75	≤2.0	≤5.0	三丝能读数	≥3 次
	DS_1/DS_{05}	≤100				
四等	DS_3	≤100	≤3.0	≤10.0	三丝能读数	≥2 次
	DS_1/DS_{05}	≤150				

表 4-13　三、四等水准测量的测站观测限差

《国家三、四等水准测量规范》(GB/T 12898—2009)　（单位：m）

等级	观测方法	基、辅分划（黑红面）读数的差	基、辅分划（黑红面）所测高差的差	单程双转点法观测时，左右路线转点差	检测间歇点高差的差
三等	中丝读数法	2.0	3.0	—	3.0
	光学测微法	1.0	1.5	1.5	
四等	中丝读数法	3.0	5.0	4.0	5.0

二、四等水准测量的观测、记录及手簿计算

以微倾式 S_3 水准仪和双面木质标尺进行四等水准测量，观测结果填入表 4-14。每测站的观测顺序为：

表 4-14　四等水准观测手簿记录示例

测自：A_1 至 A_2　　　20××年××月××日

时刻：始 9 时 15 分　　天气：晴　　观测者：×××

末 9 时 40 分　　成像：清晰　　记录者：×××

测站编号	后尺 上丝	前尺 上丝	方向及尺号	标尺读数		K+黑−红	高差中数	备考
	后尺 下丝	前尺 下丝		黑面	红面			
	后视距	前视距						
	视距差 d	$\sum d$						
(1)			后(3)	(5)	(6)	(7)		
			前(4)	(11)	(12)	(13)		
	(2)	(8)	后−前	(14)	(15)	(16)	(17)	
	(9)	(10)						
1			后 46	1345	6032	0		
			前 47	1390	6179	−2		
	76.7	73.2	后−前	−45	−147	+2	−46.0	
	+3.5	+3.5						
2			后 47	1438	6223			
			前 46	1444	6130			
	69.4	72.5	后−前					

续表 4-14

测站编号	后尺	前尺	方向及尺号	标尺读数		K+黑−红	高差中数	备考
	上丝	上丝		黑面	红面			
	下丝	下丝						
	后视距	前视距						
	视距差 d	$\sum d$						
3			后 46	1390	6078			
			前 47	1378	6163			
	49.3	48.6	后−前					
4			后 47	1682	6468			
			前 46	1160	5848			
	69.8	72.0	后−前					

注：表中 K 为水准标尺的红黑面零点差数 4687 或 4787，简写为 46 或 47。

（1）观测者安置水准仪；记录者同时将测站编号填入（1）栏；后视尺、前视尺的尺号分别填入（3）、（4）栏。

（2）照准后视标尺黑面，读取后视距离，填入（2）栏，转动微倾螺旋，使符合水准器气泡居中后，读取黑面中丝读数，填入（5）栏。

（3）翻转后视标尺，使符合水准器气泡居中后，读取标尺红面的中丝读数，填入（6）栏。

★**计算：**K+黑−红＝K+（5）−（6）＝（7）≤±3 mm

★**思考：**如何快速计算（7）栏？

（4）旋转照准部，照准前视标尺，读取前视距离，填入（8）栏，转动微倾螺旋，使符合水准器气泡居中后，读取黑面中丝读数，填入（11）栏。

★**计算：**视距差＝（2）−（8）＝（9）≤±5 m

视距累积差＝本站（9）+前站（10）≤±10 m

（5）翻转前视标尺，照准前视标尺红面，转动微倾螺旋，使符合水准器气泡居中后，读取红面中丝读数，填入（12）栏；

★**计算：**K+黑−红＝K+（11）−（12）＝（13）≤±3 mm

以上的观测顺序可以归结为：后—后—前—前（黑—红—黑—红）。

【知识导航】

（1）在观测过程中，每次用中丝读数以前，必须使符合水准器的气泡符合，转动照准部要轻、稳，读数要仔细。

（2）记录者应该把观测者所报的读数复诵一遍以免出现差错。

（3）由后视尺转到前视尺观测时，即使圆水准器气泡不居中，也不能转动脚螺旋调圆水准器气泡居中，以免视线高度变动。

(4)每测站的各项限差都不超限,才可以迁站,否则该站应重测。

(5)在一测站还没观测完时,后尺垫严禁碰动;否则,该测段应全部重测。

(6)观测中,水准标尺要立直、立稳,观测、记录、立尺三者要互相配合好。

(7)如视距差或视距累积差超过规定限差,只能移动前视标尺位置(前标尺不能动时,移动仪器位置),后视标尺决不能动;否则,要重测本测段。另外,记簿者应经常将视距差或视距累积差告诉观测者和前视立尺员,以便随时调整前视标尺位置,使视距累积差始终符合限差要求。视距累积差应按水准路线累计计算。

(8)若(7)栏或(13)栏的绝对值大于 3 mm,应及时重新观测本测站,超限的记录应废去。

三、高差的计算与检核

(一)高差计算

标尺黑面读数算得的高差即黑面高差记于(14)栏处,即

$$(5)-(11)=(14)$$

标尺红面读数算得的高差即红面高差记于(15)栏处,即

$$(6)-(12)=(15)$$

$$(14)-(15)\pm 100=(16)\leqslant \pm 5\ \text{mm}$$

检核计算:

$$(7)-(13)=(16)$$

若黑、红面读数差和黑红面高差之差均未超过限差,即可计算高差中数,记于(17)栏处。(17)栏是以黑面高差为准,将红面高差加或减 100 后,取中数求得(取至毫米,进位原则为"4 舍 6 入;5 看奇偶,奇进偶舍")。即

$$(17)=\frac{1}{2}[(14)+(15)\pm 100]$$

★提示:如后视尺是 4687,则应加 100;是 4787,则应减 100。按横向和纵向算出的(16)应完全一致,否则,说明计算有误,应查出原因改正之。当(16)项的绝对值大于规定的5 mm 时,应重测本站。

(二)测段总结

每个测段均应进行测段总结,计算后写在测段记录尾部。主要计算项目有后视累积视距$\Sigma(2)$,前视累积视距$\Sigma(8)$,测段长$\Sigma(2)+\Sigma(8)$;测段黑面高差$\Sigma(14)$,测段红面高差$\Sigma(15)$以及测段高差$\Sigma(17)$。

(三)检核

当一天外业观测结束或一测段观测结束后,应全面检核各项计算是否正确和合乎规范要求。对每一测段应做如下检核计算,即

$$\Sigma(9)=\Sigma(2)-\Sigma(8)=\text{末站}(10)$$

水准观测每一测段一般应为偶数站,故

$$\Sigma(17)=\frac{1}{2}[\Sigma(14)+\Sigma(15)]$$

若测站数为奇数,则用下式检核

$$\Sigma(17)=\frac{1}{2}[\Sigma(14)+\Sigma(15)\pm100]$$

式中“±100”的符号依最后一站后视尺的 K 值而定，K 为 4687 时应为“+”、K 为 4787 时应为“-”。

【知识导航】

(1) 四等水准测量视距读数至 0.1 m，高差中数取至毫米。由于每站高差中数计算有取舍误差，$\Sigma(17)$ 的值与其累加检核值可能会有几毫米的差值，测段高差应以高差中数直接相加的为准。

(2) 每条水准路线观测结束后，在野外要计算该路线的闭合差，并与允许闭合差比较，如果超过限差，经检核无误，则应找出原因或返工重测。

四、实训

根据上述知识与技能，完成以下任务：

(1) 表格 4-14 剩余测站及测段的计算与检核。

(2) 每人完成一个测站的观测、记录与计算，填入表 4-15。

表 4-15　四等水准观测、记录与计算实训表

测站编号	后尺	上丝	前尺	上丝	方向及尺号	标尺读数		K+黑-红	高差中数	备考
		下丝		下丝						
	后视距		前视距			黑面	红面			
	视距差 d		Σd							
					后					
					前					
					后-前					

活动二　水准测量观测、记录及资料整理要求

资源与器材：水准测量观测手簿。

本活动利用学生水准测量观测手簿，分析、讨论、记录计算过程中存在的问题和不足，掌握观测手簿的记录要求。

表 4-16 为某学生记录的水准测量观测手簿。请结合背景知识，分组讨论记录计算过程中存在的问题和不足，把讨论结果填入表 4-17。

【知识导航】

1.外业手簿记录及资料整理的要求

(1) 外业观测记录必须在编号、装订成册的手簿上进行。已编号的各页不得任意撕去、记录中间不得留下空页或空格。

(2) 水准观测过程中，中丝读数的厘米和毫米位，不论什么原因都不允许更改，而应将该测站观测结果废去重测。

表 4-16　学生实训观测手簿

测自　　　　　　至　　　　　　天气　　　　　　成像

20　　年　　月　　日　　始　　时　　分　　末　　时　　分

测站编号	后尺 下丝 / 上丝 / 后距 / 视距差 d	前尺 下丝 / 上丝 / 前距 / Σd	方向及尺号	标尺读数 黑面	标尺读数 红面	K+黑减红	高差中数	备考
1			后 46	1345	6032	0		
			前 47	1390	6179	-2		
	76.7	73.2	后一前	-45	-147	+2	-46	
	+3.5	+5.5						
2			后 47	1438	6224	+7		
			前 46	1444	6130	+1		
	69.4	72.5	后一前	-6	+94	+2	-6	
	-3.1	+0.4		1390	6078			
3			后 46	[illegible]	[illegible]	[illegible] -1		
			前 47	1378	6163	+2		
	49.3	48.6	后一前	+12	-85	-3	+13	
	+0.7	+1.1						
4			后 46	1682	6485 (68)	+1		
			前 47	1160	5948	-1		
	69.8	72.5	后一前	+522	+620	+2	+521.	
	-2.7	-1.6						
5			后	54	4842	-1		
			前	87	4775	-1		
	69	74.0	后一前	-33	+67	0	-33	
	-0.5	-2.1						
6			后 47	1934	6621	0		
			前 46	2008	6796	-1		
	374.0	375.0	后一前	-74	-175	+1	-75	
	-0.1	-2.2						
			后					

表 4-17　水准测量观测手簿存在问题分析表

序号	存在的问题和不足	解决方案
1		
2		
3		
4		
5		

(3)一切外业原始观测值和记事项目，必须在现场用铅笔直接记录在手簿中，记录的文字和数字应端正、整洁、清晰，杜绝潦草模糊。

(4)外业手簿中，修改的记录和废弃的计算结果，禁止擦拭、涂抹与刮补，而应以横线或斜线正规划去，并在本格内的上方写出正确数字和文字。除计算数据外，所有观测数据的修改和废弃，必须在备考栏内注明原因及重测结果记于何处，重测记录前需加“重测”二字。

(5)在同一测站内不得有两个相关数字“连环更改”。例如，更改了标尺的黑面前两位读数后，就不能再改同一标尺的红面前两位读数；否则，就叫连环更改。有连环更改记录应立即废去重测。

(6)有正、负意义的量，在记录计算时，都应带上"+""-"号，正号不能省略。对于中丝读数，要求读记四位数，前后的"0"都要读记。

(7)作业人员应在手簿的相应栏内签名，并填注作业日期、开始及结束时刻、天气及观测情况和使用仪器型号等。

(8)作业手簿必须经过作业小组认真检查(即记录员和观测员各检查一遍)，确认合格后，方可运用该成果进行内业计算。

2.水准测量成果重测的几种情况

观测结果超出规定限差而需要重新进行的观测，称为重测。在测量过程中，出现以下几种情况时应该重测：

(1)凡超过表4-11～表4-13中规定限差的结果，均应进行重测。

(2)因测站观测限差超限，在本站观测时发现，应立即重测；迁站后发现，则应从水准点或间歇点开始重测。

(3)测段往返测或单程双测高差较差超限，应整测段重测。

(4)附合路线或环线等单程测量闭合差超限时，应先找可靠性较小的测段重测。当用重测高差参与闭合差计算不超限时，则取重测结果，如超限，则应找其他可靠性较小的整测段重测，直到满足限差要求。

活动三　四等水准测量实训

资源与器材：S_3水准仪、木质水准标尺、尺垫、脚架、记录手簿、2H铅笔。

本活动进行四等水准测量实训。

活动分组进行，每组人数4人，1人记录、1人观测、2人立尺。每组设计一条附合水准路线，布设3个未知点。已知点编号采用"等级+点号"，未知点编号N_1、N_2、N_3、…。实训过程中，要求每人观测一条水准路线；测量、记录、立尺轮流交替实训；测量技术要求按照四等水准测量要求进行；记录手簿要严格按照规定执行，不符合要求的重测。

实训结束后，每人上交一份完整观测手簿。

任务五　水准路线计算

【任务目标】

1.掌握水准测量外业成果资料整理与汇总。

2.掌握水准路线计算平差方法。

【学习过程】

1.小组自查，检查、整理水准外业成果。

2.平差计算实训。

【学习成果】

高程误差配赋表。

活动一　水准测量计算与成果整理

资源与器材: 外业观测手簿、水准测量高程计算表、纸、笔。

在完成水准测量外业后,进入内业资料的处理与高程平差计算阶段,结合上次活动各组自己测量实训的外业成果,完成外业测量数据整理、汇总、计算。掌握水准测量简易平差。

一、检查、整理外业成果

(1)检查外业观测手簿的记录、计算是否齐全,计算是否正确,有无违反规范规定的现象。

(2)计算路线闭合差是否小于限差要求,如小于限差要求,则可进行内业计算,如超限,则重测某些测段,直到满足限差要求为止。

★注意:

水准测量观测过程中,由于测量误差的影响,必然产生高程闭合差。闭合差的定义为

闭合差=观测值-理论值

在水准测量中,观测计算得到的路线高差总和为 $\sum h$,起、闭点间高差理论值为 $H_{终}-H_{始}$,所以高程闭合差 f_h 为

$$f_h = \sum h - (H_{终} - H_{始}) \tag{4-11}$$

二、绘制水准测量计算略图

如图 4-30 所示,略图中的水准点要与实地的方位一致,路线用曲线连接(已知点用"⊗"表示,未知点用"○"表示)并在图上注明点名、各点间的观测高差、距离等,还要用箭头标出水准测量的前进方向。

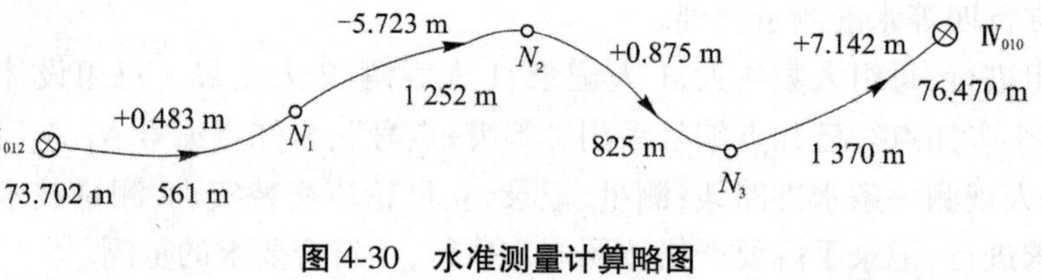

图 4-30　水准测量计算略图

三、水准路线的高程计算

【例 4-1】　某一附合水准路线的观测略图与观测成果如图 4-31 所示,已知 $H_{Ⅲ012}=73.702$ m,$H_{Ⅳ010}=76.470$ m,计算 N_1、N_2、N_3 点的高程。

解:(1)将水准路线中的起始点、各待定点和终点的点名依次填入表 4-18 的第(1)列内,将各测段距离和高差填入第(2)、第(3)列相应位置。

(2)计算路线全长 $\sum d$ 和高差总和 $\sum h$,如表 4-18 中的 4 008 m 和+2.777 m。

(3)计算水准路线高程闭合差

$$f_h = \sum h-(H_{终}-H_{始}) = +2.777-(76.470-73.702) = +9(\text{mm})$$

(4)计算高程闭合差允许值

$$f_{h允} = \pm 20\sqrt{L}$$

式中,L 为路线全长 $\sum d$,km,不足 1 km 时按 1 km 计算。

表 4-18 高程误差配赋表

计算者：×××　　　　　　　　　　　　　　　　　　　　　　　　　　　　　检查者：×××

点号	距离(m)	高差中数(m)	改正数(mm)	改正后的高差(m)	高程(m)	备考
(1)	(2)	(3)	(4)	(5)	(6)	(7)
$Ⅲ_{012}$					73.702	附合水准路线： $f_h=\sum h-(H_{终}-H_{始})$ $=+9(\mathrm{mm})$ $f_{h允}=\pm 20\sqrt{L}$ $=\pm 20\times\sqrt{4.008}$ $=\pm 40(\mathrm{mm})$ $f_h<f_{h允}$，可以分配
	561	+0.483	−1	+0.482		
N_1					74.184	
	1 252	−5.723	−3	−5.726		
N_2					68.458	
	825	+0.875	−2	+0.873		
N_3					69.331	
	1 370	+7.142	−3	+7.139		
$Ⅳ_{010}$					76.470	
合计	4 008	+2.777	−9	+2.768		

$$f_{h允}=\pm 20\sqrt{L}=\pm 20\times\sqrt{4.008}=\pm 40(\mathrm{mm})$$

(5)高程闭合差配赋。

当计算的高程闭合差 f_h 小于 $f_{h允}$ 时，可以进行高程闭合差配赋。当高程闭合差在允许值的范围内时，对于平坦地区，测段的高差改正数 V_i 为

$$V_i=\frac{-f_h}{\sum D}D_i$$

式中，$\sum D$ 为路线全长；D_i 为第 i 测段的长度。

改正数凑整至毫米，余数可分配于长测段中。

对于山区，可按测段的测站数 n 分配闭合差，即

$$V_i=\frac{-f_h}{\sum n}n_i$$

式中，$\sum n$ 为路线测站数之和；n_i 为第 i 测段的测站数。

各测段高差改正数之和与闭合差数值上应相等，但符号相反，即 $\sum V=-f_h$，作为检核用。

表 4-18 第(4)列为各测段相应改正数，改正数总和为−9 mm，与其闭合差+9 mm 绝对值相等，符号相反。

各测段高差观测值加上相应改正数即得改正后高差 $\hat{h}_i$，即

$$\hat{h}_i=h_i+V_i$$

表 4-18 中第(5)列为各测段相应改正后的高差。改正后高差之和与 $(H_{终}-H_{始})$ 应相等，即等于+2.768 m。

(6)计算各待定点高程。

由起始点的已知高程 H_0 开始，逐个加上与相邻点间的改正后高差 $\hat{h}_i$，即得下一点的高程 H_i：

$$H_i=H_{i-1}+\hat{h}_i$$

最后推求的终点高程应与已知值一致。

表 4-18 第(6)栏中，$H_{N_1}=73.702+0.482=74.184$(m)，依此类推，最后 $H_{IV_{010}}=69.331+7.139=76.470$(m)。

活动二　水准测量平差计算实训

资源与器材：高程误差配赋表。

本次活动通过研习活动一的案例，完成附合水准路线和闭合水准路线平差计算，达到熟练掌握水准测量平差方法的目的。

一、附合水准路线平差计算

某附合水准路线如图 4-31 所示。试计算 N_1、N_2的高程，并把计算结果填入表 4-19。

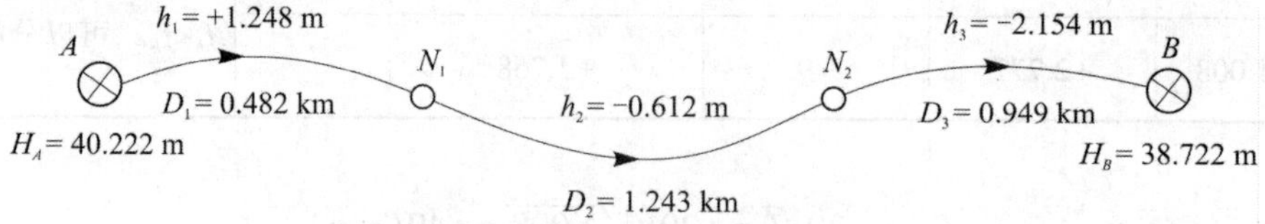

图 4-31　附合水准测量算例

表 4-19　附合水准测量高程误差配赋表

计算者：　　　　　　　　　　　　　　　　　　　　　　　　　检查者：

点号	距离(m)	高差中数(m)	改正数(mm)	改正后的高差(m)	高程(m)	备考

二、闭合水准路线平差计算

某闭合水准路线如图 4-32 所示。计算 N_1、N_2、N_3的高程，并把计算结果填入表 4-20。

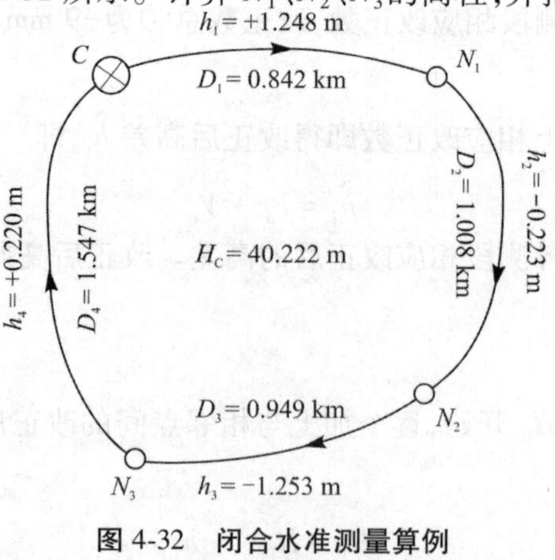

图 4-32　闭合水准测量算例

表 4-20　闭合水准测量高程误差配赋表

计算者：　　　　　　　　　　　　　　　　　　　　　　　　　　　检查者：

点号	距离(m)	高差中数(m)	改正数(mm)	改正后的高差(m)	高程(m)	备考

任务六　水准测量误差来源及消除或削弱的措施

【任务目标】

1.掌握水准测量的主要误差来源。

2.各误差的消除或削弱方法。

【学习过程】

1.仪器误差。

2.观测误差。

3.环境影响误差。

4.水准测量仪器设备维护与保养知识。

【学习成果】

水准测量误差分析与解决方案表。

资源与器材：S_3水准仪、误差分析多媒体课件。

在水准测量中，不可避免地会产生误差，误差的主要来源一般分为三个方面：仪器误差、观测误差及外界因素引起的误差。本活动主要了解水准测量的误差来源及其影响的规律，分析其特点，采取相应措施加以克服或削弱，提高水准测量的精度。采取多媒体课件或图片演示的手段边演示、边分析、边总结。

误差与粗差是不相同的，粗差是由于操作不当和粗心大意的工作态度而造成的错误。如读错整米，数读颠倒，读错横丝，碰动仪器或尺垫等。测量误差是不包含粗差的。

一、仪器误差

(一)i 角误差

水准仪经过检查、校正后，照准轴应与管水准轴平行。但实际上不可能校正得十分准确，加上其他原因的影响，总会剩下一个微小的 i 角存在，当水准器气泡居中时，照准轴并不水平，这样在标尺上读取的读数就产生了误差。

如图 4-33 所示，由于 i 角的存在，会使照准轴在标尺上的读数产生误差，且仪器距离标尺越远，产生的误差越大。这也是水准测量中限制视距长度的原因之一。

实训 1：根据图 4-33，假设 $i=15''$，$D=100$ m。求在标尺上产生的误差 Δ 的值（单位：mm）。

实训 2：如图 4-34，根据水准测量原理（高差=后视读数-前视读数）。根据表 4-21 中的数据计算 i 角产生的影响。

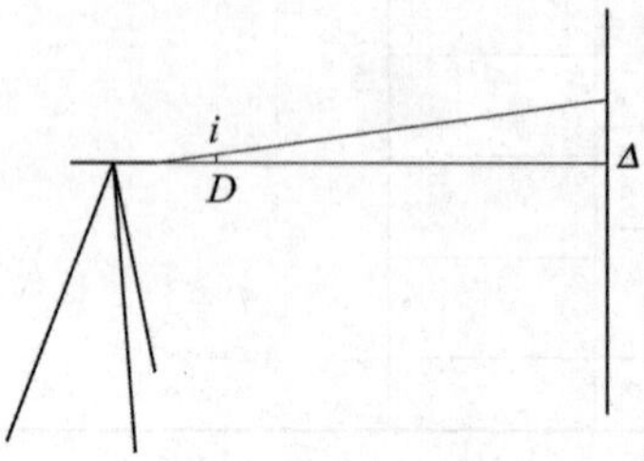

图 4-33　i 角误差

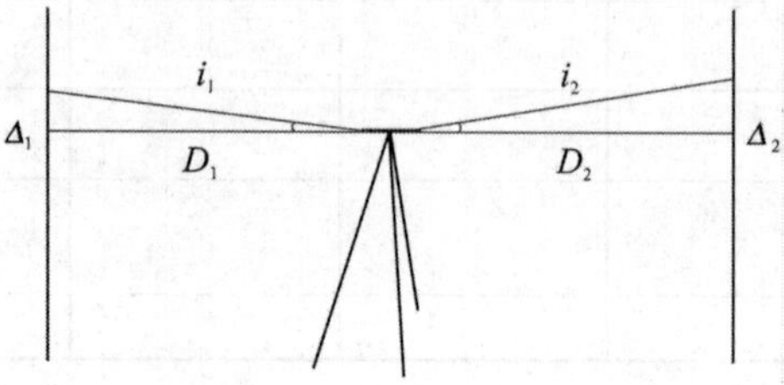

图 4-34　测站 i 角误差

表 4-21　i 角误差计算表

数据	i 角与距离	后视误差（mm）	i 角与距离	前视误差（mm）	差值（mm）
1	$i_1=20''$		$i_2=20''$		
	$D_1=50$ m		$D_2=70$ m		
2	$i_1=20''$		$i_2=20''$		
	$D_1=70$ m		$D_2=70$ m		

由计算可知，在 i 角不变的情况下，若使 $D_1=D_2$，则在每站的观测高差中，前后视读数相减，可以消除 i 角误差的影响。但在实际作业中，做到前后视距完全相等是不现实的，所以规范规定，水准测量的前后视距差不能太大。

对每一个测段来说，若使其前后视距累积差很小，同样可以减弱了 i 角对测段高差的影响。因此，水准测量中对视距累积差也做出了限制规定。

（二）水准标尺零点差

标尺底面与其分划零点的差值称为水准标尺的零点差。一般标尺因磨损会使得读数增大，假设一对标尺（A、B）中的其中一把 A 存在零点差，其磨损量为 δ，则每一测站的高差应为

A 尺作为后尺时：

$$h_1=\text{后视读数}-\delta-\text{前视读数}$$

A 尺作为后尺时：

$$h_2=\text{后视读数}-(\text{前视读数}-\delta)=\text{后视读数}-\text{前视读数}+\delta$$

两段高差相加，δ 被抵消。

由此可见，各站测得的高差中，δ 的符号“+”“-”交替出现。因此，每测段只要是偶数站，就能消除标尺零点差的影响，所以在水准测量中一般规定每测段的测站数必须是偶数。

注：等外水准测量无此规定。

二、观测误差

(一)管水准器气泡居中的误差

水准测量的主要条件是视线必须水平。假设当水准仪不存在 i 角误差的情况下，用微倾螺旋使管水准器气泡居中，此时一般认为管水准轴就水平了，因而望远镜照准轴也就水平了。其实不然，在观察到气泡居中的一瞬间，还不能认为水准轴是水平的。因为在衡量气泡是否居中时，是用眼睛观察的，由于生理条件的限制，一般不可能准确辨别气泡居中位置；另外，在停止转动微倾螺旋后仍然运动着的气泡在居中的一瞬间，它还受到惯性力的推动及管内液体与管内壁摩擦阻力的作用，这样就会产生管水准器气泡居中的误差。因此，在中丝读数前，要经常注意管水准器气泡的居中情况，随时给予调整，以减小这种误差的影响。通常认为管水准器气泡居中的误差为其分划值的$\frac{1}{10}$。采用符合水准器时，其误差可减小一半，即

$$m_{居中}=\frac{0.1\tau''}{2\times\rho''}\times D$$

对于 S_3 水准仪，其水准管的分划值 $\tau''=30''$，令视距 $D=100$ m，则 $m_{居中}=0.73$ mm。

因此，作业前必须认真地进行仪器的检验校正，特别是 i 角误差的检校。另外，每次读取中丝读数时，必须转动微倾螺旋，使符合水准器气泡严格居中，等气泡居中并稳定后，再读取读数。只要细心，由此引起的误差是可以不予考虑的。

(二)在水准尺上的估读误差

观测读数时是用十字丝横丝在厘米间隔内估读毫米数，而厘米分划又是经过望远镜将视角放大后的像，所以毫米读数准确程度与厘米间隔的像的宽度及十字丝粗细有关。目前，十字丝的宽度经目镜放大后在人眼明视距离上约为 0.1 mm。只要厘米间隔的像大于1 mm，则估读其间隔的 1/10，即估读的数值可以得到保证，否则估读精度将受到影响。如用放大率为 20 倍的望远镜在距离 50 m 以内，厘米间隔的像可≥1 mm。

由此可见，此项误差与望远镜的放大率和距离有关，所以对各级水准测量规定仪器望远镜的放大率和限制视线的最大长度是必要的。

(三)标尺倾斜的误差

由图 4-35 可以看出，水准标尺竖立不直，无论标尺前倾还是后仰，都将使尺上的读数增大，从而影响水准测量的读数精度。设后视标尺的倾斜角为 ε，倾斜标尺上的读数为 a，正确读数为 a'，该数误差为 Δa，则

$$\Delta a=a-a'=a-a\cos\varepsilon=a(1-\cos\varepsilon)$$

可见，Δa 的大小与标尺倾斜角 ε 和在尺上的读数 a 的大小有关。

实训：设 $a=2$ m，$\varepsilon=2°$，计算读数误差 Δa。

作业时，应尽量使水准标尺保持垂直竖立。由于前后尺的读数高度一般不等，两标尺的倾斜程度也不相同，所以此误差不易在观测程序中消除。但是它的影响是系统性的(无论前视或是后视都使读数增大)，所以此误差在高差中会抵消一部分。只要扶尺认真，这项影响在最后成果中将不占主要地位。

三、外界因素的影响

水准测量一般要求在大气比较稳定的情况下进行，尽量避免在大风天(可使标尺和仪

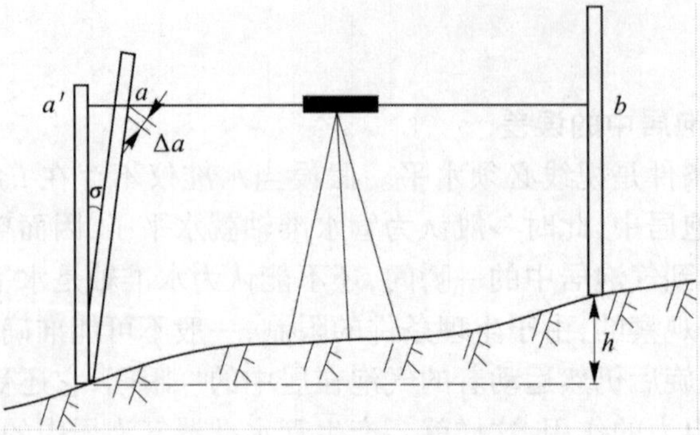

图 4-35　标尺倾斜误差

器抖动)和中午(温度变化大、成像抖动)观测。即使如此,还会受下面几种误差的影响。

(一)仪器和标尺升沉的误差

对一条水准路线来说,在观测过程中由于仪器、标尺的自身重量会出现下沉,而由于土壤的弹性又会使仪器、标尺上升。二者的影响是综合性的。

假设仪器下沉(或上升)的变动量是和时间成比例的。如图 4-36 所示,若第一次后视黑面读数为 a_1,当仪器转向前视时仪器下沉了一个 Δ,其前视黑面读数为 b_1,则高差 $h=a_1-b_1$ 中必然包含误差 Δ。为了减小这种影响,读取红面读数时先读前视红面为 b_2,当仪器转向后视读数时,仪器又下沉一个 Δ,其后视红面读数为 a_2。由此可知,黑面读数的高差为

$$h_{黑}=a_1-(b_1+\Delta)=a_1-b_1-\Delta$$

红面读数的高差为

$$h_{红}=(a_2+\Delta)-b_2=a_2-b_2+\Delta$$

取黑红面高差的平均值得

$$h=\frac{(a_1-b_1)+(a_2-b_2)}{2}$$

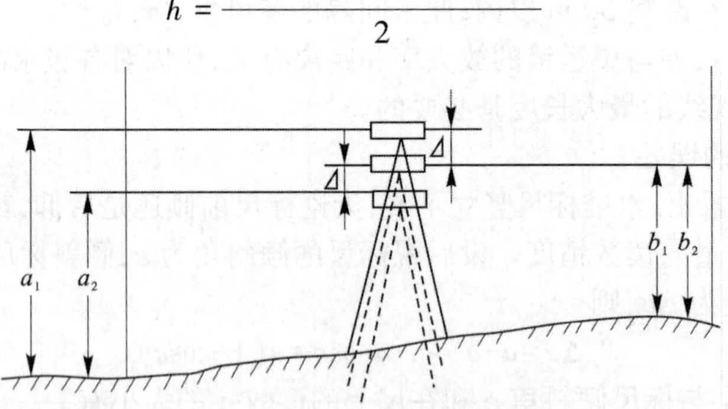

图 4-36　仪器和标尺的升沉误差

由此看来,正好将 Δ 消除。由于实际上仪器的变动量和时间并不完全成比例,因此这种措施只能减弱影响而不能完全消除。同时,熟练操作以减少观测时间也可使此误差影响减小。由此可知,等级水准测量中,规定采用“后—前—前—后”的观测程序是有道理的。等外水准测量中采用的“后—后—前—前”的观测程序,虽然观测方便,但不能减弱此项误差的影响,只有缩短前后视之间的观测时间,才能削弱此误差的影响。

关于标尺下沉(或上升)的影响,在一个测站的观测中,前、后视中丝读数差可基本抵消。但当仪器迁至下一站时,原来的前视标尺变为后视标尺的时间里,标尺下沉了 Δ,于是

本站的后视读数和前一站的前视读数的标尺的零点不在同一个位置。对于同类土壤的水准路线,它们造成的影响是系统性的,如果属于标尺下沉,则使高差增大,反之则使高差减小。由此可知,如果作业时对同一条水准路线采用往、返测,那么在往、返测的平均值中这种误差的影响会明显减弱。

(二)地球弯曲误差

本项目讲解水准测量基本原理时,是把过各点的水准面当作水平面,但由于地球曲率的影响,实际上水准面并不是平面,于是就产生了地球弯曲误差。

水准测量视线是水平的,但大地水准面是弯曲的,这样就会使在水准尺上的读数产生误差。距离越远,误差越大。可见水准测量必须采取一定的措施,来消除地球曲率的影响。

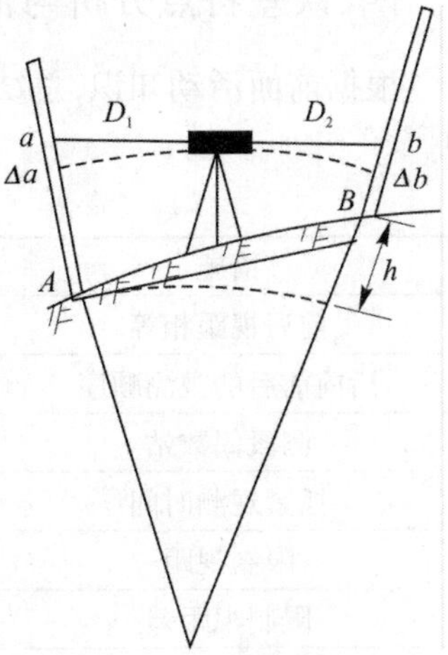

图 4-37　地球弯曲的影响

如图 4-37 所示,因地球曲率的影响,设在 A、B 两水准标尺的读数误差分别为 Δa、Δb,当 $D_1 = D_2$时,$\Delta a = \Delta b$。所以,在水准测量作业中只要使前后视距相等,就可消除地球曲率的影响。

(三)大气折光误差

大气折光误差是大气密度不均匀,使视线发生折射成为曲线而产生的读数误差。近地面的空气,由于地面吸热能力强,使空气受热膨胀,密度变小,视线会产生如图 4-38 所示的向上弯曲。若视线离地面比较高,在水平面的空气密度变化不大,折光影响很小,故等级水准测量中,规定中丝读数应大于 0.3 m,以此来消除大气折光的影响。

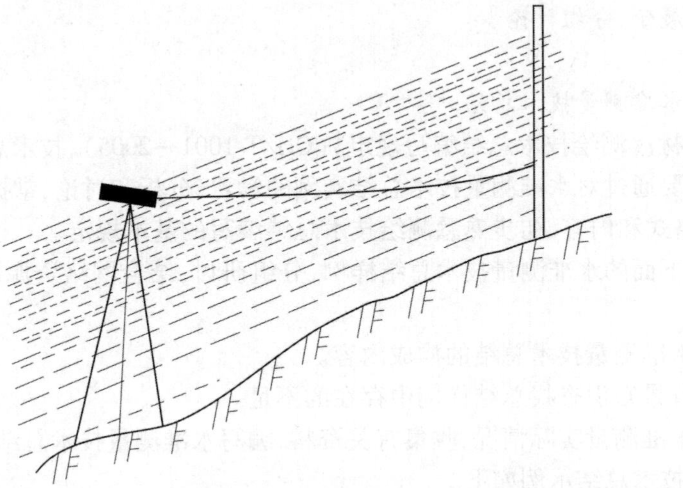

图 4-38　大气折光误差

以上所述各项误差来源,都是采用单独影响来进行分析的,而实际情况则是综合性的影响。从误差的综合影响来说,这些误差将会互相抵消一部分。所以,作业中只要注意按规定施测,特别是操作熟练、观测速度提高的情况下,各项外界影响的误差都将大为减小,完全能够达到施测精度要求。

四、误差特点分析与消除措施

根据前面活动知识，总结水准测量中可能带来测量误差的因素及解决办法，填表于4-22中。

表4-22 误差分析与解决方案表

措施	抵消或削弱的误差(可重复)
前后视距相等	
后前前后的观测顺序	
测段偶数站	
抓紧观测时间	
限制视距	
限制视距差	
限制视距累积差	
限制视线高度	

任务七　水准测量提交成果资料

【任务目标】

了解水准测量提交成果。

【学习过程】

通过课件展示，分组讨论。

【学习成果】

编写一份水准测量技术总结。

资源与器材：《测绘技术总结编写规定》(CH/T 1001—2005)、技术总结样例。

本活动主要通过对水准测量技术总结实例的学习、分析和讨论，掌握水准测量技术总结的编写要求、格式和内容，初步熟悉测绘技术总结编写的基本规定。

认真阅读下面的水准测量技术总结样例，分组研讨，结合网络资源的查询结果，完成下列任务：

(1)总结水准测量技术总结的构成内容。

(2)结合背景知识查找总结样例中存在的不足。

(3)结合水准测量实际情况，收集有关资料，编写水准测量技术总结。

水准测量技术总结示例如下。

一、测区概述

(一)任务来源、目的和生产概况

为满足城市规划建设基础测绘的需要，建立全市高精度高程控制网。受××单位(甲方)委托，××测绘单位(乙方)承揽××市城区境内水准测量高程控制项目。根据××市规划局的要求，结合本测区特点，共投入32人，8台WILD NA2水准仪、1台打印机、8台计算机、2辆汽车，于××年××月××日至××年××月××日完成全部控制点选埋工作。于××年××月××日起分8组进行水准网施测。为了保证质量，我队设有1名有丰富工作经验和检查经验的人员进行质量检查与监督。于××年××月完成了××市水准网测量工作。

（二）测区概况

测区地处××市××地区，地势东南高、西北低。北邻×河，城区地形为平地。年平均气温22 ℃，降雨量800 mm，××铁路横贯测区，联网公路纵横交错，水陆交通便利。

（三）路线概况

测区面积××km^2。水准路线长度总计1 336 km，共由14个闭合环构成，184个测段、138个水准点。采用四等水准测量施测。标石类型主要采用普通水准标石。部分标石与平面控制点共用同一标石。

（四）作业与检查的技术依据

（1）《城市测量规范》（CJJ/T 8—2011）。

（2）《国家三、四等水准测量规范》（GB/T 12898—2009）。

（3）××市规划局××年××月制定《××市城市控制网建设项目技术设计书》。

（4）审批后的技术设计书及作业期中的补充技术规定。

（五）生产组织与完成工作量

为了保质保量完成××市高程控制测量任务，我队精心组织，严格管理，让有多年控制测量经验的××中队承担测量工作。共完成四等水准点138个，水准路线长度1 336 km。

水准测量技术设计与实际完成情况的比较以及作业率统计，由于篇幅限制，此处略。

二、已有资料利用情况

（一）高程基准

高程系统采用1985国家高程基准。

（二）控制资料利用情况

由甲方提供的位于测区内及附近的一、二、三等水准点（6个）作为高程控制的起算点。已有成果为1985国家高程基准。具体起算数据略。

（三）地形图资料利用情况

由甲方提供的××省建设厅××年航测成图的1∶10 000地形图（1980西安坐标系，1985国家高程基准）和甲方测制的××市1∶1 000地形图作为选点的参考用图。

（四）资料中存在的问题及处理方法

测区高级水准点有两个点被破坏，没有用于观测和平差。

三、作业方法，质量和有关的技术依据

（一）使用的仪器和设备

（1）××型水准仪8台，配套设备略。

（2）计算机8台。

以上设备全部经过检验合格，达到要求，能够作业，其具体技术指标见测绘仪器鉴定证书（略）。

(二)水准测量精度统计

本次作业对138个水准点进行了四等水准联测,联测水准起算点6个,其中一等水准点1个、二等水准点2个,三等水准点3个。

每个闭合环或附合路线组成闭合环的各点点名、环线长、闭合差、闭合环限差(由于篇幅限制,省略)。

四等水准网平差使用××省测绘局研制的等级水准网平差系统软件,在1985国家高程基准下进行严密平差,四等水准网平差单位权中误差±3.3 mm,全中误差为±6.1 mm,符合《国家三、四等水准测量规范》(GB/T 12898—2009)中四等水准网全中误差限差±10.0 mm的要求。

闭合环闭合差、附合路线闭合差均满足《国家三、四等水准测量规范》(GB/T 12898—2009)中四等水准精度要求。

四等水准计算结果满足《国家三、四等水准测量规范》(GB/T 12898—2009)中四等水准精度要求。

四、成果的质量检查与问题的处理及说明

采用小组自查,中队过程检查,大队最终检查的三级检查制度。

(1)对外业观测、内业计算手簿进行了100%的检查,并予以认真地复查,成果表均经二次校核,发现问题及时处理,手簿记载齐全,格式符合规定,计算方法正确。

(2)埋石点点位状况,中队野外100%的检查,大队分批对埋石点进行抽查,埋石点密度满足设计书要求,且标志清楚,易找,埋石点符合规格、稳定,且标石表面字迹清晰、点位合理,通视良好,便于以后利用。

(3)需要说明的几个问题。

由于工期紧,测量中个别路线出现粗差,经返工重测后合格。

五、技术结论

专业技术设计方案具体,内容齐全。施测方法正确,精度良好,埋石点分布、数量与标石规格皆合乎规定,各项资料整理规范,整齐美观,上交资料齐全,整体成果质量较好,完全可以提供客户使用。

六、经验与体会

(1)我们这次能顺利地完成任务,与××市规划局的大力支持和积极配合是分不开的,特别是他们的主管领导经常下一线了解情况,解决问题,为我们的工作赢得了宝贵的时间。

(2)关于资料,一定要做系统全面的定性、定量分析,对发现的问题及时处理,不留尾巴,只有准备充分,才能减少或避免工作中的失误,提高效率。

(3)在质量管理上,甲方除一开始对相关技术问题做出明确规定外,还应设1名专管技术的总工,负责作业过程中的技术监督和遇到的技术问题的汇总及解答。

(4)现在是市场经济社会,成本与质量是个矛盾,高质量需要较大的成本和投入,建议规划局提高测绘价格,或对优质成果的奖励比例提高。

七、附图、附表

(1)水准观测网图。
(2)四等水准精度统计表1张。
(3)仪器鉴定书:
水准仪检定书8份;
水准标尺检定书8份。

八、上交资料清单

(1)技术总结报告。
(2)项目工作总结。
(3)最终检查报告。
(4)水准点点之记。
(5)四等水准观测手簿。
(6)水准网略图。
(7)计算资料。

任务八　三角高程测量

【任务目标】

掌握三角高程测量的原理、测量方法及成果计算。

【学习过程】

1.课件演示、讲解三角高程测量原理。
2.现场演示三角高程测量方法。
3.讲解三角高程测量成果计算过程。

【学习成果】

1.三角高程测量与水准测量优缺点比较表。
2.三角高程测量记录手簿。
3.三角高程测量计算表。

活动一　三角高程测量

资源与器材:课件、全站仪、觇标、钢卷尺、记录板、记录手簿。

(1)播放珠穆朗玛峰高程测量教学视频,仔细观察所采用的测量方法,课堂分组讨论三角高程测量与水准测量的优缺点,并将讨论结果填入表4-23中。

表4-23　三角高程测量与水准测量优缺点比较表

高程测量方法	优点	缺点	适用范围
水准测量			
三角高程测量			

（2）现场示范三角高程测量过程，安置仪器，量取仪器高、觇标高，瞄准目标，读取边长、垂直角，记录在手簿中。

通过本活动，使学生区分清楚水准测量与三角高程测量的观测元素及适用条件。

【知识导航】

1.三角高程测量原理

如图4-39所示，A、B为地面上相距不远高程不同的两点，在A点设站，架设全站仪，B点安放觇标，量取仪器高、觇标高，开机观测目标B方向的天顶距及AB水平距离，则A、B两点间高差h_{AB}为

$$h_{AB} = D\tan\alpha + i - v \tag{4-12}$$

若已知A点的高程为H_A，则B点高程为

$$H_B = H_A + h_{AB} = H_A + D\tan\alpha + i - v \tag{4-13}$$

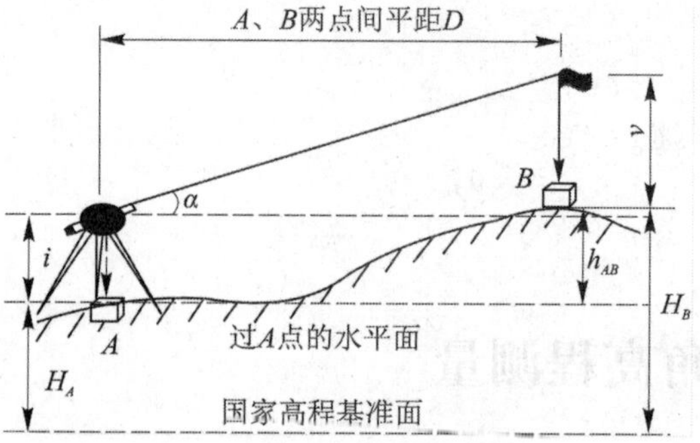

图4-39　三角高程测量原理

式（4-13）是三角高程测量的基本公式。对于式（4-12）、式（4-13）而言，是以小区域范围为前提的，亦即A、B两点相距不远，将水准面看作水平面。当控制区域较大，A、B两点相距较远时，就必须考虑地球弯曲和大气折光的影响了。

2.两差改正

通常把地球弯曲对高差的影响称为球差；把大气折光对高差的影响称为气差。球差和气差合称为两差，两差的综合改正叫两差改正。

1）球差

如图4-40所示，假设过A点的水准面（球面）为AF，过A点的水平面为AE，它们在A点相切，但在B点的铅垂方向上E点和F点的距离就是由于地球弯曲形成的球差（EF），即

$$|EF| = \frac{D^2}{2R} \tag{4-14}$$

式中，D为A,B两点间水平距离；R为地球半径。

由式（4-14）可知，球差的大小仅与两点间距离有关，与地形起伏无关，其影响总是使所测高差减小，当距离为100 m时，球差仅为1 mm，在地形测量中可忽略；当距离增加到300 m时，球差为10 mm；当距离增加到500 m时，球差达到20 mm。若规范要求高程误差达到10 mm的精度要求，就要考虑距离超过300 m的两点间的高差，应进行球差改正。

2）气差

地球是被大气所包围的，大气密度与距地面的高度成反比，距地面愈近，密度愈大；距地面愈远，密度愈小。而大气折光影响与大气密度有关，实践证明，大气折光的影响使光线向

上凸，当仪器望远镜瞄准目标 M 时，实际照准了 M' 点，瞄准的方向线即为圆弧 $A'M$ 的切线方向 $A'M'$。这样使得所测"高差"增加了线段 MM' 的长度，这就是气差。由图 4-40 可知，气差总是使所测高差变大。气差 $|MM'|$ 计算公式为

$$|MM'| = \frac{D^2}{2R}k \tag{4-15}$$

式中，D 为 AB 水平距离；R 为地球半径；k 为大气折光系数，其值小于 1（通常在 0.08~0.15 之间）。

比较式（4-14）与式（4-15）可看出，球差与气差都与距离有关系，而气差总小于球差。

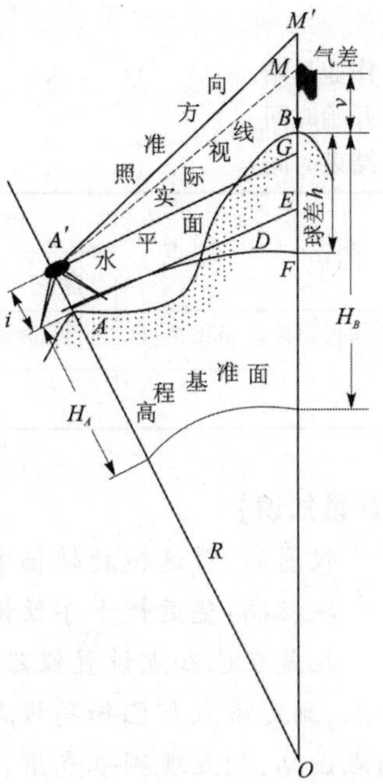

图 4-40　两差改正影响

3）两差改正数

由于球差总是使所测高差减小，气差使所测高差变大，在所测高差中应加入两差改正数。设两差改正数为 r，则

$$r = |EF| - |MM'| = \frac{D^2}{2R} - \frac{D^2}{2R}\cdot k = \frac{D^2}{2R}\cdot(1-k) \tag{4-16}$$

一般地，大气折光系数 k 随气温、气压、湿度和空气密度的变化而变化，与地区、季节、气候、地形条件、地面植被和地面高度等有关，在实际工作中，通常选取全国性或地区性的 k 的平均值代替，即把 k 近似当常数来对待。目前，我国一般采用 $k=0.11$，此值对大多数地区都是适用的，少数地区若相差较大，可使用适合本地区的具体 k 值。表 4-24 列出了一些两差改正数。

表 4-24　两差改正数

距离	0	100	200	300	400	500	600	700
0	0.000	0.001	0.003	0.006	0.011	0.017	0.025	0.034
1 000	0.070	0.085	0.110	0.118	0.137	0.157	0.179	0.202
2 000	0.275	0.308	0.338	0.369	0.402	0.437	0.472	0.509

另外，k 值还随每日时刻不同而变化，日出、日落时数值较大，且变化较快；中午前后数值最小，且稳定。因此，观测垂直角时最好在 9~15 时，尽量避免在日出后和日落前 2 h 内观测。

4）综合两差改正后的高差公式为

$$h_{AB} = D\tan\alpha + i - v + r \tag{4-17}$$

活动二　三角高程测量观测实训

资源与器材：全站仪、觇标、小钢卷尺。

在实训场地演示三角高程测量方法，现场示范外业观测数据的获取与记录，并量取仪器高、觇标高。

各组依次在已知点设站，每人完成 2 个固定觇标观测，并将观测数据记录在表 4-25 中。

表 4-25　三角高程测量观测数据记录表

作业日期：　　　　　　　　　　天气：　　　　　　　　观测者：
开始时间：　　　　　　　　　　成像：
结束时间：　　　　　　　　　　仪器：　　　　　　　　记录者：

测站	觇点	读数		指标差	垂直角	仪器高（m）	觇标高（m）	水平距离
		盘左	盘右					

【背景知识】

仪器高：望远镜旋转轴中心至地面点的铅垂距离。

觇标高：望远镜十字丝横丝照准觇标（觇牌）中心或镜头中心至地面点的铅垂距离。

凡是在已知点设置仪器，观测该点与未知点之间的高差称为直觇；反之，仪器设置在未知点，测定该点与已知高程点之间的高差称为反觇。有时在作业中，为了提高精度，需要在两点设站，相互观测垂直角、距离，并量取每站仪器高、觇标高，这样的观测称为对向观测。

实训：已知从起算点 A 采用对向观测法观测了 B 和 C 两个未知高程点，具体观测数据见表 4-26。根据计算步骤，完成待求点 C 的高差计算。

表 4-26　三角高程测量高差计算表

待求点	B		C	
起算点	A		A	
觇法	直觇	反觇	直觇	反觇
α	+2°13′25″	−2°01′42″	+3°25′02″	−3°11′31″
D	421.35	421.35	406.77	406.76
$D\cdot\tan\alpha$	+16.36	−14.92		
i	1.60	1.61	1.61	1.59
r	+0.01	+0.01		
v	2.62	2.02	3.40	1.46
h	+15.35	−15.32		
h 中数	+15.34			

计算步骤：

（1）直觇计算

$$
\begin{aligned}
h_{AB} &= D\tan\alpha+i-v+r \\
&= 421.35\times\tan(2°13'25'')+1.60-2.62+0.01 \\
&= 16.36+1.60-2.62+0.01 \\
&= +15.35(\text{m})
\end{aligned}
$$

（2）反觇计算

$$h_{BA}=D\tan\alpha+i-v+r$$

$=421.35\times\tan(-2°01'42'')+1.61-2.02+0.01$
$=-14.92+1.61-2.02+0.01$
$=-15.32(\mathrm{m})$

(3)平均值

$$h=\frac{15.35+15.32}{2}=15.34(\mathrm{cm})$$

★**提示**:在计算高差中数时,高差的正负号以直觇为准。故在本例中计算结果取正号。

思考题

1.高程控制测量的方法有哪些?

2.水准仪应满足的条件有哪些?

3.水准测量的主要误差来源以及消除、削弱误差的相应办法是什么?

4.单一水准路线的布设形式有哪几种?

5.请解释说明 DS_3 水准仪一仪器型号中 D、S、3 各代表什么含义?

6.三角高程测量中需考虑的误差有哪几个?它们各自对测量成果会带来哪些影响?

7.在水准测量中,若后视点 A 上的标尺读数为 1 236 mm,前视点 B 上标尺读数为 1 469 mm,则 A、B 两点间高差 h_{AB} 是多少?若 A 点高程为 136.756 m,则 B 点高程是多少?

项目五　控制测量加密及成果资料提交

【项目说明】

本项目主要学习控制测量加密工作，包括为了满足测图通视要求和规范中对图根点数量的要求，对控制点进行加密的工作内容。控制加密工作同样属于控制测量，但在技术要求和具体方法上，有其自身相应的特点。控制测量工作完成后，还要根据规范要求，结合甲方意见，提交相应的成果资料。

【项目任务】

1. 控制测量加密。

2. 提交成果资料。

【项目成果】

1. 图根平面控制测量技术方案比较表。

2. 图根加密选点图。

3. 极坐标法测量成果。

4. 交会法测量成果。

5. 图根高程控制测量技术方案比较表。

任务一　控制测量加密

【任务目标】

1. 掌握图根控制测量加密方法。

2. 掌握极坐标法、交会法、自由设站法测量。

【学习过程】

1. 课件演示。

2. 仪器实操练习。

【学习成果】

1. 极坐标法测量计算表。

2. 交会法测量计算表。

活动一　图根平面控制测量

资源与器材：1∶2 000 地形图、《1∶500　1∶1 000　1∶2 000 外业数字测图技术规程》（GB/T 14912—2017）。

本活动通过教学案例分析，使学生掌握图根控制测量技术方案的制订。

以某区域 1∶2 000 地形图为案例，讨论控制测量方案及其作业技术依据。以小组为单位，按各组划定的测区范围讨论图根平面控制测量技术方案，并填入表 5-1 中。

表 5-1　图根平面控制测量技术方案表

项目	控制网型	控制点密度	平均边长	所需的仪器设备及其指标	测角测回数	测距测回数
要求						

【知识导航】

图根控制测量是在基本控制测量的基础上为测图方便加密控制点的测量工作,是直接为测图服务的。由图根控制测量布设的控制网称为图根控制网,为测图使用的控制点称为图根点。在测区范围较小时,图根控制网也可作为首级控制网。图根控制测量也分为图根平面控制测量和图根高程控制测量。

图根平面控制测量采用图根导线(网)、极坐标法(支点法、引点法)和交会法等方法布设。在各等级控制点下加密图根点不超过两次附合。在困难地区可布设支导线,不超过3条边,施测左、右角各一测回,其圆周角闭合差不大于40″,测边单向一测回。

四等以下各级平面控制点的最弱点相对于起算点点位中误差不超过5 cm。四等以下各级高程控制点的最弱点相对于起算点不超过2 cm。图根点相对于图根起算点的点位中误差,1∶500图不大于5 cm;1∶1 000、1∶2 000图不大于10 cm。图根点应视需要埋石,其密度(包括各等级控制点)应满足表5-2的要求。

表 5-2　图根控制点密度(《1∶500　1∶1 000　1∶2 000外业数字测图技术规程》(GB/T 14912—2017))

测图比例尺	1∶500	1∶1 000	1∶2 000
图根控制点密度(点数/km^2)	64	16	4

图根导线测量的技术要求参照表5-3执行,边长单向施测一测回,读数较差应小于20 mm,测距边应加气象、乘常数改正。1∶500、1∶1 000测图,附合导线长度可放宽至表5-3规定值的1.5倍,附合导线条数不超过15条,绝对闭合差不大于$0.5\times M\times10^{-3}$m(M为测图比例尺分母,下同);导线长度短于表5-3规定的1/3时,其闭合差不大于$0.3\times M\times10^{-3}$m。

表 5-3　图根导线的技术要求(《1∶500　1∶1 000　1∶2 000外业数字测图技术规程》(GB/T 14912—2017))

附合导线长度		平均边长	相对闭合差	测角中误差		测回数	方位角闭合差	
				一般	首级控制		一般	首级控制
1∶500	900	80	1/4 000	±30	±20	1	$\pm60\sqrt{n}$	$\pm40\sqrt{n}$
1∶1 000	1 800	150						
1∶2 000	3 000	250						

采用极坐标法时,应在等级控制点或一次附合图根点上进行,联测两个以上已知方向,其主要技术要求按表5-5进行。其边长1∶500测图不大于300 m;1∶1 000不大于500 m;

1∶2 000 不大于 700 m。采用极坐标法施测的图根点不能再发展。

表 5-4　碎部点测距长度(《1∶500　1∶1 000　1∶2 000 外业数字测图技术规程》(GB/T 14912—2017))

比例尺	1∶500	1∶1 000	1∶2 000
最大测距长度(m)	200	350	500

表 5-5　极坐标法技术要求(《1∶500　1∶1 000　1∶2 000 外业数字测图技术规程》(GB/T 14912—2017))

J_6 型	距离测量	半测回较差	测距读数较差	高程较差	坐标计算较差
一测回	单向一测回	≤30″	≤20 mm	≤1/5 基本等高距	$0.2\times M\times10^{-3}$ m

加密图根点可采用有检核的测边交会法和测角交会法。交会角应在 30°～150°之间，交会边不宜超过 $0.5\times M$ m。计算坐标较差不大于 $0.2\times M\times10^{-3}$ m。

图根导线测量的外业施测包括选点、埋石、转折角(水平角)观测、导线边测量等工作。

图根控制点应选在土质坚实、便于长期保存、便于仪器安置、通视良好、视野开阔、便于测角和测距、便于施测碎部点的地方。要避免将图根点选在道路中间。图根点选定后，应立即打桩并在桩顶钉一小钉或画“+”作为标志；或用油漆在地面上画“田”作为临时标志并编号。当测区内高级控制点稀少时，应适当埋设标石，埋石点应选在第一次附合的图根点上，并应做到至少能与另一个埋石点互相通视。

活动二　极坐标法测量

资源与器材：全站仪、单杆棱镜、计算器。

在实训场地演示极坐标法测量，分组练习并记录观测数据，计算坐标。实训时，教师任意指定两已知点 A、O，并提供已知点坐标。根据测定的水平角和边长计算待测点 P 的坐标。

极坐标法测量时的步骤如下：

(1)在已知测站点 O 整置仪器。

(2)测定两目标 A、P 间的水平角。

(3)测量 OP 边距离。

(4)计算 P 点坐标。

将以上观测数据填入表 5-6 中，并计算出 P 点坐标。

表 5-6　极坐标法观测表

点号	水平角	水平距离	坐标	
			X	Y
A				
O				
P				

【背景知识】

在已知点 O 设站，如图 5-1 所示，以 A 为定向点，P 为待定点。在 O 点安置仪器，照准 A 点，按水平角测量方法测得水平角 β，再测出 OP 之间的距离 D_{OP}，由以上数据可得出 P 点坐标，即：

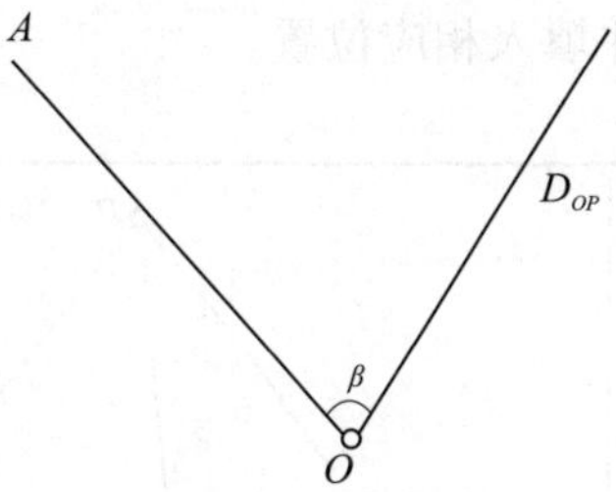

图 5-1　极坐标法

$$\begin{cases} x_P = x_O + D_{OP}\cos\alpha_{OP} \\ y_P = y_O + D_{OP}\sin\alpha_{OP} \end{cases} \tag{5-1}$$

式中，α_{OP} 为 OP 边的坐标方位角。

★**提示**：该法是单点测定的主要方法。当使用测角精度不低于 DJ_6 级的全站仪测定待定点（控制点）坐标时，角度和距离均测一测回。

活动三　前方交会法测量

资源与器材：全站仪、棱镜、计算器。

本活动通过现场演示，掌握前方交会测量方法。

通过观测两个已知点 A、B 上相应的角度值，来计算 P 点坐标的方法称为前方交会法。如图 5-2 所示。

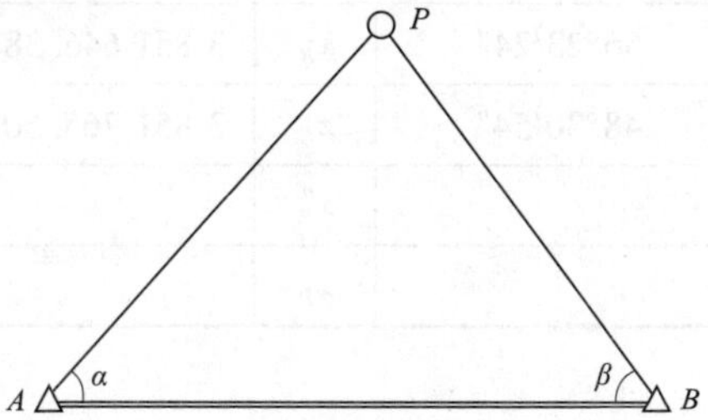

图 5-2　前方交会法

(1)分别在已知点 A、B 点安置仪器。

(2)观测水平角 α、β。

(3)计算 P 点坐标。

将以上数据代入下式：

$$\begin{cases} x_P = \dfrac{x_A\cot\beta + x_B\cot\alpha - y_A + y_B}{\cot\alpha + \cot\beta} \\ y_p = \dfrac{y_A\cot\beta + y_B\cot\alpha - x_B + y_A}{\cot\alpha + \cot\beta} \end{cases} \tag{5-2}$$

即可求得 P 点坐标值。式(5-2)称为前方交会的余切公式或戎格公式。

★**提示**：应用式(5-2)进行计算时，必须注意 A、B、P 三点的相互位置应与图 5-3 中的一致，即 A、B、P 是按逆时针依次编号的（因公式是按逆时针编号推导出来的），同时还应保持 A 点对应的是 α 角，B 点对应的是 β 角。

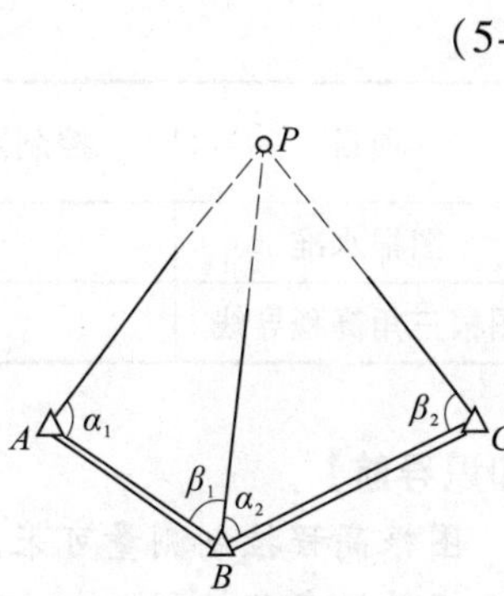

图 5-3　双前方交会图

当同时进行了两次前方交会（见图 5-3），就会得到两组 P 点坐标值，此时取它们的平均值作为 P 点的最后坐标。

实训：已知在 A、B、C 三点采用前方交会法观测 P 点，数据如表 5-7 所示，请计算 P 点坐标并填入相应位置。

表 5-7　前方交会实训成果表

示意图

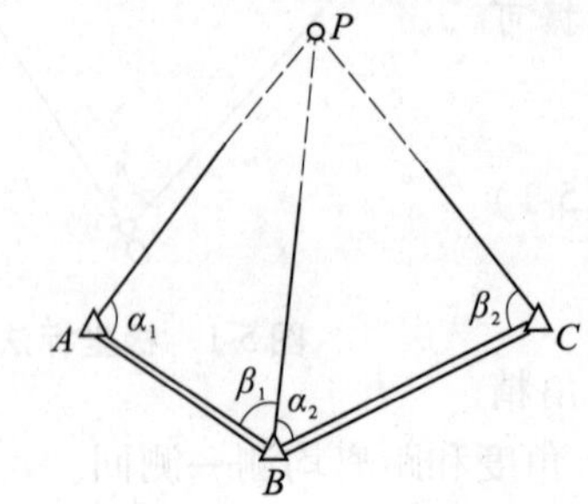

观测略图

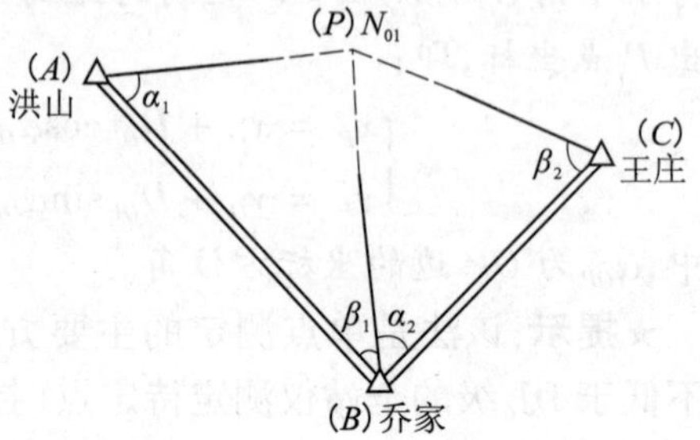

点名	观测角		x(m)		y(m)	
(A)洪山	α_1	54°48′00″	x_A	3 851 807.04	y_A	225 719.85
(B)乔家	β_1	32°51′54″	x_B	3 851 646.38	y_B	225 830.66
(P)N_{01}			x'_P		y'_P	
(A)乔家	α_2	56°23′24″	x_B	3 851 646.38	y_B	225 830.66
(B)王庄	β_2	48°30′54″	x_C	3 851 765.50	y_C	225 998.65
(P)N_{01}			x''_P		y''_P	
			x_P		y_P	

活动四　图根高程控制测量

资源与器材：1∶2 000 地形图、《1∶500　1∶1 000　1∶2 000 外业数字测图技术规程》(GB/T 14912—2017)。

以某区域 1∶2 000 地形图为例，讨论图根高程控制测量方案及其作业技术依据。以小组为单位，设计图根高程测量技术方案，并填入表 5-8 中。每组上交一份图根高程控制测量技术设计书。

表 5-8　图根高程控制测量技术方案表

项目	控制网型	控制点密度	平均边长(或视距)	所需的仪器设备及其指标
图根水准				
图根三角高程导线				

【知识导航】

图根高程控制测量可采用图根水准测量或图根三角高程导线测量。图根水准测量应起闭于高等级高程控制点上，可沿图根点布设为附合路线、闭合路线或结点网，对起闭于一个水准点的闭合环，必须先行检测该点高程的正确性。高级点间附合路线或闭合环线长度不得大于5 km,使用不低于DS_{10}级的水准仪(i角应小于30″),按中丝读数法单程观测估读至毫米。当布设支水准路线时,应往返测,其路线长度不大于2.5 km。当布设成单结点的水准网时,各路线长度不应大于3.7 km。图根水准计算可简单配赋,高程应取至厘米。水准测量最好在成像清晰及大气稳定的时间内进行,并用伞遮住阳光,使仪器不受到暴晒。图根水准测量参照表5-9进行。

表5-9　图根水准测量技术要求

(《1∶500　1∶1 000　1∶2 000外业数字测图技术规程》(GB/T 14912—2017))

仪器类型	附合路线长度	i角	视线长度	观测次数		往返测较差、附合或环线闭合差(mm)	
				已知点联测	附合或闭合路线	平地	山地
S_{10}	5 km	≤30″	100 m	往返各一次	往一次	$\pm 40\sqrt{L}$	$\pm 12\sqrt{n}$

图根三角高程导线应起闭于高等级控制点上,其边数不应超过12条,边数超过规定时,应布设成结点网。图根三角高程导线垂直角应对向观测;光电测距极坐标法图根点垂直角可单向观测一测回,变换棱镜高度后再测一次;独立交会点亦可用不少于三个方向(对向为两个方向)单向观测的三角高程推求,其中测距要求同图根导线。图根三角高程测量的技术要求应符合表5-10的规定。其路线长度也不大于5 km。仪器高、觇标高取至毫米。路线起闭于图根以上控制点。当边长大于400 m时,应考虑地球曲率和折光差的影响。计算三角高程时,角度取至秒,高差应取至厘米。

表5-10　图根三角高程测量技术要求

(《1∶500　1∶1 000　1∶2 000外业数字测图技术规程》(GB/T 14912—2017))

仪器类型	中丝法测回数		垂直角较差、指标差较差(″)	对向观测高差、单向两次高差较差(m)	各方向推算的高程较差(m)	附合路线或环线闭合差	
	三角高程测量	高程导线				经纬仪三角高程测量(m)	高程导线(mm)
6″级测角仪器	1	对向1 单向2	≤25	$\leq 0.4S$	$\leq 0.2H_d$	不超过 $\pm 0.1H_d\sqrt{n_s}$	不超过 $\pm 40\sqrt{[D]}$

注:S为边长,km;H_d为基本等高距,m;n_s为边数;D为测距边边长,km。

任务二　提交成果资料

各组完成综合实训后,按要求经过成果整理后,提交以下成果。

(1)控制测量技术设计书(参见项目九)。

(2)控制测量技术总结(参见项目九)。

(3)导线选点略图。

(4)水准记录手簿。

(5)导线观测记录手簿。

(6)高程误差配赋表。
(7)导线坐标计算表。
(8)导线测量成果表。
(9)控制点点之记。
(10)控制点成果表。

思考题

1. 为什么要进行控制测量加密？
2. 控制测量加密的方法有哪些？试比较其特点。
3. 控制测量的成果资料主要有哪些？

第三篇　数字地形测图

数字地形测图是在现代机助制图技术支持下发展起来的测图技术。在测绘相关技术快速发展的背景下，带动了数字地形测图的发展及应用。本篇分两个项目，以大比例尺数字测图内外业工作为主线，详细介绍了数字测图外业数据采集及内业成图方法。

项目六　地形图测绘外业

【项目说明】

本项目主要了解数字测图原理与方法，学习地形采集时的点位选择，地形信息的野外采集方法；地物地貌采集时的综合取舍；地形信息编码的基本知识和常见编码方案。通过学习，使学生能够独立完成地形图外业测绘的全部过程。

【项目任务】

1. 掌握外业碎部点采集方法及草图绘制。
2. 熟练掌握测绘仪器的操作。
3. 掌握数据编码及常见数据编码方案。
4. 理解掌握数据通信的概念及方法。

【项目成果】

1. 自主设计一套外业适用简码。
2. 全站仪数据采集实习数据文件。
3. GNSS 数据采集实习数据文件。
4. 野外采集时绘制的草图。

地形图测绘外业是数字测图的重要工作之一，在测量工作中可谓举足轻重。地形图测绘外业以“大比例尺数字测图”工作过程为基础组织内容，讲述了地形测图的外业和内业工作流程，围绕数字地形图测绘，集合现代测绘新仪器、新技术、新方法。本篇主要学习数字测图基本知识，作业模式、流程以及地形图测绘内业等相关知识。

【案例】

本项目以提供的影像图所在的测区为例，完成 1∶500 地形图测绘。

已有资料：测区影像图（见图 6-1、图 6-2）、一级导线点（其坐标见表 6-1）。

图 6-1　某区域影像图

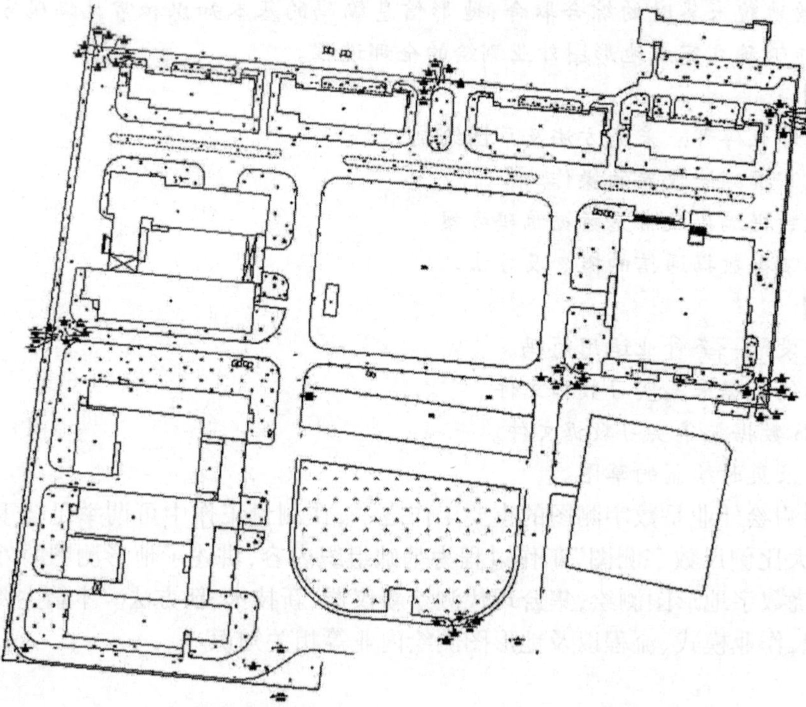

图 6-2

表6-1 测区控制点坐标成果表

点号	X坐标	Y坐标	高程H	点号	X坐标	Y坐标	高程H
A1	51152.848	6100.612	83.180	E1	50986.780	6188.014	83.650
A2	51289.395	6121.239	83.250	E2	50995.181	6074.468	82.880
A3	51274.673	6283.840	83.520	E3	51151.762	6092.909	83.190
A5	51124.325	6436.618	83.860	E4	51290.781	6113.111	83.330
A6	51131.956	6347.125	83.090	E5	51274.325	6288.376	83.710
A7	51008.387	6285.569	82.360	E6	51261.421	6445.981	84.020
B1	51155.363	6101.894	80.000	E7	51120.114	6439.336	84.090
B2	51288.219	6119.825	80.000	E8	51128.874	6336.716	83.880
B3	51273.530	6280.866	83.600	F1	51150.508	6096.541	82.880
B4	51259.235	6451.053	80.000	F2	51289.419	6115.980	83.230
B5	51119.435	6435.721	80.000	F3	51271.571	6277.583	83.580
B6	51129.109	6348.903	83.810	F4	51258.756	6448.856	83.720
B7	51009.901	6296.951	80.000	F5	51122.219	6438.629	83.490
C1	51154.427	6100.651	83.180	F6	51128.592	6342.249	82.150
C2	51286.931	6118.961	83.280	F7	51008.920	6292.533	82.370
C3	51272.375	6279.044	83.560	G1	51149.409	6094.497	82.260
C4	51261.958	6452.921	83.940	G3	51274.546	6281.520	83.500
C4	51260.735	6450.922	83.940	G4	51256.405	6453.113	83.970
C5	51123.863	6440.810	84.030	G7	51000.307	6282.366	82.320
C6	51127.071	6346.645	83.810	H1	51148.269	6093.537	83.850
C7	51008.641	6288.645	82.400	H2	51286.772	6113.805	83.140
C8	50995.493	6201.320	82.430	H3	51275.060	6278.091	83.550
D1	51151.920	6098.043	83.220	H4	51255.211	6450.409	83.660
D2	51285.922	6117.042	83.290	H5	51120.312	6437.382	83.400
D4	51263.523	6451.086	83.980	H7	51008.279	6296.082	82.390
D5	51124.789	6438.807	84.060	I1	51147.199	6092.216	83.210
D6	51130.725	6342.467	83.800	I2	51289.026	6114.351	83.260
XD002	51119.753	6214.674	82.813	XD003	50971.983	6201.345	82.318

作业依据：

(1)《城市测量规范》(CJJ/T 8—2011)；

(2)《全球定位系统(GPS)测量规范》(GB/T 18314—2009)；

(3)《全球定位系统实时动态测量(RTK)技术规范》(CH/T 2009—2010);

(4)《国家基本比例尺地图图式　第 1 部分:1:500　1:1 000　1:2 000 地形图图式》(GB/T 20257.1—2017)(简称《图式》);

(5)《国家三、四等水准测量规范》(GB/T 12898—2009);

(6)《1:500　1:1 000　1:2 000 外业数字测图规程》(GB/T 14912—2017)。

【知识导航】

1. 数字测图基本概念

数字测图是以计算机为核心,在外连输入、输出设备硬件和软件的条件下,通过计算机对地形空间数据进行处理得到数字地图,也可用数控绘图仪绘制所需的地形图或各种专题地图。

广义的数字测图又称为计算机成图,主要包括:地面数字测图、地图数字化成图、航测数字测图、计算机地图制图。在实际工作中,大比例尺数字化测图主要指野外实地测量,即地面数字测图,也称野外数字化测图。

2. 数字测图的基本原理

数字测图就是将采集的各种有关的地物和地貌信息转化为数字形式,通过数据接口传输给计算机进行处理,得到内容丰富的电子地图,需要时由电子计算机的图形输出设备(如显示器、绘图仪)绘出地形图或各种专题地图。

3. 数字测图系统

数字测图系统是以计算机为核心,在外连输入、输出设备硬件和软件的支持下,对地形空间数据进行采集、输入、成图、处理、绘图、输出、管理的测绘系统(见图 6-3)。

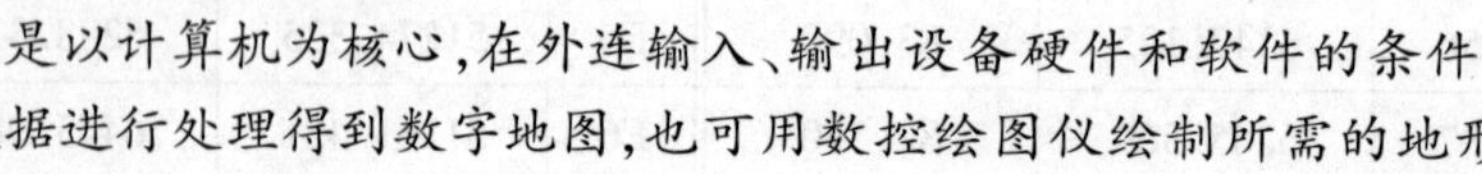

图 6-3　数字测图系统流程图

数字测图系统主要由数据输入、数据处理和数据输出三部分组成。利用全站仪、GNSS 等获取地形数据的采集。再利用计算机传输软件将数据从外业采集设备中传输下来,利用数据处理软件、图形编辑软件完成地形数据的处理及图形的编辑,最后利用绘图仪等设备进行图形的输出。

4. 数字测图的作业过程

数字测图的作业过程与使用的设备和软件、数据源及图形输出的目的有关。但不论是测绘地形图,还是制作种类繁多的专题图、行业管理用图,只要是测绘数字图,其主要的作业过程由三大部分组成:数据采集、数据处理和数据输出。

1)数据采集

数字化测图相较于传统的白纸测图,有无可比拟的优势。传统的测图数据采集方式是直接利用白纸借助经纬仪、测距仪、地形标尺在野外现场采集,精度低、速度慢。数字化测图实现了无纸化作业,数据的采集、处理、传输、存储都是通过数字化形式进行。测量生成的地形图精度较高,没有图纸的变形影响,更新快捷,便于管理、远程传输和应用。而且对于大比例尺的地形图还可以实现无级缩放,实现一图多用。比如说 1:500 的地形图,可以缩编成

1∶1 000、1∶2 000,甚至更小比例尺的地形图。

地形图、航空航天遥感影像、图形数据或影像数据、统计资料、野外测量数据或地理调查资料等,都可以作为数字化测图的信息源。数据资料可以通过键盘或转储的方式输入计算机,图形和图像资料一定要通过图数转换装置转换成计算机能够识别和处理的数据。在数字测图中,各种信息源数据的采集主要分为野外数据采集和室内数据采集。

(1)野外数据采集。

用全站仪或测距仪、经纬仪等大地测量仪器进行实地测量,并将野外采集的数据自动传输到电子手簿、磁卡或便携机,并现场自动记录。

野外数据采集就是采集供绘图用的定位信息和绘图信息,是数字化测图的一项重要工作。进行数字测图数据采集时,依据数据采集的硬件、软件以及作业方式的不同,野外数据的采集方式主要分为以下三种类型:基于全站仪的采集、GNSS - RTK 采集、航空摄影测量采集。

①基于全站仪的采集。全站仪是数字化测图中常用的外业数据采集设备。它广泛应用在工程测量、地籍测量、管线测量、变形监测等测量的方方面面。目前,全站仪的数据采集方式主要有两种模式:野外数字测记模式和内外业一体化作业模式。

野外数字测记模式,即常说的"测记法",其基本的作业程序是,使用全站仪野外采集碎部点信息,同时现场绘制地物属性草图,室内对照草图,基于全站仪的采集辑成图。这是最早的数字测图野外数据采集方法。其特点在于,野外的测点采集和成图是分开进行的。进行野外测量时,只需实时记录地物点的点位信息,其实测点的拓扑关系信息则记录在草图上。在内业成图中,才录入点位的相互关系成图。这种采集方法的优点在于外业较为简单,容易组织施测;缺点是内业工作量大,要花费较多的时间,而且当外业出现漏测、测错的现象时,现场不容易发现。有时需要再次到现场补测。

内外业一体化作业模式,即"测绘法",就是指野外利用电子平板实时展绘碎部点的作业方式。内外业一体化具有"所显即所测,实时成图"这一突出特点,可以在观测碎部点之后,现场对照地形地物输入图形成图。在测站,测量员实时对全站仪采集的碎部点数据赋予各种地物地貌属性,实时成图,同时进行各种注记标注以及等高线生成等。在室内只需进行图外整饰,即可输出复核规定格式的图形文件、数据库文件或打印输出各种图件。采用内外业一体化作业模式,真正实现了外业"测"与"绘"的统一,提高了测图效率。另外,对于某些地物特征点,可以通过点位间的拓扑关系直接绘出,更能提高测图的主动性。

②GNSS - RTK 采集。RTK(实时动态测量系统)是借助于 GNSS 技术与数据传输技术相结合而构成的组合系统。RTK 技术的基本原理是,在基准站上安置一台 GNSS 接收机,对空中所见的 GNSS 卫星进行连续观测,并将获得的载波相位观测值和站点坐标通过无线电传输设备,实时发送给周围的流动站。周围流动站数据处理模块使用动态差分定位方式确定流动站相对应基准站的位置,然后根据基准站的坐标求出自己的瞬时绝对位置。利用 RTK 技术可以在基准站周围 15 km 范围内达到厘米级的定位精度。因此,除高精度的控制测量仍采用 GNSS 静态相对定位技术外,RTK 技术可以用于地形测量中的图根控制、低级测量中的控制测量等。在空旷地区的数字化测图中,利用 RTK 的方式,可以直接进行碎部点的采集,不需要建立图根控制点,可以大大节省作业时间,提高测图效率。

③航空摄影测量采集。摄影测量与遥感是对非接触传感器系统获得的影像及其数字表

达进行记录、量测和解译,从而获得自然物体和环境的可靠信息的一门工艺、科学和技术。

摄影测量的野外数据采集就是通过航摄飞机、无人飞机等载体对作业区域按既定的计划进行航空摄影获取该区域的航空像片的过程。

利用航空摄影进行数字化测图,可将大量的外业工作转向内业处理,主要包括资料准备、空中三角测量、像对定向、立体测图、外业调绘与补测、图形编辑与接边、质量检查、数据处理与提交等环节。航空摄影测量野外数据采集可大大减轻外业测绘的劳动强度,缩短成图周期,提高生产效率;可利用软件直接编绘各种专题图和系列图,并且编图过程中数学精度不会损失;航测生成的数字化产品精度均匀,整体精度较高,特别对于地形复杂或隐蔽性较强的地区更容易保证成图精度。

④各种采集方式的比较。全站仪野外数字"测记法"适用于地物地貌较简单区域的数字化测图,这样每一个跑尺员也就负责他所对应区域的数据采集和草图绘制,施测也就很简单高效,内业处理也很方便。而对于有大片房屋、居民地等复杂环境的大比例尺测图,利用全站仪电子平板的"测绘法"作业模式,就克服了"测记法"的地物关系容易记录不清,发生漏测概率较大,描绘不规则地物、地貌时欠准确,内业处理麻烦的缺点。

"测绘法"可以同步实时成图,所有地物地貌一目了然,不会漏测,测图效率较"测记法"提高30%左右。外业结束后,内业稍加整饰即可出图。RTK方式数据采集由于其精度高、速度快、实施方便、不受地物地貌通视情况限制,在目前的数字化测图野外数据采集中,其应用范围和领域最为广泛。这种采集方式适宜在天空少遮挡的地带进行。在树林、居民地密集的地方,由于卫星遮挡,其应用有一定的限制。另外,这种数据采集方式目前在内外业同步上还不及全站仪的"测绘法"。当前RTK电子手簿还主要偏重于数据的输入、显示,在人机交互和成图软件的结合方面还有待提高。

航空摄影测量是一种非接触的采集方式。利用航空摄影测量进行野外航摄数据采集相较于全站仪和GNSS-RTK方式,时效性更强、所能获取的野外数据信息更加充实,对地图细节的描述也更加细致。这种成图方式基本适合各种比例尺的数字化测图。不过,这种成图方式对先期仪器设备、处理软件投入要求比较高,所以从经济方面考虑,目前还是主要适合用于中小比例尺的大面积的数字化测图,如1:10 000或更小比例尺测图。当然,在某些特殊情况下,特别是人工不易到达的区域,如高山深谷、戈壁沼泽地区,这种数据采集就显得尤为必要。

目前,得到广泛应用的数字化测图野外数据采集方式还主要是全站仪和GNSS-RTK采集,以及此两种方式的联合运用。不过,未来随着技术的进一步完善,以及成本的降低,摄影测量采集将具有更加广泛的应用前景,也代表了数字测图野外数据采集的发展方向。

综上所述,全站仪和GNSS-RTK是比较常用的野外数据采集方式,由于目前测量仪器的测量精度高,很容易达到厘米级的定位精度,所以地面数字测图是精度最高的一种,是城镇大比例尺(尤其是1:500)测图中主要的测图方法。

(2)室内数据采集。

室内数据采集通常采用图形数字化法(通过数字化仪或扫描仪在已有的地图上采集数据)或航测法(通过航空摄影测量或遥感手段获取地表影像,从影像上采集地形点的绘图信息数据)。

①图形数字化法。对于已有纸质地形图的地区,如果纸质地形图现势性好,图面表示清

楚、正确，图纸变形较小，则数据采集可在室内通过数字化仪或者扫描仪在相应数字化软件的支持下进行，工作方法包括手扶跟踪数字化和扫描屏幕矢量化。

②航测法。航测法采集地形数据，是指利用航空摄影测量原理，在解析测图仪上恢复摄影光束，建立与实地完全相似的立体模型，在立体模型上采集地形元素，把各类点、线、面数据以符号(SYMBOL)和线型(LINETYPE)记录其性质，以三维坐标(X,Y,Z)记录其空间位置，存储在数据文件中，然后经数据处理、图形编辑，最后形成地图。但由于精度原因，航测法在大比例尺(1:500)测图中受到一定限制，目前该法已逐渐被全数字摄影测量系统所取代。

③数字测量系统。数字测量系统是基于影像数字化仪、计算机、数字摄影测量软件和输出设备构成的数字摄影测量工作站是摄影测量、计算机立体视觉影像理解和图像识别等学科的综合成果，计算机不但能完成大多数摄影测量工作，而且可借助模式识别理论，实现自动或半自动识别，从而大大增强摄影测量的自动化功能。全数字摄影测量系统大致作业过程:将影像扫描数字化，利用立体观测系统观测立体模型(计算机视觉)，利用系统提供的一系列量测功能——扫描数据处理、测量数据管理、数字定向、立体显示、地物采集、自动提取(或交互提取)DTM(数字地面模型)、自动生成正射影像图等，使量测过程自动化。

目前，数字化测图技术正日益成为测绘行业的应用主流，从传统的模拟白纸测图法的经纬仪、电子测距仪采集，到数字化测图的全站仪、GNSS 采集，以至航空摄影的空中采集，野外数字测图的数据采集方式发生了极大的转变。

2)数据处理

数字测图的全过程都是在进行数据处理，这里讲的数据处理是指在数据采集后到图形输出之前对图形数据的各种处理。数据处理主要包括建立地图符号库、数据预处理、数据转换、数据计算、图形生成及文字注记、图形编辑与整饰、图形裁剪、图幅接边、图形信息的管理与应用等。数据处理通常通过计算机软件来实现，最后生成可进行绘图输出的图形文件。

地图符号库中的地图符号可以分为三类，即点状符号、线状符号和面状符号。目前，建立地图符号库的方法主要有两种:一种是利用 C 语言等计算机语言开发，另一种是在如AutoCAD等开发平台基础上进行二次开发。地图符号库是数字测图系统中较为稳定的组成部分，一旦建立就可以长期使用。

数据预处理包括坐标变换、各种数据资料的匹配、比例尺的统一、不同结构数据的转换等。

数据转换内容很多，如将碎部点记录数据文件转换为坐标数据文件，将简码的数据文件或无码的数据文件转换为带绘图编码的数据文件等。

数据计算主要是针对地貌关系的，当数据输入到计算机后，为建立数字地面模型绘制等高线，需要进行插值模型建立、插值计算、等高线光滑处理三个过程的工作。数据计算还包括对房屋等呈直角拐弯的地物进行误差调整，消除非直角化误差等。

图形生成是在地图符号的支持下利用所采集的地形数据生成图形数据文件的过程。

想要得到一幅规范的地形图，还要对数据处理后生成的“原始”图形，利用数字测图系统提供的各种编辑功能进行修改、编辑、整理、加上文字注记、高程注记等，并填充各种面状地物符号，这些都属图形处理。图形处理还包括测区图形拼接、图廓整饰、图形裁剪、图形信息的管理与应用等。

数据处理是数字测图的关键阶段,数字测图系统的优劣取决于数据处理功能的强弱。

3)数据输出

经过图形处理以后,即可得到数字地图,也就是形成一个图形文件,存储在磁盘或磁带上,可以永久保存。可以将该数字地图转换成地理信息系统的图形数据,建立和更新 GIS 图形数据库;也可将数字地图绘图输出。输出图形是数字测图的主要目的,通过对层的控制,可以编制和输出各种专题地图(包括平面图、地籍图、地形图、管网图、带状图、规划图等),以满足不同用户需要。

任务一　外业数据采集

【任务目标】

1. 掌握外业数据采集的准备工作。
2. 理解地物地貌测绘的综合取舍。

【学习过程】

1. 外业数据采集准备。
2. 地物地貌测绘的综合取舍。

【学习成果】

1. 全站仪数据采集实习数据文件。
2. GNSS 数据采集实习数据文件。

活动一　外业数据采集准备

资源与器材:全站仪、控制点坐标数据。

一、资料准备

在数据采集之前,最好提前将测区的全部资料准备齐全,如控制成果(见图 6-1 和表 6-1)、规范标准和技术资料等。

二、仪器器材准备

实施数字测图前,应准备好仪器、器材。

应准备的仪器、器材主要包括全站仪、GNSS、备用电池、对讲机、通信电缆、反光棱镜、皮尺或钢尺等。全站仪、对讲机应提前充电。当采用全站仪采集时,全站仪中的加常数、乘常数、球气差系数等有关参数应正确设置。

在采集过程中,有可能要随时增补一些测站点,应准备好锤子和一些木桩、小钉备用。

三、作业人员组织分工

为切实保证野外作业的顺利进行,出测前必须对作业组成员进行合理分工,根据各成员的业务水平、特点,选好观测员,绘草图领尺(镜)员,跑尺(镜)员等。合理的分工组织可大大提高野外作业效率。选用不同的采集模式,其相应的人员配置也会不同。数字测记模式施测时,一般配置观测员 1 人,绘草图领尺(镜)员 1 人,跑尺(镜)员 1 ~2 人。

活动二　拓普康全站仪数据采集

资源与器材：全站仪、单杆棱镜、钢卷尺。

作业员进入测区后，根据事先的分组，各自选取已知点，安置仪器，采集数据。

一、仪器设置与测站检查

(一)全站仪设置

仪器观测员到事先选好的已知点上快速架好仪器，量取仪器高，选择数据采集模式，输入测站点号和定向点，瞄准棱镜定向。

(二)测站检查

开始施测前，应对控制点数据进行检核。选择其他已知点作为检核点，其实测坐标与已知坐标相比较，平面位置误差不得大于 $0.2 \times M \times 10^{-3}$ m。检查检核点的高程较差，不得大于1/6 等高距。

当采用全站仪采集时，检查超限，应从以下几个方面查找原因：已知点、定向点的点号是否输错；坐标是否输错；仪器高是否量错；后视方位是否配置正确；所用于检查的已知点的点号、坐标是否有误；仪器加常数、乘常数、大气垂直折光系数等参数是否正确设置；检查仪器、设备是否有故障等。

二、数据采集

立镜员负责立镜，主要是选择地形、地貌的特征点立镜，并结合全站仪通视情况随时与仪器操作员交流升降棱镜高度，供仪器操作人员采集坐标。

仪器操作人员一般应随时跟踪立镜员棱镜，用对讲机确认镜高后输入，并及时瞄准棱镜测定碎部点数据。每隔若干点号，还应与绘图员互对点号，防止草图上点号与全站仪中存储数据不一致。采集调绘模式时，仪器操作人员还应随时与立镜员交流，输入表示点位属性信息和连接信息的自定义编码。这些编码既可以事先自行定义，也可以随时根据实际地物属性编制。采集的数据应及时记录或传输。

在野外采集时，能测到的点要尽量测，实在测不到的点可利用皮尺或钢尺量距，室内利用测图软件间接生成这些点的坐标。当野外采用便携机或 PDA 实时绘图时，绘图员应根据屏幕显示的点位，结合实际所测地物的连接点号、连接方向、连接顺序、地物属性等信息，实时绘图。另外，还要经常用对讲机与立镜员沟通，以防止点号连错、漏连或绘错属性等。

如果需要绘制草图，绘图员应首先对测站周围的地形、地物分布情况熟悉一下，便于开始观测后及时在图上标明所测碎部点的位置及点号。草图的绘制要遵循清晰、易读、相对位置准确、比例一致的原则。绘制草图时，对于地物、地貌，原则上采用图示所规定的符号绘制，对于复杂的图式符号可以简化或自行定义。但数据采集时所采用的地形码，必须与草图绘制的符号一一对应。草图必须标注所测点的测点编号，且标注的测点编号应与数据采集记录中测点编号严格一致。草图上地形要素之间的相对关系必须清楚、正确。地形图上需注记的各种名称、地物属性等，草图上必须标记清楚、正确。

在一个测站上所有的碎部点测完后，还要找一个已知点重测，以检查施测过程中是否存在因误操作、仪器碰动或故障等造成的错误。检查确定无误后，关机、搬站。到下一测站，重新按上述采集方法、步骤进行施测。

三、外业数据记录

碎部点数据一般由记录软件自动存储，格式由编程人员自行规定。但主要内容有测点号、数据采集编码、觇标高、斜距、垂直角、水平角，或者是自动计算好的点号、编码、*X* 坐标、*Y* 坐标、*H* 高程等信息。

野外数据采集不可避免地会出现一些错误或需修正的信息，故绘图员或仪器操作人员还要在专用手簿上记录。如坐标错误点号、高程错误点号、不参与后期 DTM 建模点、编错的点号及正确信息、棱镜高弄错点及如何改正、编码错误点号等。当后期进行数据处理时，可以根据记录信息进行删除或改正。

四、拓普康全站仪数据采集步骤

在测站点安置好（对中、整平）全站仪，开机。开机后要注意设置温度、气压、棱镜常数等。

（一）建立数据采集文件

全站仪采集的数据一般都以文件的形式存储在全站仪的内存中，所以采集数据之前要设置建立采集文件。TOPCON 全站仪建立的文件分两种：测量文件与坐标文件。

测量文件在采集前建立，存储测量过程中所有信息，包括测站信息、定向信息、碎部点采集的水平角、天顶距、距离等。

坐标文件一般由全站仪自动生成（也可以在文件管理中建立），只存储坐标数据。

点击“MENU”键，进入菜单（见图 6-4）。选择“F1”输入测量文件名，如：TEST（见图 6-5）。

菜单　　　1/3
F1：数据采集
F2：放样
F3：存储管理　　P↓

图 6-4　菜单界面

选择文件
FN：　TEST

输入　调用　---　回车

图 6-5　选择文件界面

回车进入“数据采集”菜单（见图 6-6）。

（二）设置测站

在“数据采集”菜单中，选择“F1：测站点输入”。根据提示符依次输入测站信息（如测站号、标示符（可不输）、仪高、测站坐标）后按“记录”键即可（见图 6-7）。

数据采集　　　1/2
F1：测站点输入
F2：后视
F3：前视/侧视　　P↓

图 6-6　数据采集界面

点号　>1
标示符：OCC
仪高　：1.200
输入　查找　记录　测站

图 6-7　测站设置界面

测站点坐标输入有两种方式。一种是点击“查找”，在文件中调用已存储的坐标数据。

另外一种是手工输入测站坐标。点击 F4“测站”，进入如图 6-8 所示“测站点”界面，再按 F3“坐标”，进入图 6-9 所示坐标输入界面，输入 X、Y、H 后回车确认。点击 F3“是”，依次根据提示点击记录键，记录下测站信息。返回图 6-6 数据采集界面。

图 6-8　测站点界面

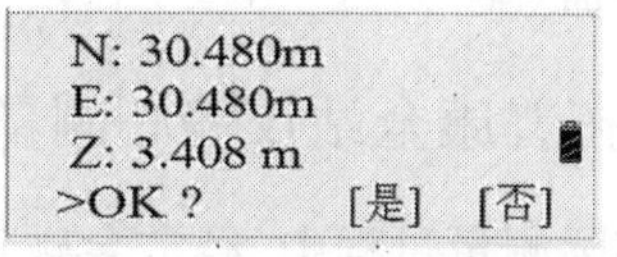

图 6-9　坐标输入界面

(三)配置后视方位角(定向检查)

数据采集中的定向，实际上就是给全站仪的度盘安置后视方向的坐标方位角的过程(根据需要有时也会设置为 0°)。定向完成后，全站仪转到任何方向后，显示的都是该方向的坐标方位角，方便全站仪计算坐标。定向过程如下：

用全站仪望远镜照准后视目标棱镜，在图 6-6“数据采集界面”中选择“F2:后视”。进入设置后视界面，如图 6-10 所示。点击 F4“后视”，进入图 6-11 后视点点号输入界面。

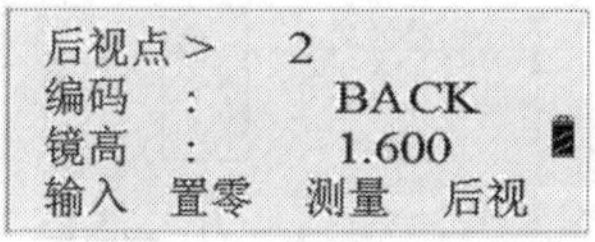

图 6-10　设置后视界面

图 6-11　后视点点号输入界面

按 F3“NE/AZ”，进入图 6-12 所示后视坐标输入界面。按 F1“输入”，依次输入后视点的 X、Y 坐标(也可按 F3“AZ”，直接输入后视方位角，见图 6-13)。

回车确认后返回图 6-10 所示后视设置界面。

望远镜精确照准后视目标后，点击 F3“测量”。选择 F3“坐标”，全站仪自动测量出后视点坐标，并显示图 6-14 所示界面。如果需要记录测量出的新的后视点坐标，点 F3“YES”，不需要记录，点 F4“NO”；如果后视点没有设置棱镜，无法测量坐标，也可以按 F1“角度”，直接设置后视方位角。

图 6-12　后视坐标输入界面

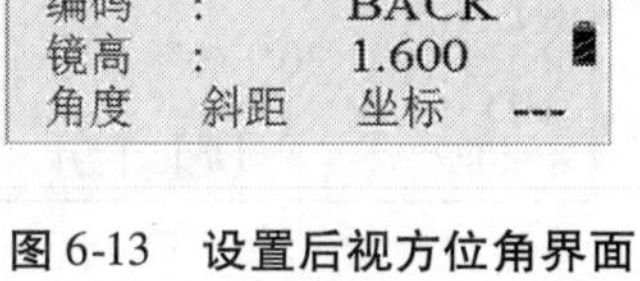

图 6-13　设置后视方位角界面

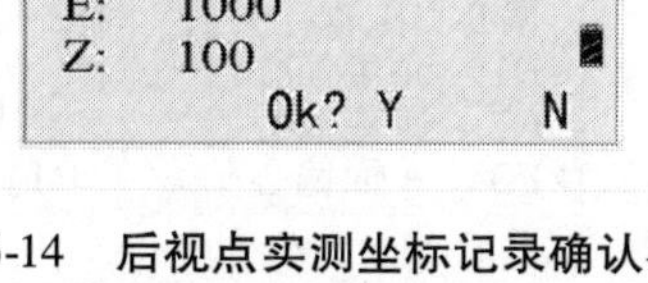

图 6-14　后视点实测坐标记录确认界面

点击“ESC”返回“数据采集”菜单。

★**提示**：定向时测量得到的坐标必须与已知后视坐标比对，如果满足限差规定，表示定向成功；如果差别较大，则需要查找原因，主要从两方面检查，一方面检查测站坐标、后视坐标输入是否正确，另一方面检查是否找错点位。

(四)碎部点采集

全站仪照准碎部点(地物、地貌特征点)，在“数据采集”菜单中，选择“F3:前视/侧视”，进入碎部点采集界面,如图 6-15 所示。依次输入点号、编码、镜高,照准测量目标,点击 F3"测量",选择 F3"坐标"。全站仪自动测量目标点坐标并自动记录,返回采集菜单,点号依次增加。

点号	>	3	
编码	:	FRONT	
镜高	:	1.600	
输入	查找	测量	同前

图 6-15　碎部点采集界面

五、拓普康全站仪偏心测量

在实际测量过程中,经常会碰到棱镜无法准确地放到测量点的情况,比如电杆、路灯、墙角等。为了获得它们的几何位置中心,提高测量精度,必须使用偏心测量。该法主要有角度偏心法和距离偏心法。

(一)角度偏心测量

如图 6-16 所示,将棱镜安置在离仪器到目标点 A_0 相同水平距离的另一个合适的目标点上进行测量,得到测站点至 A_0 的距离;再转动望远镜瞄准 A_0,测得测站点至 A_0 的坐标方位角,即可计算出 A_0 点的坐标。

下面介绍拓普康全站仪数据采集时角度偏心测量的使用。

将棱镜安置于目标物体的一侧,尽量使仪器到棱镜的距离与仪器到目标物体几何中心的距离一致。

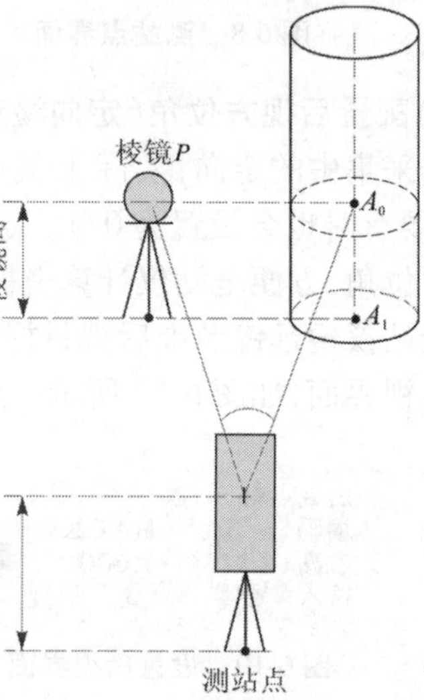

图 6-16　角度偏心原理

用全站仪照准棱镜制动,在图 6-15 碎部点采集界面中,选择 F3"测量",进入采集数据选择界面(见图 6-17)。

点号	>	3	
编码	:	FRONT	
镜高	:	1.600	
角度	斜距	*坐标	偏心

图 6-17　采集数据选择界面

在图 6-17 采集数据选择界面下,选择 F4"偏心",进入偏心测量界面(见图 6-18)。点击"F1:角度偏心",进入角度偏心测量界面(见图 6-19)。

偏心测量		1/2
F1:	角度偏心	
F2:	距离偏心	
F3:	平面偏心	P1↓

图 6-18　偏心测量界面

偏心测量		
HR:120° 30′ 40″		
HD		m
>照准?	[是]	[否]

图 6-19　角度偏心测量界面

在确保望远镜对准棱镜的情况下,然后点击 F3"是",全站仪测量得到棱镜所处位置的距离(见图 6-20),并显示图 6-21 所示界面。

转动望远镜对准待测物体的几何中心,单击 F3"是",得到待测目标点方位角,全站仪自动计算出待测物体的几何中心的坐标,并记录下来。自动返回采集菜单,等待测量下一点。

```
偏心测量
HR：120° 30′ 40″
HD *[n]                <m
>测量…
```

图 6-20　目标点距离测量界面

```
偏心测量
HR：   120°30′ 40″
SD：           12.345m
>OK?        [是] [否]
```

图 6-21　目标点方位角测量界面

(二)距离偏心测量

如图 6-22 所示,测量出棱镜点的坐标后,只需要输入左右偏心距(向右为“+”,向左为“-”)和前后偏心距(向前为“+”,向后为“-”),即可计算出目标点 A_0 的坐标。

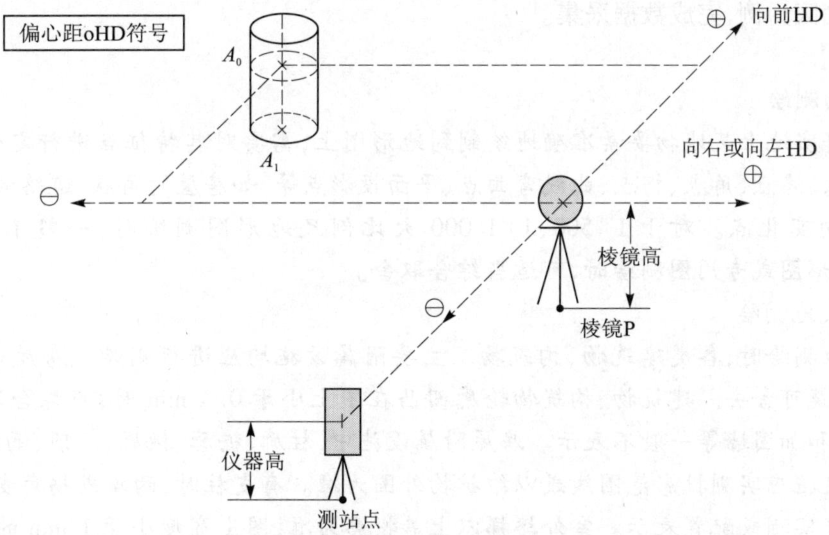

图 6-22　距离偏心测量

下面介绍拓普康全站仪数据采集时距离偏心测量的使用。

在图 6-18 所示的偏心测量界面中,点击“F2:距离偏心”,进入左右偏距输入界面(见图 6-23)。点击 F1“输入”,输入量测好的右或左偏距值,回车确认后进入前后偏心距输入界面(见图 6-24)。

```
距离偏心
 输入 右或左偏距
 oHD：          0.000m
输入  ---  跳过   回车
```

图 6-23　左右偏距输入界面

```
距离偏心
 输入 向前偏心距
 oHD：          0.000m
输入  ---  跳过   回车
```

图 6-24　前后偏心距输入界面

按击 F1“输入”,输入量测好的前或后偏距值,回车确认后进入图 6-25 所示偏心点坐标测量界面。按 F2 或 F3 测量后自动计算出待测目标点坐标(见图 6-26)并记录下来。自动返回采集菜单,等待测量下一点。

```
点号: PT-11
编码: TOPCON
镜高:          1.200m
--- *斜距  坐标 ---
```

图 6-25　偏心点坐标测量界面

```
N*[n]       <<<m
E:             m
Z:             m
>测量…
--------------------
>计算…
```

图 6-26　待测目标点坐标计算界面

活动三　外业数据采集内容选取

资源与器材:完整的校园大比例尺地形图、《图式》、铅笔、橡皮、记录纸。

以某测区为例,完成数据采集。

【知识导航】

1. 地物测绘

为了将实地上某地物要素准确地绘制到地形图上,需要对其特征点进行定位。地物特征点有起点、终点、角点、拐点、曲线弯曲点、平面投影点等,如房屋的角点、道路的交叉点、境界线的方向变化点。对于 1∶500、1∶1 000 大比例尺地形图测绘时,一般不综合;对于 1∶2 000 地形图或专用图测绘时,可适当综合取舍。

1)居民地测绘

居民地测绘时,各类建筑物、构筑物及主要附属设施均应进行测绘。房屋以墙外角为准,临时建筑可舍去。建筑物、构筑物轮廓凹凸在图上小于 0.4 mm 时,可综合取舍。装饰性的柱、垛和加固墙等一般不表示。房屋附属设施中,柱廊、檐廊、挑廊、门顶、雨搭、飘阳、飘楼等空中设施应实测投影范围线或以维护物外围为准。有支柱时,两端或拐角支柱应实测,中间支柱可实测或配置表示。室外楼梯以上盖投影为准,图上宽度小于 1 mm 的不表示;台阶按投影测绘,但图上不足绘三级符号的不表示。

房屋一般不综合,应逐个表示,不同层数、不同结构性质、主要房屋和附加房屋都应分割表示。不同层次的分割线用虚线。主要房屋和附加房屋、不同结构房屋分割线用实线。测绘时,应记录房屋的结构、层数、完好情况和用途等。

围墙、栅栏、栏杆、篱笆和铁丝网等围护物均应实测,应分清种类、分段标出,附属符号向里绘出;在墙基上面筑栏杆的按围墙表示;所有的围墙、拐点上的立柱均用依比例符号表示。

2)交通及附属设施测绘

铁路线路及在测区内车站与附属设施,均按图式相应符号表示。道路按实测宽度依比例尺表示,并在图上每隔 15 ~ 20 cm 注出道路技术等级代码,国家干线道路(国道)还需注出路线编号。等级道路路肩宽度图上大于 1 mm 时依比例尺表示;小于 1 mm 时以 1 mm 绘出。道路中央隔离带、隔离墙,实地宽 $\leqslant$0.25 mm 时用 0.25 mm 粗线表示,大于 0.25 mm 时依比例尺表示,如有植被应配置符号。机耕路、依比例尺表示的乡村路如路面宽不一致或行车轨迹不齐,可取中等宽度的平行线绘出。内部道路表示主干的、能构成路网及通达主要建筑物的,支岔、末梢不表示。路堤、路堑长度大于 5 m 和比高大于 0.5 m 时,应测出其范围,并应适当测注其坡顶、坡脚高程。道路通过居民地不宜中断,应按实际位置测绘,但当进入街道时,用街道线代替。城区街道应将固定性安全岛、人行道、绿化带和街心花园绘出。涵洞孔径大于1 m时按比例尺表示，小于1 m时按不依比例尺符号描绘。道路两侧的排水沟一般不表示，修筑正规的按干沟符号表示。城镇内道路边的汽车停车亭实测范围用实线表示，没有停车亭的公共汽车站可不表示。铁路轨顶（曲线段取内轨顶）、道路路中、道路交叉处、桥面等应测注高程，隧道、涵洞应测注底面高程。

3）管线及附属设施

应区分高压输电线和低压配电线。电力线、通信线一般均应表示。杆位、塔位实测，可不连线，但应在杆架处绘出线路方向。多种线路在同一杆架上，且方向一致时只表示主要的。没有电杆依附在墙上的配电线、电话线或只有一杆的进户线可不表示。架空的、地面上的、有管堤的管道均应实测，分别用相应符号表示，并注记传输物质的名称。地下管道检修井一般只表示位于街巷中及大单位内主要通道上及侧旁的；位于楼前屋后非干线上的检修井可不表示。底线管道有要求时应注明埋深。室外地上和地下的消火栓、大型突出的阀门、室外供水龙头一般应表示。污水箅子和室外饮水龙头可摘要表示。

4）水系及附属设施

江、河、湖、海、水库、溪流、沟渠、水井及各种水工建筑物设施均应实测表示。江、河、湖、海、溪流、沟渠，通常以岸边为界，另外应测绘水涯线、高水界等，还应标明水流方向。河流、无明显坎沿的池塘的水涯线按测图时的水位施测。河流宽度小于图上0.5 mm时，用单线表示。人工沟渠、贮水池、经过修整之鱼池、水塘的水涯线以坎沿为准。沟渠宽度小于图上1 mm时，用单线表示。河流水位高及施测日期应测注。当同一河流不同期测图水位产生矛盾时，应考虑进行常水位修正。水渠应测注渠顶边和渠底高程；堤、坝应测注顶部及坡脚高程；池塘应测注塘顶边及塘底高程；泉、井应测注泉的出水口与井台高程，主要水井还需量注井台至水面的深度。

5）工矿建（构）筑物及其他设施

应准确表示工矿建（构）筑物及其他设施的位置、形状和性质特征。依比例尺表示的，应实测其外部轮廓，并配置符号或按图式规定用依例尺符号表示；不依比例尺表示的，应准确测定其定位点或定位线，用不依比例尺符号表示。附属于其他建筑上的烟囱、贮水池、微波传送塔等地物，除特别高大及具有明显方位意义者外，一般不绘。对实地有些建筑物、构筑物，《图式》中无相应规定符号，也不便归类表的，可实测其物体的地面几何图形，并加注专名。

6）植被测绘

植被范围应实测，配置相应符号并正确反映植被符号类别和分布范围。同一地段内有多种植物穿插时，可按经济价值和数量适当取舍，符号配置不得超过三种（连同土质符号）。旱地指种植小麦、杂粮、棉花等田地。经济作物、油料作物应加注名称。有节水灌溉设备的应加注“灌溉”“滴灌”等。耕地内宽于0.1 m的田埂应实测表示，在图上宽于1 mm（含1 mm）的应用双线表示，小于1 mm的用单线表示。田块内应测注有代表性的高程。各类植物符号边界应用地类界符号表示。

零星树一般不表示，行树实地长小于10 m可不表示。耕地、园地面积小于30 m^2，其他地类小于75 m^2 可不单独表示。

一年分几季种植不同作物的耕地，以夏季主要作物为准；地类界与线状地物重合时，按线状地物测绘。

7)境界测绘

境界是区域范围的分界线,包括行政区划界和其他地域界。图上要求正确反映境界的类别、等级、位置以及与其他要素的关系。

国界是表示国家领土归属的界线,必须严肃对待。测绘国界时,应根据边界条约或有关边界的正式文件精确表示。国界符号应连续精确绘出。界桩、界碑应按坐标值展绘,注出编号,并尽量注出高程。同号双立或同号三立的界桩、界碑图上不能同时按实地位置绘出时,用圈点符号按实地的关系位置绘出,并注出各自的编号。各种注记均应注在本国界内,不得压盖国界符号。以河流中心线或主航道为界的,国界符号在河流中心线位置或主航道线上间断绘出(每隔3~5 cm绘出一段,每段3~4节。)。主航道线用0.15 mm黑实线表示。以河流或线状地物一侧为界的,国界符号在相应的一侧不间断地绘出。以共有河流或线状地物为界的,国界符号应在其两侧不间断地跳绘,岛屿用注记标明归属。

国内各级行政区划界应根据勘界协议、有关文件及权宜画法,准确、清楚地绘出。界桩、界标等要准确绘出。界标若为石碑,则以碑的符号表示。境界以线状地物为界,不能在线状符号中心绘出时,可沿两侧每隔3~5 cm交错绘出3~4节符号。但在境界相交或明显拐弯及图廓处,境界符号不应省略,以便明确走向和位置。

两级以上境界重合时,只绘高一级境界符号。"飞地"的界线用其隶属行政单位的境界符号表示,并在范围内加隶属注记。直辖市、地级市内的区界,用县界符号表示。乡级以上的国营农、林、牧场界用乡、镇界符号表示,并注记名称。行政登记以外的特殊地区界(如自然保护区、森林公园、风景旅游区等)用其他界线表示,范围内注记相应名称。

2. 地貌测绘

地貌是指地球表面上高低起伏的形态。地貌特征点有山顶点、鞍部点、山脊点、山谷点、山脚点、变坡点、坡坎点及特殊地貌点等。1∶500、1∶1 000、1∶2 000地形图测绘时的地形点最大间距分别为15 m、30 m、50 m,主要应测绘地貌特征点。

坡度在70°以上时表示为陡坎,70°以下时表示为斜坡。斜坡在图上投影≤2 mm时,以陡坎符号表示。斜坡应实测坡顶线、坡底线并实测若干高程;陡坎应实测坎上线、坎下线或只测坎上线并加注比高。各种天然形成和人工修筑的坡、坎,其比高小于1/2基本等高距或在图上长度短于5 mm时,可舍弃不表示。测绘时应注明加固、未加固及陡坎方向等。

雨裂、冲沟、悬崖、陡壁、砂崩崖、土崩崖、陡石山等不能用等高线表示的特殊地貌,应用测绘地物方法,测绘其轮廓,用符号表示,注记高程或等高线。江侧、河边的滩涂地等应表示出其相应土质。

3. 注记

调查并标注市镇、街巷、河流、道路、村庄、山头凹地、名胜古迹、广场、各级行政区划等地理名称、行政名称、自然名称。地名应以市地名管理部门公布的标准名称或有关部门编定的名称为准,二者不一致时,以前者为准。若标注有地名管理部门未公布的地名,应到当地村(居)委会盖章确认。行政村与自然名称不一致时或地理名称与自然名称不一致时,分别注自然名称或地理名称在前,行政名称或自然名称在后并加括号表示。地名有总名和分名时应同时调注。占地面积大于500 m^2或较著名单位要调注名称。地形图上的单位名称应用目前正在使用的名称,名称太长时,可以缩写,但缩写后含义要清楚,隶属要明确。根据图面负载和需要,大的居住区及工厂、学校、医院等较大单位可酌情调注楼名、楼号、车间及部门名称。

活动四　外业草图的绘制

【知识导航】

要想完整地表达地形信息和地理信息，必须采集的信息包括点位信息、连接信息和属性信息。利用数据采集方法已经把点位信息存储在全站仪中，而连接信息和属性信息的记录最常见的是采用绘制外业草图的形式来完成的。绘制外业草图也是测量人员的基本技能。

1. 绘制外业草图的要求及注意事项

绘制草图时，采集的地物地貌，原则上遵照《图式》的规定绘制，对于复杂的图式符号可以简化或自行定义。草图必须标注所测点的测点编号，且标注的测点编号应与数据采集记录中测点编号严格一致。草图上地形要素之间的相互位置必须清楚正确。地形图上须注记的各种名称、地物属性等，草图上必须标注清楚。

一般从开始设置测站即可开始绘制草图，先简单勾勒出地物的主要特征，待测定后再在图上标出点位及点号。绘制草图一般从草图用纸的中心开始较好，因为测量也是围绕测站进行的。主要表示清楚单一地物、地貌所测点位的连接关系。草图绘制的基本单元为单一的地物或地貌。地物的方位最好与实地一致，但不太追求地物间的相对位置关系的准确性。草图符号不宜太小或太大。更换草图时，要在新草图中标明前一张的关键点位。独立地物一般可以不绘制在图中实际位置，只需在草图角落分类予以记录即可。绘制草图过程中，绘图员要注意观测测区内的各种名称注记，及时记录下来。如道路名称、单位名称等。

测量中有些点不能直接测到，可以利用距离交会的方式量出来，草图中表示的距离要清楚，绘不下时可以引线另绘。

2. 展示测量草图

外业草图样图如图 6-27、图 6-28 所示。

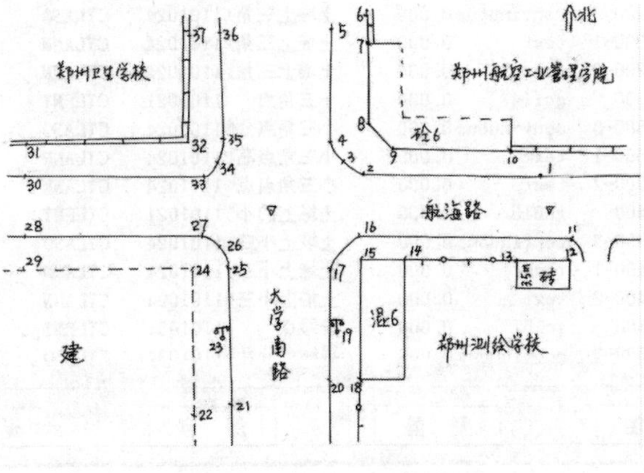

图 6-27　外业草图样图 1

资源与器材：A4 纸、铅笔。

在校园附近寻找比较简单的一块区域，教师带领学生在测区内进行讲解，学生根据所学知识绘出本区域测量草图，并且要求在图上标明测点点位、全站仪测量顺序等。

掌握外业草图的绘制要领后，要求每位学生提供一份整个校园的外业草图，为以后的校园数据采集实训做准备。

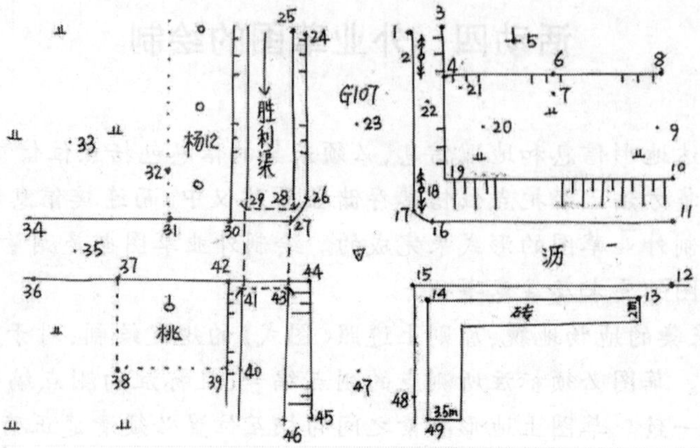

图 6-28　外业草图样图 2

活动五　数据编码

资源与器材：全站仪。

进入 CASS9.1 测图系统，单击“文件\CASS 系统配置文件”，弹出“系统配置文件设置”窗口(见图 6-29)。

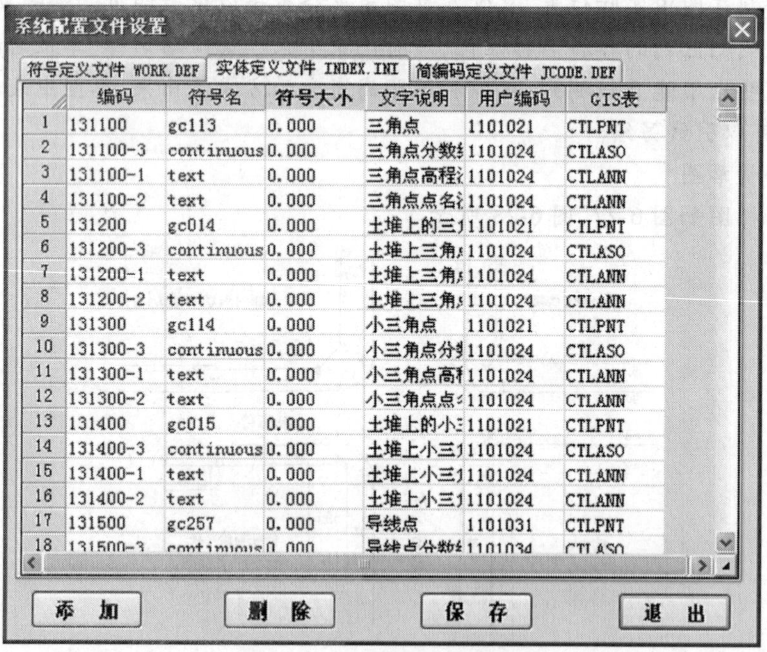

	编码	符号名	符号大小	文字说明	用户编码	GIS表
1	131100	gc113	0.000	三角点	1101021	CTLPNT
2	131100-3	continuous	0.000	三角点分数	1101024	CTLASO
3	131100-1	text	0.000	三角点高程	1101024	CTLANN
4	131100-2	text	0.000	三角点点名	1101024	CTLANN
5	131200	gc014	0.000	土堆上的三	1101021	CTLPNT
6	131200-3	continuous	0.000	土堆上三角	1101024	CTLASO
7	131200-1	text	0.000	土堆上三角	1101024	CTLANN
8	131200-2	text	0.000	土堆上三角	1101024	CTLANN
9	131300	gc114	0.000	小三角点	1101021	CTLPNT
10	131300-3	continuous	0.000	小三角点分	1101024	CTLASO
11	131300-1	text	0.000	小三角点高	1101024	CTLANN
12	131300-2	text	0.000	小三角点点	1101024	CTLANN
13	131400	gc015	0.000	土堆上的小	1101021	CTLPNT
14	131400-3	continuous	0.000	土堆上小三	1101024	CTLASO
15	131400-1	text	0.000	土堆上小三	1101024	CTLANN
16	131400-2	text	0.000	土堆上小三	1101024	CTLANN
17	131500	gc257	0.000	导线点	1101031	CTLPNT
18	131500-3	continuous	0.000	导线点分数	1101034	CTLASO

图 6-29　系统配置文件设置

在图 6-29 中，查看“符号定义文件 WORK.DEF”“实体定义文件 INDEX.INI”下的 CASS 程序内部码以及野外操作码，对照查看“简编码定义文件 JCODE.DEF”。

★**提示**：如果该窗口弹出后，三个文件都是空白，是因为“cell 控件”没有安装。点击 WINDOWS 系统“开始”菜单下的“运行”，在“打开”框中输入“C:\WINDOWS\system32\regsvr32.exe　CellCtrl5.ocx”。点击“确定”后即可。

图 6-30 为绘制的外业草图，试根据草图上测点点号、连接关系及地物属性在图中括号

内填写各点对应的野外操作码。

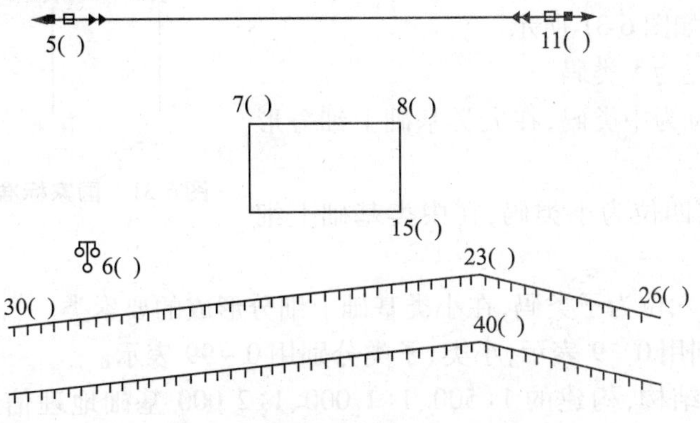

图 6-30 野外操作码使用实训图

分组采集一站碎部点数据，不绘制草图，采用在全站仪的编码栏输入 CASS 野外操作码的方式进行数据采集。传输并保存文件，供下一步学习使用。

【知识导航】

数据采集采用数字测记模式时，地物点的连接关系和地物属性信息（地物类别）是用外业测量草图的形式记录下来的。在内业绘图时，若只利用点、线、面来实现对草图上各种地物形状的表达，而这些几何形状没有赋予属性信息，则无法让计算机自动识别各种地物，进行各种自动处理。所以，必须对全部地形信息构建一整套完整的表示地形属性的数据编码，才能解决计算机自动识别、自动处理地形信息的问题。

一般用按一定规则构成的符号串来表示地物属性和连接关系等信息，这种有一定规则的符号串称为数据编码。

数字测图中的数据编码要考虑的问题很多，如要满足计算机成图的需要，野外输入要简单、易记，便于成果资料的管理与开发。

数据编码的基本内容包括：地物要素编码（或称地物特征码、地物属性码、地物代码）、连接关系码（或连接点号、连接序号、连接线型）、面状地物填充码等。数字测图系统内的数据编码一般为 6 ~ 11 位，有的全部用数字表示，有的用数字、字符混合表示。编码设计的好坏会直接影响到外业数据采集的难易、效率和质量，而且对后续地形（地籍）资料的交换、管理、使用和建立地理信息资料库都会产生很大的影响。

《1:500 1:1 000 1:2 000 外业数字测图技术规程》（GB/T 14912—2017）规定，野外数据采集编码的总形式为：地形码 + 信息码。地形码是表示地形要素的代码。地形码可采用《基础地理信息要素分类与代码》（GB/T 13923—2006）中相应的代码，也可采用汉语拼音速写码、键盘菜单以及混合码等。当采用非标准编码形式时，经计算机处理后，要转换为符合《基础地理信息要素分类与代码》（GB/T 13923—2006）规定的地形要素的代码。下面分别以国家标准地形要素分类与编码和 CASS 编码方案为例进行说明。

一、国家标准地形要素分类与编码

《基础地理信息要素分类与代码》（GB/T 13923—2006）规定的地形要素的代码由 6 位十进制数字码组成，分别为按数字顺序排列的大类、中类、小类和子类码。大类包括定位基础、水系、居民地及设施、交通、管线、境界与政区、地貌、土质与植被共 8 类；中类在上述各大类的基础上划分出，共46类。

具体代码结构如图6-31所示。

（1）左起第一位为大类码。

（2）左起第二位为中类码，在大类基础上细分形成的要素类。

（3）左起第三、四位为小类码，在中类基础上细分形成的要素类。

（4）左起第五、六位为子类码，在小类基础上细分形成的要素类。

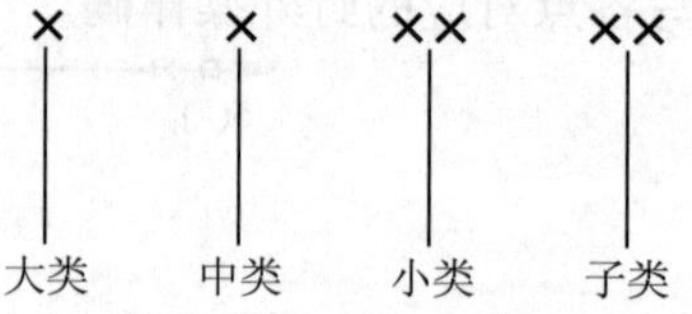

图6-31　国家标准地形要素代码结构

大类、中类分别用0～9表示，小类、子类分别用0～99表示。

根据上述代码结构，构建的1∶500、1∶1 000、1∶2 000基础地理信息要素部分代码如表6-2所示。

表6-2　1∶500、1∶1 000、1∶2 000基础地理信息要素部分代码

分类代码	要素名称	分类代码	要素名称
100000	定位基础	200000	水系
110000	测量控制点	210000	河流
110101	大地原点	210100	常年河
110103	图根点	210101	地面河流
110202	水准点	220000	沟渠
110300	卫星定位控制点	220100	运河

二、CASS编码方案

CASS测图系统中有两种编码方案。一种是用于系统处理用的程序内部码。这种编码每个地物具有唯一性，但由于位数较多又不便于记忆，外业采集时直接输入编码比较困难。另一种是用于野外采集时直接输入的野外操作码，是在野外作业时输入的简单提示性编码，经内业简码识别后能够自动转换为程序内部码。

（一）CASS程序内部码

CASS程序内部码在其符号定义文件WORK. DEF中，表6-3中是部分内部编码和相应的编码说明。

每个主编码下的详细编码及其说明在CASS软件安装目录下的SYSTEM子目录下的实体定义文件INDEX. INI中。

（二）CASS野外操作码

CASS系统的野外操作码（也称为简码或简编码）可区分为类别码、关系码和独立符号码3种，每种只由1～3位字符组成。其形式简单、规律性强，无需特别记忆，并能同时采集测点的地物要素和拓扑关系码。它也能够适应多人跑镜（尺）、交叉观测不同的地物等复杂情况。

表 6-3 部分内部编码和相应的编码说明

编码	说明	编码	说明
131100	三角点	165103	半依比例涵洞
131200	土堆上的三角点	183501	双线干沟右边
131300	小三角点	183502	双线干沟左边
131400	土堆上的小三角点	183503	单线干沟
131500	导线点	182100	湖泊
131600	土堆上的导线点	182401	有坎池塘
131700	埋石图根点	182402	无坎池塘
131800	不埋石图根点	182200	时令湖
131900	土堆上的埋石图根点	203610	干涸湖
132100	水准点	182300	水库水边线
133000	卫星定位等级点	182311	水库溢洪道右边
134100	独立天文点	182312	水库溢洪道左边
181101	岸线	182340	水库泄洪洞
181102	高水位岸线	182350	建筑中水库
181410	地下河段、渠段入口	186100	海岸线
181420	已明流路地下河段、渠段	186200	干出线
181300	消失河段	186510	沙滩

1. 类别码

类别码亦称地物代码，是按一定的规律设计的，其具体内容及含义参见表6-4。

野外操作码有1~3位，第一位是英文字母，大小写等价，后面是范围为0~99的数字，无意义的0可以省略，例如，A和A00等价、F1和F01等价。野外操作码后面可跟参数，如野外操作码不到3位，与参数间应有连接符“-”，如有3位，后面可紧跟参数，参数有包括控制点的点名、房屋的层数、陡坎的坎高等。野外操作码第一个字母不能是“P”，该字母只代表平行信息。Y0、Y1、Y2三个野外操作码固定表示圆。可旋转独立地物要测两个点以便确定旋转角。野外操作码如以“U”“Q”“B”开头，将被认为是拟合的，所以如果某地物有的拟合，有的不拟合，就需要两种野外操作码。房屋类和填充类地物将自动被认为是闭合的。房屋类和符号定义文件第14类别地物如只测三个点，系统会自动给出第四个点。

对于查不到CASS编码的地物以及没有测够点数的地物，如只测一个点，自动绘图时不做处理，如测两点以上按线性地物处理。

例如：K0—直折线型的陡坎，U0—曲线型的陡坎，W1—土围墙，T0—标准铁路（大比例尺），Y012.5—以该点为圆心半径为12.5 m的圆。

表 6-4　CASS 线状地物、面状地物类别码

CASS 地物类别		类别码
坎类(曲)		K(U) + 数(0—陡坎,1—加固陡坎,2—斜坡,3—加固斜坡,4—垄,5—陡崖,6—干沟)
线类(曲)		X(Q) + 数(0—实线,1—内部道路,2—小路,3—大车路,4—建筑公路,5—地类界,6—乡、镇界,7—县、县级市界,8—地区、地级市界,9—省界线)
垣栅类		W + 数(0,1—宽为 0.5 m 的围墙,2—栅栏,3—铁丝网,4—篱笆,5—活树篱笆,6—不依比例围墙,不拟合,7—不依比例围墙,拟合)
铁路类		T +数(0—标准铁路(大比例尺),1—标(小),2—窄轨铁路(大),3—窄(小),4—轻轨铁路(大),5—轻(小),6—缆车道(大),7—缆车道(小),8—架空索道,9—过河电缆)
电力线类		D + 数 (0—电线塔,1—高压线,2—低压线,3—通信线)
房屋类		F +数 (0—坚固房,1—普通房,2——般房屋,3—建筑中房,4—破坏房,5—棚房,6—简单房)
管线类		G + 数(0—架空(大),1—架空(小),2—地面上的,3—地面下的,4—有管堤的)
植被土质	拟合边界	B+数(0—旱地,1—水稻,2—菜地,3—天然草地,4—有林地,5—行树,6—狭长灌木林,7—盐碱地,8—沙地,9—花圃)
	不拟合边界	H+数(0—旱地,1—水稻,2—菜地,3—天然草地,4—有林地,5—行树,6—狭长灌木林,7—盐碱地,8—沙地,9—花圃)
圆形物		Y + 数(0 半径,1—直径两端点,2—圆周三点)
平行体		P + (X(0—9),Q(0—9),K(0—6),U(0—6)…)
控制点		C+ 数(0—图根点,1—埋石图根点,2—导线点,3—小三角点,4—三角点,5—土堆上的三角点,6—土堆上的小三角点,7—天文点,8—水准点,9—界址点)

2. 关系码

关系码(亦称连接关系码,见表 6-5)共有"+""-""A $"和"p"4 种符号,配合简单数字来描述测点间的连接关系。其中,"+"表示连线依测点顺序进行;"-"表示连线依测点顺序相反方向进行;"p"表示绘平行体;"A $"表示段点标识符。

表 6-5　关系码符号及含义

符号	含义
+	本点与上一点相连,连线依测点顺序进行
-	本点与下一点相连,连线依测点顺序相反方向进行
n+	本点与上 n 点相连,连线依测点顺序进行
n-	本点与下 n 点相连,连线依测点顺序相反方向进行
p	本点与上一点所在地物平行
np	本点与上 n 点所在地物平行
+A $	断点标识符,本点与上点连
-A $	断点标识符,本点与下点连

操作码的具体构成规则如下:

(1)对于地物的第一点,操作码=地物代码。如图6-32中的1、5两点(点号表示测点顺序,括号中为该测点的编码,下同)。

(2)连续观测某一地物时,操作码为“+”或“-”。其中“+”表示连线依测点顺序进行;“-”表示连线依测点顺序相反方向进行,如图6-33所示。在CASS中,连线顺序将决定类似于坎毛线的方向,坎毛线及其他类似标记总是遵循左向生成的原则,因而改变连线方向就可改变其所在方向。

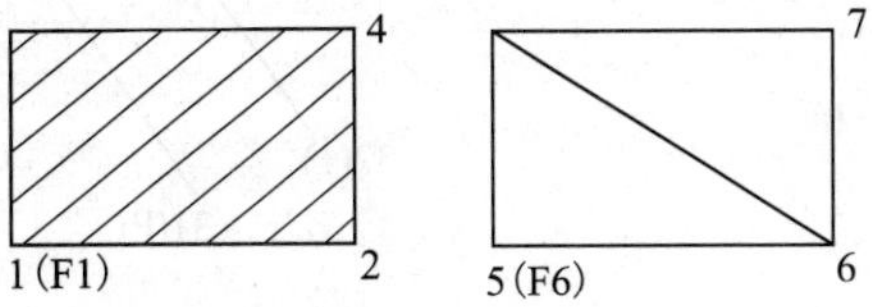

图6-32　地物起点的操作码

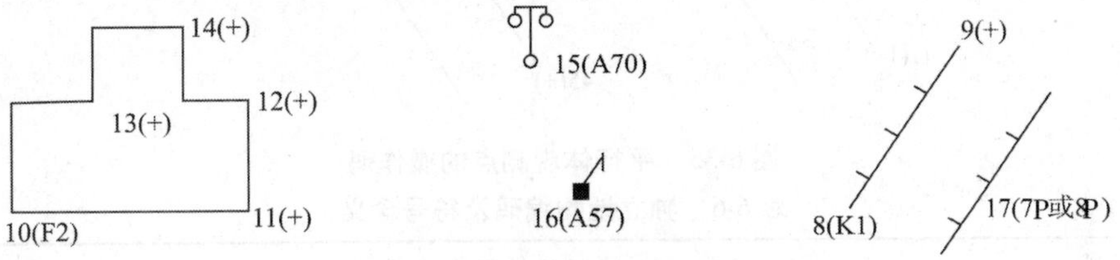

图6-33　连续观测点的操作码

(3)交叉观测不同地物时,操作码为“n+”或“n-”。其中“+”“-”的意义同上,n表示该点应与以上n个点前面的点相连(n=当前点号-连接点号-1,即跳点数),还可用“+A \$”或“-A \$”标识断点,A \$是任意助记字符,当一对A \$断点出现后,可重复使用A \$字符,如图6-34所示。

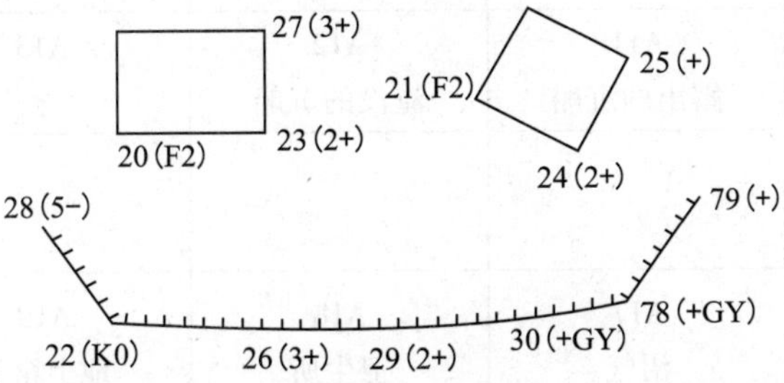

图6-34　交叉观测点的操作码

(4)观测平行体时,操作码为“p”或“np”。其中,“p”的含义为通过该点所画的符号应与上点所在地物的符号平行且同类,“np”的含义为通过该点所画的符号应与以上跳过n个点后的点所在的符号画平行体,对于带坎毛线的坎类符号,将会自动识别是堤还是沟。若上点或跳过n个点后的点所在的符号不为坎类或线类,系统将会自动搜索已测过的坎类或线类符号的点。因此,用于绘平行体的点,可在平行体的一“边”未测完时测对面点,亦可在测完后接着测对面的点,还可在加测其他地物点之后,测平行体的对面点,如图6-35所示。

3. 独立码

对于只有一个定位点的独立地物,用A××表示(见表6-6),如A42表示普通线杆,A50表示阔叶独立树等。

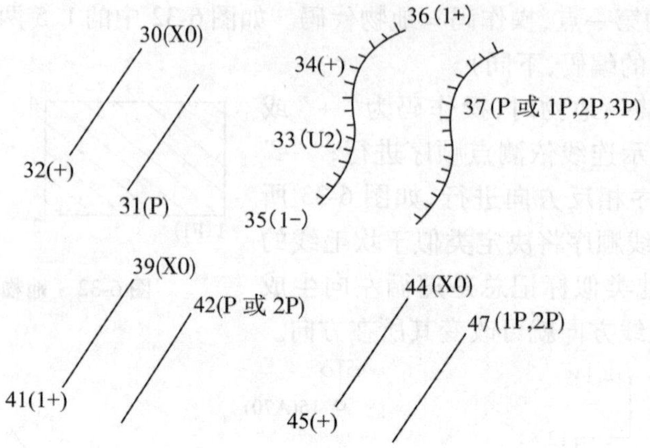

图 6-35　平行体观测点的操作码

表 6-6　独立地物编码及符号含义

类别	编码及符号含义				
水系设施	A00 水文站	A01 停泊场（锚地）	A02 航行灯塔	A03 航行灯桩	A04 航行灯船
	A05 左航行浮标	A06 右航行浮标	A07 系船浮筒	A08 急流	A09 过江管线标
	A10 信号标	A11 露出的沉船	A12 淹没的沉船	A13 泉	A14 水井
土质	A15 石堆				
居民地	A16 学校	A17 沼气	A18 卫生所	A19 地上窑洞	A20 电视发射塔
	A21 地下窑洞	A22 窑	A23 蒙古包		
管线设施	A24 上水检修井	A25 下水、雨水检修井	A26 圆形污水箅子	A27 下水暗井	A28 煤气、天然气检修井
	A29 热力检修井	A30 电信入孔	A31 电信出孔	A32 电力检修井	A33 工业、石油检修井
	A34 液体、气体储存设备	A35 不明用途检修井	A36 消火栓	A37 阀门	A38 水龙头
	A39 长形污水箅子				

续表 6-6

类别	编码及符号含义				
电力设施	A40 变电室	A41 无线电杆、塔	A42 电杆		
军事设施	A43 旧碉堡	A44 雷达站			
道路设施	A45 里程碑	A46 坡度表	A47 路标	A48 汽车站	A49 臂板信号机
独立树	A50 阔叶独立树	A51 针叶独立树	A52 果树独立树	A53 椰子独立树	
工矿设施	A54 烟囱	A55 露天设备	A56 地磅	A57 起重机	A58 探井
	A59 钻孔	A60 石油、天然气井	A61 盐井	A62 废弃的小矿井	A63 废弃的平硐洞口
	A64 废弃的竖井口	A65 开采的小矿井	A66 开采的平硐洞口	A67 开采的竖井井口	
公共设施	A68 加油站	A69 气象站	A70 路灯	A71 照射灯	A72 喷水池
	A73 垃圾台	A74 旗杆	A75 亭	A76 岗亭、岗楼	A77 钟楼、鼓楼城楼
	A78 水塔	A79 水塔烟囱	A80 环保监测站	A81 粮仓	A82 风车
	A83 水磨坊、水车	A84 避雷针	A85 抽水机站	A86 地下建筑物天窗	
宗教设施	A87 纪念像碑	A88 碑、柱、墩	A89 塑像	A90 庙宇	A91 土地庙
	A92 教堂	A93 清真寺	A94 敖包、经堆	A95 宝塔、经塔	A96 假石山
	A97 塔形建筑物	A98 独立坟	A99 坟地		

CASS9.1 专门有一个野外操作码定义文件 JCODE.DEF,该文件是用来描述野外操作码与 CASS9.1 内部编码的对应关系的,用户可编辑此文件使之符合自己的要求,文件格式为:

野外操作码,CASS9.1 编码

……

END。

三、自定义简码法测图

自定义简码法是指在数字测图时,外业作业人员给每一个碎部测点赋予一个自定义简码。内业导出带有自定义简码的坐标文件并依据自定义简码绘制成图的一种数字测图方法。对于无法用简码表示的地物,可以用草图配合表示。

(一)自定义简码编码原则

(1)外业采集时,可根据用户习惯自行定义地物编码。

(2)简码开头部分和所测地物地貌属性类别一致,容易识别,方便记忆。

(3)编码原则是简码设置不宜过长,方便输入。

(4)点状地物简码可直接用所测地物名称的首字母组成。

(5)线状地物和面状地物可在地物属性类别简码后面附带连接信息和附属信息简码,方便内业连接绘图。连接信息可用数字表示,附属信息可用字母和数字表示。

(二)简码自定义举例

1.点状地物简码举例

如水井可以直接编码为"SJ",消火栓编码为"XHS",风车为"FC",路灯为"LD"等。

CASS 中,水井、消火栓、风车、路灯相应的简码分别为"A14""A36""A82""A70",只需要在野外操作码定义文件 JCODE.DEF 中把"A14""A36""A82""A70"等分别替换为"SJ""XHS""FC""LD",即可利用 CASS 的简码识别功能自动绘制出所有的点状地物符号,节省了大量的内业编图时间。

2.线状和面状地物简码举例

以 2 层混凝土结构矩形房屋为例,可以自定义简码为"F2T"。对于矩形房屋,只需要测三个点即可绘制,所以所测得三个点简码可定义为"F2T1""F2T2""F2T3"。简码第一位"F"表示房屋;第二位"2"表示 2 层;"T"表示混凝土结构;第四位表示依次所测点的连线顺序。

以陡坎为例,可以自定义简码为"K1G1.1""K2G2.0""K3G2.5"等。简码第一位"K"表示陡坎;第二位 1、2、3 等数字表示连线顺序;第三位"G"表示加固陡坎;后面的小数表示各点的比高。

比如围墙宽度是 0.5 m,测点为围墙内侧时,可记录为 WN0.5,测点为围墙外侧时,可记录为 W0.5,这样把围墙宽度、所测内侧或外侧等信息在展点电子图上一目了然。

灵活自定义简码,可使外业测量尽量少作草图甚至不作草图,使简码法测量发挥其应有的方便性和简洁性。其他地物均可以根据上述思路灵活定义简码。

为了防止遗忘,可随时在纸上记录各种自定义简码的含义,便于绘图时查询。

内业绘图时,可以直接展绘出各点的自定义简码,然后根据简码所表示的属性信息、连接信息和附属信息绘制成图。

（三）自定义简码绘图实训

采用自定义简码法分组，采集一站校园碎部点数据，并记录各自定义简码含义。把采集数据传输存储，供绘图使用。

采集同时，要仔细体会自定义简码法和数字测记法、CASS 野外操作码法的区别与联系，做到能够自由选择上述方法。

活动六 GNSS 数据采集

全站仪与 GNSS 接收机的对比情况如表 6-7 所示。

表 6-7 全站仪与 GNSS 的对比

比较项目	全站仪	GNSS
通视要求	依赖于测站点到目标点之间的通视情况，如果视线方向有障碍物，则必须绕道测量	GNSS 测量技术无需通视要求
气候条件的限制（如雾、雨）	气候因素限制着全站仪测量的运作	不受天气条件的限制，能实现全天候测量运作
测量距离	1 km 左右	平均 15 km
控制测量精度	2 mm +2 ppm 适用于小范围的控制测量	3 mm +1 ppm，可进行高精度大地测量
测量效率	至少需要 2～3 人	同样的工作需要更少的人，节约人力资源，尤其点、线放样非常快捷
测量界面	DOS 界面	Windows 界面，各项功能更为条理清晰，可操作性强

相对于经典的测量技术来说，GNSS 技术的主要特点如下：

（1）观测站之间无需通视。既要保持良好的通视条件，又要保障测量控制网的良好结构，这一直是经典测量技术在实践方面的困难问题之一。GNSS 测量不要求观测站之间相互通视，因而不再需要建造觇标。这一优点即可大大减少测量工作的经费和时间（一般造标费用占总经费的 30%～50%），同时也使点位的选择变得甚为灵活。

不过也应指出，GNSS 测量虽不要求观测站之间相互通视，但必须保持观测站的上空开阔（净空），以使接收 GNSS 卫星的信号不受干扰。

（2）定位精度高。现已完成的大量试验表明，目前在小于 50 km 的基线上，其相对定位精度可达到$(1\sim2)\times10^{-6}$，而在 100～500 km 的基线上可达到$10^{-6}\sim10^{-7}$。随着光测技术与数据处理方法的改善，可望在 1 000 km 的距离上，相对定位精度达到或优于10^{-8}。

（3）观测时间短。目前，利用经典的静态定位方法完成一条基线的相对定位所需要的观测时间，根据要求的精度不同，一般为 1～3 h。为了进一步缩短观测时间，提高作业速度，近年来发展的短基线（例如不超过 20 km）快速相对定位法，其观测时间仅需数分钟。

（4）提供三维坐标。GNSS 测量在精确测定观测站平面位置的同时，可以精确测定观测站的大地高程。GNSS 测量的这一特点，不仅为研究大地水准面的形状和确定地面点的高程开辟了新途径，同时为其在航空物探、航空摄影测量及精密导航中的应用提供了重要的高程数据。

(5)操作简便。GNSS 测量的自动化程度很高,在观测中测量员的主要任务只是安装并开关仪器、量取仪器高、监控仪器的工作状态和采集环境的气象数据,而其他观测工作,如卫星的捕获、跟踪观测和记录等均由仪器自动完成。另外,GNSS 用户接收机一般质量较轻、体积较小,例如南方的 S－86 双频 GNSS 接收机,质量约为 1.25 kg,体积为 3 500 cm^3,因此携带和搬运都很方便。

(6)全天候作业。GNSS 观测工作可以在任何地点,任何时间连续地进行,一般也不受天气状况的影响。所以,GNSS 定位技术的发展,对于经典的测量技术是一次重大的突破。一方面,它使经典的测量理论与方法产生了深刻的变革,另一方面,也进一步加强了测量学与其他学科之间的相互渗透,从而促进测绘科学技术的现代化发展。

RTK 技术近年来发展比较迅速,它在各种控制测量、地形测图、工程选线及工程放样中应用广泛,与常规仪器相比非常明显地提高了作业效率和作业精度。特别是在 RTK 普及的今天,熟练操作 RTK 在实际应用中显得尤为重要。现以南方测绘 RTK 灵锐 S86 为例,对其数据采集步骤做简单的介绍。

RTK 定位设置包括基站仪器架设、手簿与接收机的蓝牙连接、作业的新建与已知点输入、基站设置、流动站设置、坐标转换与参数求解等内容。

(1)基准站架设与天线高量取。

操作:架设仪器到已知点上,对中整平→将测高片夹在连接头与接收机主机之间(见图 6-36(a))→由测高片量测边量至标石(或其他标志)或者地面点中心顶端(见图 6-36(b))。

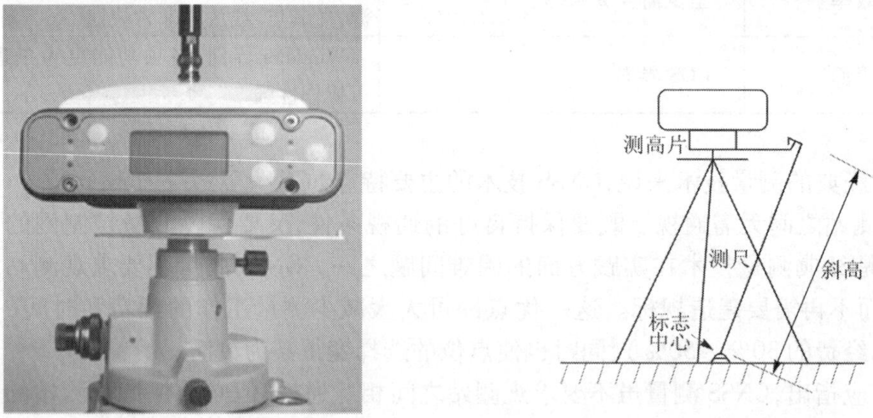

(a)　　(b)

图 6-36　仪器连接与天线高量取

说明:点位选择要考虑 RTK 基准站点位要求与作业的方便。天线高应在互成 120°的脚架空隙处量取三次,取平均值,且量取的高为斜高。基站上安装时需采用长天线。

(2)基准站模式与内置电台模式的选择设置。

操作 1:按【电源键】开机,出现灵锐 S86 时,按【F2】键→按【F1/F2】键选择“设置工作模式”,按【电源键】确定→按【F1/F2】键选择“基准站模式”→按【电源键】确定,如图 6-37 所示。

操作 2:进入基准站模式后,按【F1/F2】,到“修改”,按【电源键】确定,就可以对差分格式、发射间隔及记录数据进行修改(见图 6-38(a))。按【F1/F2】,移动到差分格式后,按【电

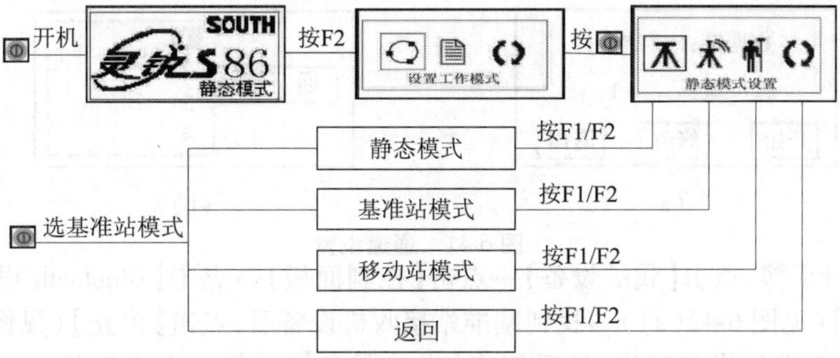

图 6-37　基准站模式选择

源键】确定(见图 6-38(b))。按【F1/F2】移动到其中一个格式(如 RTCA),按【电源键】确定(见图 6-39(a))。设置完成后,按【F1/F2】移动到【开始】,按【电源键】确定(发射间隔与记录格式的设置同差分格式)。进入"模块设置"界面(见图 6-39(b))。

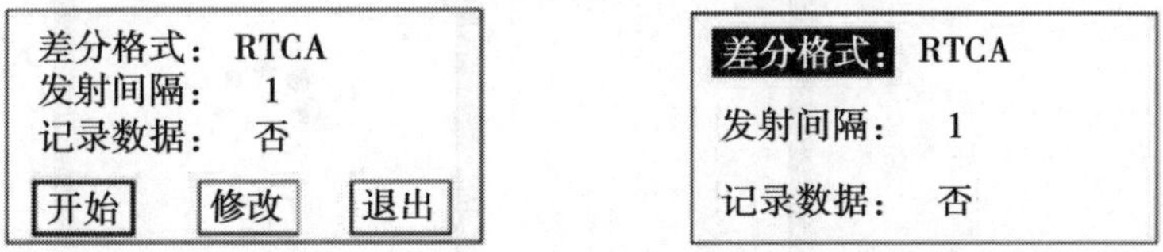

(a)　(b)

图 6-38　修改差分格式

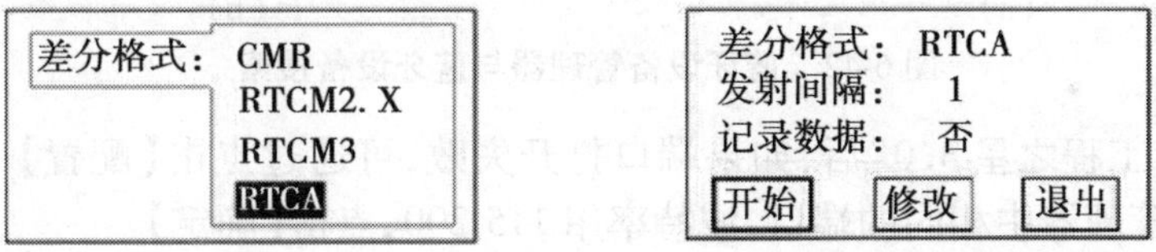

(a)　(b)

图 6-39　选择差分格式

说明:S86 支持的差分格式有以下几种:CMR、RTCM2. X、RTCA、RTCM3、DGPS。

操作 3:在"模块设置"界面下,按【F1/F2】键,选择【修改】,按【电源键】确定。按【F1/F2】键选择"数据链",按【电源键】进入(见图 6-40(a))。按【F1/F2】键选择"电台",按【电源键】确定(见图 6-40(b))。

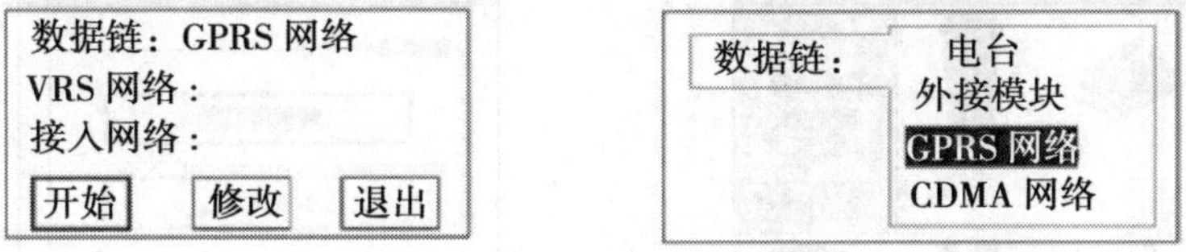

(a)　(b)

图 6-40　内置电台模式

操作 4:按【F1/F2】键选择"通道",按【电源键】确定进入(见图 6-41(a))。按【F1/F2】键选择通道(如通道 1),按【电源键】确定(见图 6-41(b))。按【F1/F2】移动到【开始】,按【电源键】确定,电台、通道设置完成。

说明:通道选择其中任一个即可,基站与流动站需保持一致。

(3)通过蓝牙建立手簿和基站接收机的连接。

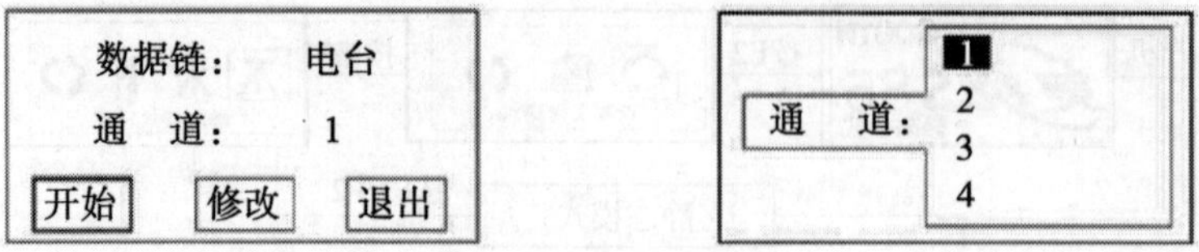

（a）　　　　（b）

图 6-41　通道设置

操作：打开手簿，点击【我的设备】→点击【控制面板】→点击【Bluetooth 设备属性】→点击【扫描设备】（见图 6-42（a））→找到基准站接收机设备后，点击【停止】（见图 6-42（b））→选择搜索到的基准站设备双击，然后双击【串口服务】，选择一个串口号（如 COM7），点击【确定】→点【OK】确定退出。

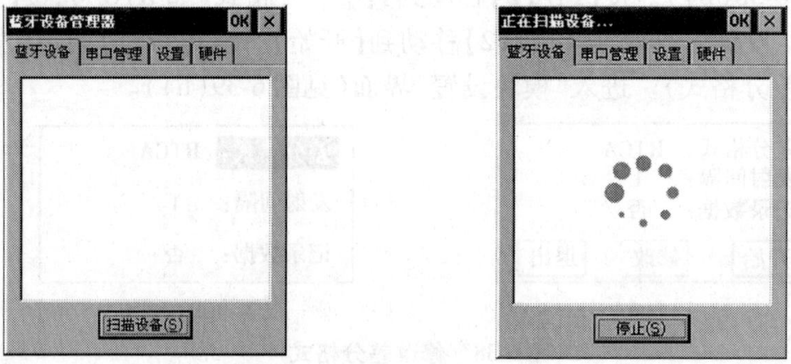

（a）　　　　（b）

图 6-42　蓝牙设备管理器与蓝牙设备搜索

说明：打开“工程之星 3.0”后，如果端口打开失败，可通过点击【配置】→点击【端口设置】选择与蓝牙管理器中相同的端口，波特率用 115 200，点击【确定】。

（4）基准站的启动。

操作：打开“工程之星 3.0”，点击【配置】，选择【仪器设置】（见图 6-43（a））。进入“仪器设置”界面，点击【基准站设置】（见图 6-43（b））。进入“基准站设置”界面，输入并设置基站参数后，点击【】，设置基站参数（见图 6-44（a））。输入基准站已知 WGS－84 坐标，点击【启动基站】，启动基站成功（见图 6-44（b））。

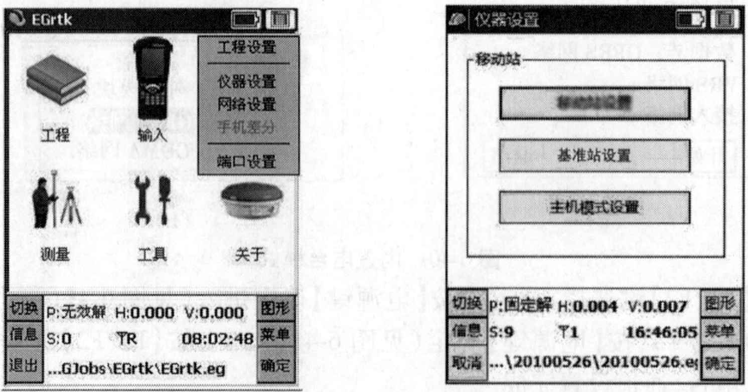

（a）　　　　（b）

图 6-43　工程之星 3.0 主界面与仪器设置

(a)　(b)

图 6-44　基准站设置与启动

说明：点击右下角图标设置基站参数时，会出现“设置基站参数成功！”的提示，点击【OK】即可。基准站坐标的输入可以直接输入，也可以点击基准坐标右边的【】图标，从“坐标管理库”导入需要的基站坐标。

(5)流动站模式与内置电台模式的选择设置。

详细步骤参照步骤(2)，在这里需要注意，选择模式为移动站模式。

(6)通过蓝牙建立手簿和流动站接收机的连接。

详细步骤参照步骤(3)。

(7)新建工程。

操作1：打开“工程之星3.0”，点击【工程】，选择【新建工程】(见图6-45(a))。进入“新建工程”，输入名称，点击【确定】(见图6-45(b))。进入“工程设置”界面(见图6-46(a))。

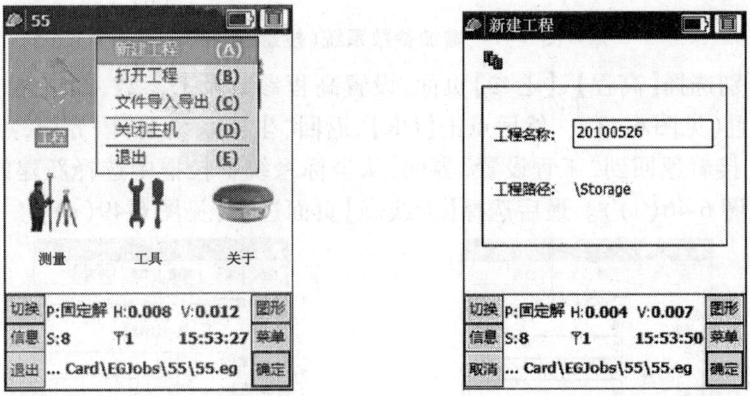

(a)　(b)

图 6-45　新建工程

操作2：“工程设置”界面，选择【坐标系】页面，点击【编辑】(见图6-46(a))。进入“坐标系统编辑”界面，点击【增加】或【编辑】(见图6-46(b))。进入“增加参数系统”(见图6-47(a))。

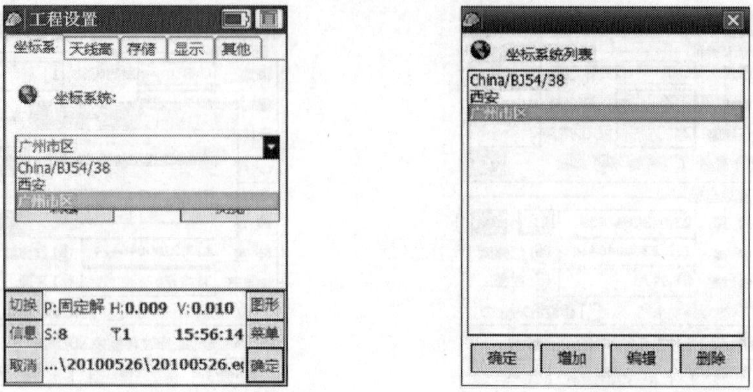

(a) (b)

图 6-46 工程设置与坐标系统

操作 3:"增加参数系统"界面下,选择【投影】页面,输入系统名,选择椭球,设置投影方式、中央子午线、东加常数、投影比例尺等信息(见图 6-47(a))。选择【水平】页面,设置四参数,如果要求四参数,该项无需设置(见图 6-47(b))。

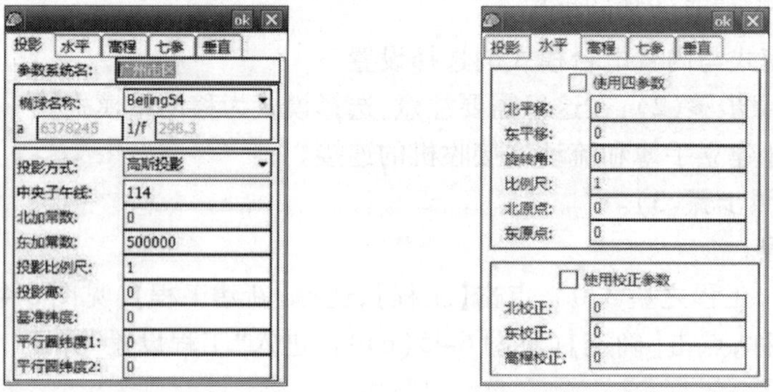

(a) (b)

图 6-47 增加参数系统(投影、水平)

操作 4:分别选择【高程】、【七参】页面,设置高程参数及七参数,如果要求转换参数,则这两项无需设置(见图 6-48)。然后点击【OK】,返回"坐标系统编辑"界面,点击【确定】(见图 6-46(b))。接着返回到"工程设置"界面,从坐标系统下拉框中选择新建的坐标系统(如广州市区)(见图 6-46(a))。最后选择【天线高】页面进入(见图 6-49(a))。

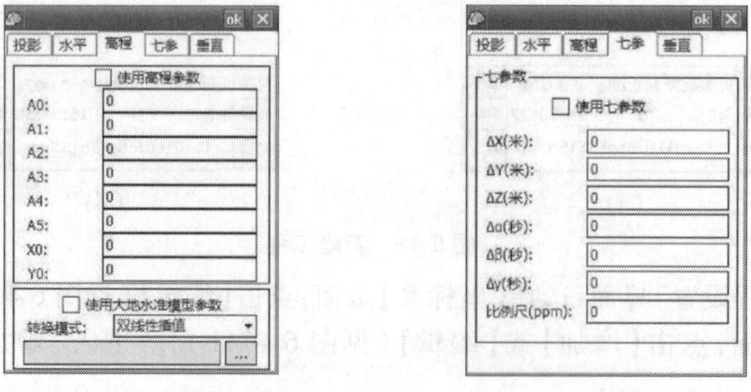

(a) (b)

图 6-48 增加参数系统(高程、七参)

操作 5:在【天线高】页面下,选择【杆高】并输入杆高,点击【确定】(见图 6-49(a))。选择【存储】和【显示】页面,设置后,点击【确定】(见图 6-49(b))。返回工程之星 3.0 界面。

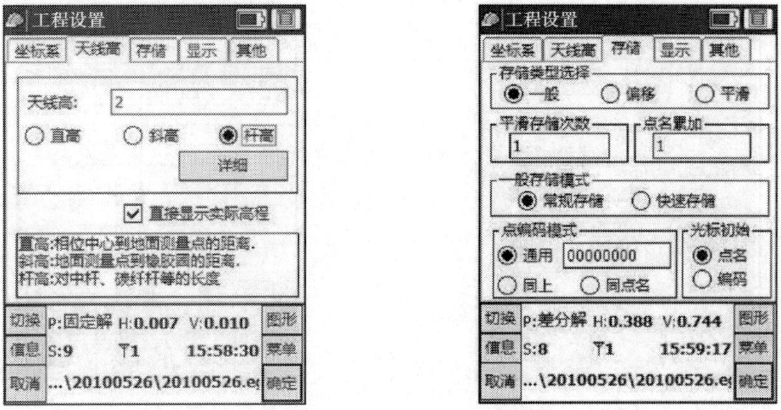

(a)　　　　　　　　(b)

图 6-49　工程设置(天线高、存储)

(8)已知坐标的输入。

①地方已知坐标的输入。

操作:在"工程之星 3.0"界面下,点击【输入】,选择【坐标管理库】(见图 6-50(a))。进入"坐标管理库"界面,点击【增加】(见图 6-50(b))。进入图 6-51(a)所示界面,输入坐标名称、北坐标、东坐标、高程、编码,并从坐标类型下拉框中选择【平面坐标】,从属性类型中选择【控制点】,点击【确定】。进入图 6-51(b)所示界面,新添加的坐标显示在列表中(添加更多地方已知坐标的操作与此相同)。

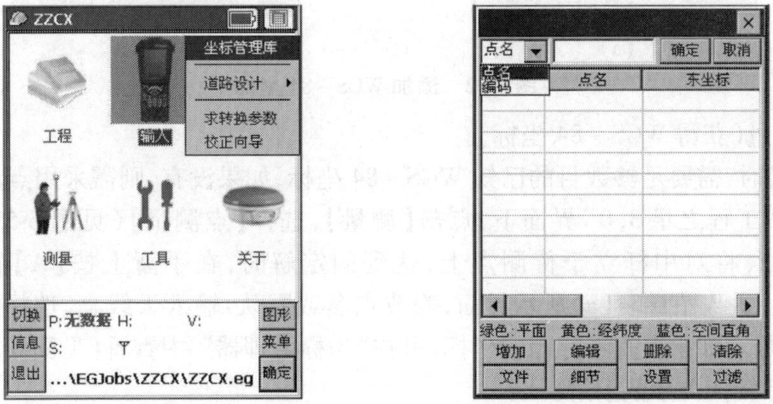

(a)　　　　　　　　(b)

图 6-50　坐标管理库

②WGS - 84 坐标的输入。

操作:在"坐标管理库"界面,点击【增加】(见图 6-50(b))。进入图 6-52(a)所示界面,输入坐标名称、北坐标、东坐标、高程、编码,并从坐标类型下拉框中选择【WGS84 经纬度坐标】或【WGS84 空间直角坐标】,从属性类型中选择【控制点】,点击【确定】(见图 6-52(a))。

进入图 6-52(b)界面,新添加的坐标显示在列表中(添加更多 WGS－84 坐标的操作与此相同)。

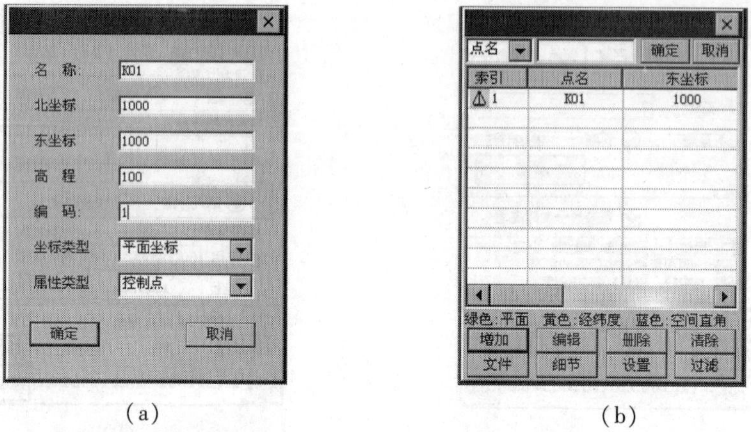

(a) (b)

图 6-51 增加地方坐标

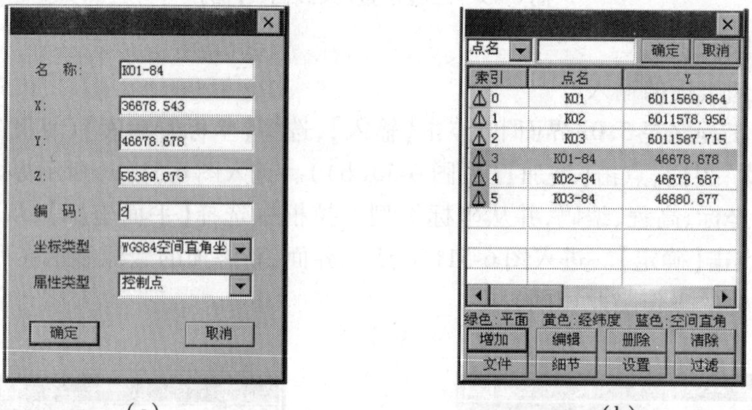

(a) (b)

图 6-52 添加 WGS－84 坐标

(9)点测量(获得 WGS－84 坐标)。

坐标转换时,需要足够数目的已知 WGS－84 坐标,如果没有,则需采用点测量获取。

操作:在“工程之星 3.0”界面下,点击【测量】,选择【点测量】(见图 6-53(a))。进入“点测量”界面,将对中杆立于待测点上,达到固定解时,在手簿上按【A】存储坐标(见图 6-53(b))。进入图 6-54(a)所示界面,修改点名或默认,输入天线高,选择【杆高】,点击【OK】存储完成。如果要查看存储的坐标,可在“坐标管理器”中查看(见图 6-54(b))。

(10)坐标转换与参数求解。

GNSS 接收机输出的数据是经纬度坐标,需要转化到施工测量坐标,这就需要软件进行坐标转换参数的计算和设置,转换参数就是完成这一工作的主要工具。求转换参数主要是计算四参数或七参数和高程拟合参数。

①四参数。

操作 1:在“工程之星 3.0”界面下,点击【输入】,选择【求转换参数】(见图 6-55(a))。进入“求转换参数”界面,点击【设置】(见图 6-55(b))。进入“求转换参数－设置”界面,点

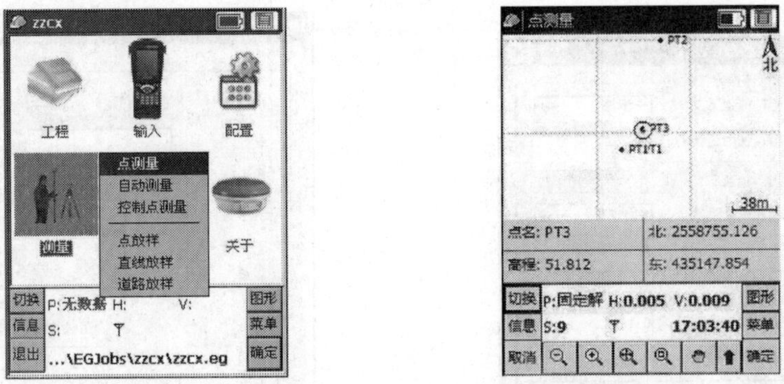

(a) (b)

图 6-53 点测量

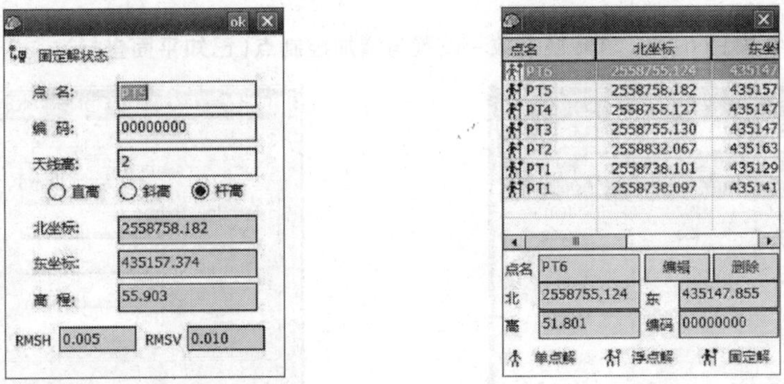

(a) (b)

图 6-54 点存储与坐标查看

击坐标转换方法下拉框,选择【一步法】,点击【OK】(见图 6-56(a))。返回"求转换参数"界面,点击【增加】(见图 6-55(a))。进入"增加控制点(已知平面坐标)"界面,手动输入坐标或点击【☰】图标(见图 6-56(b))。进入"坐标管理库"界面(见图 6-57(a))。

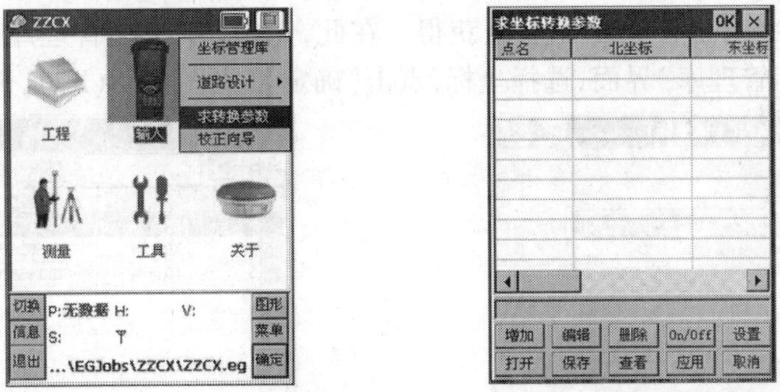

(a) (b)

图 6-55 求转换参数

操作 2:在"坐标管理库"界面下,选择坐标,点击【确定】(见图 6-57(a))。进入"增加控制点(已知平面坐标)"界面,选择的坐标显示如图,点击【OK】(见图 6-57(b))。进入"增加控制点(大地坐标)"界面(见图 6-58(a))。

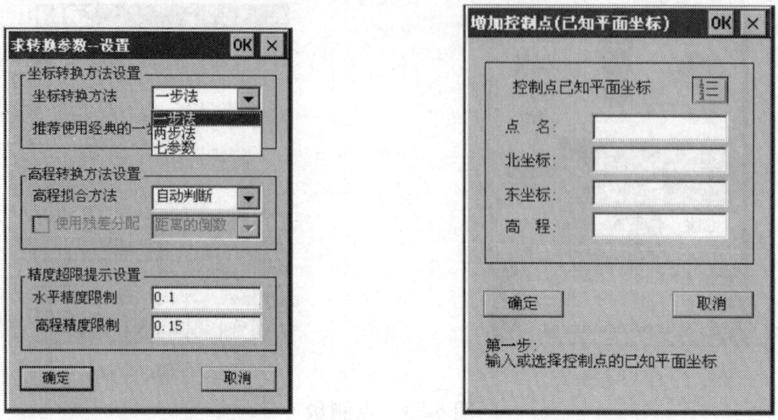

(a) (b)

图 6-56 求转换参数 – 设置与增加控制点(已知平面坐标)

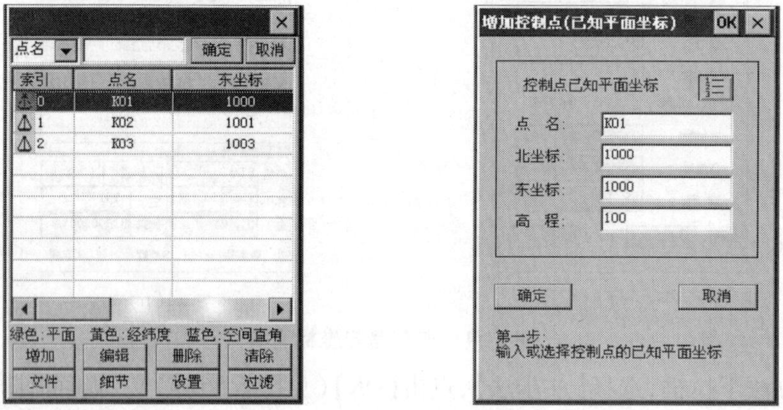

(a) (b)

图 6-57 坐标管理库与增加控制点

操作 3:“增加控制点(大地坐标)”界面,选择其中一种方式获得 WGS – 84 坐标,读取当前点坐标时,须将对中杆立于该点上获得。在此,点击【从坐标管理库选点】(见图 6-58(a))。进入“坐标管理库”界面,选择坐标,点击【确定】(见图 6-58(b)),进入图 6-59(a)。

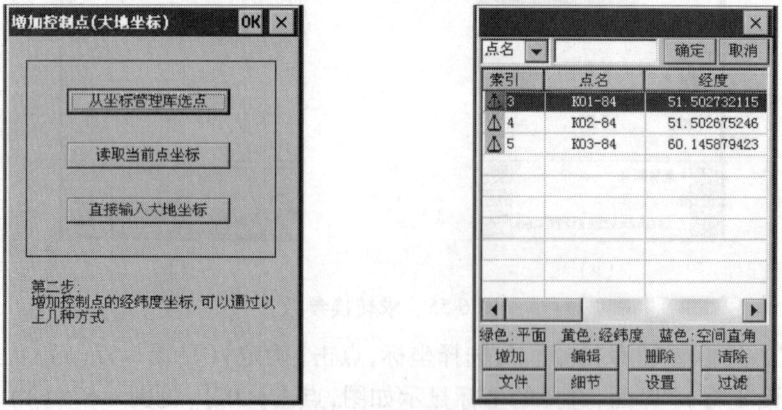

(a) (b)

图 6-58 增加控制点(大地坐标)与坐标管理库

操作4:增加控制点(大地坐标)无问题时,点击【确定】(见图6-59(a))。进入“求坐标转换参数”界面,拖动滑动条滑动(见图6-59(b))。进入图6-60(a),查看水平精度、高程精度以及平面、高程是否参与求解,点击【On/Off】。进入“使用/不使用设置”界面,选择参与坐标参数计算时是否使用平面、使用高程,点击【确定】(见图6-60(b))。返回“求坐标转换参数”界面(见图6-60(a)),继续添加剩余的匹配的坐标,添加后,如图6-61(a)所示。

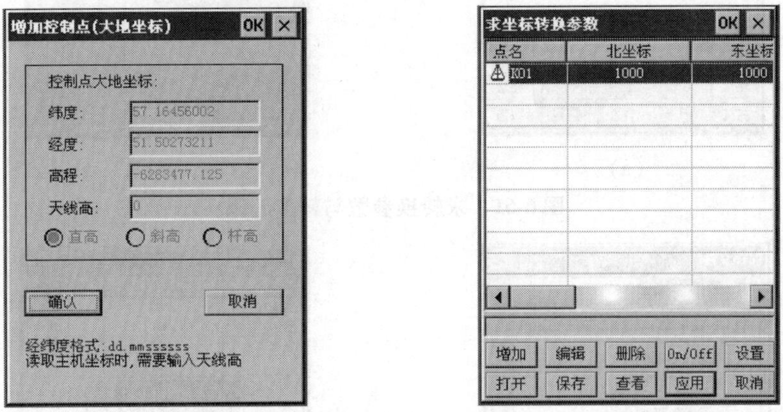

(a) (b)

图6-59 增加控制点(大地坐标)与求坐标转换参数

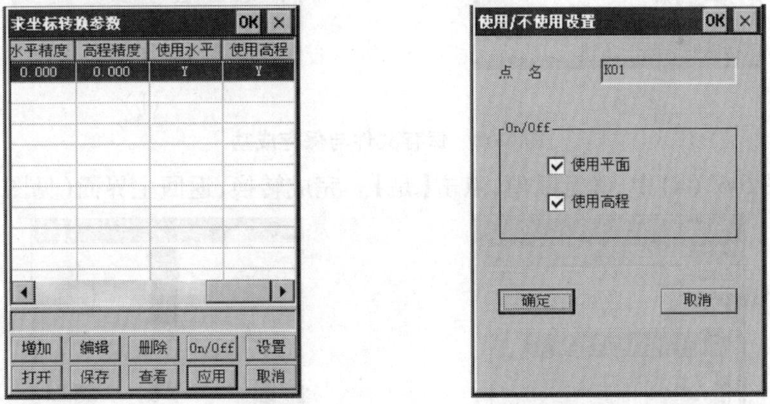

(a) (b)

图6-60 求坐标转换参数与使用/不使用设置

操作5:添加完成后,点击【保存】(见图6-61(a))。如果参数求解有问题,会出现精度超限,需认真检查。合限后,点击【确定】(见图6-61(b))。进入“保存文件”界面,输入文件名,点击【OK】(见图6-62(a))。进入“求坐标转换参数”界面,并出现“保存成功”提示,点击【OK】,点击【应用】(见图6-62(b))。进入图6-63(a)所示界面。

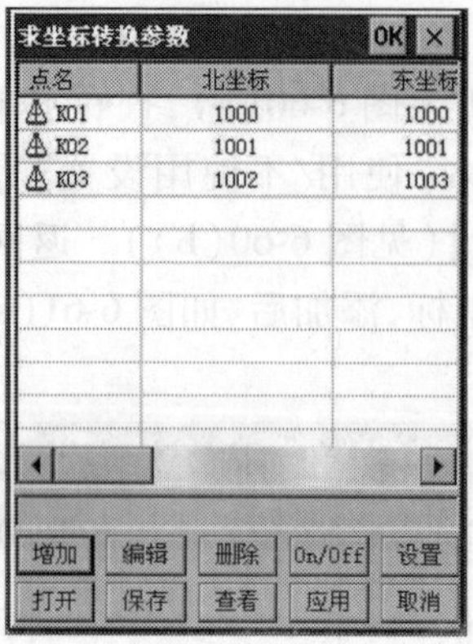

(a)

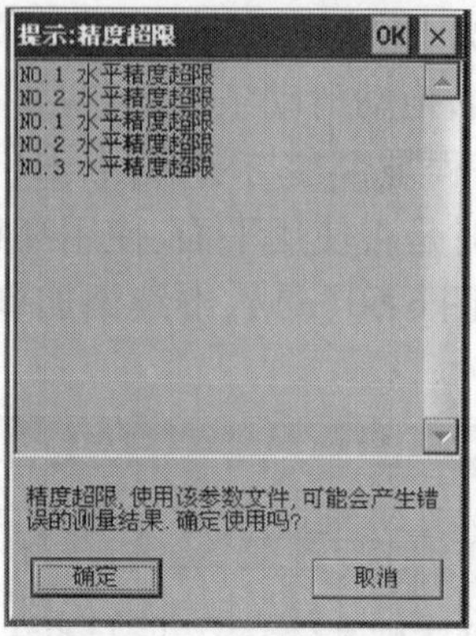

(b)

图 6-61　求转换参数与精度超限

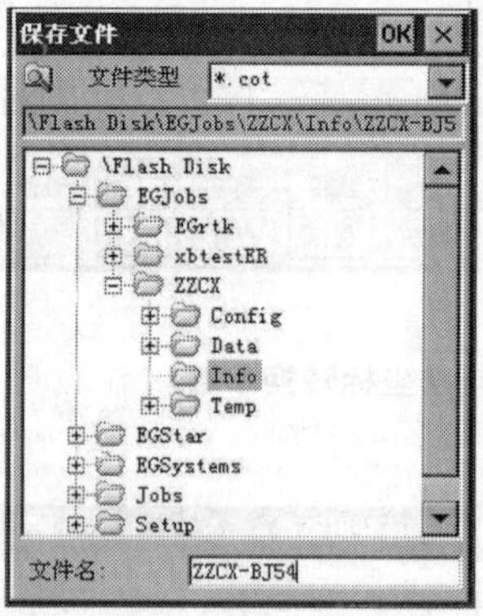

(a)

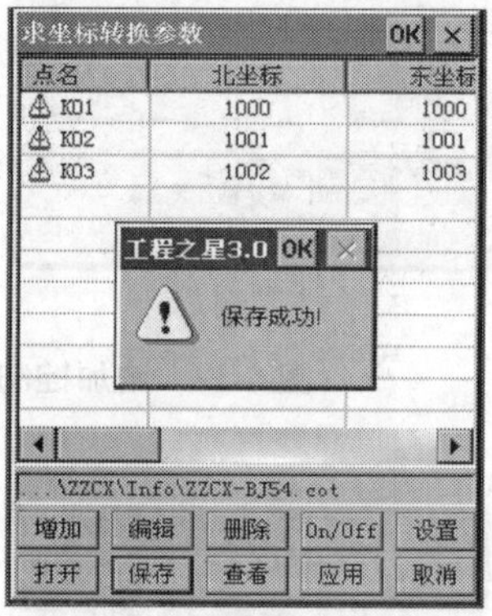

(b)

图 6-62　保存文件与保存成功

操作 6:图 6-63(a)中,确定赋值,点击【是】。完成转换,返回主界面(见图 6-63(b))。

(a)

(b)

图 6-63　求坐标转换参数与工程之星 3.0 界面

②七参数。

七参数的计算操作和四参数相同,相关操作参见四参数。七参数的应用范围较大(一般大于 50 km^2),计算时用户需要知道三个以上的地方已知点坐标和 WGS - 84 坐标。

操作:在"工程之星 3.0"界面下,点击【输入】,选择【求转换参数】(见图 6-64(a))。进入“求转换参数”界面,点击【设置】。进入“求转换参数－设置”界面,点击坐标转换方法下拉框,选择【七参数】,点击【OK】(见图6-64(a))。返回“求转换参数”界面,添加完匹配坐标后,点击【保存】和【应用】。在主界面下,点击【配置】,选择【工程设置】,选择【坐标系】页面,点击【编辑】,选择【七参】页面,查看求解的七参数(见图6-64(b))。参数求解完成后,即可进行点测量与点放样。

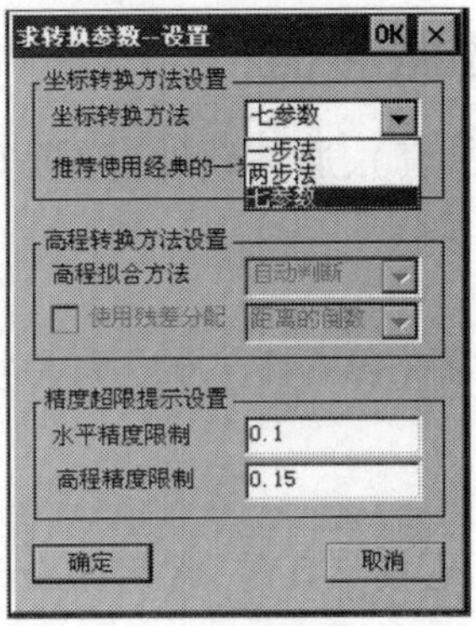

(a)

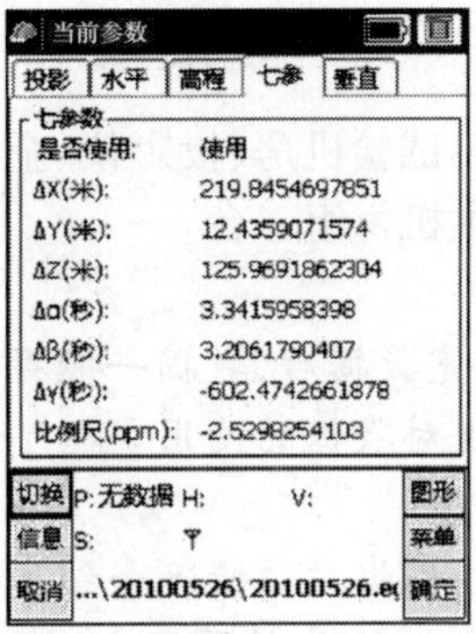

(b)

图6-64　求转换参数－设置与当前参数

南方灵锐S86接收机RTK定位设置流程分为两种方法:一是基准站架设在已知点上,二是基准站架设在未知点上。这两种方法主要的区别在于基准站的启动方式不同,一个需输入已知WGS－84坐标,另一个需要单点定位自启动。

使用四参数方法进行RTK的测量可在小范围(20～30 km^2)内使测量点的平面坐标及高程的精度与已知的控制网之间配合很好,只要采集两点或两点以上的地方坐标点就可以了,但是在大范围(比如几十平方千米或几百平方千米)进行测量的时候,往往转换参数不能在部分范围起到提高平面和高程精度的作用,这时候就需要使用七参数的方法,已知三个或三个以上的已知点,这些点既要有地方坐标,又要有WGS－84坐标。

七参数的控制范围和精度虽然增加了,但七个转换参数都有参考限值,X、Y、Z轴旋转一般都必须是秒级的;X、Y、Z轴平移一般小于1 000。若求出的七参数不在这个限值以内,一般是不能使用的。这一限制还是比较苛刻的,因此在具体使用七参数还是四参数时要根据具体的施工情况而定。

任务二　数据通信

【任务目标】

1. 掌握全站仪与计算机间的数据通信方法。
2. 掌握南方手簿文件的导入与导出操作。
3. 掌握手簿数据传输的操作步骤及内容。

【学习过程】

1. 学习拓普康全站仪数据通信的基本操作。
2. 学习中纬全站仪数据通信的基本操作。
3. 学习RTK数据通信的基本操作。

4. 数据通信实训。

5. 总结数据通信中注意的问题。

【学习成果】

1. 手簿文件操作流程及步骤。

2. 手簿数据传输的操作步骤。

活动一　全站仪数据通信

资源与器材:试验机房、投影仪、全站仪模拟器(一套)、通信软件(随机安装),传输线每组一根、全站仪主机每组一台。

【知识导航】

全站仪采集完数据后,数据一般存储在全站仪内存(闪存卡)内。需要把数据传输到计算机中,才能实现对数据的使用。

1. 认识传输线

展示传输线,根据接口情况介绍传输线的使用与连接。目前,常用的全站仪传输线分为两种,串口传输线与 USB 传输线分别如图 6-65、图 6-66 所示。

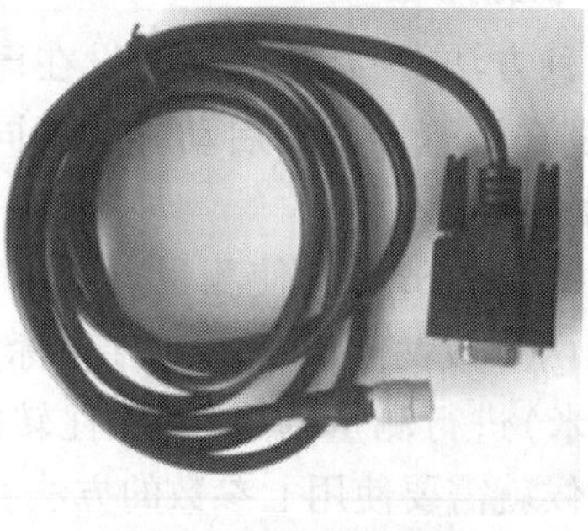

图 6-65　串口传输线

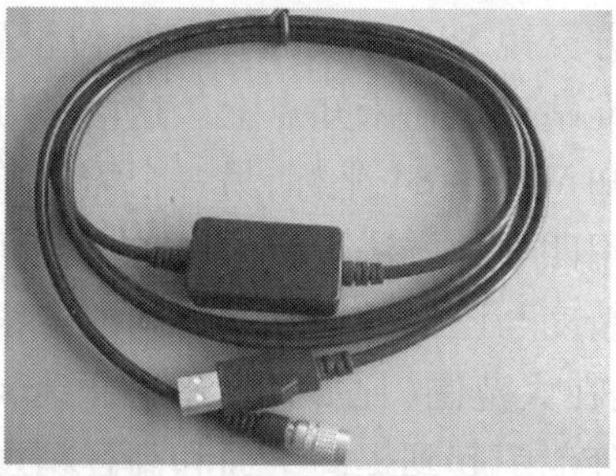

图 6-66　USB 口传输线

串口传输线,圆形一端(见图 6-67)为接全站仪数据传输的接口,另一端为 RS232 孔式接口(见图 6-68),对应接计算机上 RS232 针式接口。

USB 传输线,圆形一端为接全站仪数据传输的接口,另一端为 USB 接口(见图 6-69),接计算机 USB 接口。

图 6-67　传输线圆形接口

图 6-68　RS232 孔式接口

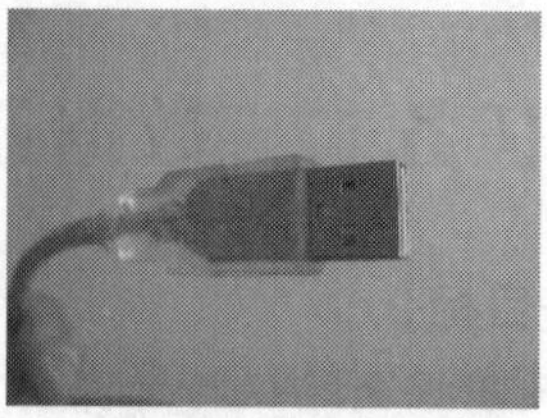

图 6-69　USB 接口

2. 数据线的连接

将数据线一端插入计算机 USB 口或串口,一端插入全站仪接口,注意连接时必须将针孔与针对准,错位是无法插入的,所以连接时注意接口形状与接口上的红点要对准,切勿用力。

从全站仪拔下传输线接口时,切忌直接拽线,应该用食指与拇指捏住接口上的活动环(见图 6-70),拔取传输线。连接计算机的串口与 USB 口可以捏住接口拔取。

3. USB 传输线驱动的安装

如果是使用串口传输线,可以即插即用,不需要任何驱动程序。但如果是使用 USB 传输线,首次插入 USB 线时计算机会提示安装驱动程序。打开驱动程序安装盘,双击安装文件"PL-2303 DRIVER.exe"即可。驱动程序安装完毕,需要重启计算机。

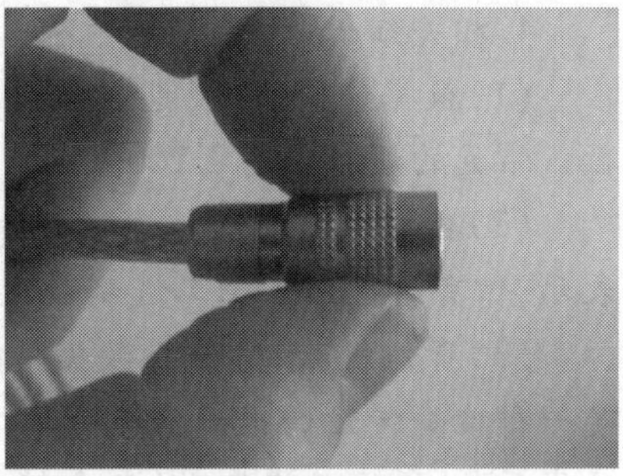

图 6-70 拔传输线圆形接口方法

将传输线的 USB 接口插入计算机,右键单击"我的电脑",进入"设备管理器",查看计算机对 USB 分配的串口号(见图 6-71 中,分配的是"COM1")。

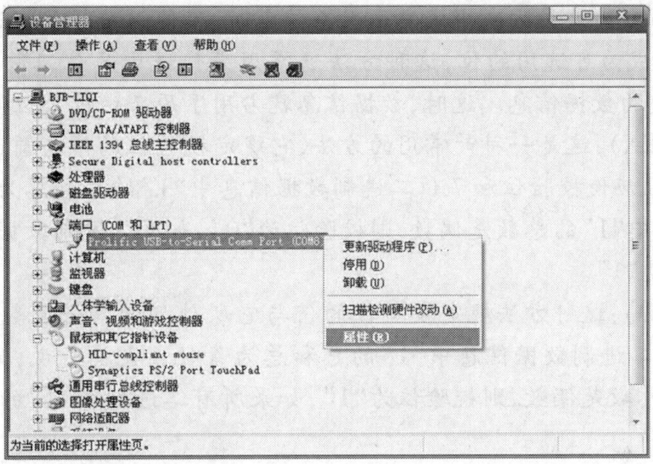

图 6-71 设备管理器中对 USB 分配串口的查看

右键进入"属性"菜单,进入串口属性设置界面(见图 6-72)。

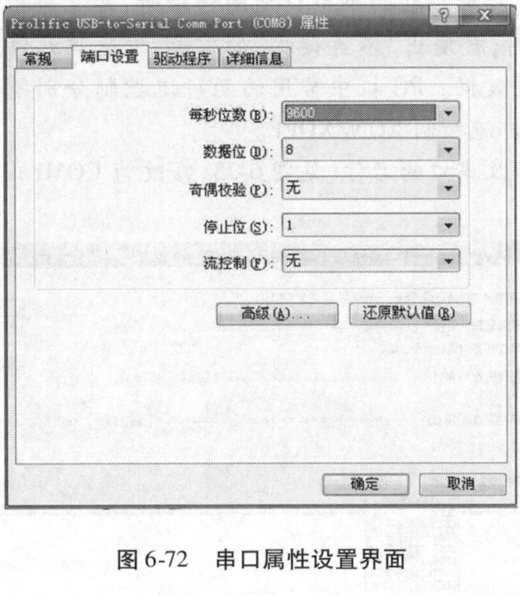

图 6-72 串口属性设置界面

在"端口设置"选项卡中,可以设置与全站仪传输所需要的波特率(每秒位数)、数据位、奇偶校验位、停止位、流控制等。

4. 相关知识

(1)数据传输速度(也叫波特率)的快慢,用位/秒(B/s)表示,即每秒钟传输数据的位数。常见的波特率有1 200、2 400、4 800、9 600、19 200等。

(2)数据通信时所传输的数据信息的二进制位数叫作数据位。它通常用7位二进制数表示,但有时也用8位二进制数表示。

(3)奇偶校验位,是指数据传输时接在每个7位二进制数据信息后面发送的第8位,它是一种检查传输数据正确与否的方法。即将一个二进制数(校验位)加到发送的二进制信息串后,让所有二进制数(包含校验位)的总和总保持是奇数或是偶数,以便在接收单元检核传输的数据是否有误。校验位通常有如下校验方式:

①无校验(NONE):这种方式规定发送数据信息时,不使用校验位。这样就使原来校验位所占用的第8位成为可选用的位,这种方法通常用来传送由8位二进制数(而不是7位ASCII码数据)组成的数据信息。这时,数据信息就占用了原来由校验位使用的位置。

②偶校验(EVEN):这是一种最常用的方法,它规定校验位的值与前面所传输的二进制数据信息有关,并且应使校验位和7位二进制数据信息中"1"的总和总为偶数。换言之,如果二进制数据信息中"1"的总数是偶数,则校验位为"0",如果二进制数据信息中"1"的总数是奇数,则校验位是"1"。

③奇校验(ODD):这种方法规定校验位的值与它所伴随的二进制数据信息有关,并且应使校验位和7位二进制数据信息中"1"的总和总为奇数。也就是说,如果数据信息中所有二进制数"1"的总数是偶数,则校验位为"1",如果所有二进制数"1"的总数是奇数,则校验位是"0"。

(4)当发送每个二进制数据信息完毕后,相应地在其后加上一位或二位二进制数,用来表示数据传送结束,叫作停止位。

(5)串口的流控制是指数据在两个串口之间传输时,常常会出现丢失数据的现象。当接收端数据处理不过来时,就发出"不再接收"的信号,发送端就停止发送,直到收到"可以继续发送"的信号再发送数据。PC机中常用的两种流控制分别是硬件流控制(包括RTS/CTS、DTR/DSR等)和软件流控制XON/XOFF。

单击"高级",可以修改串口的名称(见图6-73,修改为COM1),但注意不能修改为正在使用中的串口。

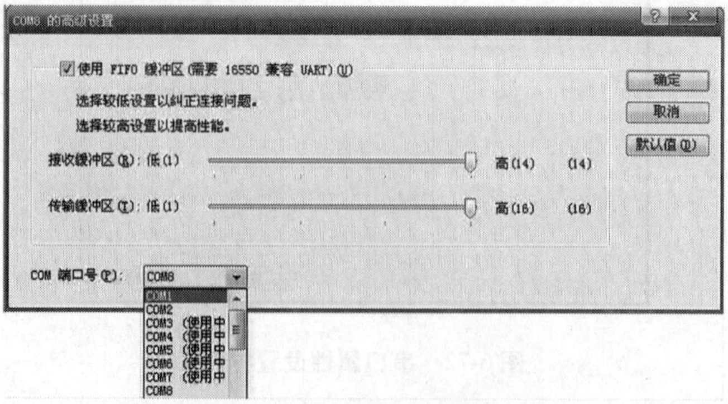

图6-73 修改串口名称界面

全部确认后,串口设置完成。

一、全站仪数据通信

全站仪数据通信时,全站仪和计算机二者之间的端口设置参数必须完全一致,才能实现顺利传输。下面以拓普康全站仪和中纬全站仪向 CASS9.1 软件传输采集数据为例进行说明。

拓普康全站仪数据传输步骤如下。

(一)通信参数设置

在图 6-74 菜单界面中,点击“F3:存储管理”,点击两次“F4”翻页到“3/3”即第三页,如图 6-74 所示。

存储管理 3/3
F1:数据通信
F2:初始化
P↓

图 6-74 数据通信功能

按“F1:数据通信”,进入“数据传输”界面(见图 6-75)。点击“F3:通信参数”,进入通信参数菜单(见图 6-76)。

数据传输
F1:发送数据
F2:接收数据
F3:通信参数

图 6-75 数据传输界面

通信参数 1/2
F1:协议
F2:波特率
F3:字符/检验 P↓

图 6-76 通信参数界面

依次检查或设定通信参数为:①协议:“无”;②波特率:9 600;③字符/检校:8/无校验;④停止位:1。

常见拓普康全站仪通信参数项目参见表 6-8。

表 6-8 通信参数项目

项目	可选参数	内容
F1:协议	[ACK/NAK],[无]	设置联络方式 [认可/否认]有联络或[单向]无联络传送方式
F2:波特率	1 200,2 400,4 800,9 600,19 200,38 400	设置传送速度 1 200,2 400,4 800,9 600,19 200,38 400 波特率
F3:字符/检验	[7/偶校验],[7/奇校验],[8/无校验]	设置数据位与奇偶校验位[7 位/偶校验],[7 位/奇校验],[8 位/无校验]
F4:停止位	1,2	设置停止位 1 位或 2 位

参数设置完成后点击“ESC”功能键,退回到数据传输菜单。

(二)全站仪发送数据准备

在图 6-75“数据传输”界面点击“F1:发送数据”,进入“发送数据”界面(见图 6-77)。选择发送“F1:测量数据”(也可选择“F2:坐标数据”),进入“发送测量数据”界面(见图 6-78)。

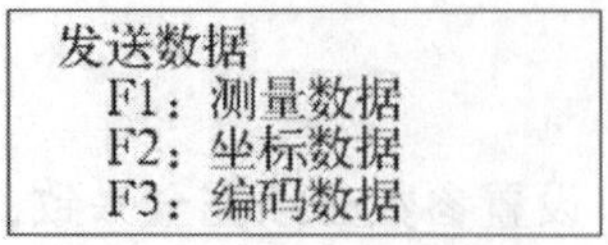

图 6-77　发送数据界面

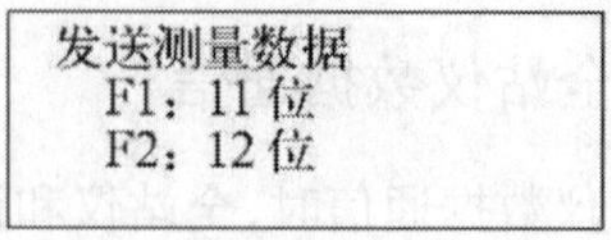

图 6-78　发送测量数据界面

选择“F1:11 位”,进入“选择文件”界面(见图 6-79)。选择“F4”,回车。出现如图 6-80 所示界面后,暂不操作。转到 CASS9.1 软件进行设置。

图 6-79　选择文件界面

图 6-80　发送确认界面

（三）CASS9.1 接收数据准备

打开 CASS9.1 软件,点击下拉菜单“数据”中的“读取全站仪数据”项(见图 6-81),弹出“全站仪内存数据转换”界面,如图 6-82 所示。

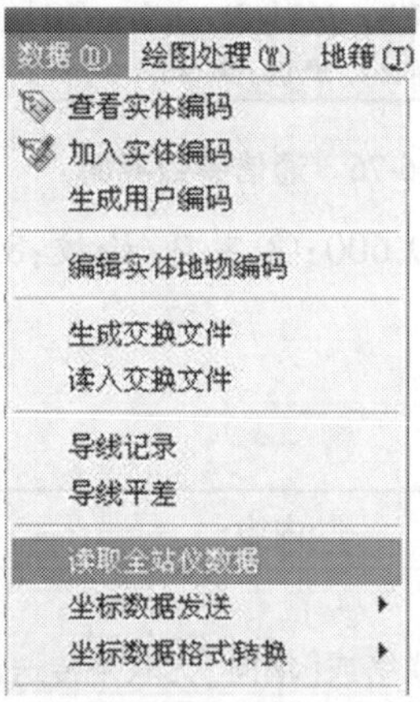

图 6-81　读取全站仪数据

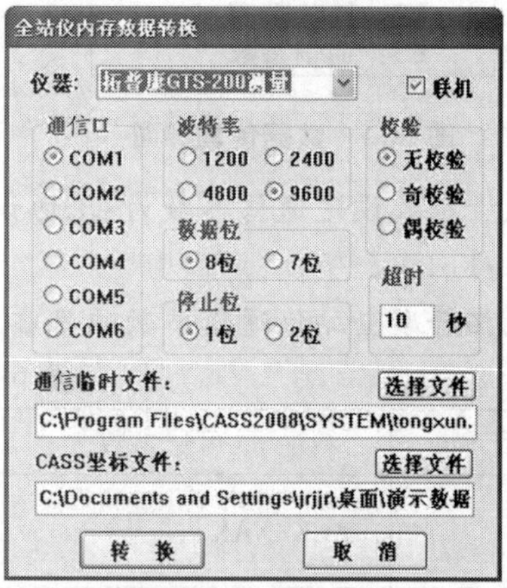

图 6-82　全站仪内存数据转换界面

在全站仪内存数据转换菜单中,选择并设置如下:

仪器一栏选择“拓普康 GTS－200 测量”(如果传输坐标文件,仪器一栏选择“拓普康 GTS－200 坐标”);通信口:COM1(和计算机一致);波特率:9 600;数据位:8;校验:无校验;停止位:1。其他参数用默认值。

单击“全站仪内存数据转换”菜单中的“选择文件”项,选择数据存储位置,输入数据文件名,如“C:\Documents and Settings\jrjjr\桌面\演示数据.dat”。

点击“转换”键,出现如图 6-83 对话框后。至此计算机准备完成,等待全站仪的信号。

（四）确认顺序

点击计算机对话框的“确定”键,计算机通信口打开,准备接收数据。随后,立即点击全站仪的“F3”键,选择“是”,全站仪开始向计算机发送数据。如果传输成功,软件 CASS9.1

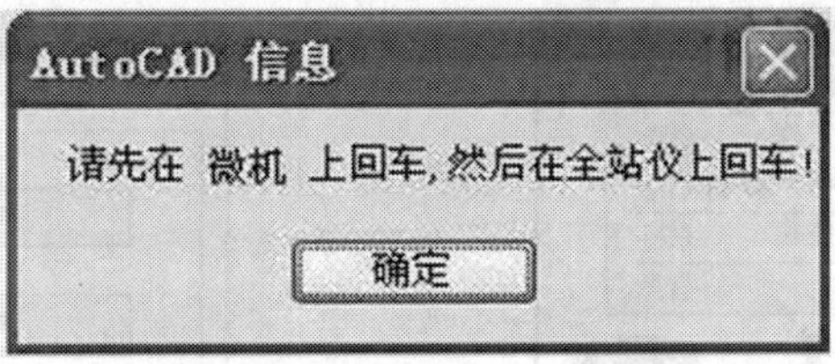

图 6-83　回车确认对话框

的命令提示栏内会出现输入的数据跳动,表示正在传输。传输结束后,出现“数据通信完成”提示。

二、数据通信中常出现的问题

(1)出现“无法创建通信口!”对话框。出现问题的原因:

①USB 驱动程序未安装或安装不正确。

②CASS9.1 软件的通信串口选择与计算机分配的串口不统一。

(2)点击确定,开始通信后,CASS9.1 命令行无数据显示,传完后数据文件为空。出现问题的原因:

①全站仪中选择的文件与传输软件选择的仪器项不一致。

②全站仪与软件设置的传输参数不一致,如波特率不一致等。

③传输线不通,或者传输线未连接好。

活动二　RTK 数据文件转换与传输

南方手簿文件导入导出功能,可以导入天宝参数文件和南方加密参数文件。导出功能可以导出南方 CASS 格式文件、AutoCAD 文件、Google Earth 格式文件、威远图格式文件及自定义格式文件。

南方手簿采集的 RTK 数据需要从手簿传输到计算机或其他存储设备,数据传输主要有三种方法:数据线传输、SD 卡传输、蓝牙传输。这里主要介绍利用数据线进行数据传输。

一、文件导入

操作 1:在“工程之星 3.0”界面下,点击【工程】,选择【文件导入导出】(见图 6-84(a),进入“文件导入导出”界面,点击【文件导入】(见图 6-84(b)),进入“文件导入”界面(见图 6-85)。

操作 2:在“文件导入”界面下,导入文件类型下拉框选择导入文件类型,点击【打开文件】(见图 6-85(a)),进入“打开文件”界面,选择对应类型文件(见图 6-85(b)),点击【OK】。返回“文件导入”界面(见图 6-86(a))。

操作 3:在“文件导入”界面下,点击【导入】(见图 6-86(a)),弹出导入信息框,点击【OK】,点击【退出】(见图 6-86(a)),返回“文件导入导出”界面(见图 6-86(b))。

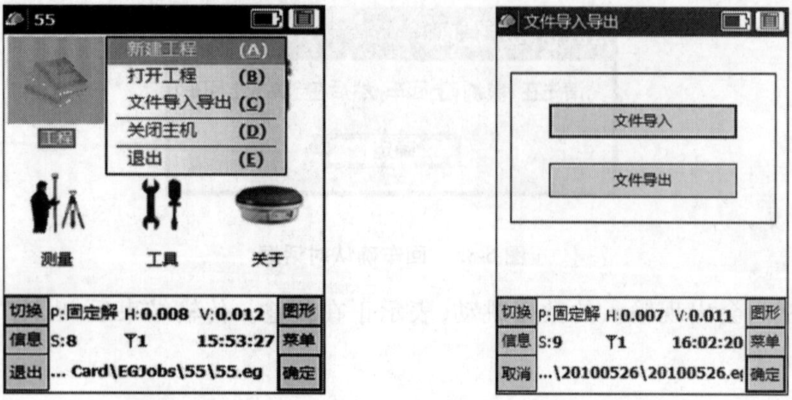

(a)　　　　(b)

图 6-84　文件导入导出

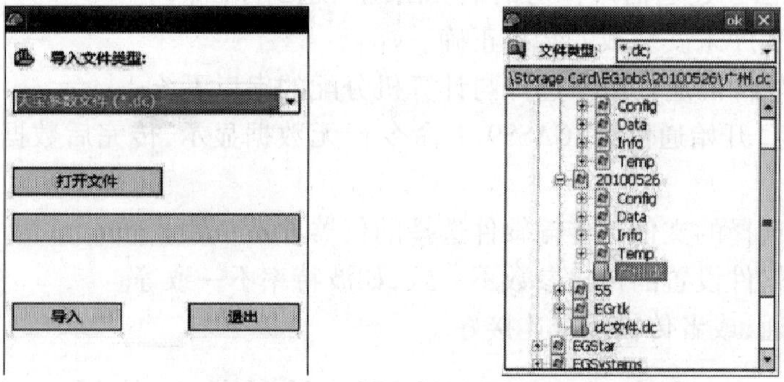

(a)　　　　(b)

图 6-85　文件导入与打开文件

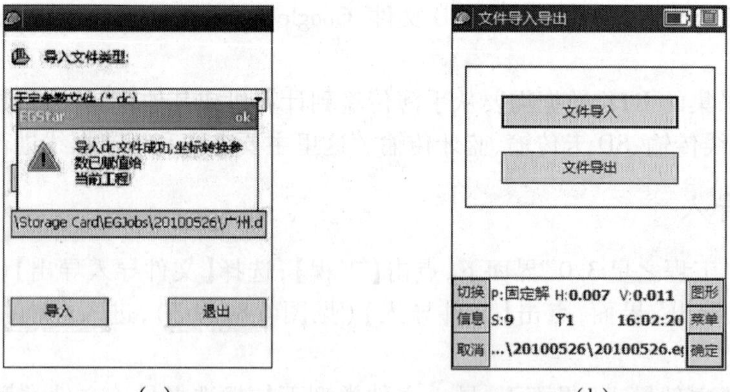

(a)　　　　(b)

图 6-86　导入数据与文件导入导出

二、文件导出

操作 1:在“文件导入导出”界面下,点击【文件导出】(见图 6-86(b))。进入“文件导出”界面,从导出文件类型中选择导出类型(见图 6-87(a)),或点击【自定义】(见图 6-87(b)),进入“文件导出－自定义格式”界面(见图 6-88(a))。

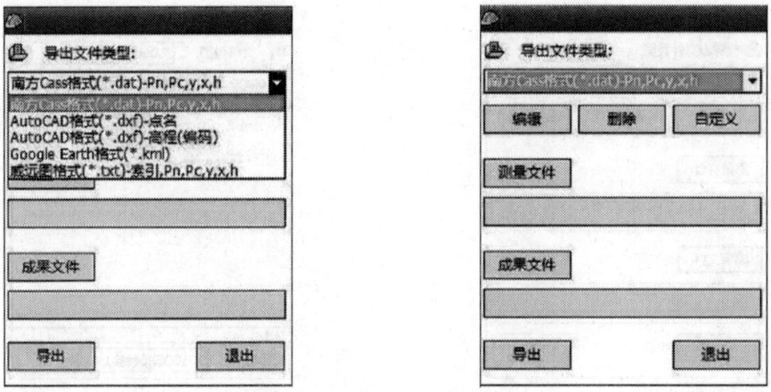

(a)　　　　(b)

图 6-87　文件导出

操作 2:在“文件导出 - 自定义格式”界面下,输入格式名、分隔符、扩展名,数据列表选择项目,点击【增加】(见图 6-88(a))。自定义完成后,点击【确定】(见图 6-88(b)),进入“文件导出 - 自定义格式”界面(见图 6-88(a))。

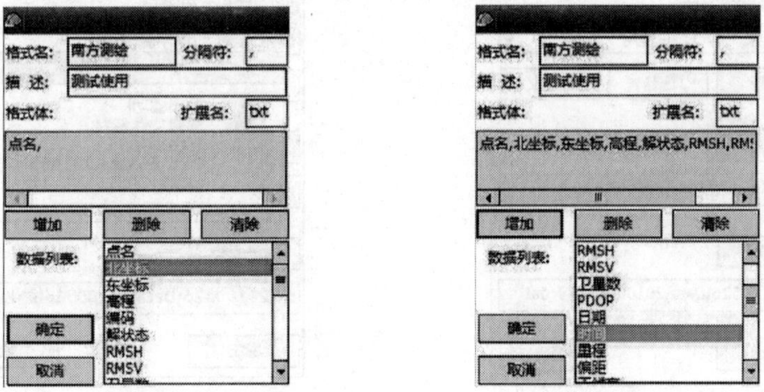

(a)　　　　(b)

图 6-88　文件导出 - 自定义格式

操作 3:在“文件导出”界面下,选择新建格式,点击【测量文件】(见图 6-89(a));进入“打开文件”,选择测量文件,点击【OK】(见图 6-89(b));进入“文件导出”界面(见图 6-90(a))。

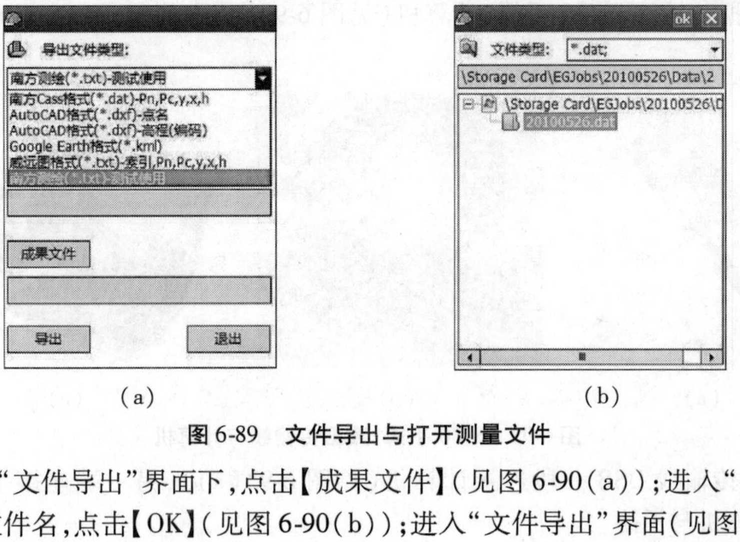

(a)　　　　(b)

图 6-89　文件导出与打开测量文件

操作 4:在“文件导出”界面下,点击【成果文件】(见图 6-90(a));进入“保存文件”,选择路径,输入文件名,点击【OK】(见图 6-90(b));进入“文件导出”界面(见图 6-91(a))。

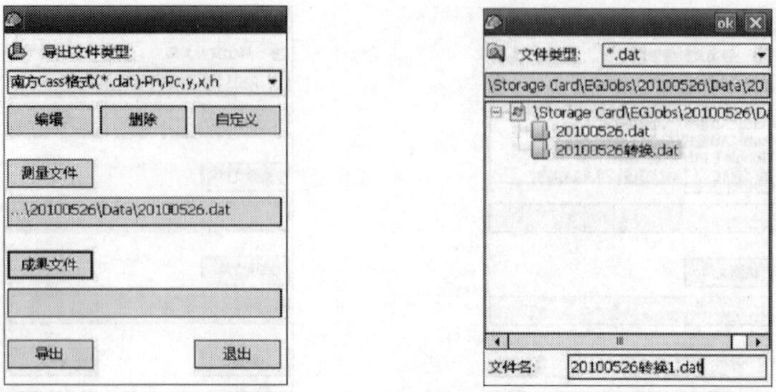

(a)　　　　(b)

图 6-90　文件导出与成果文件

操作 5:在“文件导出”界面下,点击【导出】(见图 6-91(a));显示导出成功信息框,点击【OK】,点击【退出】(见图 6-91(b));返回“文件导入导出”界面,点击【确定】。

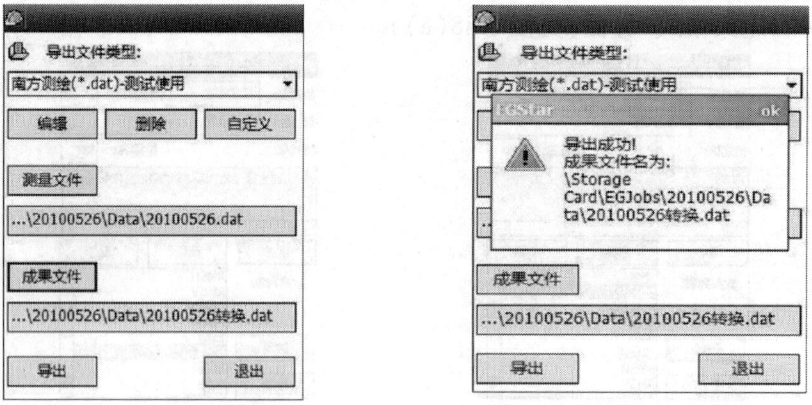

(a)　　　　(b)

图 6-91　文件导出与保存成功

三、手簿数据传输

准备好数据传输线、S730 手簿、计算机(见图 6-92)并安装 Microsoft ActiveSync 同步传输软件。

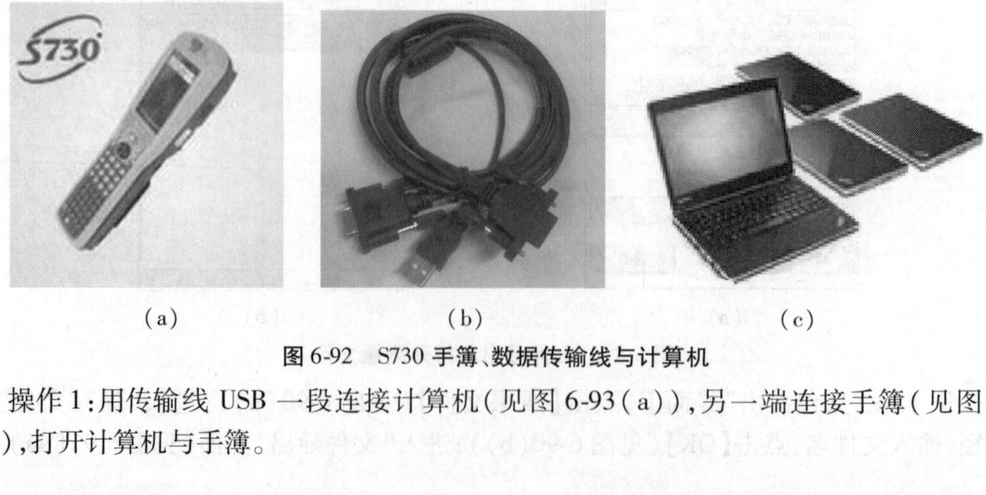

(a)　　　　(b)　　　　(c)

图 6-92　S730 手簿、数据传输线与计算机

操作 1:用传输线 USB 一段连接计算机(见图 6-93(a)),另一端连接手簿(见图 6-93(b)),打开计算机与手簿。

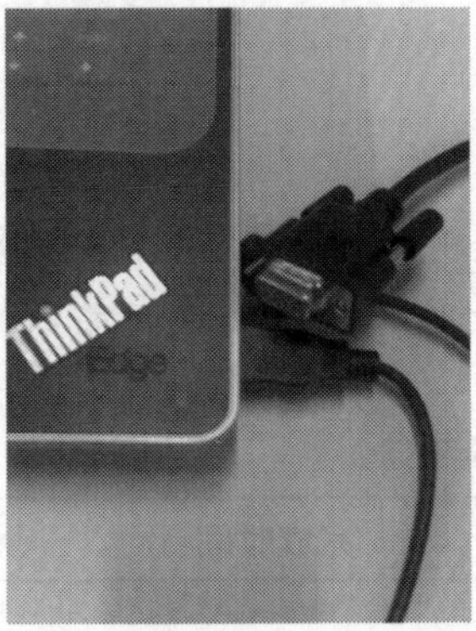

(a)

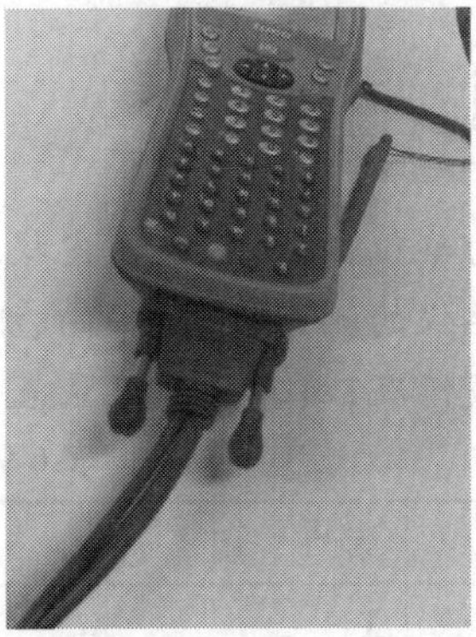

(b)

图 6-93　连接计算机与手簿

操作 2：打开 Microsoft ActiveSync 软件（见图 6-94（a）），点击【文件】，选择【进行连接】（见图 6-94（b））；显示已连接（见图 6-95（a）），点击【浏览】，浏览手簿文件，拷贝（见图 6-95（b））。

(a)

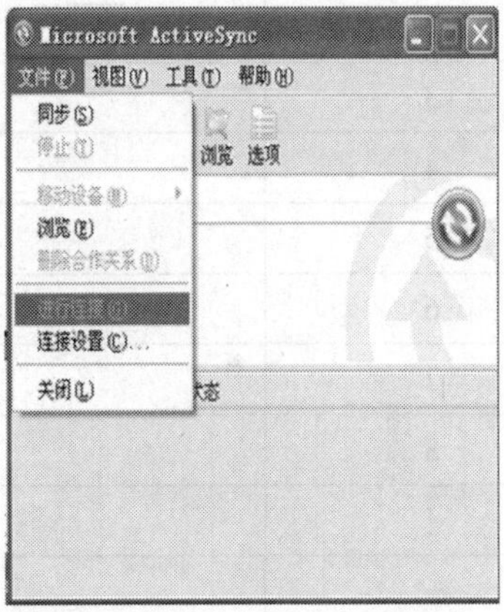

(b)

图 6-94　Microsoft ActiveSync 软件与连接手簿

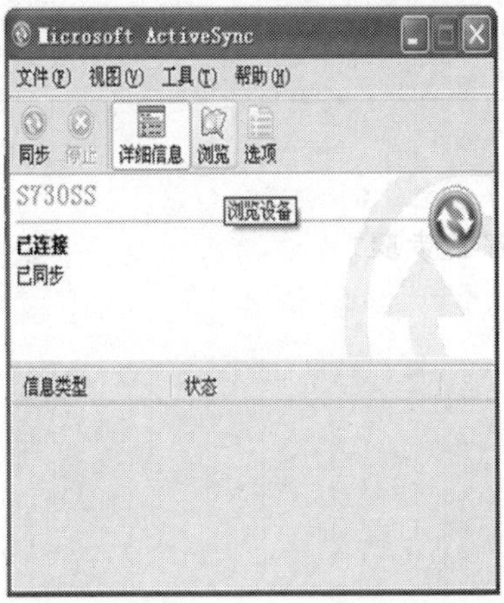

(a)

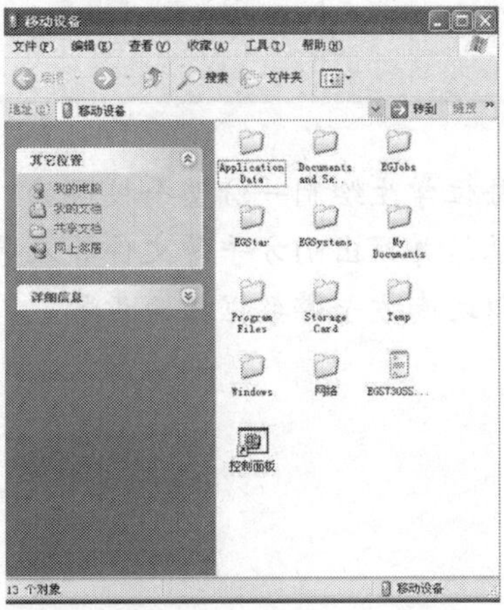

(b)

图 6-95　浏览手簿文件与手簿文件显示

思考题

1. 以小组为单位,各组在校园内找到任意两个通视的控制点,并且任选部分碎部点。学生逐一完成全站仪的测站设置、定向、测量工作,并计时。达到熟练测定目标点的目的。各组根据组员完成情况,填写操作记录表。

表 6-9　数据采集记录手簿

<table>
<tr><td>组别及姓名</td><td colspan="2">第　组</td><td colspan="2">完成时间:　分　秒</td></tr>
<tr><td>测站点:</td><td colspan="3">X:　Y:　H:</td><td>仪器高:</td></tr>
<tr><td>定向点:</td><td colspan="3">X:　Y:　H:</td><td rowspan="2">棱镜高:</td></tr>
<tr><td>定向点坐标检查</td><td colspan="3">X:　Y:　H:</td></tr>
<tr><td>采集点号</td><td>地物属性</td><td>X</td><td>Y</td><td>H</td></tr>
<tr><td>1</td><td></td><td></td><td></td><td></td></tr>
<tr><td>2</td><td></td><td></td><td></td><td></td></tr>
<tr><td>3</td><td></td><td></td><td></td><td></td></tr>
<tr><td>4</td><td></td><td></td><td></td><td></td></tr>
<tr><td>5</td><td></td><td></td><td></td><td></td></tr>
<tr><td>6</td><td></td><td></td><td></td><td></td></tr>
<tr><td>7</td><td></td><td></td><td></td><td></td></tr>
<tr><td>8</td><td></td><td></td><td></td><td></td></tr>
<tr><td>⋮</td><td></td><td></td><td></td><td></td></tr>
<tr><td>测量中出现的问题:</td><td colspan="4"></td></tr>
</table>

2. 每位学生绘制一份整个校园的外业草图。
3. 总结并写出南方手簿文件导入导出的操作流程及步骤。
4. 叙述南方手簿数据传输步骤。

项目七　地形图测绘内业

【项目说明】

本项目主要介绍地形图测绘内业数据处理方面的知识。本项目是依据数字地形图测绘工艺,介绍数字测图各环节的工作,主要包括地形图基本知识、内业数据处理准备、地物绘制的基本方法、等高线的绘制与修改方法、地形图的整饰和注记、拼接与接边处理、分幅与编号、数字测图软件与地理信息系统技术等知识。

【项目任务】

1. 图形编辑准备。
2. 平面图绘制。
3. 等高线绘制和修改。
4. 拼接与接边处理。
5. 分幅与编号。
6. 数字测图软件与地理信息系统技术。

【项目成果】

1. 碎部点坐标预处理数据成果。
2. 地形图的绘制和修改的实习成果。
3. 等高线图形的绘制成果。
4. 地形图的拼接和分幅编号的实习成果。
5. 图廓整饰和注记的实习成果。
6. 图幅接合表的实习成果。

【案例】　某实习测区 1:1 000 数字地形图测绘

1. 测区概况

测区内主要为丘陵、低山地形,地形起伏较大。测区面积约 5 km^2,平均海拔约 563 m,乔木较多,坡度平缓处多为农田。基本上没有居民地,主要包括实习场地建筑设施和一些零星建筑物。测区内交通不便,给测绘工作带来较大困难。测区影像及数字地形图如图 7-1 所示。

2. 已有资料

该测区现有 4 个 D 级 GPS 控制点和 7 个 E 级控制点,四等水准点 11 个。上述点位保存完好,精度满足本次测量的要求,可以作为本次测量工作的起算数据。测区已有的图纸资料主要是旧的 1:1 000 比例尺地形图,可用作本次测量的参考用图。

3. 作业依据

(1)《工程测量规范》(GB 50026—2007)。

(2)《城市测量规范》(CJJ/T 8—2011)。

(3)《国家基本比例尺地图图式　第 1 部分:1:500　1:1 000　1:2 000 地形图图式》

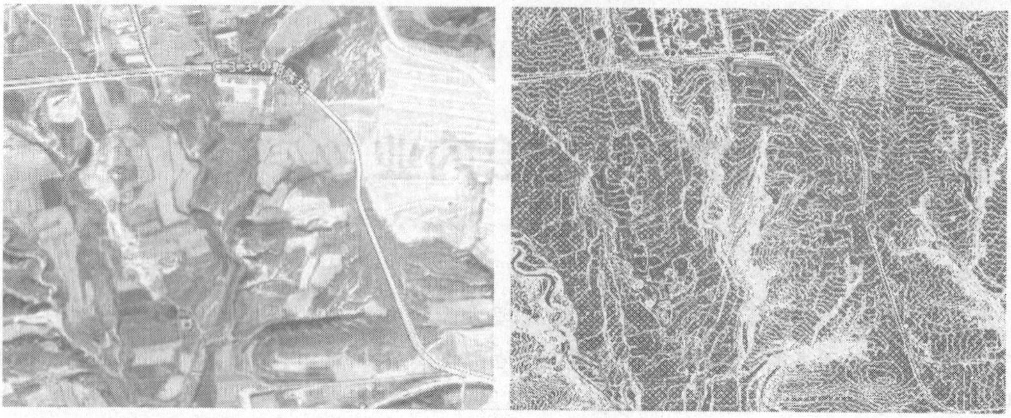

图 7-1　测区影像及数字地形图

(GB/T 20257.1—2017)。

(4)《全球定位系统(GPS)测量规范》(GB/T 18314—2009)。

(5)《1∶500　1∶1 000　1∶2 000 外业数字测图规程》(GB/T 14912—2017)。

(6)《国家三、四等水准测量规范》(GB/T 12898—2009)。

4. 测绘过程

测区平面控制网整体采用 GPS 测量方法,局部采用导线测量的方法布设。测图作业模式使用全站仪草图法作业模式。碎部点的选取结合绘图需要和测区实际情况综合取舍,地物特征点的采集应能反映建筑和围墙轮廓,建筑物轮廓凸凹在图上小于 0.4 mm 时,可用直线连接,地貌特征点的选取应能反映地势起伏的基本特征,外业数据采集结束后将生成的数据文件利用测图软件进行处理,生成数字格式的地形图。

5. 设备和人员配置

人员配置主要有作业组 10 组,每组 3 ~4 人;每组设备配置包括拓普康全站仪 1 台,南方灵锐 RTK 1 台,DS_3 型水准仪 1 台,对讲机 4 部,计算机 1 台,CASS 数字成图软件 1 套。

【问题导入】

1. 什么是数字地形图?
2. 地形图的各种符号如何表示?
3. 地形各种要素如何取舍?
4. 数字地形图如何绘制?
5. 获取数字地形图有哪些方法?

任务一　内业图形编辑准备

【任务目标】

1. 熟悉 CASS 软件界面。
2. 掌握 CASS 坐标数据文件格式及转换。
3. 掌握 CASS 软件中进行数据预处理的方法和技能。
4. 掌握 CASS 绘图环境的常用配置方法和操作。
5. 能够熟练配置满足图式和规范要求的绘图环境。

【学习过程】

1. 介绍全站仪数据格式转换。
2. 学习外业数据预处理的方法和手段。
3. 演示应用软件实施数据预处理的基本操作。
4. 操作数据预处理实训。
5. 演示设置绘图环境的方法和步骤。
6. 实践操作绘图环境设置过程。

【学习成果】

碎部点坐标预处理数据成果。

活动一 CASS 测图软件和全站仪数据格式转换

资源与器材:CASS 测图软件、校园碎部点坐标数据、校园碎部点测量数据、采集记录。

通过本活动,熟悉 CASS 测图软件的界面,理解对全站仪数据格式转换的原因和必要性,并掌握 CASS 坐标数据文件的格式。

一、全站仪原始数据格式与软件所需数据格式之间的转换

全站仪原始数据类型可以是多种多样的,不同厂家的全站仪、GPS 有不同的数据格式,甚至同一厂家不同型号的仪器原始数据格式也有不同。而同一全站仪传输时,也会有坐标数据格式或测量数据格式等。全站仪原始数据格式与软件所需数据格式之间的转换,实质上就是对全站仪原始数据进行分类,在不损失原始数据精度的情况下,把坐标数据 、连接信息 、地物特征等按标准格式分别存放。

请同学们比较图 7-2 和图 7-3 中所列的 TOPCON 全站仪坐标数据样例和 CASS 坐标数据文件样例之间的区别,并把区别填入表 7-1。

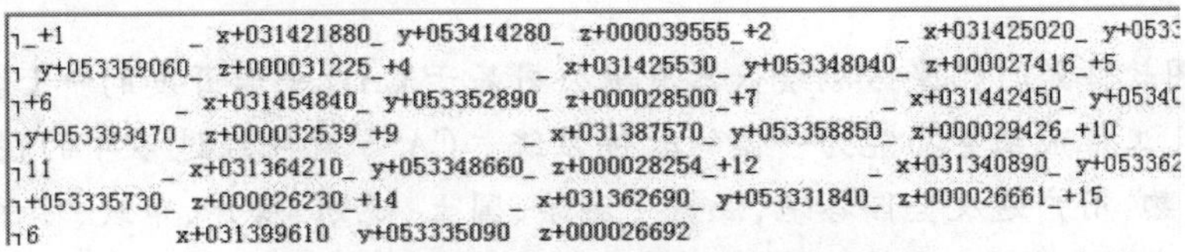

```
┐_+1          _ x+031421880_ y+053414280_ z+000039555_+2            _ x+031425020_ y+0533
┐ y+053359060_ z+000031225_+4            _ x+031425530_ y+053348040_ z+000027416_+5
┐+6          _ x+031454840_ y+053352890_ z+000028500_+7            _ x+031442450_ y+0534C
┐y+053393470_ z+000032539_+9             _ x+031387570_ y+053358850_ z+000029426_+10
┐11          _ x+031364210_ y+053348660_ z+000028254_+12           _ x+031340890_ y+053362
┐+053335730_ z+000026230_+14             _ x+031362690_ y+053331840_ z+000026661_+15
┐6            x+031399610  y+053335090  z+000026692
```

图 7-2 TOPCON 全站仪坐标数据样例

```
1,F1,53414.28,31421.88,39.555
2,+,53387.8,31425.02,36.8774
3,+,53359.06,31426.62,31.225
4,+,53348.04,31425.53,27.416
5,A018,53344.57,31440.31,27.7945
6,QX,53352.89,31454.84,28.4999
7,+,53402.88,31442.45,37.951
8,+,53393.47,31393.86,32.5395
9,+,53358.85,31387.57,29.426
10,+,53358.59,31376.62,29.223
11,W1,53348.66,31364.21,28.2538
12,+,53362.8,31340.89,26.8212
13,+,53335.73,31347.62,26.2299
14,+,53331.84,31362.69,26.6612
15,+,53351.82,31402.35,28.4848
```

图 7-3 CASS 坐标数据文件样例

表 7-1　TOPCON 全站仪坐标数据和 CASS 坐标数据的区别

序号	原始数据与 CASS 数据的差异
1	
2	
3	
4	
⋮	

二、CASS 坐标数据文件格式

常见测图软件中,提供的数据传输功能一般就在数据传输的过程中,自动进行了格式转换,不必专门进行。图 7-3 中所列的 CASS 坐标数据即为图 7-2 中 TOPCON 全站仪坐标数据转换后所得格式。

请各小组仔细观察图 7-3 样例数据,总结归纳 CASS 坐标数据文件格式,填入表 7-2。

表 7-2　CASS 坐标数据文件格式表

序号	项目
1	
2	
3	
4	

【知识导航】

CASS 测图软件是广州南方测绘仪器有限公司基于 CAD 平台开发的一套集地形、地籍、空间数据建库、工程应用等功能为一体的软件系统。CASS 软件经过多年的稳定发展,市场和技术十分成熟,用户遍及全国各地,涵盖了测绘、国土、规划、房产、市政、环保、地质、交通、水利、电力、矿山及相关行业,得到了用户的一致好评。

CASS 测图软件广泛应用于地形成图、地籍成图、工程测量应用三大领域,且全面面向 GIS,彻底打通数字化成图系统与 GIS 接口,是一个很好的绘图软件。

(1)画线:CASS 测图软件里面提供了强大的画线工具,它里面的画线工具可以对画好的线进行第二次绘画。比如:画好了一条线,觉得有一个地方不合适或者方向有误,可以用 y 命令加线段控制点,用 b 命令对这个线进行修改(比如回到那个节点再重新开始画,或者这个方向已经完成,用 h 命令换到另外一个方向继续操作),这样始终是一条线。

(2)重复图元:已经完成的图,发现很多内容都是重复的,打印时显示不出来,而且会影响图纸的大小,使系统承受不住,在软件里面就有一个工具可以把重复的线、字等删除。

(3)后期处理:在 AutoCAD 环境中制作的图形,把这幅图放在 CASS 环境中而不能对其进行一些简单的编辑,那是什么原因?因为软件认的是编码。编码信息不完整就相当于图纸没有属性,不可以进行一些特殊的编辑。那怎么办呢?可以用 CASS 软件里面的一个工具地物编辑“图形属性转换”针对不同的情况进行选择。这样不仅可以分出很多图层,而且可以使没有属性的对象附上属性。

(4)提取高程点文件：CASS软件提供了一个功能，就是把图面上的高程数据全部提取出来，合成在一个文件里面。但这样有一个缺点就是高程点号会重新排序，这个功能可以在出图的时候展点用得上。当然还有工具可以解决这个问题，就是使用"数据－数据合并"这个命令，就可以解决编号改变的问题。

南方CASS9.1软件的主界面如图7-4所示：

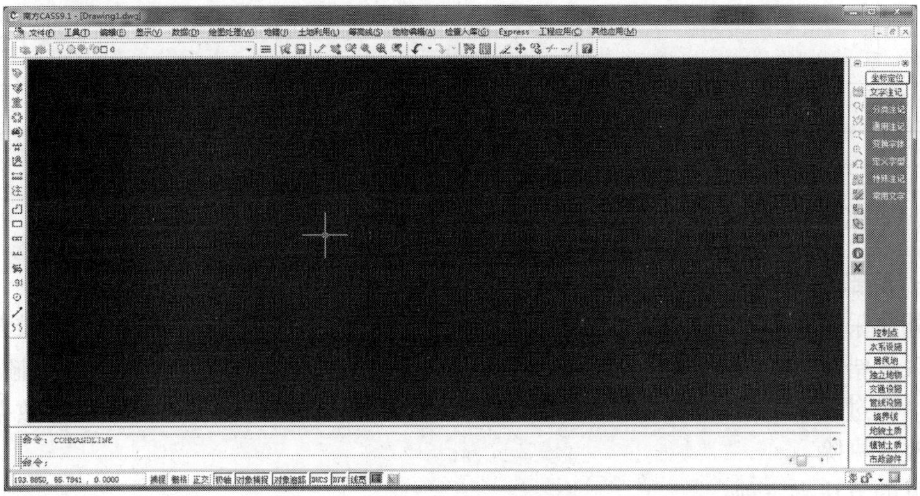

图7-4 CASS9.1主界面

南方CASS坐标数据文件是CASS最基础的数据文件，扩展名是"DAT"，其格式为：

1点点名，1点编码，1点Y(东)坐标，1点X(北)坐标，1点高程

…

N点点名，N点编码，N点Y(东)坐标，N点X(北)坐标，N点高程

说明：①文件内每一行代表一个点；②每个点Y(东)坐标、X(北)坐标、高程的单位均是"米"；③编码内不能含有逗号，即使编码为空，其后的逗号也不能省略；④所有的逗号不能在全角方式下输入。

活动二 外业数据预处理的方法和手段

资源与器材：校园碎部点数据、采集记录、计算机、CASS测图软件。

通过数据转换后获得的碎部点数据文件，其中可能包含各种错误数据或不符合要求的数据，需要进行各种预处理，最终形成符合绘图要求的正确数据。通过本活动掌握CASS9.1软件中对野外采集的原始数据实施数据预处理的方法和手段。

一、碎部点坐标数据预处理内容

请以小组为单位，结合外业数据采集过程中影响数据成果正确性的各种因素，讨论应该对碎部点坐标数据进行哪些预处理，才能得到满足绘制地形图要求的正确数据。请把讨论的结果填入到表7-3中。

表 7-3　碎部点坐标数据预处理讨论表

序号	影响数据成果正确性的因素	采取措施
1		
2		
3		
4		
5		
⋮		

二、碎部点坐标数据预处理

（一）碎部点坐标数据的修改或剔除

在外业采集碎部点过程中，可能会碰到因为变动棱镜高忘记修改导致高程点错误，某些碎部点采集错误需要剔除，某些点处于房屋、铁塔等上面不能参与高程建模，编码输入错误等情况。经过数据转换后，首先就应该用记事本等文本编辑软件打开碎部点坐标数据文件，实施修改或剔除。

常见的方法有三种：

（1）单击 CASS9.1 软件中的“编辑\编辑文本文件”，弹出如图 7-5 所示“输入要编辑的文本文件名”对话框。选择相应的文件路径和文件名，单击“打开”后，即可启动记事本程序。在记事本中可以根据外业观测记录修改或删除碎部点数据。

图 7-5　输入要编辑的文本文件名

（2）在 CASS9.1 命令行输入“edit”后按回车，在命令行中出现“File to edit:”提示，再按回车，即可启动记事本程序。在记事本中可以根据外业观测记录修改或删除碎部点数据。

（3）直接调用 Windows 系统“开始\程序\附件\记事本”功能，然后打开要修改的碎部点数据文件修改。

（二）坐标转换

在实际作业中，经常会由于作业工期紧张，来不及按照“先控制后碎部”的程序进行测图作业，而是在埋设好图根控制点后，直接采用假定坐标进行测量。在获得图根控制成果后，再采用“坐标转换”的方法，把假定坐标转换为图根控制成果所采用的坐标系统。

单击 CASS9.1 软件中的“地物编辑\坐标转换”，弹出如图 7-6 所示“坐标转换”界面。

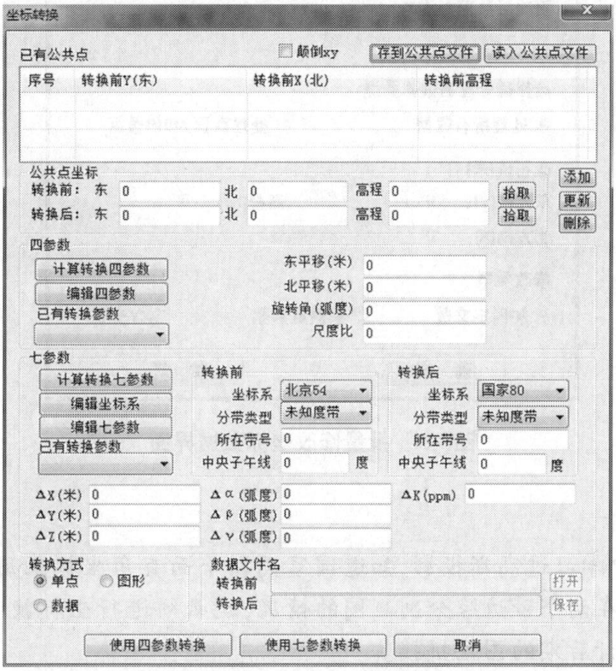

图 7-6　坐标转换界面

在“公共点坐标”栏中输入或拾取转换前及转换后的公共点坐标，按“添加”按钮后在“已有公共点”栏中显示出了所用到的转换前及转换后公共点坐标。

如果需要进行四参数转换，点击“计算转换四参数”按钮，即可计算出四个转换参数。

如果需要进行七参数转换，点击“计算转换七参数”按钮，即可计算出七个转换参数。

注意：进行四参数转换最少需要提供 2 组公共点坐标数据；进行七参数转换最少需要提供 3 组公共点坐标数据，并且在转换前还需设置转换前后的“坐标系”“分带类型”“所在带号”“中央子午线”然后才能进行转换。

CASS9.1 软件提供了 3 种转换方案分别是：“单点”“图形”“数据”，需要进行哪一种转换，在哪种方式前打“√”，例如进行“单点”转换，则在“单点”前打“√”。

如果进行“数据”转换，此时“数据文件名”栏变亮，选择好转换前的数据文件名，并在合适路径下输入转换后的数据文件名后，按“使用四参数转换”或者“使用七参数转换”在绘图区选择好需要转换的图形，按回车后即可完成转换。

（三）批量改正坐标数据

用鼠标左键点击 CASS9.1 软件中的“数据\批量修改坐标数据”，弹出如图 7-7 所示对话框。

选择原始数据文件名，输入更改后要另存的数据文件名，选择需要处理的数据类型和修改类型，然后在相应的方框内输入改正值，点击“确定”即完成批量修改坐标数据功能。

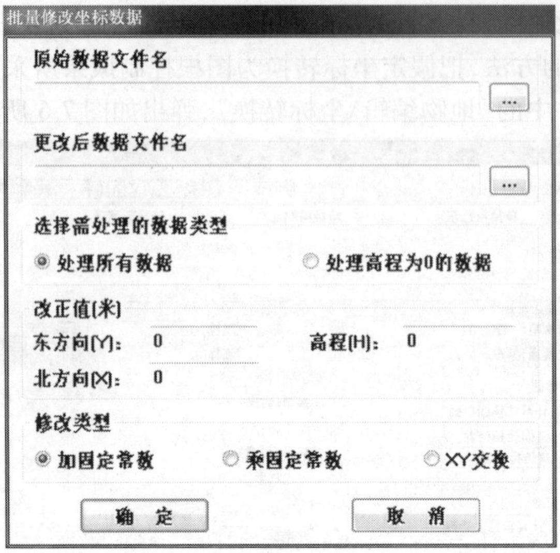

图 7-7 批量修改坐标数据界面

【知识导航】

1. 坐标换带

我们在项目一中学习过高斯投影，知道国家高斯平面直角坐标采用的是分带投影。如果测图的时候，碰到在两个带边缘分别测图的情况，就必须进行坐标换带，实现坐标系统的统一。否则，无法进行后期的图幅拼接。

点击 CASS9.1 软件中的“数据\坐标换带”，弹出如图 7-8 所示对话框。

1）单点转换

选择好坐标换带前、后所用的椭球基准，输入原带中央子午线、新带中央子午线、横坐标常数、源坐标后，单击“坐标转换”，则在“目标坐标输出”栏中显示转换后的坐标值。单击“图形转换”，弹出提示界面，根据实际情况选择“是（Y）”或“否（N）”继续，完成后关闭图 7-8 界面即可。

2）批量转换

选择“批量转换”（见图 7-9）。选择好坐标换带所用的椭球基准，输入原带中央子午线、新带中央子午线、横坐标常数，选择好源坐标类型及文件名，再选择目标坐标输出类型和输入转换后的目标坐标数据文件名，单击“坐标转换”或“图形转换”，其余操作同单点转换。

2. 数据合并

由于测区一般较大，往往采用的是分组作业。各小组分组进行高程建模，无法实现 DTM 模型和等高线的统一连接。所以，在高程建模之前，往往需要把各小组数据合并成一个完整的测区碎部点坐标数据文件。

左键点击 CASS9.1 软件中的“数据\数据合并”，弹出如图 7-10 所示对话框。

连续按“添加”键可以选择添加进所有小组的分组数据文件。按“浏览”输入合并后的数据文件存储路径和文件名后，按“确定”完成数据合并。

数据合并后，每个文件的点名不变，以确保与草图对应，所以点名可能存在重复现象。

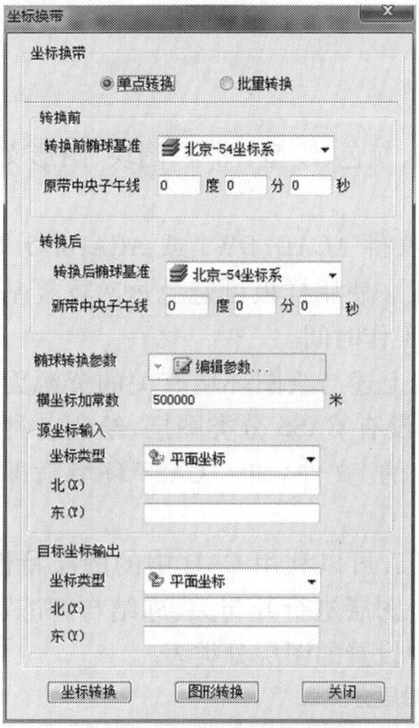

图 7-8　单点坐标换带界面

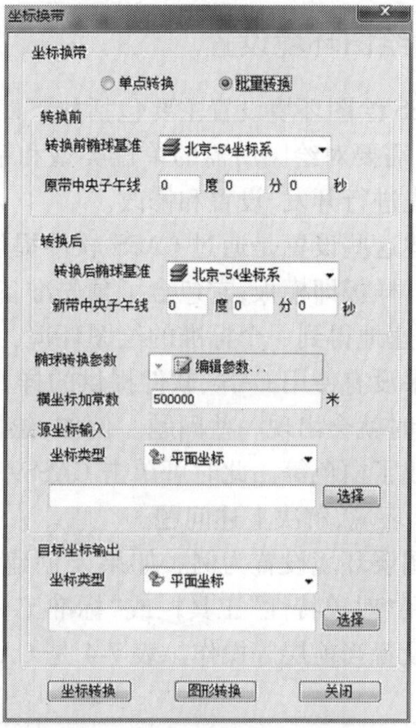

图 7-9　批量坐标转换界面

图 7-10　数据合并界面

三、实训

实训时在数字测图实验室中上机操作，利用前期采集的碎部点坐标数据文件和外业记录纸，根据要求对数据文件进行处理，直至获得满足绘图要求的标准碎部点坐标数据。

活动三　CASS 绘图环境设置

资源与器材：计算机、投影、CASS 成图软件。

通过本活动熟悉 CASS 绘图环境设置的项目和方法。理解绘图环境设置与图形绘制关系。

一、绘图环境设置

CASS 绘图环境设置主要包括如下四种情况：

（1）需要对绘图所需的单位类型和精度、文字、颜色、线型、图层、图块、图形文件等绘图环境预先进行开发、设置和修改。

上述这些设置是通过 CASS 软件提供的样板文件 ACAD. DWT 或 ACADISO. DWT 自动载入的。样板即模板，它包含了预先准备好的设置。使用样板可避免每次重复基本设置和绘图，快速地得到一个标准的绘图环境，大大节省工作时间。

如果没有使用 CASS 软件提供的样板文件，则上述与绘图环境有关的资源无法自动调入，绘图时就会出现一些问题。例如，绘图环境中没有 CASS 分类图层、绘制各种地物时颜色都变成了白色等。此时可单击 CASS9. 1 系统中的"文件\加入 CASS 环境"，即可加入标准 CASS 环境，解决上述问题。

以图层环境设置为例。如果要创建、修改图层，可以利用 CAD 中的图层特性管理器。也可以在"对象特性"工具栏或"标准工具栏"中对图层进行开与关、冻结与解冻、锁定与解锁以及设置当前层等操作。表 7-4 是 CASS 系统中设置的图层分类表。

表 7-4　CASS 系统图层分类表

图层名称	功能类别	图层名称	功能类别
KZD	控制点层	ZBTZ	植被土质层
JZD	界址点层	DMTZ	地貌土质层
SJW	三角网层	SXSS	水系设施层
DGX	等高线层	JJ	境界层
DSX	等深线层	DLSS	道路设施层
TK	图框层	GXYZ	管线设施层
JMD	居民地层	GCD	高程点层
DLDW	独立地物层	ZDH	展点号层
ZJ	注记层	MJZJ	面积注记层
ASSIST	骨架线层	COMPONENT	市政部件层
JZP	界址圆圈层	0	默认 0 层

（2）CASS 系统是在 AutoCAD 上开发的，为了绘图方便，需要对 AutoCAD 选项进行配置。

在 CASS9. 1 中单击"文件\AutoCAD 系统配置"，或者在绘图区点击鼠标右键后单击"选项"，均可以打开 AutoCAD 选项界面，如图 7-11 所示。

对 AutoCAD 选项常见的设置如表 7-5 所示。

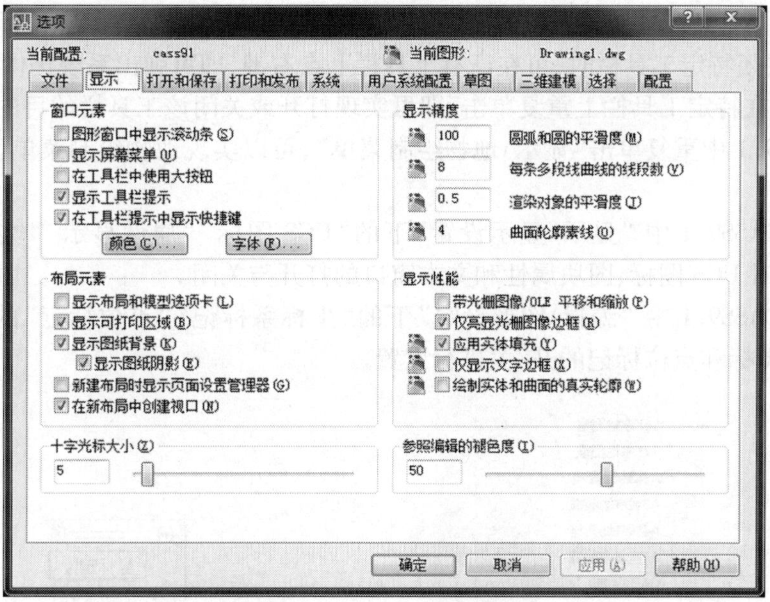

图 7-11　AutoCAD 选项界面

表 7-5　AutoCAD 选项常见设置表

选项卡	常见设置选项	功能
文件	支持文件搜索路径	设置 CAD 和 CASS 支持文件路径,如果缺少 CASS 路径,可能导致硬件锁识别不了,软件功能无法使用
	临时图形文件位置	如果软件突然终止退出,可以去该路径下查找系统自动保存的临时图形文件
显示	颜色	可改变软件绘图区域的颜色,如设置成白色或黑色
	十字光标大小	改变绘图区十字光标的长度
打开和保存	文件保存	可以设置保存的 DWG 图形文件默认版本格式
	自动保存	每次保存间隔的分钟数
	每次保存均创建备份	每保存一次均同时保存一个相同文件名的 BAK 备份文件。使用时只需要把后缀 BAK 改为 DWG
打印和发布	添加或配置绘图仪	可以对所需要的绘图仪进行添加和配置
系统	启动	设置启动时显示或不显示“启动“对话框
用户系统配置	自定义右键单击	对没有选定对象、选定对象、正在执行命令时单击右键表示的功能状态进行设置
草图	自动捕捉设置	对自动捕捉功能状态进行设置
选择	先选择后执行	可以先选择对象,再执行命令
	对象编组	CASS 绘图时会生成一些编组对象,如果对编组内部分图形进行修改,可以先关闭对象编组再修改
配置	置为当前	可以实现 AutoCAD 界面和 CASS 界面之间的相互切换

(3)经常要打开或关闭特定工具栏、右侧地物绘制菜单、UCS 图标、点位标记。

打开或关闭特定工具栏时,可在已有工具栏上点右键,即可弹出系统提供的各种工具栏(见图 7-12),在特定工具栏上重复单击,即可实现打开或关闭该工具栏的目的。

在 CASS9.1 中重复单击“显示\地物绘制菜单”,可以实现地物绘制菜单(见图 7-13)的打开与关闭。

通过对 CASS9.1 中“显示\显示设置”下的“UCS 图标”“属性显示”“文本窗口”的设置,可以实现对 UCS 图标、图块属性和文本窗口的打开与关闭。

通过对 CASS9.1 中“编辑\图形设定”下的“坐标系标记”“点位标记”的设置,也可以实现对 UCS 图标和点位标记的开/关进行设置。

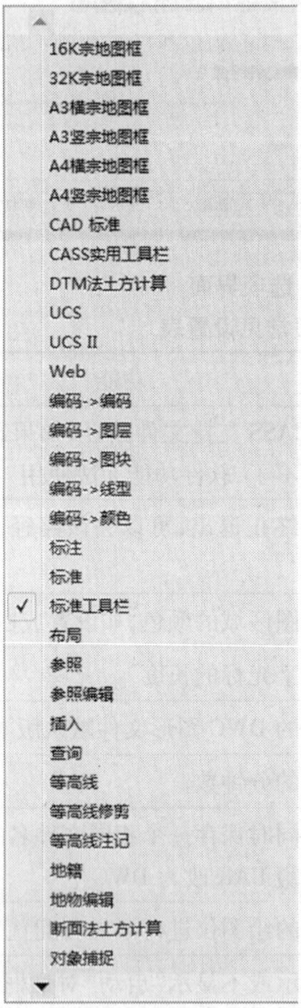

图 7-12 常见工具栏

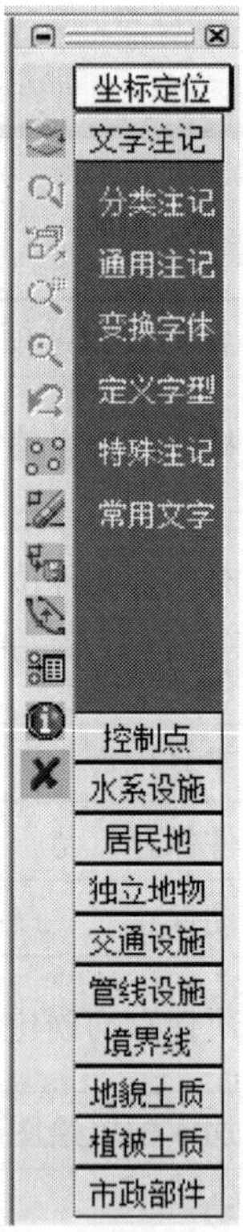

图 7-13 地物绘制菜单

(4)进行地形图绘图时,为了让绘制的图形满足图式及相应规范的要求,必须进行必要的地物绘制设置、图框设置和一些高级设置。

在 CASS9.1 中单击“文件 CASS 参数配置”,弹出“CASS 参数配置”界面。

采用数字测记模式、CASS 野外操作码法、自定义简码法等方法绘图时,可以只设置“地物绘制”(见图 7-14)“高级设置”(见图 7-15)两项。

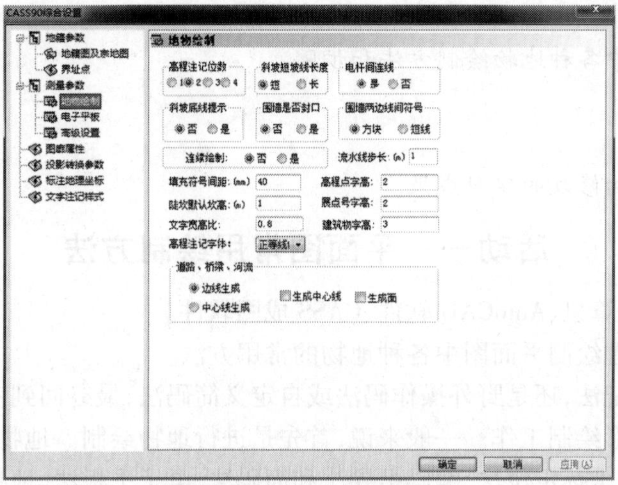

图 7-14　地物绘制选项卡

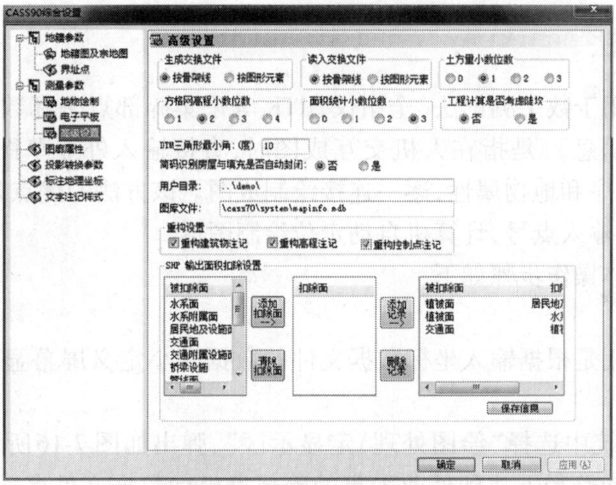

图 7-15　高级设置选项卡

二、绘图环境设置实训

通过实训，要求熟练掌握 AutoCAD 绘图环境设置的项目和方法。要学会完成常见 AutoCAD 绘图环境设置、CASS 绘图环境设置，并能根据绘图的实际需要和碰到的问题合理选择绘图参数。

任务二　平面图绘制

【任务目标】

1. 掌握平面图中各种地物的常用绘制方法。
2. 掌握 CASS 地物绘制菜单中常用符号的操作提示和绘制方法。
3. 掌握常见的图形编辑和修改方法。
4. 掌握地形图各类注记的方法和要求。

【学习过程】

1. 演示平面图中各种地物绘制方法和步骤。

2. 机房实训。

【学习成果】

地形图的绘制和修改的实习成果。

活动一　平面图常用绘制方法

资源与器材:计算机、AutoCAD 软件、CASS 成图软件。

通过本活动掌握绘制平面图中各种地物的常用方法。

无论是数字测记法,还是野外操作码法或自定义简码法,最终回到室内还是需要进行大量的人机交互的图形绘制工作。一般来说,首先是进行地物绘制。地物内业绘制时,常用的方法有点号定位法、坐标定位法、编码引导法和简码法、电子平板法、地物匹配法和图形复制法七种方法。

一、点号定位法

点号定位法适用于数字测记法(全站仪、RTK 等采集碎部点坐标数据文件,外业草图记录属性信息和连接信息),是指在人机交互成图时,直接输入外业草图上各地物的测量点号,并根据其连接顺序和地物属性,逐一连接绘制成图。该方法的优点是不用在屏幕上寻找各点点号,而只需要输入点号,计算机自动定位绘制图形。

点号定位法具体操作步骤如下:

(一)定显示区

定显示区的作用是根据输入坐标数据文件的数据大小定义屏幕显示区域的大小,以保证所有点可见。

在 CASS9.1 系统中选择“绘图处理\定显示区”,弹出如图 7-16所示的“输入坐标数据文件名”界面,在相应路径下找到外业采集的碎部点坐标数据文件名,选择该文件后按“打开”即可。

图 7-16　输入坐标数据文件名界面

(二)改变当前测图比例尺

系统默认的测图比例为 1∶500,实际绘图时可根据作业比例修改成 1∶1 000 或 1∶2 000。

(三)展野外测点点号

展野外测点点号可把碎部点坐标数据文件中的各个碎部点点号及其点位显示在屏幕上。根据屏幕上的点号和草图上的点号相互对应,就可以绘制地物。

选择“绘图处理\展野外测点点号”,系统提示输入要展出的坐标数据文件名(见图7-16)。输入后数据文件中所有点以注记点号形式展现在屏幕上。

若没有输入测图比例尺,命令行窗口将要求输入测图比例尺。

(四)选择“测点点号法”成图

在右侧的“地物绘制菜单”(见图7-13)中选择“坐标定位\点号定位”,系统将弹出如图7-16所示界面,选择外业所测的坐标数据文件并单击“打开”后,系统将所有数据读入内存,以便依照点号寻找点位。此时“地物绘制菜单”的定位方式一栏变为“点号定位”。

(五)根据草图绘制相应的图式符号

根据外业草图上绘制的地物类别,移动鼠标至右侧“地物绘制菜单”中选择相应的大类及地形图图式符号,然后根据命令行的动态提示,即可在屏幕上将所有的地物绘制出来。

在点号定位法绘图过程中,有时会遇到所绘地物与某些没有点号的点相连接的情况,则需要临时切换到坐标定位。如果命令行中正在执行的地物绘制命令提示的子命令中有“点P”,即提示在命令行中输入字母P可以实现点号定位与坐标定位的相互切换。输入P后,进入坐标定位状态,想回到点号定位状态时再次按P键即可。

下面以陡坎绘制为例进行说明。如图7-17所示,有一个加固陡坎,顺序经过了点12、矩形房屋未测点,点13和点193,则其命令执行情况为:

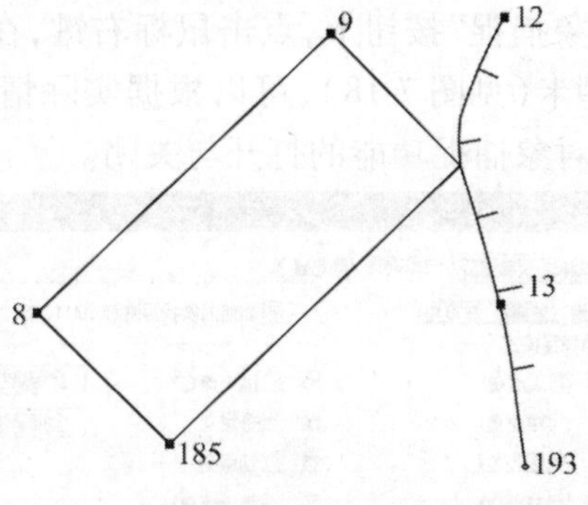

图7-17 点号定位和坐标定位切换样例图

选择“地物绘制菜单\地貌土质\人工地貌\加固陡坎”,命令行提示及输入的参数为:

命令:

输入坎高:(米)<1.000>2(可根据实际情况输入坎高,此处输入2米,输入后回车确认)

第一点:

鼠标定点P/<点号>12(输入点号12,回车确认)

曲线Q/边长交会B/跟踪T/区间跟踪N/垂直距离Z/平行线X/两边距离L/点P/<点号>p(输入字命令P,切换至坐标定位,回车确认)

曲线Q/边长交会B/跟踪T/区间跟踪N/垂直距离Z/平行线X/两边距离L/点号P/<指定点>(用鼠标捕捉矩形房屋未测点)

曲线Q/边长交会B/跟踪T/区间跟踪N/垂直距离Z/平行线X/两边距离L/隔一点J/

微导线 A/延伸 E/插点 I/回退 U/换向 H 点号 P/ <指定点>P(输入 P 子命令,回车确认后重新切换至点号定位)

曲线 Q/边长交会 B/跟踪 T/区间跟踪 N/垂直距离 Z/平行线 X/两边距离 L/隔一点 J/微导线 A/延伸 E/插点 I/回退 U/换向 H 点 P/ <点号>13(输入点号 13,回车确认)

曲线 Q/边长交会 B/跟踪 T/区间跟踪 N/垂直距离 Z/平行线 X/两边距离 L/闭合 C/隔一闭合 G/隔一点 J/微导线 A/延伸 E/插点 I/回退 U/换向 H 点 P/ <点号>193(输入点号 193,回车确认)

曲线 Q/边长交会 B/跟踪 T/区间跟踪 N/垂直距离 Z/平行线 X/两边距离 L/闭合 C/隔一闭合 G/隔一点 J/微导线 A/延伸 E/插点 I/回退 U/换向 H 点 P/ <点号>(直接回车,结束绘图)

拟合线 <N>? y(输入 y 或 n,选择绘制的图形是否拟合成光滑曲线,输入后回车确认)

命令:(结束陡坎命令)

二、坐标定位法

坐标定位法适用于数字测记法。坐标定位法成图原理类似于点号定位法,也是对照草图逐个地物绘制而成的。所不同的仅仅是,绘图时点位的获取不是通过点号而是利用 AutoCAD 的"对象捕捉"功能直接在屏幕上捕捉各点号对应的点位。

其具体的操作步骤和点号定位法类似,依次为:定显示区、改变当前测图比例尺、展野外测点点号、选择"坐标定位"法、利用右侧"地物绘制菜单"中的地物符号绘制图形。

在 CASS"状态"栏的"对象捕捉"按钮上,点击鼠标右键,在弹出菜单上选择"设置",出现"草图设置\对象捕捉"选型卡(见图 7-18),可以根据实际情况选择对象捕捉方式。重复按"对象捕捉"按钮可以实现对象捕捉功能的打开与关闭。

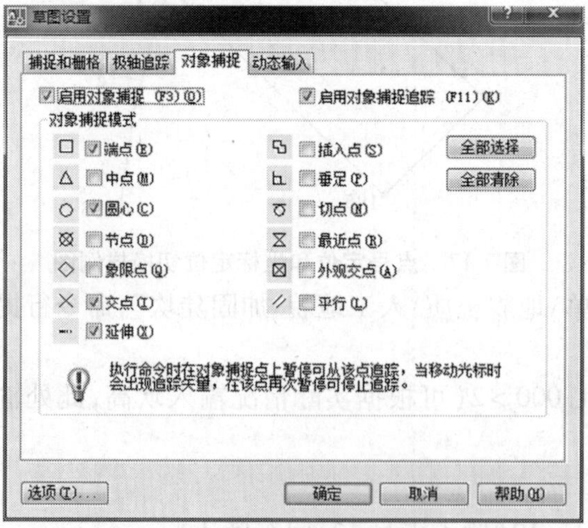

图 7-18 对象捕捉选项卡

★**提示**:实际绘图中,点号定位法或坐标定位法两种方法一般混合交叉应用。

三、编码引导法

编码引导法适用于数字测记法。该法成图时,需根据外业草图在内业人工编辑一个引导文件。引导文件是一个包含了地物编码、地物的连接点号和连接顺序的文本文件，它是根据草图在室内人工编辑而成的。然后，根据引导文件和坐标数据文件合并后的信息，在绘图区上自动绘制成图。

在绘图之前应根据外业草图编辑一个编码引导文件，该文件的主文件名一般取与坐标数据文件相同的文件名，后缀一般用"YD"，以与其他文件相区别。编写引导文件时，有如下要求：

(1)每一行只能表示一个地物，如一幢房屋、一条道路、一个独立地物，一个控制点。

(2)每一行的第一个数据为地物代码，以后按照地物各点的连接顺序依次输入各顺序点点号，格式如下：

代码，点号 1，点号 2，…，点号 n

(3)同一行的各个数据之间必须用逗号","隔开。

(4)地物代码的输入，需参考 CASS 的野外操作码。

(5)部分特殊地物编写规定：

A. 圆地物

①Y0 圆半径值，圆心点号。如 Y010.5，8——以 8 号点位圆心，半径为 10.5 m 的圆。

②Y1，圆直径上第一点点号，圆直径上第二点点号。如 Y1，3，4——以 3 号点、4 号点为直径两端点的圆。

③Y2，圆上第一点点号，圆上第二点点号，圆上第三点点号。如 Y2，5，6，7——经过 5、6、7 号三点的圆。

B. 平行体

格式为：P，点号 1，点号 2（把点号 1 所在地物平行到点号 2 上）。如 P，14，15——将第 14 点所在实体平行到第 15 点。

C. 控制点

格式为：C + 控制点类别号 + 控制点点名，控制点点号。如 C0 测校——0 表示不埋石图根点；点名为"测校"；18 表示第 18 号点为控制点，其中点名可以为空。如图 7-19 为野外观测草图，对应的引导文件如下：

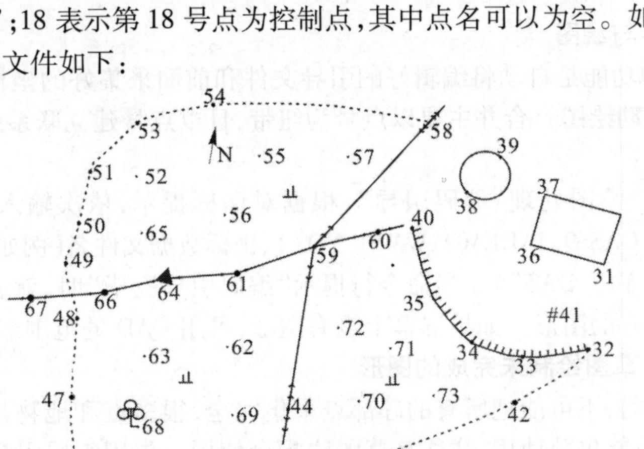

图 7-19　野外观测草图

D1，58，59，44

U0，40，35，34，33，32

Y1,38,39

D3,60,59,61,64,66,67

F2,31,36,37

B0,32,42,43,45,46,47,48,49,50,51,53,54,58,40

A50,68

A14,41

C0P3,5

具体操作步骤如下。

(一)编辑引导文件

利用"任务一　内业图形编辑准备"的"活动二　外业数据预处理的方法和手段"中讲述的启动"记事本"程序的方法,打开"记事本"程序,编写引导文件。编写完毕后一定要保存再退出。

以"\Program Files\CASS9. 1\DEMO\WMSJ. YD"为例,其引导文件数据如图 7-20 所示。

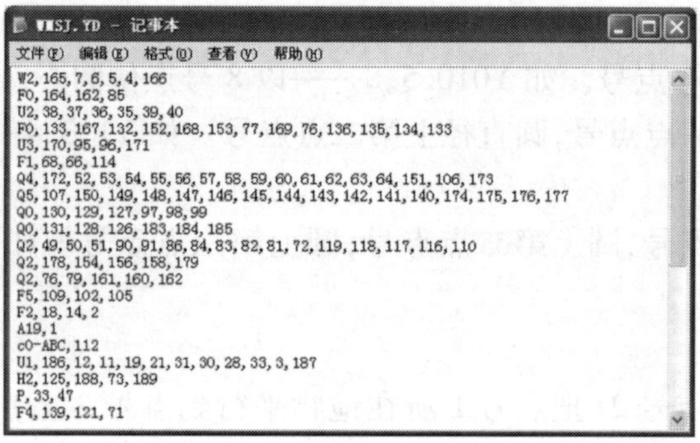

图 7-20　引导文件样例数据

(二)定显示区

操作同前所述。

(三)编码引导与绘图

"编码引导"的功能是自动将编辑好的引导文件和前面采集好的坐标数据文件合并,并在屏幕绘图区上自动绘图。合并主要以点号为纽带,且以点号建立联系。

具体操作如下:

选择下拉菜单"绘图处理\编码引导",根据对话框提示,依次输入引导文件名(例如"C:\Program Files\CASS9. 1\DEMO\WMSJ. YD")、坐标数据文件名(例如"C:\Program Files\CASS9. 1\DEMO\WMSJ. DAT")。当命令行提示"编码引导完毕"时,就表示编码引导成功。屏幕上显示出绘制好的图形。如果屏幕上没有图形,可用 CAD 的范围缩放功能查找。

(四)利用外业草图绘制未完成的图形

由于外业采集时,不可能把所有的碎部点采集完全,很多点和地物是内业编辑成图的。所以,该方法也不可能单独使用,往往与草图法配合使用。先用编码引导法自动绘制,剩余部分用点号定位法或坐标定位法补充完成。

四、简码法

简码法适用于 CASS 野外操作码法和自定义简码法。这两种方法的共同点是点位信息、属性信息和连接信息均存储在全站仪、RTK 等数据采集设备中,数据传输后获得的坐标文件是带有简编码的坐标数据文件。

(一)CASS 野外操作码法

CASS 野外操作码法的操作步骤如下。

1. 定显示区

操作同前所述。

2. 简码识别

简码识别的作用是将带 CASS 野外操作码格式的坐标数据文件转换成计算机能识别的程序内部码。

选择"绘图处理\简码识别"项,出现如图 7-21 所示对话窗。

图 7-21　选择简编码文件

输入简编码坐标数据文件名(例如 C:\CASS9.1\DEMO\YMSJ.DAT)。命令行显示"简码识别完毕!"同时在屏幕上绘出平面图形。

(二)自定义简码法

由于自定义简码法采集时输入的编码是采集者自主定义的,所以 CASS 系统无法自动识别。但通过修改 CASS 系统的简编码定义文件 JCODE.DEF,可以实现所有独立地物的自动识别,剩余的线状地物和面状地物可以采用人工交互绘图方式作业。通过对独立地物的识别,可以节省很多作业时间。另外,由于地物属性信息、连接信息均是通过自定义的简码表示,就可以不绘制外业草图。在内业只需要把自定义简码展绘在屏幕上,就可以根据各个简码的含义实现对地物属性和连接属性的判断和绘制。

自定义简码法的具体操作步骤如下。

1. 修改简编码定义文件 JCODE.DEF

选择"文件\CASS 系统配置文件\简编码定义文件 JCODE.DEF"选项卡,出现如图 7-22 所示界面。

对照地物属性,把独立地物的 CASS 简码直接改为相应的自定义简码。修改完毕后保存退出。

2. 定显示区

操作同前所述。

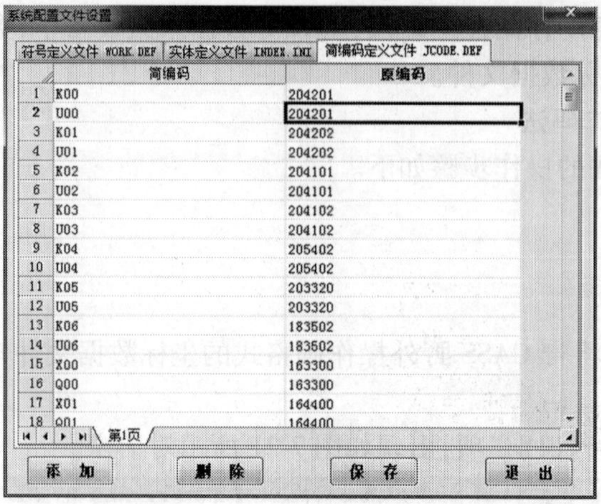

图 7-22　简编码定义文件 JCODE. DEF 选项卡

3. 展野外测点代码

操作同“展野外测点点号”。

4. 简码识别

操作同前所述。可以把所有独立地物自动绘制完成。

5. 根据野外测点代码绘图

根据各点自定义简码所代表的属性信息和连接信息，利用右侧“地物绘制菜单”利用坐标定位法绘制剩余的线状地物和面状地物。

五、电子平板法

电子平板模式是指把笔记本电脑带至野外，把全站仪、RTK 等数据采集设备利用电缆或蓝牙等与笔记本电脑连接，随测随传，现场绘图，真正做到所见即所测，所测即所得，所得即所绘。

电子平板法的操作步骤如下：

（一）建立测区控制点坐标数据文件

完成测区的各种等级控制测量，并得到测区的控制点成果后，便可以建立测区控制点坐标数据文件，以便野外进行测图时调用。

利用“活动二　外业数据预处理的方法和手段”中讲述的启动“记事本”程序的方法，打开“记事本”程序，编写测区控制点坐标数据文件。编写完毕后一定要保存再退出。

编写格式参见“任务一　内业图形编辑准备”的“活动一　CASS 测图软件和全站仪数据格式转换”中讲述的 CASS 坐标数据文件格式。

完成录入测区的控制点坐标等准备工作后，便可以进行野外测图。

（二）全站仪通信参数设置

（1）在测站点上架好仪器，并把笔记本电脑与全站仪用相应的电缆连接好。

（2）设置全站仪的通信参数。

拓普康全站仪外设通信参数设置，以 GTS – 330N 系列全站仪为例说明。

全站仪开机后按 MENU 键，进入菜单模式，按 F4 连翻两页，至第三页（见图 7-23）。

按“F1:参数组1”,进入参数组1界面(见图7-24)。再按F4连翻两页,出现如图7-25所示界面。再按F1,进入RS－232C设置界面(见图7-26)。

菜单　3/3
F1:参数组1
F2:对比度调节
P↓

图7-23　菜单模式第三页界面

参数组1　1/3
F1：最小读数
F2：自动电源关机
F3：倾斜　P↓

图7-24　参数组1界面

参数组1　3/3
F1：RS-232C
P↓

图7-25　参数组1第三页界面

RS-232C
F1：波特率
F2：字符/校验
F3：停止位　P↓

图7-26　RS－232C设置界面

分别按“F1:波特率”“F2:字符/校验”“F3:停止位”,设置相应参数。设置好后在图7-26界面按F4进入第二页(见图7-27)。分别按“F1:ACK模式”“F2:CR,LF”“F3:记录类型”,设置相应参数。退出至常规测量界面后,切换至距离测量模式下的斜距测量界面,等候测量。

RS-232C
F1：ACK模式
F2：CR，LF
F3：记录类型　P↓

图7-27　RS－232C第二页界面

在拓普康全站仪中,用RS－232C与CASS软件通信,参数设置见表7-6。

表7-6　全站仪RS－232C设置参数表

项目	可选参数	备注	
波特率	1 200,2 400,4 800,9 600	任选	与CASS软件中设置一致
数据位/校验位	7位偶校验、7位奇校验、8位无校验	任选	
停止位	1、2	任选	
ACK模式	标准方式、省略方式	任选	
CR/LF	ON(开)、OFF(关)	任选	
REC类型	REC-A	必选	

需要说明的是,由于电子平板法大部分采用的是USB线传输,必须按照“全站仪数据通信基本操作”中的方法安装USB驱动并设置好相应参数。

(3)启动电脑,并运行CASS9.1软件。

(4)在主菜单中选取“文件\CASS参数配置”。当采用电子平板法测图时,则需要设置“地物绘制”(见图7-14)“高级设置”(见图7-15)“电子平板”(见图7-28)三个选项卡中功能。

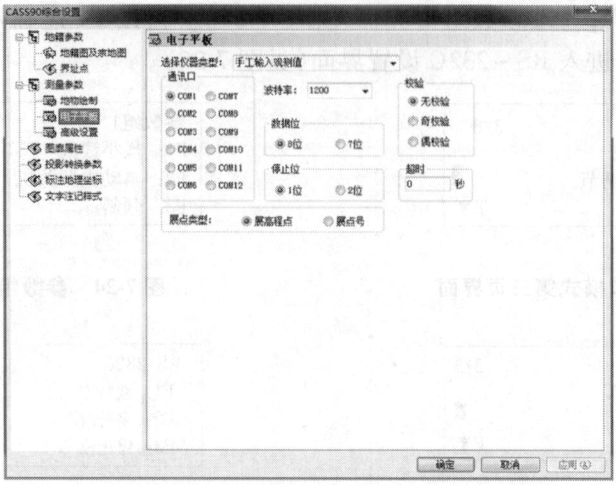

图 7-28　电子平板选项卡功能

选定所使用的全站仪类型,如拓普康全站仪精测、拓普康全站仪粗测、徕卡全站仪(中纬全站仪和徕卡全站仪共用同一类型)等,并检查软件中设置是否与全站仪的通信参数一致,按“确定”按钮设置。

COM 口选择时,要根据 USB 设置时所设置的 COM 口进行设置。

(5)定显示区并展绘野外测点点号。定显示区时选用的坐标数据文件是前面编辑好的控制点坐标数据文件名,其余操作同上。

(6)测站设置、定向与检查。用鼠标点击右侧“地物绘制菜单\坐标定位\电子平板” 弹出如图 7-29 所示的“电子平板测站设置”界面。

图 7-29　测站设置对话框

选择输入控制点坐标数据文件名;根据实际情况选择好定向方式;测站点、后视点和检查点输入时,若事前已经在屏幕上展出了控制点,则直接点“拾取”按钮再在屏幕上捕捉作为测站、定向点、检查点的控制点；若屏幕上没有展控制点，则手工输入测站点、定向点及检查点点号和坐标；仪器高根据实际情况量测输入；定向起始角度可根据全站仪照准后视时全站仪屏幕上显示的方向值直接输入。

★**提示**：检查点是用来检查该测站相互关系，系统根据测站点和检查点的坐标反算出测站点与检查点的方向值（该方向值等于由测站点瞄向检查点的水平角读数）。这样，便可以检查出坐标数据是否输错、测站点是否给错或定向点是否给错，点击“检查”按钮，弹出检查信息。

检查测站设置、定向无误后按“确定”退出。

(7)实际测图操作。在测图的过程中，主要是利用系统屏幕右侧的“地物绘制菜单”功能，如要测一幢房子、一条电线杆等，需要用鼠标选取相应图层的图标；也可以同时利用系统的编辑功能，如文字注记、移动、拷贝、删除等操作；也可以同时利用系统的辅助绘图工具，如画复合线、画圆、操作回退、查询等操作；如果图面上已经存在某实体，就可以用“图形复制(F)”功能绘制相同的实体，这样就避免了在屏幕菜单中查找的麻烦。

在系统屏幕右侧的“地物绘制菜单”中选择好所测地物符号，在命令行提示等待“全站仪信号…”，CASS 软件自动驱动全站仪观测并返回观测值，返回信息后界面如图 7-30 所示。

本站测绘完成，搬站后继续进行。

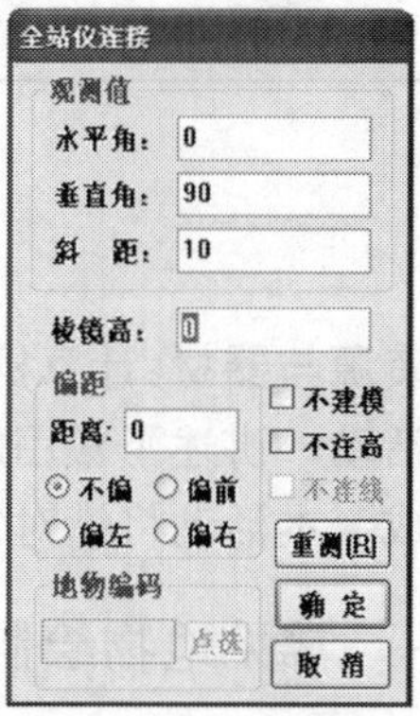

图 7-30 电子平板数据界面

六、地物匹配法和图形复制法绘图

(一)地物匹配法

地物匹配法主要适用于对图式符号表达不完整的线画图转绘成符合图式要求的标准地形图的情况。选择屏幕右侧“地物绘制菜单\地物匹配”后，就可以选择“地物绘制菜单”下的各种图块符号绘图，当“命令行”中提示“选择要加属性的实体”时，在屏幕上选择要加符号的实体后，回车确定，即可把原来的实体加上符合要求的图式符号。

(二)图形复制法

按“地物绘制菜单”左侧的“ ”(图形复制功能)图标，在命令行出现提示：

命令：copy

选择已有实体：(在屏幕上选择绘制好的同一种地物，系统会自动提取其属性信息，赋给新绘制的地物)

第一点：<跟踪 T/区间跟踪 N>(捕捉或输入需绘制的第一点)

曲线 Q/边长交会 B/跟踪 T/区间跟踪 N/垂直距离 Z/平行线 X/两边距离 L/<指定点>(输入第二点，同一提示下可以输入多个点，绘制完毕后回车确认)

拟合线<N>？Y(如果不拟合可以输入 N，输入后回车)

命令：

其他地物均可以按此方法绘制。该方法的优点是不需要去右侧“地物绘制菜单”中一个一个选择图块，节省了工作量。

七、地物绘制操作实训

利用实测的校园地形图数据，上机实训。分别用上述几种平面图绘制方法绘制地形图。随时记录在绘图中出现的问题，填入表7-7。然后把各组问题汇总后统一讨论解决。

表7-7 地物绘制方法问题记录表

绘制方法	出现问题

活动二 常见地物绘制方法

资源与器材：计算机、投影仪、AutoCAD软件、CASS软件。

活动一讲述了常用的几种地物绘制方法，但没有提到常见地物在CASS软件中如何绘制完成。本活动将针对常见地物逐个讲解其绘制方法和操作步骤。

一、常见地物绘制过程中CASS子命令功能

以多点一般房屋(见图7-31)绘制过程进行说明。

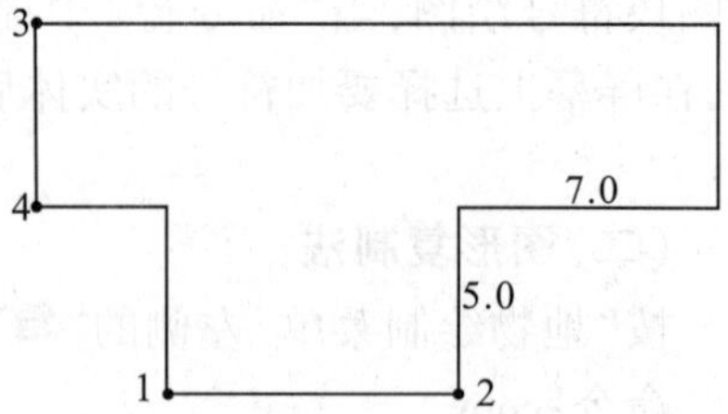

图7-31 多点一般房屋例图

在右侧"地物绘制菜单"选择"居民地\一般房屋\多点一般房屋"后，命令行提示和输入如下：

第一点：<跟踪T/区间跟踪N>(捕捉1号点)

曲线Q/边长交会B/跟踪T/区间跟踪N/垂直距离Z/平行线X/两边距离L/<指定点>(捕捉2号点)

曲线Q/边长交会B/跟踪T/区间跟踪N/垂直距离Z/平行线X/两边距离L/隔一点J/微导线A/延伸E/插点I/回退U/换向H<指定点>a(选择微导线功能，回车确认。默认是相对于上一条线的垂直方向)

微导线-键盘输入角度(K)/<指定方向点(只确定平行和垂直方向)>(指定微导线前进一侧)

距离<m>:5(输入前进距离，回车确认)

曲线Q/边长交会B/跟踪T/区间跟踪N/垂直距离Z/平行线X/两边距离L/闭合C/隔一闭合G/隔一点J/微导线A/延伸E/插点I/回退U/换向H<指定点>a(选择微导线功能，回车确认)

微导线-键盘输入角度(K)/<指定方向点(只确定平行和垂直方向)>(指定微导线

前进一侧）

距离 < m > :7（输入前进距离，回车确认）

曲线 Q/边长交会 B/跟踪 T/区间跟踪 N/垂直距离 Z/平行线 X/两边距离 L/闭合 C/隔一闭合 G/隔一点 J/微导线 A/延伸 E/插点 I/回退 U/换向 H < 指定点 > j（选择隔一点功能，回车确认）

指定点：（捕捉 3 号点）

曲线 Q/边长交会 B/跟踪 T/区间跟踪 N/垂直距离 Z/平行线 X/两边距离 L/闭合 C/隔一闭合 G/隔一点 J/微导线 A/延伸 E/插点 I/回退 U/换向 H < 指定点 >（捕捉 4 号点）

曲线 Q/边长交会 B/跟踪 T/区间跟踪 N/垂直距离 Z/平行线 X/两边距离 L/闭合 C/隔一闭合 G/隔一点 J/微导线 A/延伸 E/插点 I/回退 U/换向 H < 指定点 > g（选择隔一闭合功能，回车确认）

命令：

该命令执行过程中出现的子命令功能含义见表 7-8 所示。

表 7-8 常见子命令功能表

功能	子命令	操作及含义
曲线	Q	从当前点再指定另外两点，三点间绘制成光滑曲线
边长交会	B	指定一点，给定从该点量测的距离；再指定另一点，给定从该点量测的距离；边长交会出新点后，地物自动连接至新点
跟踪	T	选择一个线状地物作为跟踪线，系统自动从跟踪线的开始点沿线连接至最终点
区间跟踪	N	指定跟踪线的起点、居中点、结束点，系统自动连接该三点之间的跟踪线段
垂直距离	Z	指定新绘线准备相垂直的线段和在该垂直方向上的距离，绘制新点。地物自动连接至新点
平行线	X	选择一个准备平行的基准线，并输入该平行线上的距离，绘制新点。地物自动连接至新点
两边距离	L	指定一条线、偏移的方向和距离；再指定另一条线、偏移的方向和距离，交会出新点。地物自动连接至新点
闭合	C	地物自动闭合至起始点
隔一闭合	G	地物自动隔一个点，然后闭合至起点
隔一点	J	系统自动隔一个点，然后连接至下一指定点
微导线	A	用于指定和当前线的顺时针夹角和距离，并绘制新点。系统默认夹角是 90°
延伸	E	系统自动沿当前线向前延伸输入的长度值
插点	I	系统在鼠标指定部位插入一点
回退	U	如果绘错地物，可以再回退取消当前绘制
换向	H	系统连线自动从当前绘制地物的终点换向至起点

二、与顺时针、逆时针连线方向有关的地物绘制

以“建筑物下的通道”为例进行说明。在右侧 “地物绘制菜单”选择“居民地\房屋附属\建筑物下的通道”后，命令行提示和输入如下：

第一点：（指定通道第一点）

第二点：（指定通道第二点）

对面一点：（指定通道对面一点）

对面另一点：（直接回车默认两边平行）

命令：（结束绘制）

需要说明的是，该三点应该按顺时针顺序指定，否则通道短线方向就反了。图 7-32 所示是按逆时针方向绘制的错误图形，图 7-33 所示是按顺时针方向绘制的正确图形。

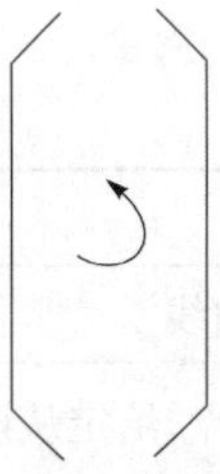

图 7-32　逆时针方向绘制的错误通道

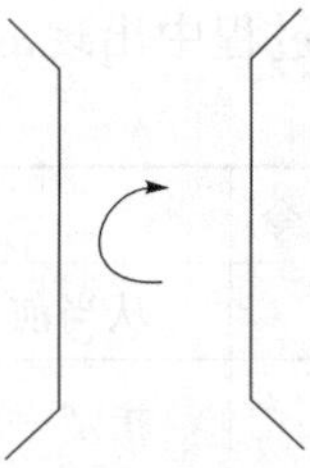

图 7-33　顺时针方向绘制的正确通道

绘制形状和连线顺序有关的有台阶、楼梯、龙门吊、天吊、架空传送带、有栏木的铁路平交口、无栏木的铁路平交口、各种桥梁等。

三、连线方向左侧生成附属符号的线状地物

CASS 软件中，默认操作是在连线方向左侧生成线状地物的附属符号，如围墙、栅栏栏杆、城墙、宣传橱窗（有字一面朝向短线方向）、铁路、路堑、路堤、挡土墙、沟渠、堤、坝坡、坎、瀑布跌水、各种陡岸、岸滩、自然保护区界线、各种陡崖、崩崖、陡石山等。

由于线状地物绘制比较简单，不再举例说明。

四、有向独立符号

有向独立符号一般要测两个点，第一点为独立符号的定位点，另一点为定向点。两点连线与独立符号轴线垂直。常见的有向独立符号，如不依比例窑洞、方形不依比例支柱、斜井井口、不依比例电线架、不依比例涵洞、铁路桥桥墩、公路桥桥墩、双层桥桥墩、通航起讫点、激流、不依比例电线塔、单杆变压器、电线入地口、通信线入地口、通信线电缆标、不依比例架空管道墩架、长形污水箅子、涨潮、落潮、地下灌溉出水口、泉、砂砾滩石块、水流示向箭头、不依比例山洞、不依比例独立石、不依比例石堆、砂砾地石块等。

由于有向独立符号比较简单，不再举例说明。

除有向独立符号外，其余独立符号均垂直于南图廓线。

五、地物符号绘制实训

要求上机操作，对 CASS 右侧“地物绘制菜单”中所有符号逐个试绘。要求如下：

（1）熟练掌握所有符号的绘制方法和操作提示。

（2）能够熟练掌握任一符号在“地物绘制菜单”中的位置，避免在实际作业中查找符号浪费太多的时间。

（3）结合校园碎部点坐标数据文件，绘制校园平面图。

【知识导航】

（1）图式中除特殊标注外，一般实线表示建筑物、构筑物的外轮廓与地面的交线（除桥梁、坝、水闸、架空管线外），虚线表示地下部分或架空部分在地面上的投影，点线表示地类范围线、地物分界线。

（2）依比例尺表示的地物分以下表现形式：

地物轮廓依比例尺表示时，一般在其轮廓内适中位置配置不依比例尺符号和说明注记（或说明注记简注）作为说明，如水井、收费站等。

面状分布的同一性质地物，在其范围内按整列式、散列式或相应式配置说明性符号和注记，如果界线明显的用地类界表示其范围（如经济林地等），界线不明显的不表示界线（如疏林地、盐碱地等）。

相同地物毗连成群分布，其范围用地类界表示，在其范围内适中位置配置不依比例尺符号，如露天设备等。

（3）两地物相重叠或立体交叉时，按投影原则下层被上层遮盖的部分断开，上层保持完整。

（4）各种符号尺寸是按地形图内容为中等密度的图幅规定的。为了使地形图清晰易读，除允许符号交叉和结合表示外，各符号之间的间隔（包括轮廓线与所配置的不依比例尺符号之间的间隔）一般不应小于0.3 mm。如果某些地区地物的密度过大，图上不能容纳时，允许将符号的尺寸略微缩小（缩小率不大于0.8）或移动次要地物符号。双线表示的线状地物其符号相距很近时，可采用共线表示。

（5）实地上有些建筑物、构筑物，图式中未规定符号，又不便归类表示者，可表示该物体的轮廓图形或范围，并加注说明。地物轮廓图形线用0.15 mm 实线表示，地物分布范围线、地类界线用地类界符号表示。

（6）图式中土质和植被符号栏中，以点线框者，指示应以地类界符号表示实地范围线；以实线框者，指示不表示范围线，只在范围内配置符号。

活动三　样例地形图中存在的问题和不足分析

资源与器材：投影仪、计算机、AutoCAD 软件、CASS 成图软件、未编辑修改的地形平面图、《图式》。

利用教师提供的未编辑修改的地形平面图，结合图式、规范中对各种地物要素绘制的要求，分析查找地形图中存在的问题和不足，使用 CASS 软件中提供的功能对其进行修改和完善，并将使用到的功能填入表 7-9 中。

表 7-9　地形图中需要编辑与修改内容记录表

存在问题	编辑与修改内容	CASS 提供功能

★**提示**：平面图几何图形方面存在的问题主要有地物缺漏、地物位置不准确、形状或方向与实地不一致、拟合方式不正确、未采用线型生成、面状地物未闭合和填充符号、相邻地物之间存在重叠或压盖现象等。平面图形地物属性方面存在的问题主要有地物图层、线型、颜色、线宽、编码不正确等。需要逐个地物进行检查、修改和编辑。

活动四　地物的编辑与修改

资源与器材：投影仪、计算机、AutoCAD 软件、CASS 成图软件、未编辑修改的地形平面图、《图式》。

CASS 软件是在 AutoCAD 平台上开发的，故地物几何图形的编辑修改完全可以利用 AutoCAD中的全部功能。另外，CASS 系统中也自主开发了部分编辑功能。

一、AutoCAD 编辑与修改命令

(一) AutoCAD“修改”工具栏

“修改”工具栏中的所有命令如图 7-34 所示。各按钮功能参见表 7-9。

图 7-34　AutoCAD 修改工具栏

表 7-10　AutoCAD 修改工具栏各按钮功能

按钮	功能	按钮	功能	按钮	功能	按钮	功能
	删除		阵列		拉伸		打断
	复制		移动		修剪		倒角
	镜像		旋转		延伸		圆角
	偏移		缩放		打断于点		分解

(二) 对象特性对话框

在“标准工具栏”中按“ ”按钮或旋转“编辑\对象特性管理”，就可以弹出对象特性管理器，如图 7-35 所示。在该对话框中，可以对任意地物的颜色、图层、线型、线型比例、线宽、

厚度、坐标、闭合与否、线型生成启用与否等内容进行修改。如果是文字，还可以对文字的内容、样式、对正、高度、旋转、倾斜、颠倒、反向等属性进行修改。利用图 7-35 中“”按钮还可以对需要修改的对象进行快速选择。

图 7-35　对象特性管理器

二、CASS 地物编辑命令

下面介绍主要的地物编辑命令。

（一）“修改多段线”管理器

选择“编辑\图元编辑”，弹出如图 7-36 所示的“修改多段线”对话框。

由图 7-36 可以看出，在该界面中也可以对多段线的颜色、图层、线型、线型比例、厚度、拟合/平滑方式、闭合与否、线型生成启用与否等内容进行修改。

（二）“修改线状地物”命令

单击屏幕右侧“地物绘制菜单”中左侧的编辑地物编码按钮“”，再选择需要编辑的地物实体，就可以弹出如图 7-37 所示界面。

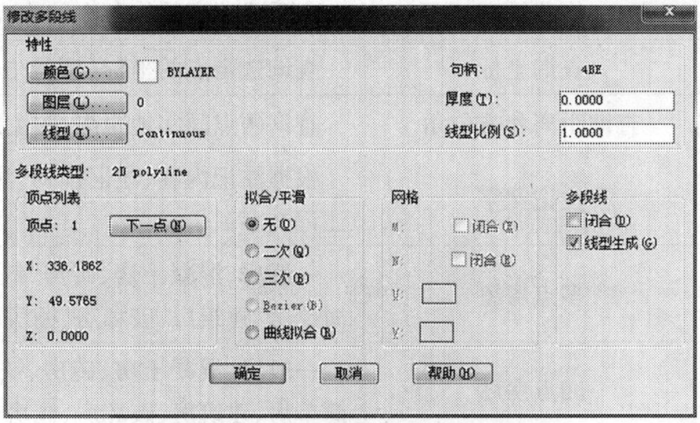

图 7-36　修改多段线对话框

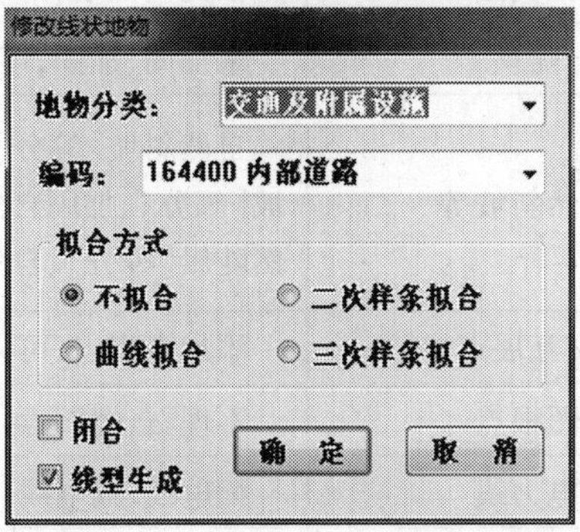

图 7-37　修改线状地物界面

选择不同的线状地物，“地物分类”中就显示对应的分类图层，“编码”显示其相应的程序内部码。选择好相应的图层、编码、拟合方式、闭合与否、线型生成与否，按“确定”后修改完毕。

三、CASS 实用工具栏

打开 CASS9.1 测图系统后，系统“CASS 实用工具栏”（见图 7-38）符号相应功能见表 7-10 所示。

图 7-38　CASS 实用工具栏

表 7-11　CASS 实用工具栏中地物绘制符号及相应功能

CASS 实用工具栏	功能提示	详细功能
	查看实体编码	查看选择对象的程序内部码和地物属性
	加入实体编码	把已有地物的程序内部码赋值给新对象
	重新生成	根据骨架线自动生成附属符号
	批量选目标	批量快速选择对象
	线型换向	改变各种线型（如陡坎、栅栏）的方向
	修改坎高	查看或改变陡坎各点的坎高
	查询坐标	查询选定点的坐标（测量坐标）
	查询距离和方位角	查询两点间实地距离、图上距离和坐标方位角
	注记文字	根据注记内容、注记排列、注记类型、文字大小等注记文字
	多点房屋	一般房、混凝土房、砖房、铁房、钢房、木房、混房、简单房、建筑房、破坏房、棚房
	四点房屋	一般房、混凝土房、砖房、铁房、钢房、木房、混房、简单房、建筑房、破坏房、棚房
	依比例围墙	依比例围墙，可以改墙宽
	陡坎	未加固、加固，可以改陡坎比高
	自然斜坡等	自然斜坡[等分]、自然斜坡[法线]、加固自然斜坡[等分]、加固自然斜坡[法线]、等分台阶楼梯、自然陡崖[等分]、自然陡崖[法线]
	交互展点	添加高程点，可以选择是否添加到数据文件中
	图根点	不埋石、埋石，可输入高程、点名和等级
	电力线	配电线、输电线、通信线
	道路	等外公路、等级公路、高速公路、建筑中等外公路、建筑中等级公路、建筑中高速公路

四、CASS“地物编辑”菜单

CASS“地物编辑”菜单中的内容如图 7-39 所示，其中提供了多种地物修改和编辑功能。内容丰富，手段多样，如果灵活应用，将大大提高制图效率。表 7-12 是各命令的功能列表。

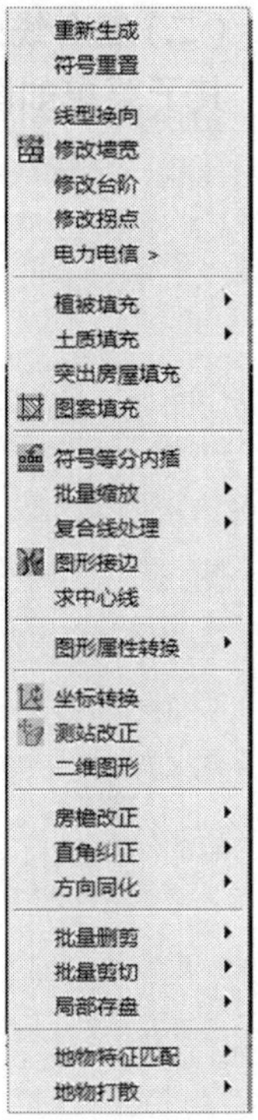

图 7-39　地物编辑菜单

下面仅介绍几种操作较为复杂的命令，并上机操作。

（一）批量缩放\文字

执行此菜单后，命令区提示：

1. 选目标/2. 选层，颜色或字体　<1>　:（可以输入 1 直接选择目标，也可以利用层名、颜色、字体名等特性批量选择对象。本例中是输入 1。）

选择对象：（可以拉框或逐个选取）

选择对象：（回车确认）

给文字起点 X 坐标差：<0.0>（一般默认回车）

给文字起点 Y 坐标差：<0.0>（一般默认回车）

请选择：1. 按比例缩放/2. 按固定大小　<1>（本例中输入 1，回车确认）

输入文字缩放比例：0.5（本例中输入缩放比例 0.5，回车确认）

命令：（结束文字缩放）

表 7-12　CASS“地物编辑”菜单命令

命令名称	功能
重新生成	同 CASS 实用工具栏中“**重**”
线型换向	同 CASS 实用工具栏中“”
修改墙宽	依照围墙的骨架线来修改围墙的宽度
修改坎高	同 CASS 实用工具栏中“”
电力电信	增加电杆附近的电力电信线
植被填充	在指定区域内填充植被
土质填充	在指定区域内进行各种土质的填充
小比例房屋填充	对小比例尺中的房屋进行填充斜线
符号等分内插	在两相同符号间按设置的数目进行等距内插
批量缩放	对屏幕上的注记文字、符号、圆圈进行批量放大或缩小或者位移
复合线处理	提供对地物线型的批量处理
求中心线	求两条复合线之间的中心线
图形属性转换	提供 14 种转换方式，每种方式有单个和批量两种处理方法
二维图形	删除图形的高程信息
房檐改正	对测量过程中没有办法测到的房檐进行改正
直角纠正	将多边形内角纠正为直角
地物特征匹配	将一个实体的地物特征匹配给另一个实体
地物打散	把复杂实体分离成简单实体，以便编辑或修改

(二)复合线处理

其子菜单如图 7-40 所示。

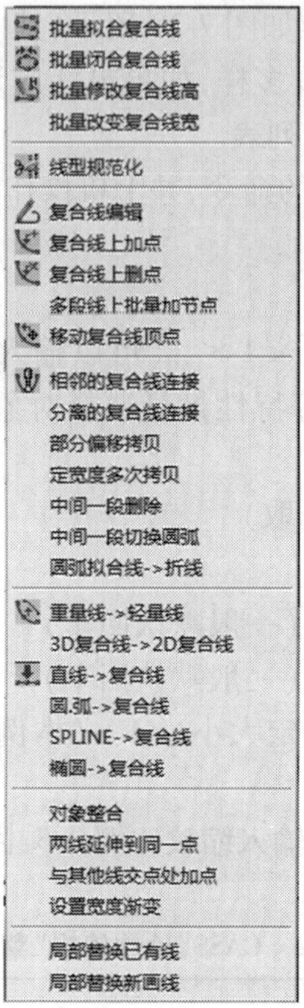

图 7-40　复合线处理子命令

其各子命令功能如表 7-13 所示。

表 7-13　复合线处理子命令功能

复合线处理子命令	子命令功能
批量拟合复合线	对选中的复合线批量进行拟合或取消拟合
批量闭合复合线	将选定的未闭合复合线闭合
批量修改复合线高	CASS9.1 中的复合线都是带有高度的,用本项功能可以改变此高度
批量改变复合线宽	批量修改多条复合线的宽度
线型规范化	控制虚线的虚部位置以使线型规范
复合线编辑	对复合线的线形、线宽、颜色、拟合、闭合等属性进行修改
复合线上加点	在所选复合线上加一个顶点,选择线的位置即为加点处
复合线上删点	在复合线上删除一个顶点,直接选中顶点蓝色节点即可
移动复合线顶点	可任意移动复合线的顶点
相邻的复合线连接	将首尾不相接的两条复合线连接为一体
分离的复合线连接	将首尾相接但不是同一个实体的复合线连接为一体
重量线 - >轻量线	将 POLYLINE 转换为 LWPOLYLINE 大大压缩线条的数据量
直线 - >复合线	将直线转换成复合线
圆弧 - >复合线	将圆弧转换为复合线
SPLINE - >复合线	将样条曲线转换为复合线
椭圆 - >复合线	将椭圆转换为复合线

(三)地物特征匹配

执行该命令后,提示:

选择源对象:[设置(S)](输入S后确定,弹出特性匹配设置界面,如图7-41所示)。

图7-41 特性匹配设置界面

在相应的需要匹配的属性内容的复选框里打上“√”后确定,然后按照提示选择源对象,再提示选择对象,然后选择被刷的对象实体,确定后就完成了对象的特性匹配。

本功能包含了“单个刷”和“批量刷”两种方式。“单个刷”是指一个个地选择被刷的实体对象;“批量刷”是指选择需要被刷的其中一个对象实体后,一次性把该同一类型的对象实体全部刷成功。

该功能与“标准”工具栏的“特性匹配”按钮“”功能类似。

根据图式、规范分析已有地形图中所绘地形地物的矛盾与错误,列出错误条目,制定出实施改正的方法和措施。

五、地物编辑与修改实训

利用教师提供的未编辑修改的半成品平面图,分块检查存在的问题和缺漏,利用上述地物编辑与修改命令对图形进行编辑,最终上交一幅符合图式标准要求的平面图,保存后备用。

活动五 注记的编辑与修改方法

资源与器材:投影仪、计算机、AutoCAD软件、CASS成图软件、未编辑修改的地形平面图、《图式》。

本活动要求掌握注记以及编辑和修改注记的方法。

CASS软件是在AutoCAD平台上开发的,故注记以及相应的编辑修改完全可以利用AutoCAD中的全部功能。另外,CASS系统中也自主开发了部分注记和编辑功能。

一、定义文字样式

在命令行中执行“style”命令或者在右侧菜单选择“文字注记\定义字型”,或者选择下拉菜单“工具\文字\定义字型”,弹出图7-42所示的“文字样式”界面。

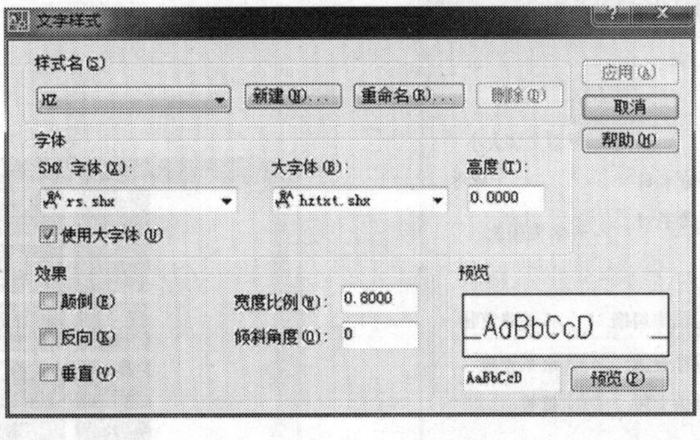

图7-42 文字样式界面

在图7-42对话框中,可以设置样式名、字体、高度、宽度比例、倾斜角度和相应文字效果等。

二、变换字体

设置好上述各种文字样式后,可以选择右侧菜单"文字注记\变换字体",或者选择下拉菜单"工具\文字\变换字体",弹出图7-43"选取字体"界面。

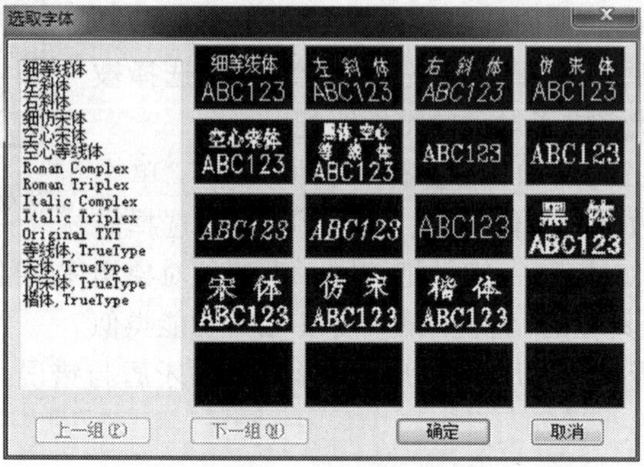

图7-43 选取字体界面

根据图式要求,选择注记内容对应的字体,确定后即可把相应字体设置为当前字体。

三、注记文字

(一)任意内容注记

选择"文字注记\注记文字",或者按CASS实用工具栏中的"注"按钮,弹出如图7-44所示的"文字注记信息"界面。

输入注记文字,选择好注记排列、注记类型、图面文字大小及字头朝向等信息后,在绘图区指定好文字注记位置后即可完成注记,并对注记文字赋予了图层信息。

利用下拉菜单"工具\文字\写文字"(AutoCAD中的"DTEXT"单行文字功能)或"工具\文字\批量写文字"(AutoCAD中的"MTEXT"多行文字功能)也可以进行注记。不过没有包含注记文字的图层信息。

(二)常用字注记

选择右侧菜单中"文字注记\常用文字",弹出如图7-45所示的"常用文字"对话框。

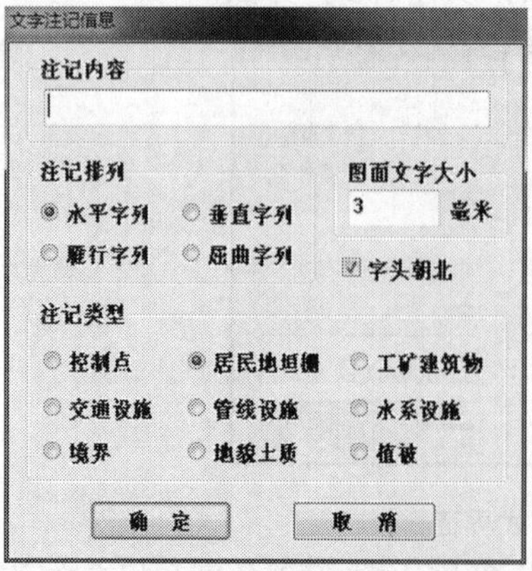

图7-44 文字注记信息界面

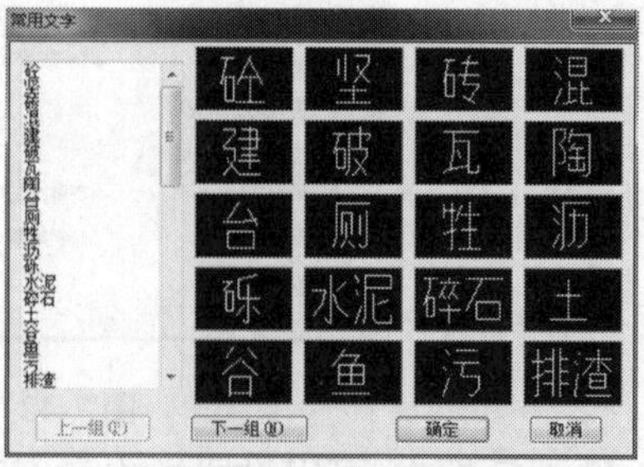

图7-45 常用文字对话框

选择好相应文字后，按确定，命令行弹出提示如下：

请输入注记位置(中心点)：(在屏幕上指定注记位置)

请输入图上注记大小(mm)：<3.0>(输入注记的文字高度后回车)

命令：(注记结束)

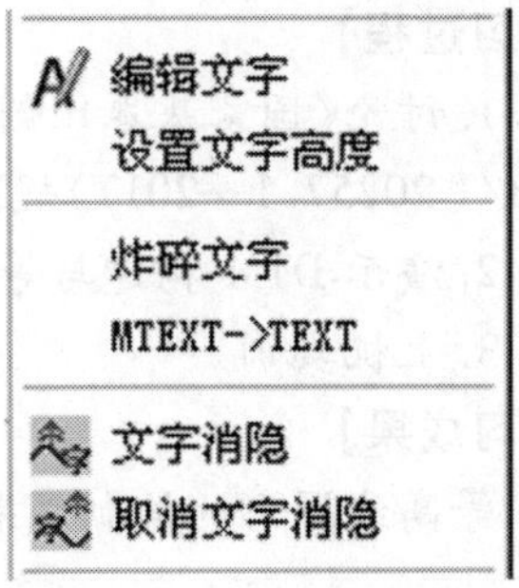

图 7-46　文字编辑与消隐功能

四、文字编辑与消隐

在 CASS 下拉菜单“工具\文字”中提供了文字编辑与消隐功能，如图 7-46 所示。

(一)编辑文字

选择下拉菜单“工具\文字\编辑文字”或者在绘图区选择好文字后双击鼠标左键，就可以激活文字编辑。

(二)设置文字高度

选择下拉菜单“工具\文字\设置文字高度”后，命令行提示如下：

选择要修改的文字：

选择对象：(在绘图区选择好需要注记的文字后回车确认)

输入图上高度：(毫米)3(输入文字图面高度，此处输入 3 mm；输入后回车确认)

命令：

(三)文字消隐

当通过此功能可以遮盖图形上穿过文字的实体，如穿高程注记的等高线。执行此命令后，命令行提示如下：

Select text objects to mask or [Masktype/Offset]：(直接在图上批量选取文字注记即可。还可通过 M 参数设置消隐方式，通过 O 参数设置消隐范围，回车确认)

★**提示**：如果将用此功能处理过的文字移动到别处，原被遮盖的实体将重新显示出来，而文字新位置下的实体却会被遮盖。

“取消文字消隐”是“文字消隐”操作的逆操作。

★**提示**：要想使文字消隐功能能够正常使用，必须事先安装好 AutoCAD Express Tools。

五、文字注记、修改与编辑实训

利用前面编辑好的地形图，根据《图式》及相应规范规定，对上述地形图进行文字的注记、修改与编辑。制作一幅符合注记规范要求的地形图。

任务三　等高线绘制和修改

【任务目标】

1. 掌握数字地面模型的建立与等高线绘制。
2. 掌握等高线的编辑和修改方法。

【学习过程】

1. 讨论《国家基本比例尺地图图式　第1部分:1∶500　1∶1 000　1∶2 000地形图图式》(GB/T 20257.1—2017)规范中对等高线绘制的要求。

2. 演示DTM构建与等高线的绘制。

3. 上机实训。

【学习成果】

等高线图形的绘制成果。

活动　DTM构建与等高线的绘制

资源与器材:计算机、AutoCAD软件、CASS成图软件、已绘制的地形平面图、原始高程数据资料、铅笔、绘图纸。

DTM(Digital Terrain Model)即数字地面模型,简称数模,是以数字的形式来表示实际地形特征的空间分布,或者说是地形形状和起伏的数字描述。数模的表示形式包括离散点的三维坐标(高程点测量数据)、由离散点组成的规则或不规则的格网结构等。

建立一个DTM必须经过数据的获取,数据的转换、数据的预处理、构网建模等过程。

DTM建成后,即可进行工程应用,如自动生成的等高线、提取断面数据、坡度信息或生成相应图形、自动计算土方工程量、制作三维景观数字地形图等。

一、高程点展绘及预处理

(一)展高程点

在"CASS参数配置"的"地物绘制"选项卡中设置好"高程注记位数""高程点字高"等内容后,即可选择"绘图处理\展高程点",输入高程点坐标数据文件名并打开后即可在屏幕上展绘出碎部点高程。

另外,还要利用"绘图处理\展控制点",把所用控制点展绘在图上。

(二)高程点预处理

数据的预处理是指获取的数据中可能包含有不符合建立数模要求的数据,甚至有错误的数据,需要对数据进行必要的预处理。除前面介绍的数据预处理内容外,还要剔除几乎重合的数据,删除高程不正确或不能用于建模的数据等。

1. 高程点建模设置

对于某些无法参与建模的高程点,如在房顶上的控制点、山顶上的控制点、钢标上的控制点以及测错的高程点等,不能参与建模,所以需要对这些高程点进行建模设置。

选择CASS系统下"绘图处理\高程点建模设置",命令行提示:

选择高程点:

选择对象:(可以逐个选取,也可以多个选取)

选取需要修改的高程点后,回车确认。绘图区弹出如图7-47所示的下拉列表框。这时可根据实际情况,确定该高程点是否参加建模。选择好后,回车确认,系统自动跳转至选择的下一个高程点,逐一设置。

图7-47　高程点建模设置

2. 高程点过滤

可以过滤掉一些距离非常近的高程点,减少图面负荷,使图面清晰可看。另外,根据测区高程的变动范围,也可以过滤掉根本不可能是本测区内高程的一些高程点。这些点很可能是设错镜高、仪器高、已知点高程而得到的错误高程点。

选择 CASS 系统下"绘图处理\高程点过滤",弹出如图 7-48 所示"高程点过滤"界面。

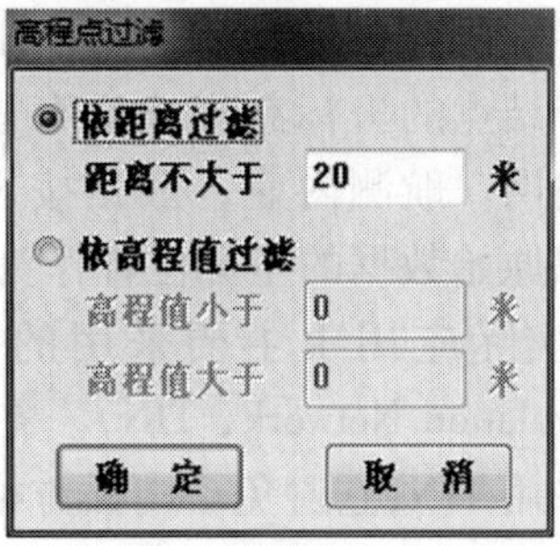

图 7-48 高程点过滤界面

选择"依距离过滤",设置好最大过滤距离后,按"确定"即可过滤掉该距离以内的部分高程点。

选择"依高程值过滤",设置好最大高程值和最小高程值,即可把超出该范围的高程点全部过滤掉。

如果想要过滤后的高程点数据文件,可以用"工程应用\高程点生成数据文件"功能重新生成数据文件。

3. 高程点处理

选择 CASS 系统下"绘图处理\高程点处理",其下又有"修改高程""打散高程注记""合成打散后的高程注记"和"根据注记修改高程"四种功能。由于功能简单明了,不再赘述。

二、陡坎比高赋值

陡坎测绘恰当与否,直接影响到 DTM 建立的正确性和等高线勾绘的准确性。所以必须事先完成。

选择"CASS 实用工具栏"中的按钮,命令行提示:

选择陡坎线

请选择修改坎高方式:(1)逐个修改;(2)统一修改 <1>(逐个修改是对每一个陡坎特征点的比高进行修改,统一修改是对陡坎赋以相同的比高)

当前坎高 = 1.000 米,输入新坎高 <默认当前值>:2(这里输入第一点比高 2 m,回车确认)

当前坎高 = 1.000 米,输入新坎高 <默认当前值>:3(这里输入第二点比高 3 m,回车确认)

当前坎高 = 1.000 米,输入新坎高 <默认当前值>:3.5(这里输入第三点比高 3.5 m,回车确认,再回车结束命令)

命令:(上一命令结束)

三、绘制地性线

地性线是指山谷线和山脊线等影响地势走向的重要线条。只有预先连接准确合适的地性线,才能正确建立 DTM 和准确勾绘等高线。

地性线绘制时可以用 CAD 中的多段线 PLINE 命令直接绘制。

四、DTM 构建

常见的构网方式有两种:规则格网结构和不规则格网结构。规则格网结构是将离散的原始数据点，依据插值算法归算出规则形状格网的结点坐标，每个结点的坐标有规律地存放在 DTM 中，最常用的结构是矩形格网。航测内业一般是按规则格网结构采点。不规则格网是以原始数据的坐标位置作为格网的结点，组成不规则形状格网，实际应用中主要采用的是不规则三角形格网（Triangle Irregulation Network，TIN）。在大比例尺数字测图的建模中，都是采用 TIN，它避免了内插方格网而牺牲原始测点的精度，从而保证了整个数模的精度。CASS 等常见测图软件均使用这种构网方法。

图 7-49　等高线菜单

在 CASS 系统的“等高线”菜单下，提供了 DTM 构建和等高线绘制的全部功能项，如图 7-49 所示。

（一）**建立 DTM**

选择“等高线\建立 DTM”，弹出如图 7-50 所示的“建立 DTM”界面。

如果是多个小组测绘，则事先可以合并数据文件再采用“由数据文件生成”或把所有高程点共同展绘在屏幕上再采用“由图面高程点生成”。

建立 DTM 过程中，一般均要考虑陡坎和地性线。如果没有陡坎和地性线，可不考虑。

（二）**图面 DTM 完善**

如果局部高程点之间 DTM 空缺，或相邻两部分 DTM 之间需要连接成一个整体，不需要重构 DTM，只需要针对局部图面，进行 DTM 完善即可。

选择“等高线\图面 DTM 完善”，命令行提示如下：

选择要处理的高程点、控制点及三角网：

选择对象：（选择相应的高程点、控制点及三角网后回车）

选择对象：（回车结束命令）

命令：（上一命令结束）

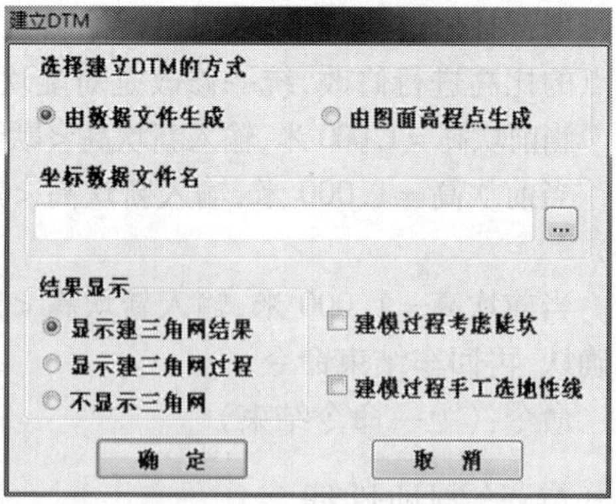

图 7-50　建立 DTM 界面

（三）**DTM 的修改与编辑**

由于现实地貌的多样性和复杂性，或采样点位置、密度和间距的不合适，自动构成的 DTM 与实际地貌可能不太一致，为了保证建模与生成等高线的正确性，还必须对自动构成的 DTM 进行适当的修改编辑工作，最终得到正确的 DTM。

CASS 软件中提供的 DTM 修改与编辑命令如图 7-51 所示。可以通过删除、过滤、增加、重组三角形以及加入地性线等方法对 DTM 进行编辑修改。

修改好的 DTM，可以通过“三角网存取”命令把屏幕区三角网写入三角网文件或从三角网文件中读出展绘在绘图区。

修改完 DTM 后，选择“三角网\修改结果存盘”，结束修改。

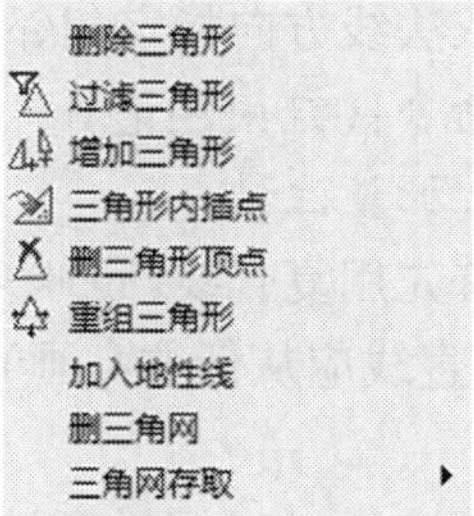

图 7-51　DTM 修改与编辑命令

五、等高线绘制

等高线绘制和编辑命令如图 7-52 所示。选择 CASS 系统下的“等高线\绘制等高线”（如果是绘制等深线，则选择“绘制等深线”），弹出图 7-53 所示“绘制等值线”界面。

选择合适的拟合方式（一般采用“三次 B 样条拟合”），输入所需等高距，按“确定”后即可绘制出等高线。

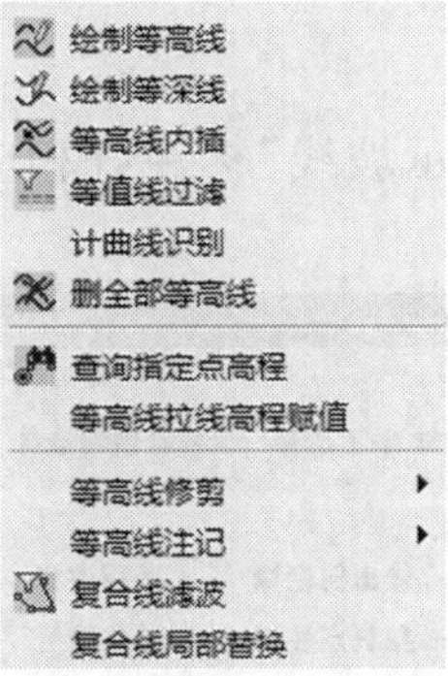

图 7-52　等高线绘制和编辑命令

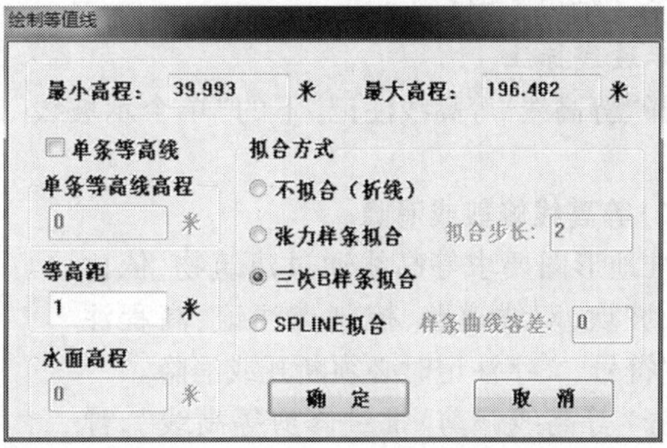

图 7-53　绘制等值线

如果发现等高线绘制的形态和实地地形不同，则需要重新修改 DTM。反复进行 DTM 修改和等高线绘制工作，直至获取正确的等高线。如果局部等高线走向与实地不符，可以采用“等高线\等高线局部替换”功能替换或重绘局部等高线。

如果要内插或过滤等高线，可以用“内插等高线”或“过滤等高线”命令进行。内插的等高线可能具有非常多的节点，使得数据量大幅度增加，此时可用“等高线\复合线滤波”减少部分节点。

如果不需要等高线了，可以用“删除等高线”命令。

六、等高线注记、修剪

等高线注记、修剪命令如图 7-52 所示。

（一）等高线注记

等高线绘制完成后，还需要对计曲线高程进行注记，便于读图。另外，还需要表示好示坡线。

等高线注记既可以对单根等高线进行高程注记，也可以沿事先绘制后的复合线走向批量注记。

1. 单个高程注记

选择“等高线\等高线注记\单个高程注记”，命令行提示如下：

选择需注记的等高(深)线:(选择该等高线)

依法线方向指定相邻一条等高(深)线:(选择相邻等高线)

命令:(结束注记)

2. 批量注记

首先用复合线(也叫多段线)命令绘制一根与需要注记的每根计曲线垂直相交的复合线(该直线应从低往高画)。然后选择“等高线\等高线注记\沿直线高程注记”,命令行提示如下:

请选择:(1)只处理计曲线;(2)处理所有等高线 <1>(可根据实际情况输入1或2)

选取辅助直线(该直线应从低往高画):<回车结束>(选择提前绘制好的复合线)

选取辅助直线(该直线应从低往高画):<回车结束>(选择提前绘制好的第二根复合线,如果没有则回车结束)

命令:(结束注记)

3. 示坡线标注

选择“等高线\等高线注记”下的“单个示坡线”或“沿直线示坡线”标注好相应的示坡线。

(二)等高线修剪或消隐

标准地形图要求等高线通过建筑物、依比例围墙、坡坎、双线道路、控制点注记、高程注记、独立符号、文字注记时必须断开或消隐。

选择“等高线修剪\批量修剪等高线”,弹出图7-54所示“等高线修剪”界面。

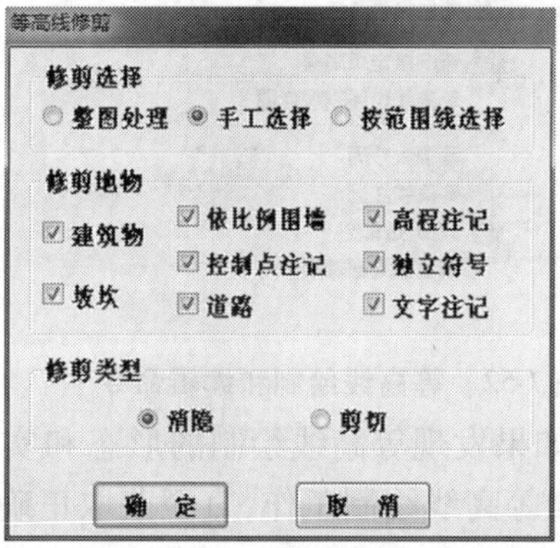

图7-54 等高线修剪界面

在需要修剪或消隐的地物、符号或文字前面打上“√”,选择好“消隐”或“修剪”,整图处理或手工选择好需要处理的等高线,按“确定”后即可自动进行等高线的修剪或消隐。

如果不需要,则可以取消等高线消隐。

利用“等高线\切除指定二线间等高线”或“等高线\切除指定区域内等高线”可以对道路、房屋等物体之间的等高线进行剪切。

七、DTM工程应用

利用构建的DTM,可以建立三维模型、进行坡度分析、计算实体表面积、计算土方工程量、绘制断面图等内容。将在项目十进行讲述,此处不再讲述。

八、DTM构建和等高线绘制实训

利用提供的高程点数据文件,结合上述步骤逐步学习DTM构建和等高线绘制,并汇总学习过程中的各种问题,相互讨论和试验,找出解决办法。

★**提示**:对地物、注记、等高线进行了编辑修改后,还需要对图面上各种图元之间的相互关系进行查错,确保地形图完全符合图式与相应规范的要求。

【知识导航】

地形图上表示地貌的方法主要是用等高线符号和微观特征地貌符号。

1. 用等高线表示地貌

1) 等高线的概念

等高线是地面上高程相等的相邻各点所连成的闭合曲线。如图7-55所示,设想以平均海水面作为高程起算的基准面,然后用许多平行于这个基准面且间隔相等的水准面,一一去横截起伏的地表面;将水准面与地表面的截口线,按正射投影的方法投影到基准面上,并标记高程,然后按地图比例尺缩绘,所得图形是一圈套一圈的闭合曲线,每一条闭合曲线上的各点高程均相等,故称为等高线。

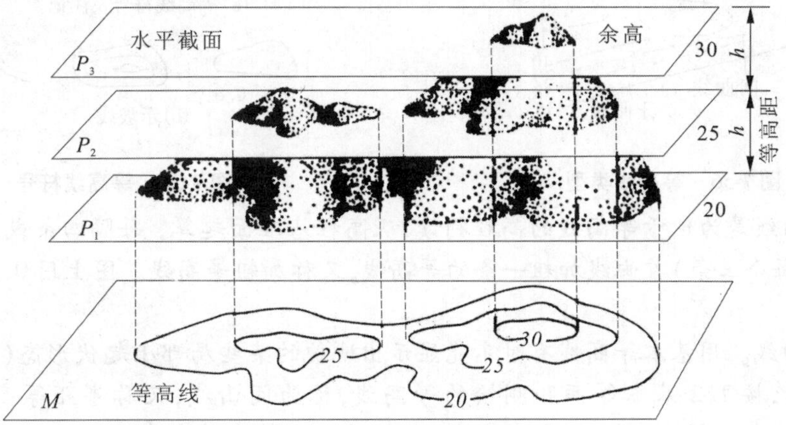

图7-55 等高线表示示意图

2) 等高距

等高距是地面上两相邻截平面之间的垂直距离,或者说是相邻两条等高线之间的高程差。如图7-55中的 h。等高距的选择必须根据地形高低起伏程度、测图比例尺的大小和使用地形图的目的等因素来决定。

★**提示**:在同一幅地形图上或同一测区,一般不能有两种不同的等高距。

根据《1:500 1:1 000 1:2 000外业数字测图技术规程》,各种大比例尺测图的等高距如表7-14。

表7-14 地形图基本等高距 (单位:m)

比例尺	基本等高距			
	平地	丘陵地	山地	高山地
1:500	0.5	1.0(0.5)	1.0	1.0
1:1 000	0.5(1.0)	1.0	1.0	2.0
1:2 000	1.0(0.5)	1.0	2.0(2.5)	2.0(2.5)

注:括号内的等高距依用图需要选用。

3) 等高线的种类

在地形图上,为了精确地显示地貌,便于读图和计算高程,将等高线分为首曲线、计曲线、间曲线和助曲线四种。此外,还有示坡线,如图7-56所示。其表示符号如图7-57所示。

(1) 首曲线是从高程基准面起算,按基本等高距测绘的等高线,又称基本等高线。用以显示地貌的基本形态。图上用 0.15 mm 的细实线表示。

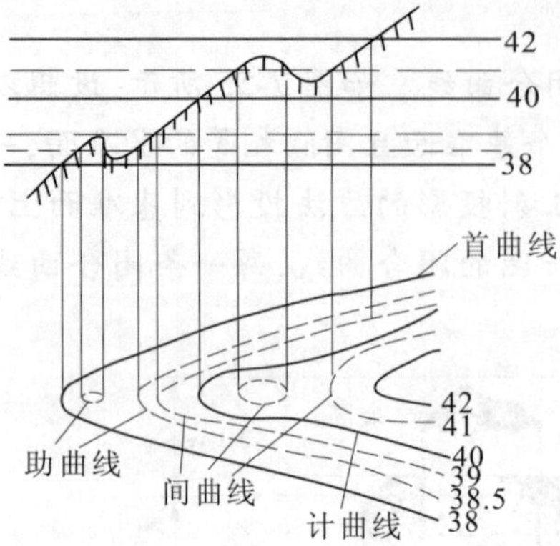

图 7-56　等高线类型

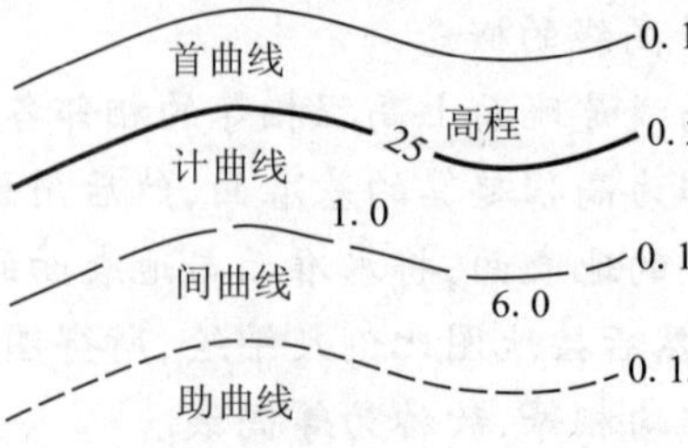

(a)等高线符号及注记

(b)示坡线

图 7-57　等高线符号

(2)计曲线是为便于等高线的高程判读,从高程基准面起算,每隔四条或三条(等高距为 2.5 m 时每个三条)首曲线加粗一条的等高线,又称加粗等高线。图上用 0.3 mm 粗的实线表示。

(3)间曲线。用基本等高线有时不能显示出地貌的某些局部小起伏形态(如小山头、阶坡或鞍部等),按 1/2 基本等高距测绘的等高线,称为间曲线,又称半距等高线。图上用 0.15 mm 的长虚线表示。表示时可不闭合,但应表示至基本等高线间隔较小、地貌倾斜相同的地方为止。在表示小山顶、小洼地、小鞍部等地貌形态时,可缩短其实部和虚部的尺寸。

(4)助曲线。当用基本等高线和半距等高线都不能显示出地貌的某些微小起伏形态时,则采用 1/4 等高距的等高线,称为助曲线,图上用 0.15 mm 的短虚线表示。

间曲线与助曲线只用于局部地区,所以它们并不像首曲线那样一定要自身闭合,当用于显示微型地貌形态时,一般应注意其对称描绘,除山头与凹地的间曲线要闭合外,表示阶坡时,两端应终止于最窄处,表示鞍部时,要对称的画两条。

(5)示坡线是指示斜坡降落的方向线,它与等高线垂直相交。一般应表示在谷地、山头、鞍部、图廓边及斜坡方向不易判读的地方。凹地的最高、最低一条等高线上也应表示示坡线。

(6)水下等高线。海岸线以下采用 1985 国家高程基准作为高程起算面测定水下高程及等高线(无法与国家高程基准进行联测的岛屿,可采用当地平均海水面作为高程起算面),也可采用深度基准面测定水深及等深线,但同一幅图内只能采用一种起算面。

实训:请根据上述背景知识填写表 7-15。

表 7-15　等高线分类特征比较表

等高线类别	分类特征
首曲线	
计曲线	
间曲线	
助曲线	
示坡线	
水下等高线	

实训:请根据示坡线位置判断图 7-58 所表示的地貌种类。

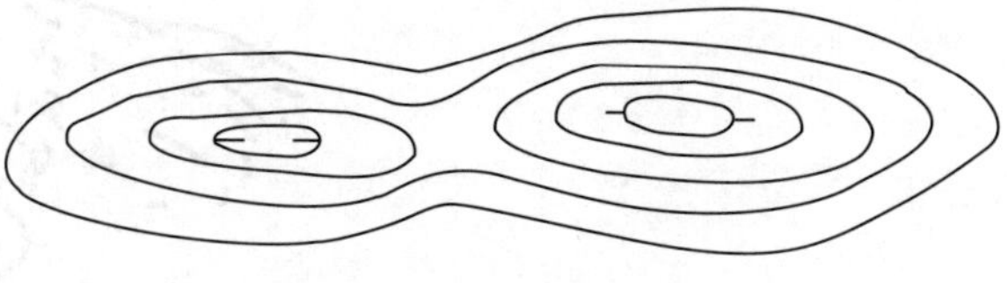

图 7-58　示坡线作用实训图

4)等高线的基本特征

掌握等高线的基本特征是很重要的,因为只有加深对等高线特性的理解,才能正确地用等高线逼真地显示此处地貌的特征。等高线具有以下基本特征:

(1)每一条等高线代表的是一个高程面,同一条等高线上各点的高程均相等。但不能得出凡高程相等的点一定在同一条等高线上的结论。当水准面和两个山头(鞍部)相交时,会得到同样高程的两条等高线。

(2)每一条等高线都是连续的闭合曲线。由于具体测绘地形图的范围是有限的,所以等高线若不在同一幅图内闭合,也会跨越过一个或多个图幅闭合。等高线除遇有房屋、公路、铁路、独立地物符号、双线河渠、文字及数字注记等,为了使图面清晰,需要中间断开以外,其他地方不能中断。

(3)一条等高线不能分成两条,不同高程的等高线不能相交和合并。但是有些特殊地貌,如陡壁、陡坎的等高线就会重叠在一起,通过悬崖的等高线有可能相交。这些地貌必须用相应的符号表示。

(4)图上两等高线间的垂直距离称为等高线间距。等高线间距的大小与地面坡度的大小成反比。在同一等高距的情况下,如果地面坡度愈小,等高线在图上的平距愈大;反之,如果地面坡度愈大,则等高线在图上的平距愈小。

(5)等高线要与山脊线(分水线)或谷底线(合水线)垂直相交,计曲线的转弯点在山脊线和谷底线上,等高线与山脊线相交时,要向山脊坡度降低的方向凸出;在与谷底线相交时,要向谷底坡地升高的方向凸出。

(6)等高线穿过河流时,应该在将近河岸处渐渐向上游,交于河岸线上中断,然后再从彼岸起逐渐折向下游,并保持与河岸线成正交。

(7)鞍部处的等高线,其山脊、山谷两两对称,山脊与山脊等高线高程对称相等;山谷与山谷等高线高程对称相等。

5)典型地貌的等高线

(1)山头和洼地。图 7-59 表示山头和洼地的等高线,它们都是一组闭合曲线,其区别在于:山头的等高线由外圈向内圈高程逐渐增加,洼地的等高线由外圈向内圈高程逐渐减小,这样就可以根据高程注记区分山头和洼地,也可以用示坡线来指示斜坡向下的方向。在山头、洼地的等高线上绘出示坡线,有助于地貌的识别。

(2)山脊和山谷。山坡的坡度和走向发生改变时,在转折处就会出现山脊或山谷地貌(见图 7-60)。山脊的等高线均向下坡方向凸出,两侧基本对称。山脊线是山体延伸的最高棱线,也称分水线。山谷的等高线均凸向高处,两侧也基本对称。山谷线是谷底点的连线,也称合(集)水线。

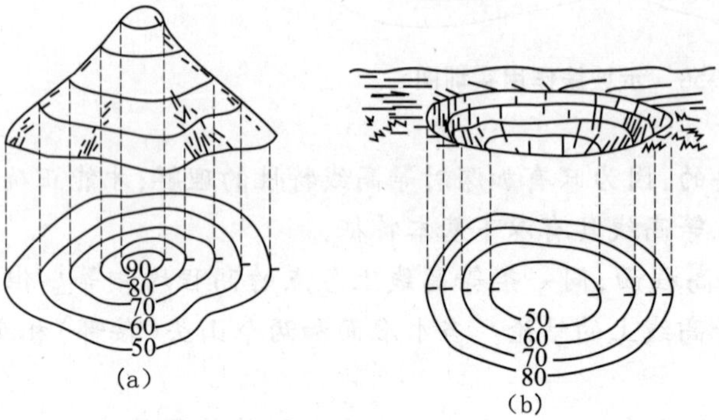

图 7-59　山头和洼地

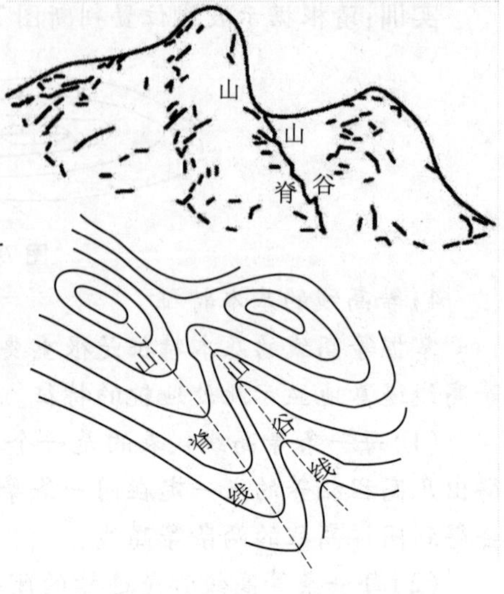

图 7-60　山脊和山谷

(3)鞍部。相邻两个山头之间呈马鞍形的低凹部分称为鞍部。鞍部是山区道路选线的重要位置。鞍部左右两侧的等高线是近似对称的两组山脊线和两组山谷线,如图 7-61 所示。

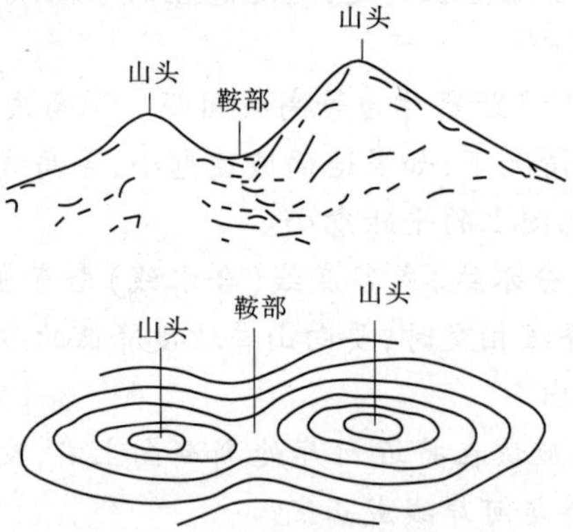

图 7-61　鞍部

(4)陡崖和悬崖。陡崖是坡度在70°以上的陡峭崖壁,有石质和土质之分。如果用等高线表示,将是非常密集或重合为一条线,因此采用陡崖符号来表示,如图 7-62(a)、(b)所示。悬崖是上部突出、下部凹进的陡崖。悬崖上部的等高线投影到水平面时,与下部的等高线相交,下部凹进的等高线部分用虚线表示,如图 7-62(c)所示。

2. 以特征地貌符号表示微观地貌形态

宏观地貌形态多以等高线表示,但对局部特征地貌(微观地貌形态),仅用等高线不能进行合理、准确地表示地貌特征,这就需要借助特征地貌符号(见图 7-63)进行表示。但在应用这些特征地貌符号时,一定要注意与等高线的关系,以免发生表示矛盾和不合理情况。

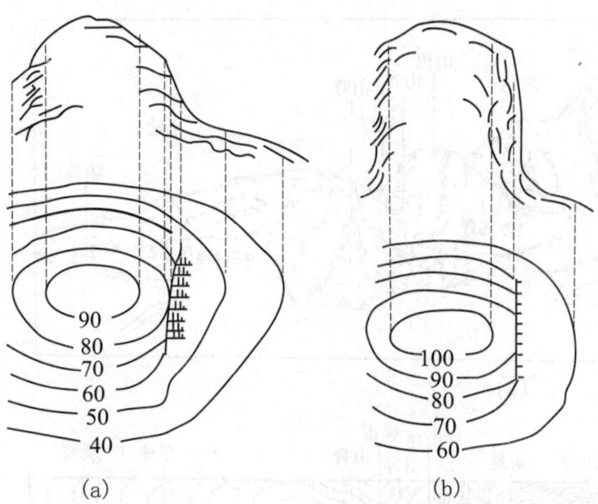

图 7-62　陡崖和悬崖

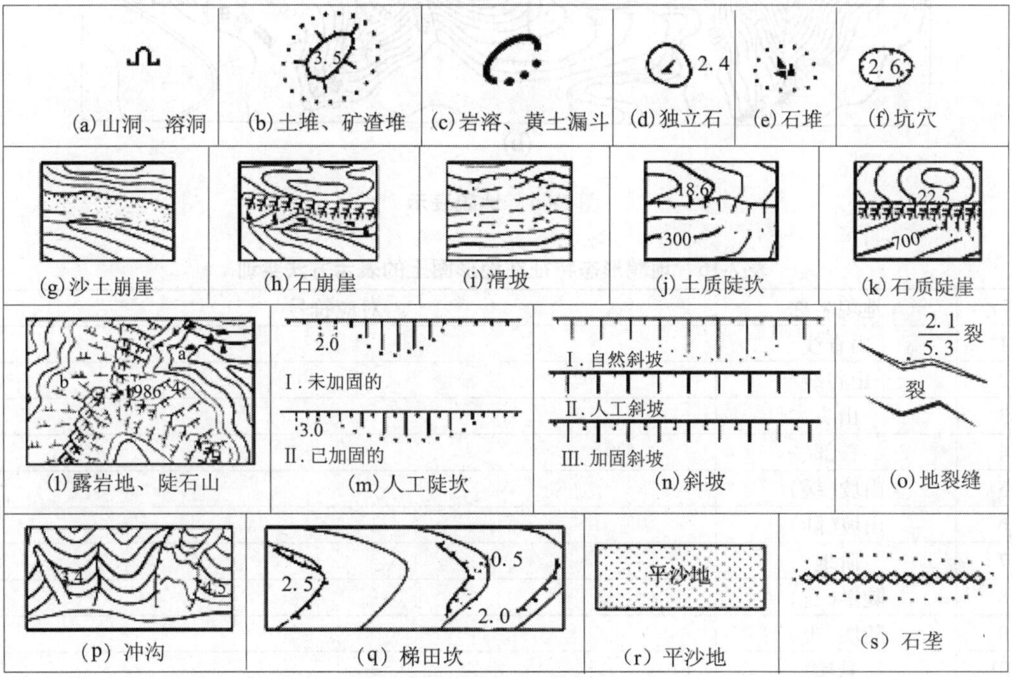

图 7-63　常见特征地貌符号

图 7-64(a)是起伏的地表面,图 7-64(b)是其在地形图上的相应表示情况。

实训:根据图 7-64(a)所示地貌情况和前面学到的背景知识,探讨各种地貌形态特征在地形图上的表示方法,在表 7-16 中填入相应内容。

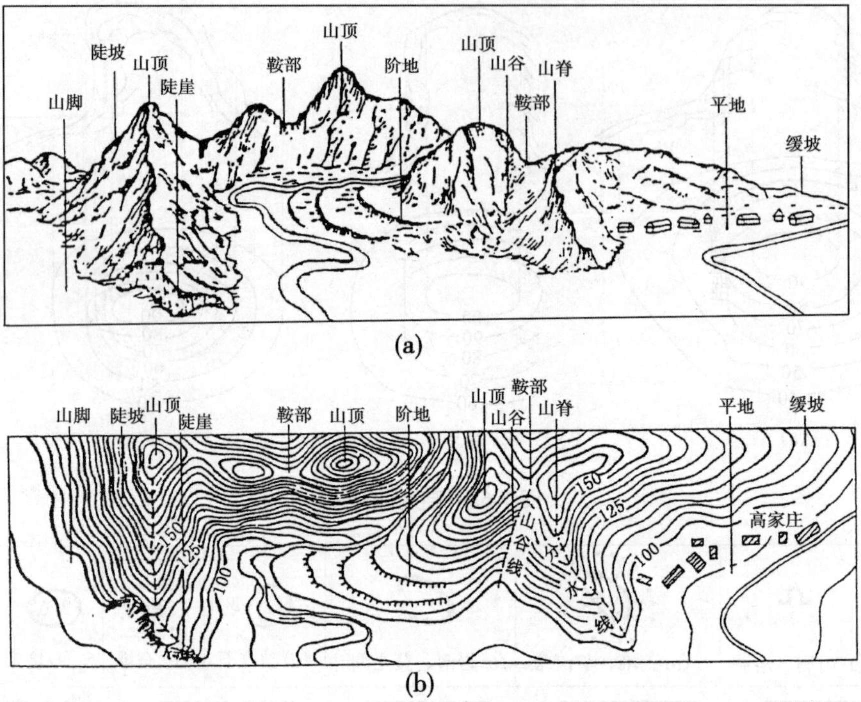

图 7-64　地貌表示

表 7-16　地貌形态特征在地形图上的表示方法实训

序号	地貌名称	对应符号
1	山脊线	
2	山谷线	
3	山头	
4	鞍部	
5	山坡(缓)	
6	山坡(陡)	
7	阶地	
8	陡崖(石)	
9	陡坎(土)	
10	悬崖	
11	土堆	
12	石堆	
13	坑穴(凹坑)	
14	独立石	
15	山洞、溶洞	
16	滑坡	
17	崩崖(土质)	
18	地裂缝	
19	冲沟	
20	梯田坎	

3. 手工绘制等高线

手工进行等高线的测绘，通常是先测定一些地貌特征点，连接这些特征点成地性线以构成地貌骨架，然后按等高线的性质用内插法确定等高线在地性线上的通过点，最后参照实际地形描绘出等高线。

1) 测定地貌特征点

测定地貌特征点就是测定山顶、鞍部、山脊、山谷和地形变换点及山脚点、山坡倾斜变换点等。其测定方法采用极坐标法或交会法。地貌特征点在图上的平面位置以小圆点表示，高程注于点旁，如图7-65所示。

2) 连接地性线

连接地性线就是在图纸上根据测定的特征点的位置和实地点与点的关系，以轻淡的实线连出分水线；以轻淡的虚线连出合水线，如图7-66所示，为避免错乱，一次不可测点过多，最好是边测边连接地性线。地性线连接情况与实地是否相符，直接影响地貌表示的逼真程度，必须予以充分注意。

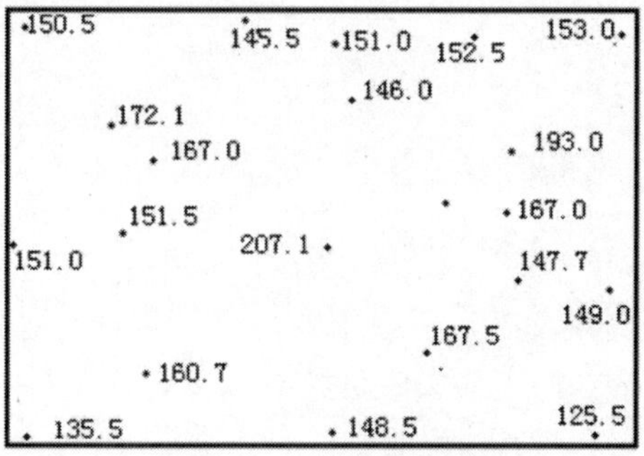

图7-65 地貌特征点的表示

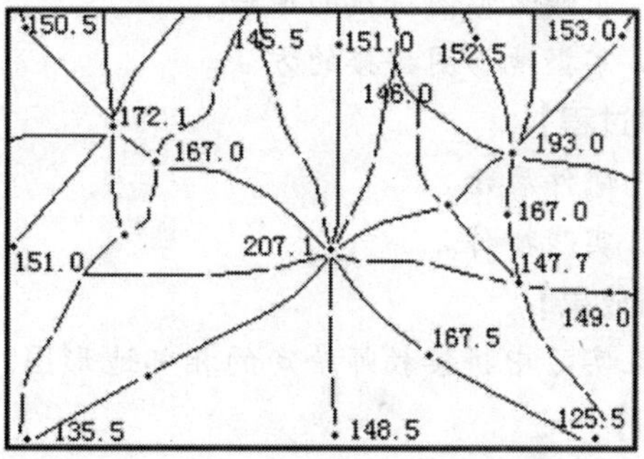

图7-66 地貌特征点及地性线

3) 求等高线通过点

地性线连好后，即可按照地性线每段两端碎部点的高程，在地性线上求得某些等高线的通过点，如图7-67所示。

一般来说，地性线上相邻两点间的坡度是等倾斜的（因为立尺时已考虑到这点）。由垂直投影原理可知，其图上等高线间的平距也是相等的。因此，确定地性线上等高线的通过点时，可以根据通过点的高程，按比例计算的方法（内插法）求得。

为了避免烦琐计算，在实际工作中，由于同一坡度上相邻两碎部点在图上的间隔比较近，所以常用目估先确定首末两等高线通过点，然后内插其他等高线通过点。

4) 勾绘等高线

在地性线上求得等高线通过点以后，即可根据等高线的特性对照实地勾绘等高线，如图7-68所示。

勾绘等高线时，应在两相邻地性线之间进行，且不可等到把全部等高线通过点求出后，再勾绘等高线，应该一边求等高线通过点，一边勾绘等高线，勾绘时，参照实地地貌情况将两相邻地性线上的同高点用圆滑曲线连接起来，务必使勾绘的等高线能准确而形象地反映地貌特征，层次分明，协调一致，立体感强，接口处不留痕迹，曲线光滑自如。

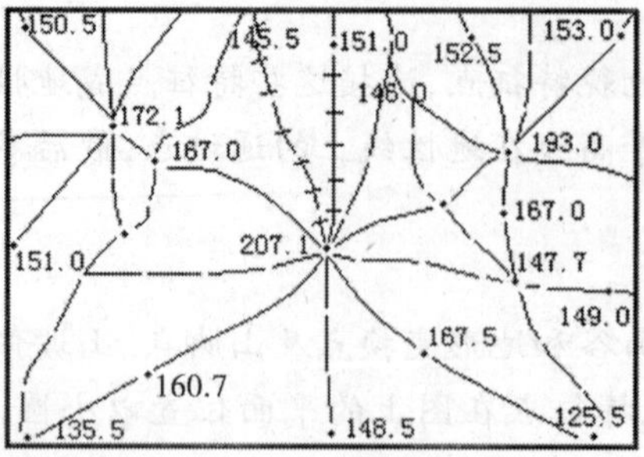

图 7-67　定等高线通过的点

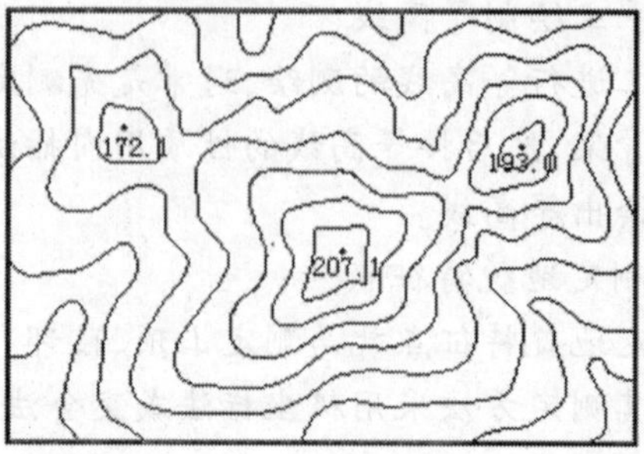

图 7-68　绘等高线

任务四　地形图拼接与接边处理

【任务目标】

1. 了解地形图拼接的原理。

2. 掌握地形图拼接的方法。

【学习过程】

1. 课件展示。

2. 实践操作。

【学习成果】

在实习中拼接教师给定的相邻地形图。

【案例】

根据××市规划局要求，将在其辖区××镇规划一新型社区，社区位于××和××两村交界处，面积约 2 km^2。任务要求半个月内完成测区比例尺为 1∶1 000 的地形图。

××镇位于××市境西部，距市区 20 km。面积 64.5 km^2，山、岗、平各占 1/3，人口 4.6 万。境内煤炭、石灰石、铝钒土等矿藏丰富。

现测量外业已结束，需要对已编辑地形图进行拼接和分幅。

活动　地形图的拼接与接边处理

资源与器材：计算机、投影仪、CASS 测图软件、各小组地形图。

【知识导航】

相邻图幅的地形数据应进行接边处理，包括跨投影带相邻图幅的接边。接边内容包括要素的几何图形、属性和名称注记等，原则上本图幅负责西、北图廓边与相邻图廓边的接边工作，但当相邻的东、南图幅已验收完成，后期生产的图幅也应负责与前期图幅的接边。

一、接边精度检验方法及要求

（一）地形图的接边

（1）接边精度的检测通过量取两相邻图幅接边处要素端点的距离来检查接边精度，未连接的要素应记录其偏离值。要素几何图形的接边误差不应大于规范规定的相应比例尺地形图平面、高程中误差（下文 A、B 内容）的 $2\sqrt{2}$ 倍，且应保持要素的属性一致和拓扑关系正确。

A. 地物测绘的精度要求(见表 7-17)

表 7-17 地物点平面位置精度(《1:500 1:1 000 1:2 000 外业数字测图规程》(GB/T 14912—2017))

(单位:m)

地区分类	比例尺	点位中误差	点间距中误差
城镇、工业建筑区、平地、丘陵地	1:500	±0.30	±0.20
	1:1 000	±0.60	±0.40
	1:2 000	±1.20	±0.80
困难地区、隐蔽地区、山地、高山地	1:500	±0.40	±0.30
	1:1 000	±0.80	±0.60
	1:2 000	±1.60	±1.20

B. 地貌测绘的精度要求

(1)高程注记点相对于邻近图根点的高程中误差不应大于相应比例尺基本等高距的 1/3;困难地区可放宽至 1/2;等高线插求点相对于邻近图根点的高程中误差,平地不应大于基本等高距的 1/3,丘陵地不应大于基本等高距的 1/2,山地不应大于基本等高距的 2/3,高山地不应大于基本等高距。

(2)检查接边要素几何上的自然连接情况,避免接边处线画生硬,不自然的连接。

(3)检查接边处同一面状、线状要素属性一致情况,记录属性不一致的要素。

(二)接边处理方法

相邻图幅之间的接边要素不应重复、遗漏,在图上相差 0.3 mm 以内的,可只移动一边要素直接接边;相差 0.6 mm 以内的,应图幅两边要素平均位移接边;超过 0.6 mm 的要素应检查和分析原因,由技术负责人根据实际情况决定是否进行接边,并需记录在元数据及图历簿中。

接边处因综合取舍而产生的差异应经线协调处理。经过接边处理后的要素应保持相对位置的正确性,属性一致、线画光滑流畅、关系协调合理。

外业数字测图一般以所测区域为单位统一组织作业和组织数据。当测区较大或有条件时,为了便于多个作业组同时作业,通常要对测区进行“作业区”划分。可在测区内按自然带状地物(如河流、沟渠、道路等)为边界线构成分区界限,分成若干相对独立的分区。分区的原则是各区之间的数据(地物)尽可能地独立。当测图完成后,各小组间就必须对各小组所测地形图进行拼接,变成以测区为单位的整体地形图。

二、插入图块

本活动以“\Program Files\CASS9.1\DEMO\DT”下的 0-9.DWG、0-10.DWG、P-9.DWG、P-10.DWG 或以教师提供的分组地形图四幅图(见图 7-69)为例,进行地形图的拼接。

方法一:首先新建一个图形文件,然后按“工具\插入图块”,弹出“插入图块”对话框,如图 7-70 所示。

点击“浏览”选择要拼接的第一幅图形,插入点坐标用(0,0,0),缩放比例均为 1,不旋转,不分解,按“确定”后第一幅图就插入到了新图形中。采用相同的方法,把其余各小组的图形拼接进来。

由于刚才插入各小组地形图时没有选择分解,故插入到新图形中的各小组地形图都还

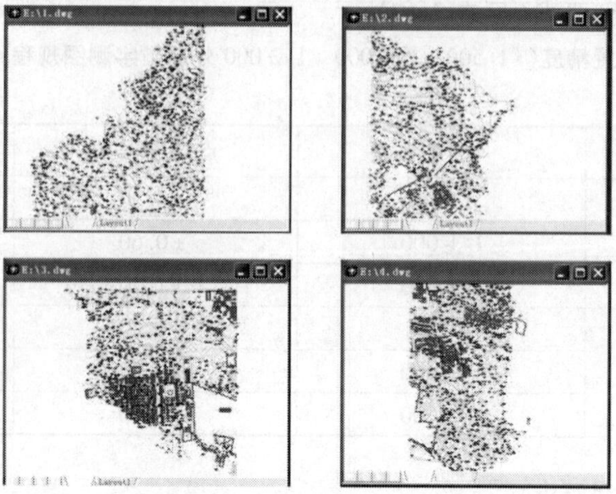

图 7-69　四个小组所测地形图

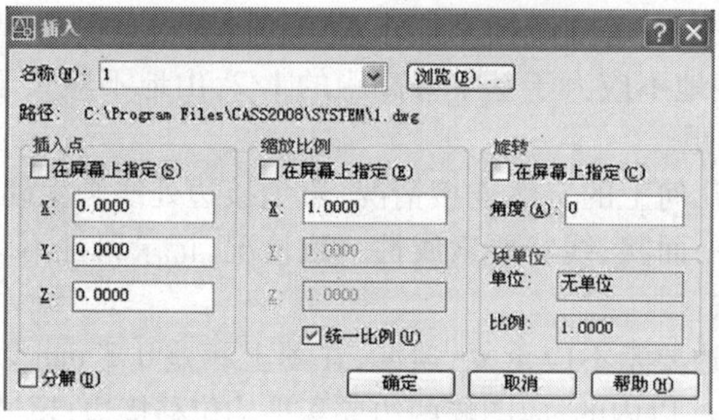

图 7-70　插入图块界面

是图块，无法编辑。这时可选择"修改"工具栏中的" "按钮或在命令行输入"EXPLODE"命令，选择要分解对象后回车确认即可。

★**提示**：直接用"插入图块"中的"分解"或"XPLODE"分解命令会导致插入的地形图中一些地物（如宗地、图斑等）主码丢失或编组被分解，故一般不要使用。

方法二：首先新建一个图形文件，然后按"工具\批量插入图块"，弹出图 7-71 所示"批量插入图块"界面。

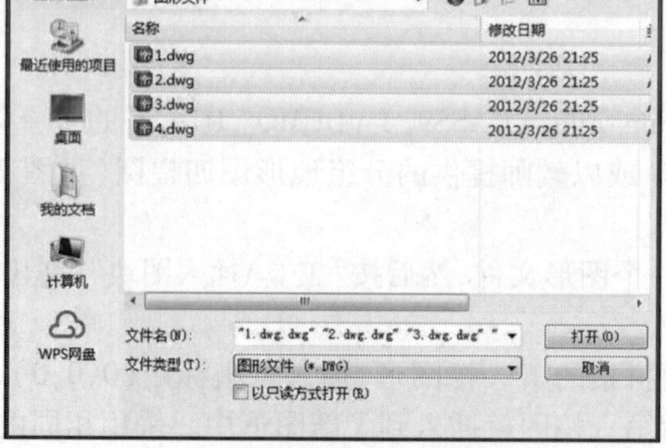

图 7-71　批量插入图块界面

全选各小组所测地形图，然后按“打开”命令后完成图形拼接。

利用 AutoCAD 中的“范围缩放”功能，就会在屏幕上显示出整个测区的总地形图。

三、拼接检查

接图完成得到测区总的地形图后，要检查各图层所用颜色、线型、线宽是否一致；整个图面注记字体类型和字体是否统一要求；图面上同一类线状要素的线型宽度是否一致；高程注记位数是否一致；地物填充符号间距是否一致；同一地物的地物属性信息是否一致；各小组地形图边界处是否有漏测、漏绘、漏注记等现象。

四、接边处理

由于数据采集的误差和人工操作的误差，两个相邻图幅的地形图在接合处可能出现逻辑裂隙与几何裂隙。

逻辑裂隙指的是当一个地物在一幅图的数据文件中具有地物编码 A，而在另一幅图的数据文件中却具有地物编码 B，或者同一个物体在这两个数据文件中具有不同的属性信息，如公路的宽度、等高线的高程等。

几何裂隙指的是由数据文件边界分开的一个地物的两部分不能精确地衔接。需要把相邻图幅在逻辑上和几何上融成一个连续一致的数据体。

图幅接边包括逻辑接边和几何接边。

（一）逻辑接边

相邻图幅同一地物要素的分类代码、颜色和有向方向要保持一致。所以，通过拼接检查中发现的问题，要把属性编码不正确的地物修改为正确的地物属性信息。如图 7-72（c）所示，一个小组表示的地物是混凝土房屋，另一个小组相应的接边地物却是未加固陡坎，所以必然有一个小组表示的接边地物属性是错误的，应将其属性修改为正确的地物编码。如图 7-72（b）所示，一个小组表示的房屋是破坏房屋（虚线），另一个小组表示的房屋是一般房屋（实线），所以要根据实际调查结果编辑错误地物的属性信息和线型信息，修改为正确的地物编码和线型。

属性接边最常用的命令是“加入实体编码”或“ ”按钮。

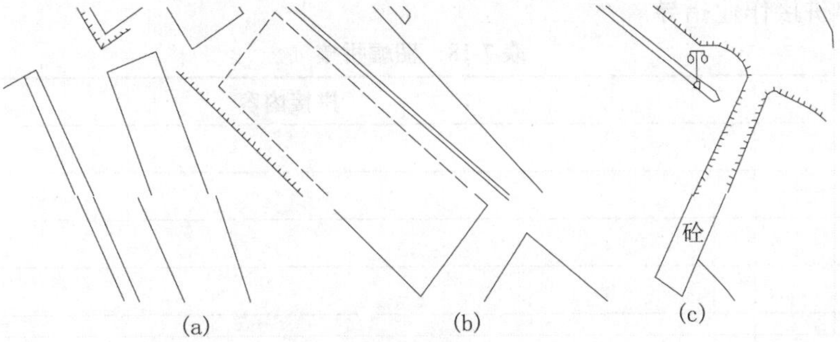

图 7-72　属性接边例图

（二）几何接边处理

如图 7-72（a）、（b）、（c）所示，两个小组所绘地物除了属性信息不一致接边外，还存在着接边处地物的图形错位,所以还要进行几何接边处理。如果误差在一定的容许范围内,可将两边的地物自动吻合。如果超过接边的匹配容差,则需要进行人工编辑与接边。下面以CASS9.1为例说明其操作方法。

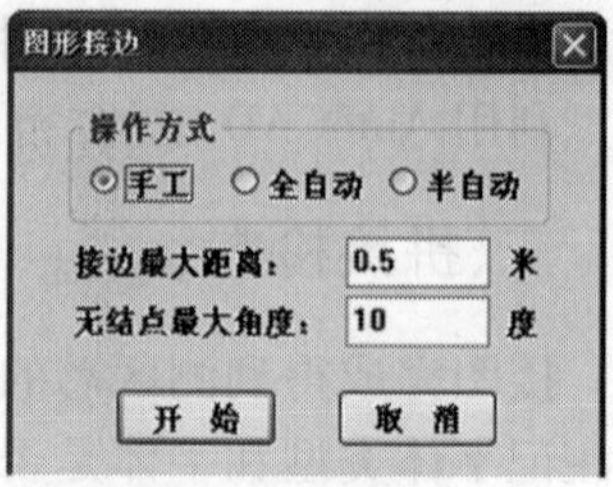

图 7-73　图形接边

选择"地物编辑\图形接边",弹出"图形接边"界面,如图7-73所示。

"手工"是每次接一对边;"全自动"是批量接多对边;"半自动"是每接一对边前提示是否连接。

"接边最大距离"是设定能连接的两条边的最大距离,大于该值不可连接。"无结点最大角度"参与接边一对线的交角不超过所设置的角度时,相接后变成一在相接处无结点的复合线。若超过该值则生成一条折线,相接处有结点。

可根据实际情况,灵活选择手工、全自动、半自动三种图形接边方法进行接边处理。图7-74是图7-73进行了逻辑接边和几何接边后的结果。

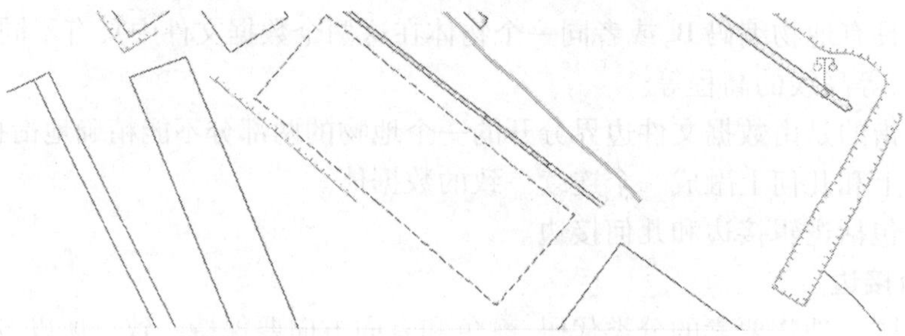
图 7-74　逻辑接边和几何接边后的结果样例

五、图幅拼接实训

利用"\Program Files\CASS9.1\DEMO\DT"下的0－9.DWG、0－10.DWG、P－9.DWG、P－10.DWG或以教师提供的分组地形图四幅图为例,进行地形图的拼接。

图7-75为图幅拼接后的完整地形图。

在拼接过程中,随时记录逻辑接边和几何接边的内容,填入表7-18,作为以后实际作业过程中的图幅拼接作业指导。

表 7-18　图幅拼接

序号	拼接内容
1	
2	
3	
4	
5	
6	
7	
8	

图 7-75　图幅拼接后的完整地形图

任务五　地形图分幅与编号

【任务目标】

1. 掌握地形图分幅与编号方法。
2. 掌握正方形或矩形分幅编号及图廓注记的内容。
3. 掌握图廓整饰的内容和操作方法。
4. 掌握图幅接合表的制作方法。

【学习过程】

1. 课件展示。
2. 实践操作。

【学习成果】

在数字测图实验室,根据教师给定的地形图,每个学生制作一份标准格式的分幅地形图和图幅接合图。

活动一　大比例尺地形图分幅与编号

资源与器材:《国家基本比例尺地图图式　第 1 部分:1∶500　1∶1 000　1∶2 000 地形图图式》(GB/T 20257.1—2017)、模拟数据。

本活动介绍图形分幅以及图廓注记的操作方法。然后利用 CASS9.1 进行地形图的分幅实训。

一、大比例尺地形图图框设置

选择 CASS9.1 软件下的“文件\CASS 参数设置”,弹出“CASS 参数设置”对话框,选择“图框设置”选项卡,界面如图 7-76 所示。

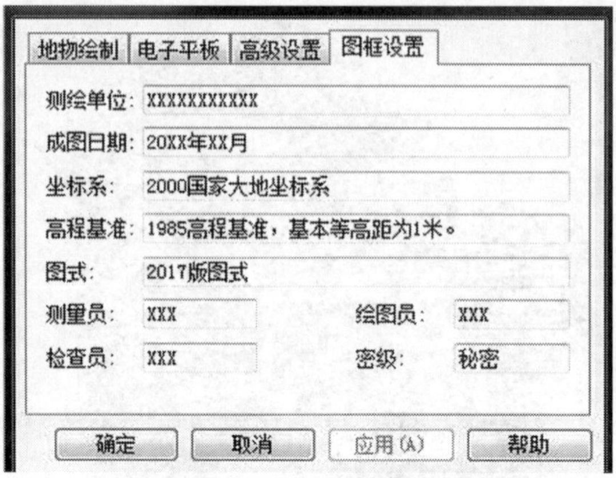

图 7-76　图框设置

在该界面中,填入测绘单位、成图日期、坐标系统、高程基准和等高距、图式、测量员、绘图员、检查员和密级,按“确定”后退出。

二、建立格网

在 CASS9.1 软件下,选择“绘图处理\批量分幅\建立格网”,命令行提示如下:

请选择图幅尺寸:①50 * 50;②50 * 40;③自定义尺寸 <1>(根据实际情况选择输入数字 1 或 2,后回车确认)

输入测区一角:(用鼠标点击测区左下角)

输入测区另一角:(用鼠标点击测区右上角)

命令:(建立格网结束)

屏幕上显示出带有分幅格网及分幅编号的 × ×市 × ×镇测区地形图,如图 7-77 所示。

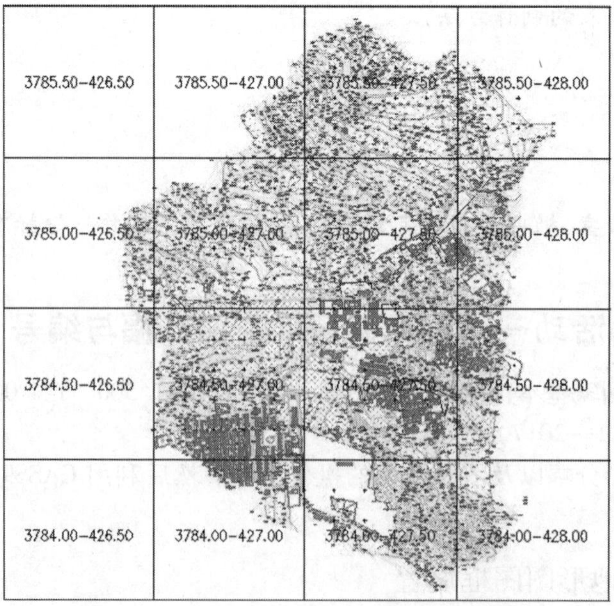

图 7-77　带有分幅格网及分幅编号的测区地形图

三、图形分幅

在CASS9.1软件下，选择“绘图处理\批量分幅\批量输出”菜单项，弹出如图7-78所示“请输入分幅图目录名”界面。

图7-78 输入分幅图目录名界面

选择相应的存储路径后，按“确定”退出。

这样在所设目录下就产生了各个分幅图，自动以各个分幅图的左下角的东坐标和北坐标结合起来命名，如：“3785.50－426.00”“ 3785.00－426.50”等。

四、图幅接边处理

图形分幅后，在相邻图幅接合处的一些符号被截断，其符号表达不再完整，文字注记、独立符号、桥梁、涵洞等符号可能都需要重新修饰。所以，必须采用“插入图块”方法，重新对所有图幅(带图廓)进行拼接，逐个边界检查符号、注记是否完整，有无缺漏。把所有的问题都记录下来，然后再一幅图、一幅图打开，进一步接边处理。

【知识导航】

1.大比例尺地形图分幅

为了适应各种工程设计和施工的需要，对于大比例尺地形图，大多按纵横坐标格网线进行等间距分幅，即采用正方形或矩形分幅与编号方法，以便于测绘、使用和保管。如图7-79所示，是以1∶5 000地形图为基础进行的正方形分幅。

几种大比例尺地形图图幅大小如表7-19所示。

2.编号的方法

1)坐标编号法

图幅的编号一般采用坐标编号法。由图幅西南角纵坐标x和横坐标y组成编号，1∶5 000比例尺地形图坐标值取至1 km，1∶2 000、1∶1 000比例尺地形图坐标值取至0.1 km，1∶500比例尺地形图坐标值取至0.01 km。例如，某幅1∶1 000地形图的西南角坐标为x＝6 230 km、y＝10 km，则其编号为6230.0－10.0。

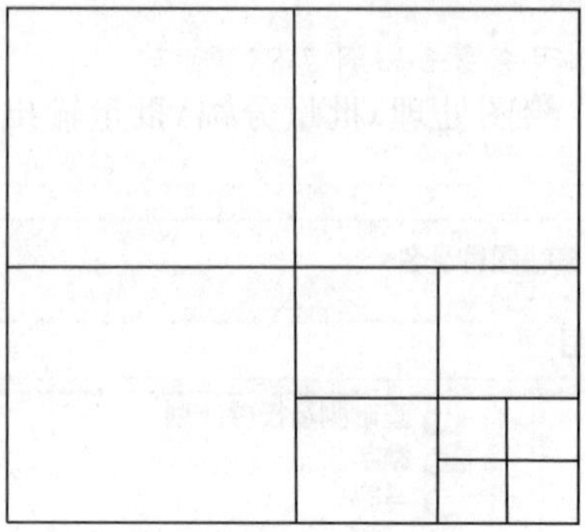

图 7-79　1∶5 000 地形图为基础进行的正方形分幅

表 7-19　几种大比例尺地形图的分幅

比例尺	图幅大小(cm)	实地面积(km^2)	1∶5 000 图幅内的分幅数	每平方千米图幅数
1∶5 000	40×40	4	1	0.25
1∶2 000	50×50	1	4	1
1∶1 000	50×50	0.25	16	4
1∶500	50×50	0.062 5	64	16

2)基本图号法编号

即以 1∶5 000 地形图作为基础,较大比例尺图幅的编号是在它的编号后面加上罗马数字。例如,一幅 1∶5 000 地形图的编号为 20－60,则其他图的编号见图 7-80。

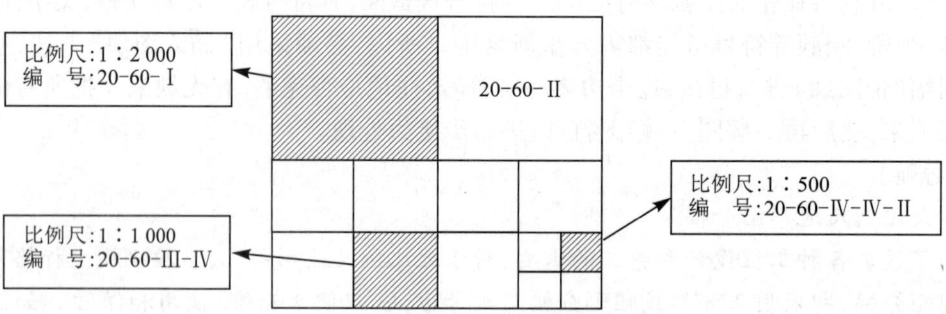

图 7-80　基本图号法编号

3)数字顺序编号法

如果测区范围比较小,图幅数量少,可采用数字顺序编号法。

3. 图廓注记的内容

图廓是地形图的边界线,有内、外图廓线之分。内图廓就是坐标格网线,也是图幅的边界线,用 0.1 mm 细线绘出。在内图廓线内侧,每隔 10 cm,绘出 5 mm 的短线,表示坐标格网线的位置。外图廓线为图幅的最外围边线,用 0.5 mm 粗线绘出。内外图廓线相距12 mm,

在内外图廓线之间注记坐标格网线坐标值。图廓注记的内容包括图名、图号、比例尺、图廓坐标、测绘者及测绘年月日、接图表等，如图 7-81 所示。

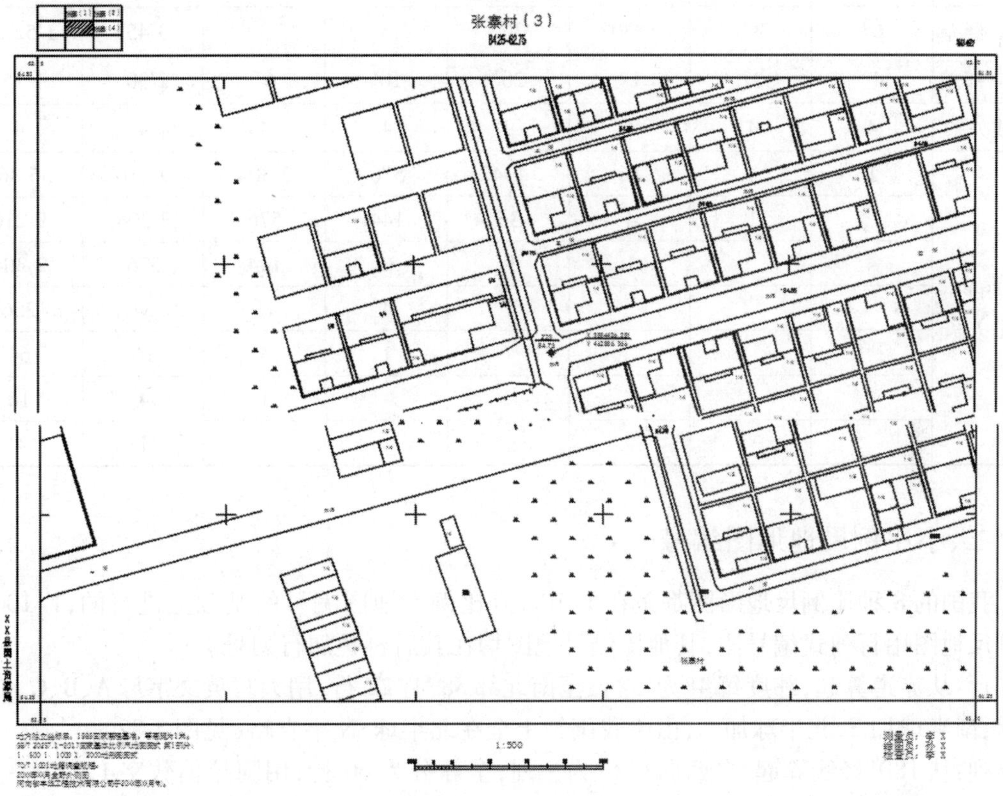

图 7-81　图廓注记

活动二　小比例尺地形图分幅与编号

资源与器材：计算机、投影仪。

本活动介绍小比例尺地形图分幅与编号的方法。

为了便于管理和使用地形图，需要将大面积的各种比例尺地形图进行统一的分幅和编号。其中，中小比例尺的国家基本图的分幅一般按经纬线分幅的梯形分幅法。

一、小比例尺地形图分幅

经纬线分幅图廓线由经线和纬线组成，常表现为上下图廓为曲线的梯形。我国的 8 种比例尺地形图都是在 1∶100 万比例尺地图编号的基础上进行的。

经纬线分幅的优点：图幅有明确的地理范围；可分开多次投影，变形较小。

经纬线分幅的缺点：图廓为曲线时拼接不便；高纬度地区图幅面积缩小，不利于纸张的使用和印刷。

1∶100 万地形图分幅采用国际标准分幅，即经差 6°、纬差 4°为一幅图，其余比例尺的分幅均以 1∶100 万地形图为基础，进行划分图幅。

各比例尺地形图图幅范围大小及相互间的数量关系见表 7-20。

表 7-20　各比例尺地形图图幅范围大小及相互间的数量关系

比例尺		1:100 万	1:50 万	1:25 万	1:10 万	1:5万	1:2.5 万	1:1万	1:5 000
图幅范围	经差	6°	3°	1°30′	30′	15′	7′30″	3′45″	1′52.5″
	纬差	4°	2°	1°	20′	10′	5′	2′30″	1′15″
倍数关系		4	4	4	9	4	4	4	4
图幅间数量关系		1	4	16	144	576	2 304	9 216	36 864
			1	4	36	144	576	2 304	9 216
				1	9	36	144	576	2 304
					1	4	16	64	256
						1	4	16	64
							1	4	16
								1	4

二、小比例尺地形图编号

我国的 8 种比例尺地形图都是在 1:100 万比例尺地图编号的基础上进行的,1:100 万比例尺地图用行列式编号法,其他比例尺地图均在其后再叠加行列号。

行:从赤道算起,纬度每 4°为一行,至南北纬 88°有 22 行,用大写英文字母 A、B、C、…、V 表示,南半球加 S,北半球加 N,由于我国领土全在北半球,N 字省略(见图 7-82)。

列:从 180°经线算起,自西向东 6°为一列,全球分为 60 行,用阿拉伯数字 1、2、3、…、60 表示。

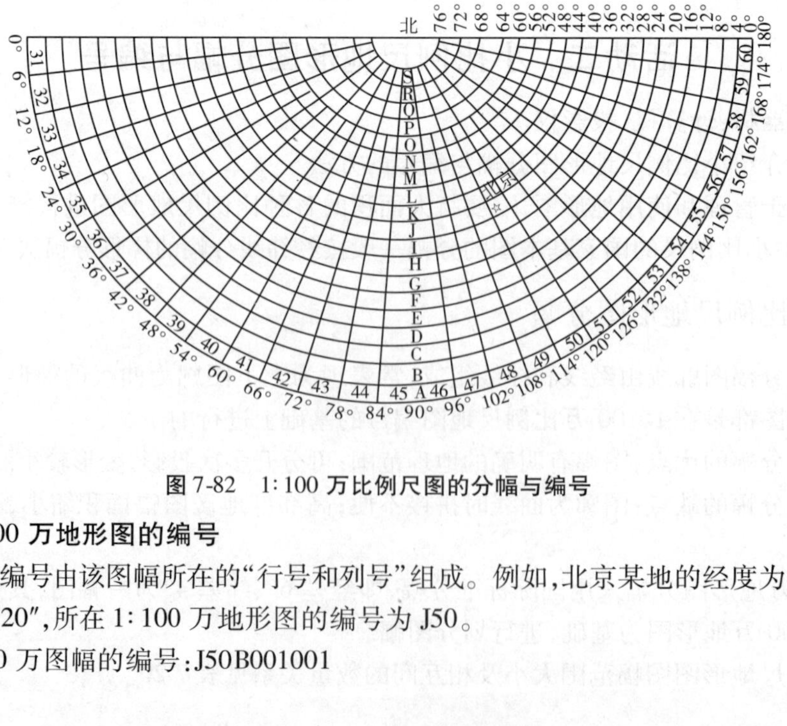

图 7-82　1:100 万比例尺图的分幅与编号

(一)1:100 万地形图的编号

每幅图的编号由该图幅所在的“行号和列号”组成。例如,北京某地的经度为 116°26′08″、纬度为 39°55′20″,所在 1:100 万地形图的编号为 J50。

例如 1:50 万图幅的编号:J50B001001

基本比例尺地形图编号比例尺代码见表 7-21。

表 7-21　基本比例尺地形图编号比例尺代码

比例尺	1:50 万	1:25 万	1:10 万	1:5万	1:2.5 万	1:1万	1:5 000
代码	B	C	D	E	F	G	H

(二)1:5 000～1:50 万比例尺地图的编号

7 种比例尺地图的编号都是在 1:100 万地图的基础上进行的,它们的编号都由 10 个代码组成,其中前 3 位是所在的 1:100 万地图的行号(1 位)和列号(2 位),第 4 位是比例尺代码。后面 6 位分为两段,前 3 位是图幅的行号数字码,后 3 位是图幅的列号数字码。行号和列号的数字码编码方法是一致的,行号从上而下,列号从左到右顺序编排,不足 3 位时前面加"0",见图 7-83。

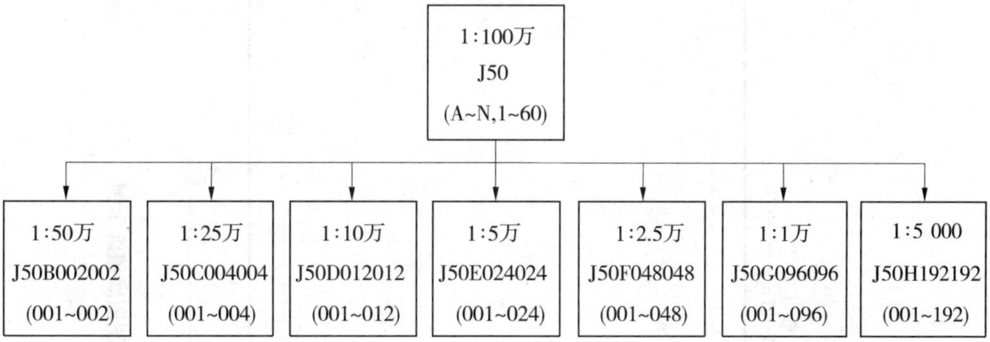

图 7-83　基本比例尺地形图分幅和编号系统

活动三　图廓整饰

资源与器材:计算机、投影仪、CASS 测图软件、分幅地形图。

由于 CASS 自动生成的图框字型、字体、字高、字宽以及图框内容与标准图廓整饰样式不同,所以还要对前面生成的标准分幅图逐一进行图廓整饰。具体要求见图 7-84。

请结合图 7-83,逐一比较 CASS 自动生成的图廓与图 7-84 所示的标准图廓有何不同,把二者之间的区别填入表 7-22。

表 7-22　CASS 自动生成的图廓与标准图廓比较

比较项	CASS 图廓设置内容	标准图廓要求

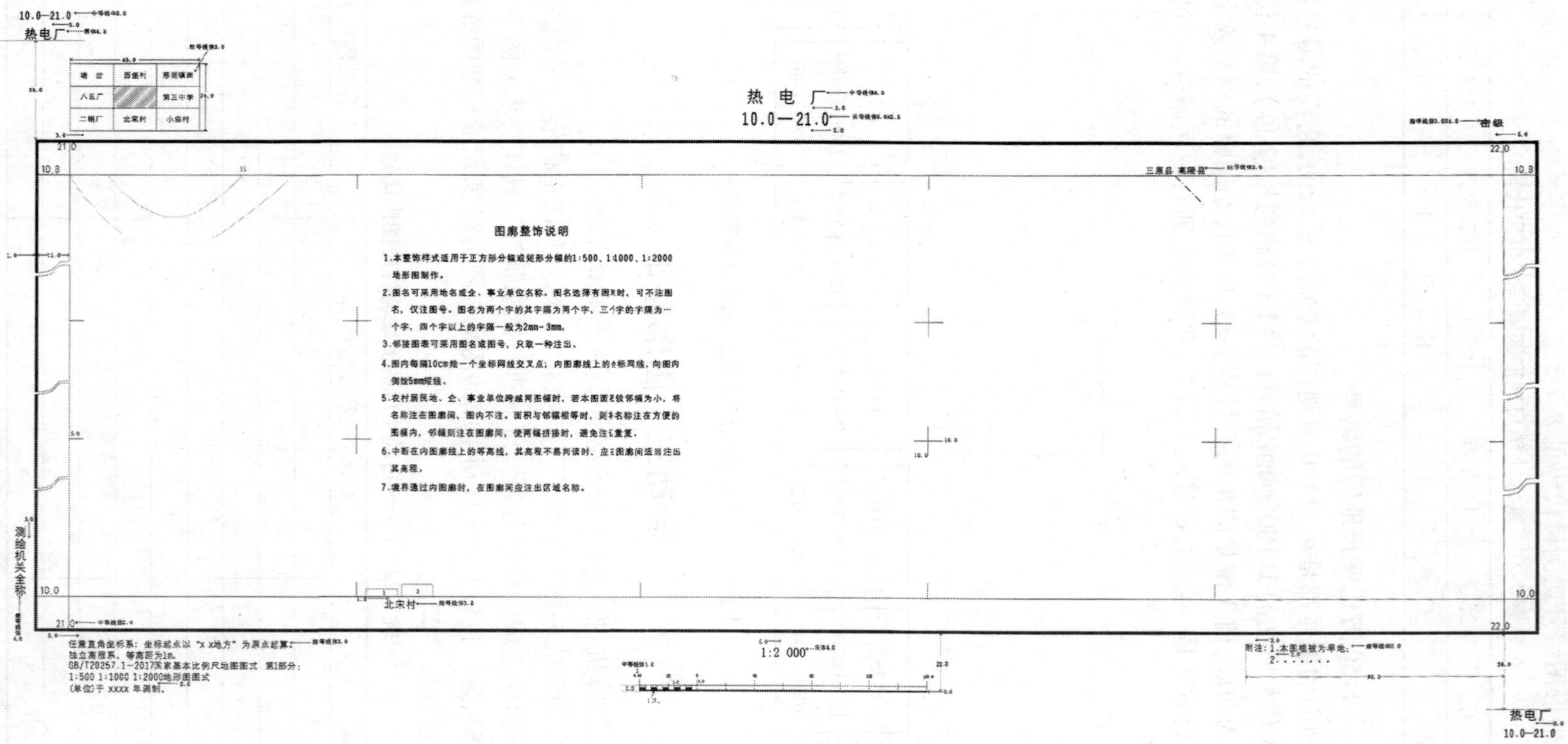

图7-84 地形图图廓整饰示例

活动四　图幅接合表的制作

资源与器材：计算机、投影仪、CASS 软件。

图幅接合表是表示相邻图幅间相互位置的图表。既可以用图号来表示，又可以用图名来表示。是标明某一地区的多幅地图或分幅地图的相邻图幅的相关位置的略图。

一、区域图幅接合图制作

可直接利用带有分幅格网及分幅编号的测区地形图。只需要把除“TK”层之外的所有图层关闭或冻结，即为区域图幅接合图，如图 7-85 所示。

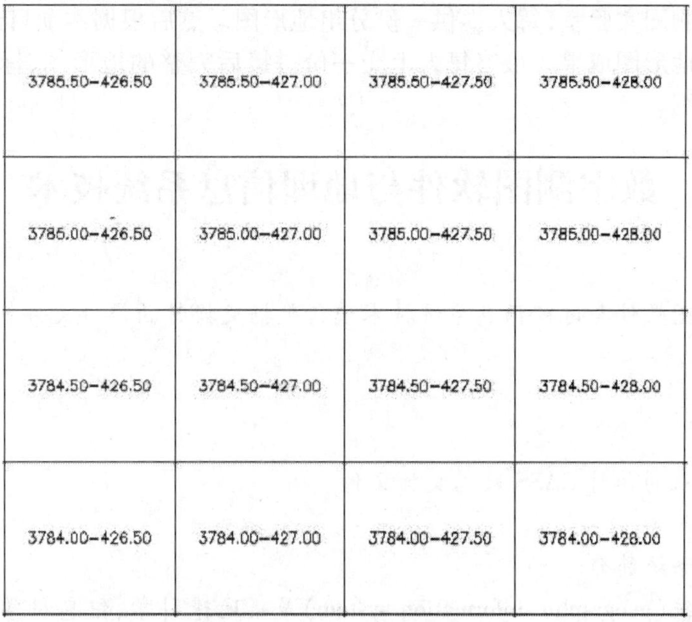

图 7-85　区域图幅接合图

二、图幅接合表

图幅接合表格式如图 7-86 所示。中间有晕线的是本幅图，四周八个格里写的是相邻图幅。看着图幅接合表，就可以拼接地形图。

CASS9.1 中，自动生成的分幅图已经全部带有图号表示的接图表。

有时也要求用图名表示接图表。这时可以采用前面讲授到的文字编辑命令，逐个把图号修改为图名。修改后的图名接图表如图 7-87 所示。

也可以在 CASS 中，把带有分幅格网及分幅编号的测区地形图中的所有图号整体复制一份，粘贴到相应的图号下面的适当位置，然后分别修改为图名。选择“绘图处理\批量分幅\批量输出”菜单项，输出分幅图。这时所输出的分幅图的接图表中就自动生成为图名。

3785.50 -426.00	3785.50 -426.50	3785.50 -427.00
3785.00 -426.00		3785.00 -427.00
3784.50 -426.00	3784.50 -426.50	3784.50 -427.00

图 7-86　用图号表示的接图表

塘岔	西保村	慈湖镇南
八五〇厂		第三中学
二钢厂	北宋村	小庙村

图 7-87　用图名表示的接图表

三、地形图拼接与分幅实训

安排到数字测图实验室，每人提供一份分组地形图。然后根据本项目讲述的操作方法，完成一套标准的地形图成果。最终每人上交一份拼接后完整的地形图、标准格式的分幅地形图和图幅接合图。

任务六　数字测图软件与地理信息系统技术

【任务目标】

掌握数字测图软件与地理信息系统技术进行数据交换时的接口文件。

【学习过程】

课件、视频。

【学习成果】

输出符合要求的各种 CASS 数据交换文件。

【知识导航】

1. 地理信息系统简介

地理信息系统(geographic information system)是集地球科学、信息科学与计算机技术为一体的高新技术，其作为有关空间数据管理、空间信息分析及传播的计算机系统，现已广泛应用于土地利用、资源管理、环境监测、城市与区域规划等众多领域，成为社会可持续发展的有效的辅助决策支持工具。

在众多的地理信息软件中，影响最广、功能最强、市场占有率最高的产品首推美国环境系统研究所(ESRI)开发的 Arc/info 系统。

2. GIS 对数字地图的要求

GIS 的广泛应用对数字地图提出了新的要求。首先一个最基本的要求就是数字地图中的地物空间数据只能以“骨架线”数据的形式出现，不能附带地物符号。GIS 对数字地图的要求还与 GIS 软件平台有关，Arc/info 是一个典型的地理信息系统软件，本节介绍地理信息系统与 CASS9.1 的接口将主要以 Arc/info 为例。下面以 ArcGIS 为例说明 GIS 对数字地图的基本要求。

Arc/info 系统提供了用于地理数据的自动输入、处理、分析和显示的强大功能。它有点、线、面三种要素。点、线地物的性质由这些地物的代码表示；面状地物如房屋，区域填充由周围边界及中间的一个标识点(称为“label”点)构成，属性由标识点的代码表示。

Arc/info 具有强大的地理分析及处理功能，因而对数据的要求也很高。下面介绍几类常见数据错误：

(1)地物放错图层。指地物符号未放到指定层。如地理信息系统分为七个层，分别对应七大类地物，房屋应放于B层。如果放于L层，GIS就会有错误标识。

(2)代码值错误。指代码不合理，如代码为零。

(3)地物属性错误或不合理。如高程点高程为零、房屋层数为零等都会有此类错误标识。

(4)多边形标号错。指一个多边形内无标识点或有多于一个标识点的情形。后一种情况常发生在一个多边形有多个标识点或多边形未闭合的情况。

(5)悬挂点和伪节点。

①悬挂点形成原因：

同图层线画相交，应在交点处各自断开，否则就有悬挂点。

定位不准，未接上或未相交。CASS9.1提供点号或捕捉精确定位，基本可避免。如不慎出现，用关键点编辑及捕捉或延伸、裁剪即可消除。

②伪结点形成原因：

同类线画间的交点处再无第三条线交于此(同类线画指代码相同的线)。两条同类线画间不能有结点，必须连续。三条及三条以上的同类线画交于此点则是合理的伪结点。

GIS对数字地图还有很多其他要求，这里不再赘述。欲深入了解请参阅有关书籍。

从上面的叙述可知GIS对数字化图的精确性、准确性有很高的要求。不同于一般的机助制图。

面状区域的闭合以及检查和消除不合理的悬挂点、伪结点是GIS的主要要求，CASS9.1中可以自动断开同层相交线、自动识别、去除不合理伪结点，并且提供了检查悬挂点及伪结点的功能，已基本上解决了上述问题。针对其他要求，CASS9.1也可以很好地予以解决。

活动　CASS测图软件与地理信息系统的接口转换

资源与器材：计算机、CASS测图软件。

一、交换文件接口

CASS9.1为用户提供了文本格式的数据交换文件(扩展名是“.CAS”)。通过交换文件可以将数字地图的所有信息毫无遗漏地导入GIS。这就为用户的各种应用带来了极大的方便。DWG文件一般方便用户做各种规划设计和图库管理，CAS文件方便用户将数字地图导入GIS。用户可根据自己的GIS平台的文件格式开发出相应的转换程序。

CASS9.1的数据交换文件也为用户的其他数字化测绘成果进入CASS9.1提供了方便之门。CASS9.1的数据交换文件与图形的转换是双向的，不论用户的数字化测绘成果是以何种方法、何种软件、何种工具得到的，只要能转换(生成)为CASS9.1的数据交换文件，就可以将它导入CASS9.1，供数字化测图工作利用。

(一)生成交换文件

单击“数据”菜单的“生成交换文件”(见图7-88)，弹出“输入CASS交换文件名”对话框(见图7-89)，在文件名(N)处输入文件名，按“保持”后，即可得到CAS交换文件，保存类型为“＊.CAS”。

图 7-88

图 7-89

(二)读取交换文件

单击“数据”菜单的“读取交换文件”(见图 7-88),弹出“输入 CASS 交换文件名”对话框(见图 7-90),在文件名(N)处输入文件名,按“打开”后,即可得到 CAS 交换文件,打开类型为“ * . CAS”。

图 7-90

二、DXF 文件接口

AutoCAD 是世界上最流行的图形编辑系统,其系统的灵活性、广泛的开放性受到用户的一致好评。它的图形交换格式已基本成为一种标准,受到了其他系统的广泛支持、兼容。

CASS9.1 采用 AutoCAD 2004 为系统平台,提供标准的 ASCII 文本格式的 DXF 数据交换文件。通过 DXF 文件可实现与大多数图形系统的接口。接口时编辑 CASS9.1 的系统(SYSTEM)目录下的 INDEX.INI 文件,将各符号对应的接口代码输入 INDEX.INI 相应位置。该文件记录每个图元的信息,不管这个图元是不是骨架线,所谓图元是图形的最小单位,一个复杂符号可以含有多个图元,文件格式如下:

CASS9.1 编码,主参数,附属参数,图元说明,用户编码,GIS 编码

图元只有点状和线状两种,如果是点状图元,主参数代表图块名,附属参数代表图块放大率;如果是线状图元,主参数代表线型名,附属参数代表线宽。

CASS 系统的"文件"菜单的"文件输入/输出"项的"DXF 输入""DXF 输出"功能提供双向的图形数据(DXF 文件)交换。输入 DXF 后即转换为 CASS 的 DWG 图形文件,如图 7-91、图 7-92 所示。

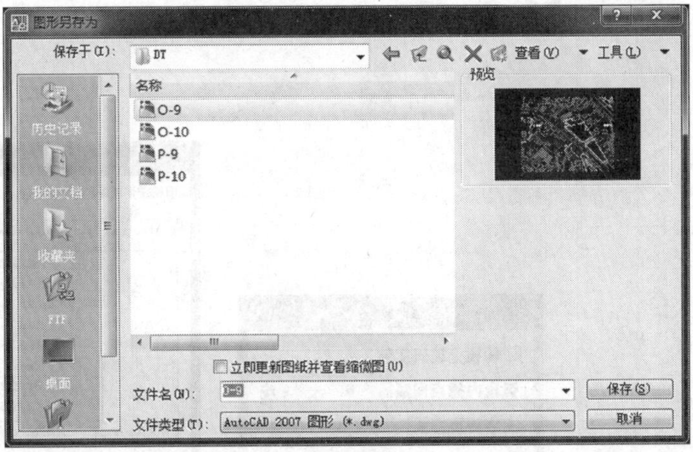

图 7-91

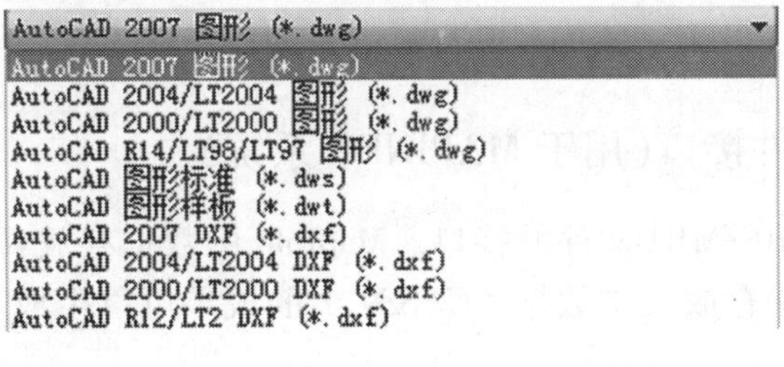

图 7-92

三、SHP 文件接口(用于 ArcGIS 系统)

文本格式的 SHP 文件是 ArcGIS 系统自定义的数据格式,与其 Coverage(图层文件)完全对应,CASS9.1 直接解读 SHP 文件。避免了转换间的地物遗失。

在 ArcGIS 中,图形符号化后进行编辑,入库也直接提交 SHP 文件,提交 DXF 文件入库,节省时间、快捷简便(DXF 转成 ArcGIS 的 Coverage 文件要 10 ~ 20 min,而 SHP 文件只要不到一分钟)。

由于 ArcGIS 系统对数据有很高的要求，如地物放错图层、代码值错误、面状地物不封闭，即有悬挂点、伪结点等错误均不允许，故对入库图的精确性、准确性有很高的要求，不同于一般的机助制图。CASS 从 6.0 版本，推出的“检查入库”功能，检查图形的常见错误，如图层正确性等。确保图形在入库时，达到数据库的建库要求。2009 年推出的 CASScheck 软件，是基于 AutoCAD 的专业检查工具，可自定义检查条件，是“检查入库”功能的升级强化版。

点击“检查入库/输出 ARC/INFO SHO 格式”（见图 7-93），系统会弹出一个“生成 SHAPE 文件”对话框（见图 7-94），按“确定”后，会弹出“请指定生成 SHP 文件目录名”对话框（见图 7-95），选择保存的文件夹名字后，按“确定”键即可完成文件的生成。

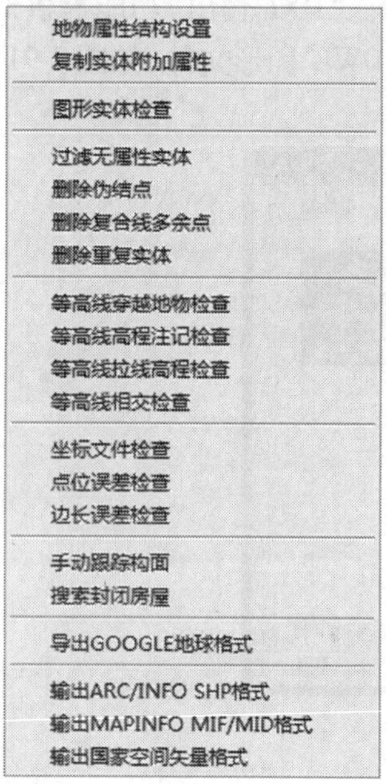

图 7-93

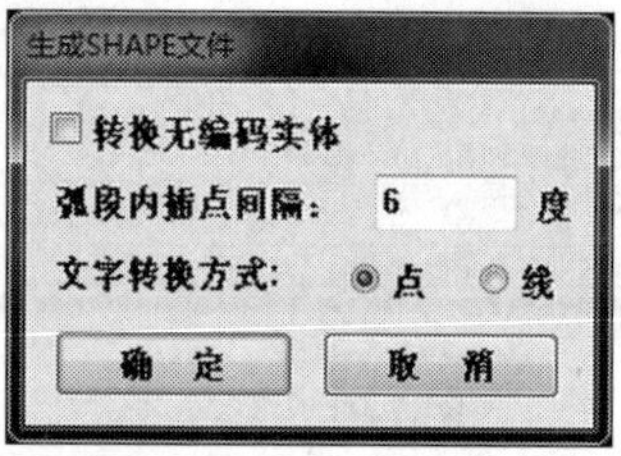

图 7-94

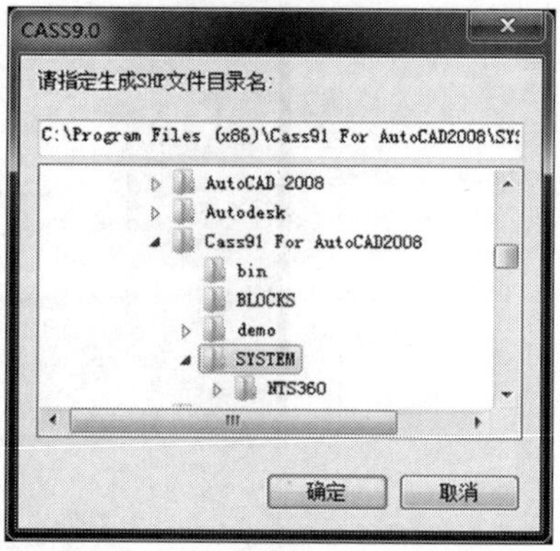

图 7-95

四、MIF/MID 文件接口（用于 MAPINFO 系统）

CASS9.1 还提供 MIF/MID 文件的接口。MapInfo 的数据存放在两个文件内，MIF 文件中存放图形数据，MID 中存放文本数据。CASS9.1 的成果可以生成 MIF/MID 文件，直接读入到 MapInfo。

点击“检查入库/输出 MAPINFO MIF/MID 格式”（见图 7-93），系统会弹出一个“生成 mapinfo 文件”对话框（见图 7-96），按“确定”后，会弹出“请指定生成 MAPINFO MIF/MID 文件目录名”对话框（见图 7-97），选择保存的文件夹名字后，按“确定”键即可完成文件的生成。

五、国家空间矢量格式

CASS9.1 支持最新的国家空间矢量格式 vct2.0。GIS 软件种类众多，范围广泛，为了使不同的 GIS 系统可以互相交换空间数据，在世界范围内都制定了很多标准。我国也对国内的 GIS 软件制定了一个标准，也就是国家空间矢量格式，并要求所有的 GIS 系统都能支持这一标准接口。

图 7-96

图 7-97

点击“检查入库/输出国家空间矢量格式”（见图 7-98），系统会弹出一个对话框（见图 7-99），输入要保存的文件名后，按“保存”键即可完成文件的生成。

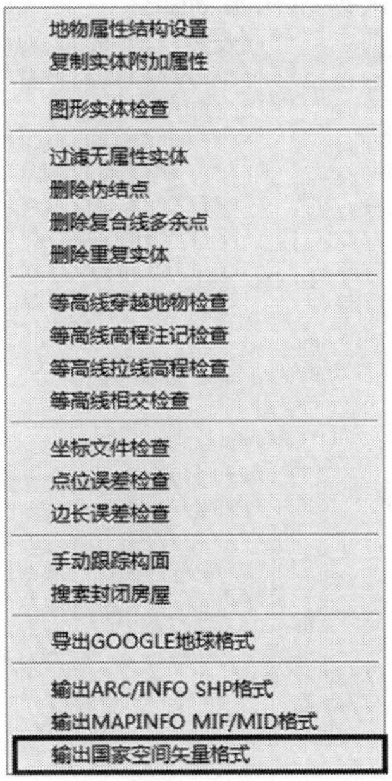

图 7-98

图 7-99

活动成果：

（1）输出“\PROGRAM FILES\CASS9.1\DEMO\DT\”下 0－9.DWG、0－10.DWG、P－9.DWG、P－10 四个文件的 DXF 文件。

（2）输出“\PROGRAM FILES\CASS9.1\DEMO\DT\”下 0－9.DWG、0－10.DWG、P－9.DWG、P－10 四个文件的 CAS 文件，并把四个 CAS 文件用“读入交换文件”的方法拼成一个完整图形。

（3）输出“\PROGRAM FILES\CASS9.1\DEMO\DT\0－9.DWG”的 SHP、MIF/MID、VCT 格式的接口文件。

思考题

1. 举例说明 TOPCON 全站仪坐标数据和 CASS 坐标数据的区别。
2. 描述使用 CASS9.1 进行两个坐标系坐标转换的简要步骤。
3. 说明首曲线和计曲线的区别。
4. 简述等高线的基本特征。
5. 地形图拼接的原因是什么?
6. 地形图拼接检查应注意哪些事项?
7. 地形图接边会出现哪几种问题?
8. 大比例尺地形图如何分幅编号?
9. 小比例尺地形图如何分幅编号?
10. 如何制作图幅接合表?
11. 数字测图软件与地理信息系统技术进行数据交换时的接口文件包括哪些?
12. 地理信息系统进行地理分析和数据处理时,常见的数据错误有哪些?

第四篇　数字测图成果质量检查及验收

测绘工作是一项细致且复杂的工作，为了保证测绘成果的质量，强化各生产环节技术管理和质量管理，必须进行数字测图成果的检查与验收，这对建立健全测绘生产过程中的各项技术规定，严格执行各项技术规范起着决定性作用。本篇主要从数字测绘产品检查验收的基本规定、检查验收的内容、数字测绘成果的质量评定、技术总结的撰写和资料的提交几个方面介绍。通过学习本篇，可以使测绘工作者对成果的检查与验收工作做到有章可循、按章办事、违章必究。

项目八　数字测图成果的质量检查

【项目说明】

随着计算机技术及地理信息系统的不断成熟和发展，手工制图已经被计算机数字化制图所取代，地形图测绘从外业采集到内业编辑各个过程的成果都以数据形式呈现，最终成果也以数据形式上交。数据质量的好坏直接影响到数字地形图产品在各个领域的应用，因此地形图测绘作业过程中的各个环节的质量检查已成为必要，但传统的检查手段已不适应数字地形图生产的发展要求，因此有必要建立一套新的质量检查体系。

【项目任务】

1. 检查验收制度。
2. 检查内容及方法。
3. 测绘产品质量评定。

【项目成果】

大比例尺数字地形图质量评定记录。

任务一　数字测图检查验收的基本规定

【任务目标】

1. 掌握检查验收依据。
2. 掌握检查验收制度。

【学习过程】

1. 课件、视频。

2. 查找网络资源，将数字测图技术的最新规范、标准填入表 8-1。

【学习成果】

填写表格 8-1。

表 8-1　数字测图技术规范列表

规范名称	版本编号时间	适用范围

【知识导航】

1. 检查验收的依据

(1)有关的测绘任务书、合同书中有关产品质量特性的摘录文件和委托检查、验收文件。

(2)有关法规和技术标准。

(3)技术设计书和有关的技术规定等。

2. 检查验收的基本制度

数字测绘产品实行二级检查一级验收制度,即对测绘产品实行过程检查、最终检查和验收制度。过程检查由生产单位检查人员负责,一般由项目部组织承担,是作业人员对测量成果的自检。最终检查由生产单位的质量管理机构负责实施,是对项目部提交的成果的一次整体评估。验收工作由任务的委托单位组织实施,或由该单位委托具有检查资格的检验机构验收。检查验收应严格按照二级检查一级验收制度进行,即先进行过程检查,然后进行最终检查,最后由任务委托单位验收,必须保证每一步检查合格之后才能进行下一步工作。

3. 提交检查验收的资料

提交检查验收的资料要齐全,一般应包括:

(1)项目设计书、技术设计书、技术总结等。

(2)数据文件,包括图廓内外整饰信息文件、元数据文件等。

(3)输出的检查图。

(4)技术规定或技术设计书规定的其他文件资料。

提交验收时,还应包括检查报告。凡资料不全或数据不完整者,承担检查或验收的单位有权拒绝检查验收。

4. 检查验收的记录及存档

检查验收的记录包括质量问题的记录、问题处理的记录、质量评定的记录等。记录必须及时、认真、规范、清晰。检查、验收工作完成时,应编写检查、验收报告。

5. 验收工作

验收工作应在测绘产品经最终检查合格后进行。验收的工作程序如下:

(1)组成批成果。批成果应由同一技术设计书指导下生产的同等级、同规格单位成果汇集而成。生产量较大时,可根据生产时间的不同、作业方法不同或作业单位不同等条件分别组成批成果,实施分批检验。

(2)确定样本量。样本量确定表见表8-2。

表8-2 样本量确定表

批量	样本量
≤20[a]	3
21~40	5
41~60	7
61~80	9
81~100	10
101~120	11
121~140	12
141~160	13
161~180	14
181~200	15
≥201	分批次提交、批次数应最小,各批次的批量应均匀

注:a 当批量小于或等于3时,样本量等于批量,为全数检查。

(3)抽取样本。采用分层按比例随机抽样的方法从批成果中抽取样本,即将批成果按不同班组、不同设备、不同环境、不同困难类别、不同地形类别等因素分成不同的层。根据样本量,在各层分别按各层在批成果中所占比例确定各层中应抽取的单位成果数量,并使用简单随机抽样法抽取样本,抽取批成果的有关资料。如技术设计书、实际总结、检查报告、接合表、图幅清单等。

(4)检查。详查应根据单位成果的质量元素及相应的检查项,按项目技术要求逐一检查样本内的单位成果,并统计存在的各类错漏数量、错误率、中误差等。

根据需要,对样本外单位成果的重要检查项或重要要素以及详查中发现的普通性、倾向性问题进行检查,并统计存在的各类错漏数量、错误率、中误差等。

(5)单位成果质量评定。根据详查和概查的结果评定单位成果质量。

(6)批成果质量评定。根据单位成果质量评定结果判定批成果质量。

(7)编制检查报告。

任务二 数字地形图产品质量检查内容与方法

【任务目标】

掌握检查验收内容与方法。

【学习过程】

1. 课件、视频。

2. 展示校园局部地形图，分组讨论并记录图面问题。

【学习成果】

提交校园地形图的检查记录。

【知识导航】

1. 数字地形图产品的质量元素

数字测图成果的质量是通过质量元素、质量子元素、检查项三个层次来描述的，如表8-3所示。

表8-3　数字地形图质量元素

质量元素	质量子元素	检查项
空间参考系	大地基准	坐标系、高程系的正确性；各类投影计算、使用参数的正确性；图根控制测量精度；控制点间图上距离与坐标长度反算长度较差
	高程基准	
	地图投影	
位置精度	平面精度	平面绝对位置中误差、平面相对位置中误差、高程注记点高程中误差、等高线高程中误差
	高程精度	
数据及结构	文件结构	文件命名、数据组织、数据格式的正确性；数据全面性；要素分成及颜色是否正确完备；属性代码是否正确；属性接边质量
	数据格式	
	属性正确性	
地理	地理要素	地理要素的完整性、正确性、协调性及接边质量；注记和符号的正确性；综合取舍的合理性
	符号注记	
整饰质量		符号、线条质量；注记质量；图面要素协调性；图面、图廓外整饰质量
附件质量	元数据质量	元数据文件的正确性及完整性；检查报告、技术总结内容的全面性及正确性；成果资料的全面性；各类报告、附图、附表的规整性；资料装帧
	检查报告	
	技术总结	

2. 检测点的平面和高程检查

数字地形图检查内容包括数学基础（图廓点、公里网交点、控制点等）检查、平面和高程精度检查、接边的检测、属性精度的检测、逻辑一致性检测、整饰质量检查、附件质量检查等。

1）选择检测点的一般规定

数字地形图平面检测点应是均匀分布、随机选取的明显地物点。平面和高程检测点的数量视地物复杂程度、比例尺等具体情况确定，每幅图一般各选取20～50个点。检测中如果发现被检测的地物点和高程点具有粗差，应视其情况重测。当一幅图检测结果算得的中误差超过规定时，应分析误差分布情况，再对邻近图幅进行抽查。中误差超限的图幅应重测。检查结果应建立统计表格和编写野外检测报告。

地形图图上地物点相对于邻近图根点的点位中误差和邻近地物点点间的距离中误差不

应超过表8-4的规定。

表8-4 地物点平面位置精度(《1∶500 1∶1 000 1∶2 000外业数字测图技术规程》(GB/T 14912—2017))

(单位:m)

地区分类	比例尺	点位中误差	点间距中误差
城镇、工业建筑区、平地、丘陵地	1∶500	±0.30	±0.20
	1∶1 000	±0.60	±0.40
	1∶2 000	±1.20	±0.80
困难地区、隐蔽地区、山地、高山地	1∶500	±0.40	±0.30
	1∶1 000	±0.80	±0.60
	1∶2 000	±1.60	±1.20

高程注记点相对于邻近图根点的高程中误差不应大于相应比例尺基本等高距的1/3;困难地区可放宽至1/2;等高线插求点相对于邻近图根点的高程中误差,平地不应大于基本等高距的1/3,丘陵地不应大于基本等高距的1/2,山地不应大于基本等高距的2/3,高山地不应大于基本等高距。

2)检测方法

(1)高精度检测地物点的平面坐标(位置)中误差计算。

在检测数字地形图的平面点位中误差时,可以采用高精度测量仪器去实地测定监测点i的坐标(X_i, Y_i),此时可认为(X_i, Y_i)为真值,不含有测量误差。另外,可以在室内直接量取数字地形图上相应点i的坐标(x_i, y_i)。同样的方法检测n个点。

根据式(8-1)即可计算出x坐标的中误差m_x和y坐标的中误差m_y。然后根据式(8-2)计算出监测点的点位中误差m_P。

$$\left.\begin{aligned} m_x &= \pm\sqrt{\frac{\sum_{i=1}^{n}(X_i - x_i)^2}{n}} \\ m_y &= \pm\sqrt{\frac{\sum_{i=1}^{n}(Y_i - y_i)^2}{n}} \end{aligned}\right\} \tag{8-1}$$

$$m_P = \pm\sqrt{m_x^2 + m_y^2} \tag{8-2}$$

(2)同精度检测地物点的平面坐标(位置)中误差计算。

当采用与原来野外数字测图同等级仪器相同精度测定监测点坐标时。根据式(8-3)即可计算出x坐标的中误差m_x和y坐标的中误差m_y。

$$\left.\begin{aligned} m_x &= \pm\sqrt{\frac{\sum_{i=1}^{n}(X_i - x_i)^2}{2n}} \\ m_y &= \pm\sqrt{\frac{\sum_{i=1}^{n}(Y_i - y_i)^2}{2n}} \end{aligned}\right\} \tag{8-3}$$

然后根据式(8-2)计算出监测点的点位中误差 m_P。

(3)高精度检测相邻地物点之间间距中误差(或点状目标位移中误差、线状目标位移中误差)计算。外业检测 n 条边的边长 S_i,然后在数字地形图上量测相应的边长 s_i,可求得 $\Delta S_i = S_i - s_i$。由于边长 S_i 量测精度很高,可认为是真值,无误差,则可以利用式(8-4)计算边长中误差 m_s。

$$m_s = \pm \sqrt{\frac{\sum_{i=1}^{n} \Delta S_i^2}{n}} \tag{8-4}$$

(4)同精度检测相邻地物点之间间距中误差(或点状目标位移中误差、线状目标位移中误差)计算。由于是同精度检测,故外业检测的边长和在数字地形图上量测相应的边长 s_i,可认为是等精度观测值,则可以利用式(8-5)计算边长中误差 m_s。

$$m_s = \pm \sqrt{\frac{\sum_{i=1}^{n} \Delta S_i^2}{2n}} \tag{8-5}$$

(5)高精度检测高程中误差计算。外业检测 n 个点的高程 H_i,然后在数字地形图上量测相应点的高程 H'_i,可求得 $\Delta h_i = H_i - H'_i$。由于外业检测点的高程 H_i 精度很高,可认为是真值,无误差,则可以利用式(8-6)计算高程中误差 m_H。

$$m_H = \pm \sqrt{\frac{\sum_{i=1}^{n} \Delta h_i^2}{n}} \tag{8-6}$$

(6)同精度检测高程中误差计算。由于是同精度检测,故外业检测的高程 H_i 和在数字地形图上量测相应的高程 H'_i,可认为是等精度观测值,则可以利用式(8-7)计算高程中误差 m_H。

$$m_H = \pm \sqrt{\frac{\sum_{i=1}^{n} \Delta h_i^2}{2n}} \tag{8-7}$$

分析检测资料,凡误差大于2倍中误差的检测点应校核检测资料,避免由于检测造成的错误。大于2倍标准中误差的检测资料,一律视为粗差并予以剔除,不参加中误差计算,但统计粗差比例。

活动　数字地形图产品质量检查实训

资源及器材:《测绘成果质量检查与验收》、质检样图、计算机、CASS 软件、全站仪及配套测量器材。

提交的数字地形图及相应的附件资料必须经过质量检查和验收,确认检查和验收均合格后,才能用于实际应用。通过本活动,要求同学们掌握数字地形图产品质量检查的内容和方法,能够针对教师提供的样图进行质量检查,并记录和计算相应的质量问题和数学检测精度,为以后进行测绘生产奠定质量意识和质量检查的手段和方法。

一、产品质量检查

根据提供的样图,逐一进行基本要求、数学精度、属性精度、逻辑一致性、要素完备性、整饰质量、附件质量等检查，并把查到的错误记录在表 8-5 中。然后分组比较和交流记录错误的内容和数量，各自体会自己没有查出的错误，写出质量检查心得体会。

表 8-5 数字地形图产品存在错误记录表

质量元素	存在的错误
基本要求	
数学精度	
属性精度	
逻辑一致性	
要素完备性	
整饰质量	
附件质量	
其他	

二、数学精度检查

通过外业仪器的同精度复测及图面数据的检查来判定其精度。请将检查结果填入表 8-6 ~ 表 8-8 相应栏目中。

表 8-6 地物点平面精度检测表

序号	点号	原坐标(m)		检测坐标(m)		ΔX (cm)	ΔY (cm)	ΔP (cm)
		x	y	X	Y			
1								
2								
3								
4								
5								
6								
7								
8								
9								
10								
11								
12								
13								
14								
15								

续表 8-6

序号	点号	原坐标(m)		检测坐标(m)		ΔX (cm)	ΔY (cm)	ΔP (cm)
		x	y	X	Y			
16								
17								
18								
19								
20								
21								
22								
23								
24								
25								
26								
27								
28								
29								
30								

点位中误差：m_P =　　　　　　粗差率：

表 8-7　地物点间距精度检测表

序号	点号	点号	反算边长 s (m)	检测边长 S (m)	较差值 ΔS (cm)
1					
2					
3					
4					
5					
6					

续表 8-7

序号	点号	点号	反算边长 s (m)	检测边长 S (m)	较差值 ΔS (cm)
7					
8					
9					
10					
11					
12					
13					
14					
15					
16					
17					
18					
19					
20					
21					
22					
23					
24					
25					
26					
27					
28					
29					
30					

精度统计(同精度检测)的间距中误差：m_s = 　　　　粗差率：

表 8-8 地形点高程精度检测表

序号	点号	图面高程 H' (m)	检测高程 H (m)	较差值 Δh (cm)
1				
2				
3				
4				
5				
6				
7				
8				
9				
10				
11				
12				
13				
14				
15				
16				
17				
18				
19				
20				
21				
22				
23				
24				
25				
26				
27				
28				
29				
30				

精度统计（同精度检测）的高程中误差：m_H = 粗差率：

任务三　数字地形图的质量评定

【任务目标】

掌握数字测图质量评定等级。

【学习过程】

课件、视频。

【学习成果】

根据任务二中的结果进行评分。

活动　质量评定

资源及器材:课件。

【知识导航】

1.单位成果质量评定

单位成果质量评定通过单位成果质量分值评定质量等级,质量等级划分为优级品、良级品、合格品、不合格品四级。概查只评定合格批、不合格批两级。详查评定四级质量等级,其工作内容如下:

(1)根据质量检查的结果计算质量元素分值(当质量元素检查结果不满足规定的合格条件时,不计算分值,该质量元素为不合格),方法见《数字测绘成果质量检查与验收》(GB/T 18316—2008)表5。

(2)根据质量元素分值,评定单位成果质量分值,见式(8-8),附件质量可不参与式(8-8)的计算;根据式(8-8)的结果,评定单位成果质量等级,见表8-9。

$$S = \min(S_i) \quad (i = 1,2,\cdots,n) \tag{8-8}$$

式中,S为单位成果质量;S_i为第i个质量元素得分值,见《数字测绘成果质量检查与验收》(GB/T 18316—2008)表5;n为质量元素的总数。

表8-9　单位产品质量等级划分标准(《数字测绘成果质量检查与验收》(GB/T 18316—2008))

质量得分	质量等级
90分 ≤ S < 100分	优级品
75分 ≤ S < 90分	良级品
60分 ≤ S < 75分	合格品
质量元素检查结果不满足规定的合格条件	不合格品
位置精度检查中粗差比例大于5%	
质量元素出现不合格	

2.批成果质量评定

批成果是指同一技术设计要求下生产的同一测区的单位成果集合。批成果质量判定通过合格判定条件(见表格8-10)确定批成果的质量等级,质量等级划分为合格批、不合格批两级。

表 8-10　检测批质量评定标准(《数字测绘成果质量检查与验收》(GB/T 18316—2008))

质量等级	判定条件	后续处理
合格批	样本中未发现不合格的单位成果,且概查时未发现不合格的单位成果	测绘单位对验收中发现的各类质量问题均应修改
不合格批	样本中发现不合格单位成果,或概查中发现不合格单位成果,或不能提交批成果的技能性文档(如设计书、技术总结、检查报告等)和资料性文档(如接合表、图幅清单等)	测绘单位对批成果逐一查改合格后,重新提交验收

思考题

1. 数字测绘产品质检的规范基础有哪些?
2. 项目过程中的自查和互查应如何实施?
3. 地形图检查的内容有哪些?
4. 成果质量评分分为几个等级? 相关内容是什么?

项目九　数字地形测量技术设计书及技术总结

【项目说明】

本项目主要学习大比例尺数字测图技术设计书撰写原则和方法、技术总结的撰写。通过各项具体案例，引导学生掌握大比例尺数字测图技术设计书撰写原则和方法及技术总结的撰写内容。使学生能够达到独立完成技术设计书和技术总结撰写的全过程。

【项目任务】

1. 大比例尺数字测图技术设计书的撰写。
2. 大比例尺数字测图技术总结的撰写。

【项目成果】

1. 大比例尺数字测图技术设计书。
2. 大比例尺数字测图技术总结。

任务一　大比例尺数字测图技术设计书的撰写

【任务目标】

1. 了解大比例尺数字测图技术设计的原因。
2. 掌握大比例尺数字测图技术设计遵循的基本原则。
3. 掌握大比例尺数字测图技术设计的设计依据。
4. 能够自行撰写技术设计书。

【学习过程】

1. 介绍大比例尺数字测图技术设计的原因。
2. 介绍大比例尺数字测图技术设计遵循的基本原则。
3. 介绍大比例尺数字测图技术设计的设计依据。
4. 演示大比例尺数字测图技术设计书实例。
5. 实践撰写技术设计书。

活动一　大比例尺数字测图技术设计书的内容和要求

一、任务概述

说明任务来源、测区范围、地理位置、行政隶属、成图比例尺、采集内容、任务量等基本情况。

二、测区自然地理概况和已有资料情况

根据需要说明与设计方案或作业有关的测区自然地理概况，内容可包括测区地理特征、居民地、交通、气候情况和困难类别等。

已有资料情况说明包括已有资料的施测年代,采用的平面、高程基准,资料的数量、形式,主要质量情况和评价,利用的可能性和利用方案等。

三、引用文件

说明专业技术设计书编写中所引用的标准、规范或其他技术文件。文件一经引用,便构成专业技术设计书设计内容的一部分。

四、成果(或产品)规格和主要技术指标

说明作业或成果的比例尺、平面和高程基准、投影方式、成图方法、成图基本等高距、数据精度、格式、基本内容以及其他主要技术指标等。

五、设计方案

设计方案内容主要包括:

(1)规定测量仪器的类型、数量、精度指标以及对仪器校准或检定的要求,规定作业所需的专业应用软件及其他配置。

(2)图根控制测量。规定各类图根点的布设,标志的设置,观测使用的仪器、测量方法和测量限差的要求等。

(3)规定作业方法和技术要求:

——规定野外地形数据采集方法,包括采用全站型速测仪、平板仪、全球定位系统(GPS)测量等;

——规定野外数据采集的内容、要素代码、精度要求;

——规定属性调查的内容和要求;

——数字高程模型(DEM),应规定高程数据采集的要求;

——规定数据记录要求;

——规定数据编辑、接边、处理、检查和成图工具等要求;

——数字高程模型(DEM)和数字地形模型(DTM),还应规定内插 DEM 和分层设色的要求等。

(4)其他特殊要求:拟定所需的主要物资及交通工具等,指出物资供应、通信联络、业务管理以及其他特殊情况下的应对措施或对作业的建议等;采用新技术、新仪器测图时,需规定具体的作业方法、技术要求、限差规定和必要的精度估算和说明。

(5)质量控制环节和质量检查的主要要求。

(6)上交和归档成果及其资料的内容和要求。

(7)有关附录。

活动二　大比例尺数字测图技术设计书实例学习

资源与器材:大比例尺数字测图技术设计书实例、计算机、投影仪。

本活动通过教师提供并演示大比例尺数字测图技术设计书实例,让学生更进一步掌握大比例尺数字测图技术设计书的编写原则和要求以及设计书中所包含的具体内容。

一、任务概况

（一）设计目的和任务来源

为加强土地管理和满足城镇规划建设的需要，建立数字化地形地籍数据库和国土管理信息系统，实现国土管理现代化、科学化、规范化。受××市测绘队（甲方）委托，××测量队（乙方）承揽××市××镇镜内约 38 km^2 的 1∶500 地形地籍测量任务。按"测绘合同"的要求及利于工作有序进行，特编写本技术设计书，统一技术要求，以保证成果质量。

（二）工作内容

约 38 km^2 1∶500 数字化地形测量。

（三）完成时间

完成工作的时间，按《测绘合同》第七条及其他约定条件执行。

二、测区自然地理概况及已有资料情况

（一）测区自然地理概况

该测区地处××经济走廊中间，紧靠××市区的附城区，地势东南高、西北低。北邻××江，××江流经测区，地形较为破碎，小丘与洼地并存。小丘一般高 20 m 左右，散列分布，走向零乱，洼地多经人工改造成渔塘或农田。

年平均气温 15 ℃，降雨量 1 800 mm，夏季常有台风侵袭。

××铁路横贯测区，联网公路纵横交错，并有水运码头，水陆交通便利。供水、电力、通信设施齐全，投资环境优越。

（二）已有资料情况

1. 控制资料

（1）由甲方提供××省××测绘工程公司编制的《××市××镇外围 1∶1 000 地形测量控制成果表》，C、D 级 GNSS 点可作为在测区内布设首级控制——四等控制网的起算点。

（2）由甲方施测位于测区内及附近的二、三等水准点可作为地形测量高程控制的起算点。

（3）已有成果为××坐标系，1985 国家高程基准。

2. 地形图资料

（1）××省××年航测成图的 1∶1万地形图（1980 西安坐标系、1985 国家高程基准）可作为工作计划用图。

（2）由甲方测制的 1∶1 000 地形图，可作为工作参考用图。

三、引用文件

（1）《城市测量规范》（CJJ/T 8—2011）；

（2）《卫星定位城市测量技术规范》（CJJ/T 73—2010）；

（3）《全球定位系统（GPS）测量规范》（GB/T 18314—2009）；

（4）《国家三、四等水准测量规范》（GB/T 12898—2009）；

（5）《国家基本比例尺地图图式　第 1 部分：1∶500　1∶1 000　1∶2 000 地形图图式》（GB/T 20257.1—2017）；

（6）《1∶500　1∶1 000　1∶2 000 外业数字测图规程》（GB/T 14912—2017）；

（7）《数字测绘成果质量检查与验收》（GB/T 18316—2008）；

(8)《工程测量规范》(GB 50026—2007);

(9)《地籍调查规程》(TD 1001—2012);

设计书未提及的,按《城市测量规范》(CJJ/T 8—2011)、《国家基本比例尺地图图式 第1部分:1∶500　1∶1 000　1∶2 000 地形图图式》(GB/T 20257.1—2017)执行;涉及政策问题的,则以现行国家文件为准。

四、设计方案

(一)测图规格和成图精度

1. 平面坐标系统、高程系统和基本等高距

(1)平面坐标采用××坐标系,采用中央子午线114°的3°带高斯投影。

(2)高程系统采用1985国家高程基准。

(3)基本等高距应执行相应规范的规定。

(本测区大气折光系数 $K=0.11$,地球曲率平均半径取 $R=6\ 363\ 260$ m)

2. 图幅分幅、编号及成图比例尺

地形图采用50 cm×50 cm正方形分幅。图幅编号采用图幅西南角纵横坐标值合成,X在前、Y在后,中间加短横线连接。X、Y坐标取整千米数最后三位,注记到0.01 km(小数点后二位必须是00、25、50、75),如:5552.00－386.25,并以图内显著名称作该图图名。地形图基本比例尺为1∶500。

3. 精度要求

(1)控制点的精度要求。

①平面:首级控制(四等网)中最弱相对中误差不得大于1/45 000,当边长小于200 m时,边长中误差应小于20 mm。一、二级控制点相对于起算点的点位中误差应小于5 cm;图根点相对于图根起算点的点位中误差不得大于图上0.1 mm。

②高程:首级(四等GNSS或导线网)控制点的高程一般应采用四等水准施测,四等水准网中最弱点高程中误差不得超过±20 mm。一、二级控制网中最弱点的高程中误差(相对于起算点)不得超过±0.05 m(含首级采用GNSS拟合高程);图根点的高程中误差,不得大于测图基本等高距的1/10。

(2)地物点的精度。

地物点相对于邻近图根点的点位中误差,主要地物及街区外围点不超过±10 cm,一般及街区内部点不超过±15 cm,地形点不超过±20 cm,地物点间距中误差不超过±15 cm。

(3)地形图的高程精度。

①城市建筑区和地面倾角在2°以下的平坦地区,高程注记点相对于邻近图根点的高程中误差不得超过±0.15 m;其他地区不得超过基本等高距的1/3。

②等高线插求点相对于邻近图根点的高程中误差,平地不得超过基本等高距的1/3,丘陵地小于等于1/2基本等高距、山地小于等于2/3基本等高距、高山地小于等于1基本等高距。

(4)中误差的两倍值为最大误差。

(二)控制测量

1. 平面控制测量

以测区内及附近已有的C级、D级GNSS点起算,布设四等GNSS(E级)网作为测区首级控制。在首级控制的基础上布设一、二级控制,并进而进行图根控制点的加密。一、二级

控制可按一、二级 GNSS 网的要求施测,也可布设5″导线网(一级)与施测 8″电磁波测距附合导线(二级);图根控制一般采用电磁波测距附合导线,困难时也可采用电磁波测距支导线。

1)GNSS 测量

(1)布网原则。根据测区地理条件、交通状况,在测区布设平均点间距为 2 km(最长 4.5 km)的四等 GNSS 网,一、二级 GNSS 点可分级布设,也可与四等网一起布设为全面网。考虑到常规测量方法扩展的需要,四等 GNSS 点至少应有两个通视方向;一、二级点应有一个以上相通视的邻点。

四等网联测 C、D 级 GNSS 点数不得少于 3 个,尽量将原测区内已有四等控制点包含网内,利用重合点两次观测的成果求出转换参数,以便充分利用旧有测绘成果。GNSS 点位的基本要求应满足《卫星定位城市测量技术规程》(CJJ/T 18314—2009)规定。

(2)外业观测。

①基本技术要求。

接收机类型:双频或单频(标称精度优于 10 mm + 3 ppm);

同步观测接收机数≥2 台;

卫星高度角≥15°;

有效观测卫星数≥4 颗(一、二级≥3 颗);

时段中任一卫星有效观测时间≥15 min;

观测时段数≥2;

时段长度≥60 min(一、二级≥45 min);

平均重复设站数≥1.6;

数据采样间隔 10 ~ 20 s;

对中精度≤3 mm;

PDOP 值≤8;

作业模式:静态相对定位;

天线高观测前后各量一次,较差小于 3 mm 时,取中数;

气象数据可不测定,但应记录天气状况。

②观测准备和观测作业要求执行《卫星定位城市测量技术规程》(CJJ/T 18314—2009)规定。测量手簿必须在现场填写,不允许事后补记或追忆,检查记录和资料完整无误后方可迁站。

(3)数据处理与网平差。

①基线解算采用厂家提供的软件在计算机上进行,野外观测数据必须及时备份并由专人保管。以已知的 D 级 GNSS 点的 WGS－84 坐标系坐标作为基线解算依据,根据软件包说明按缺省参数进行解算。

基线测量精度所组成异步环坐标差分量闭合差及环闭合差应符合下式规定:

$$\delta = \sqrt{a^2 + (bd)^2} \quad (\text{mm})$$

$$W_x \leqslant 2\sqrt{n}\delta \quad , \quad W_y \leqslant 2\sqrt{n}\delta \quad , \quad W_z \leqslant 2\sqrt{n}\delta$$

$$W \leqslant 2\sqrt{3n}\delta \quad , \quad W = \sqrt{W_x^2 + W_y^2 + W_z^2}$$

$$\Delta S \leqslant 2\sqrt{2}\delta$$

式中，$a=10\ mm$；b 为比例误差因子，对应四等、一级（5″）、二级（8″）时分别取 20×10^{-6}、30×10^{-6}、40×10^{-6}；d 为基线长度，km；W_x，W_y，W_z 为坐标差分量闭合差；W 为环边数；n 为闭合环边数，ΔS 为复测基线闭合差。

野外数据检核不合要求的成果，应及时重测或返测。

②采用同济大学 GNSS 网平差软件，在 1980 西安坐标系下以东经 114°为中央子午线，进行二维约束平差，并将平差成果换算为测区坐标系成果。各等级应分级平差。

2）导线测量

（1）主要技术要求。

导线测量主要技术要求见表 9-1。

表 9-1　导线测量主要技术要求（《城市测量规范》（CJJ/T 8—2011））

等级	附合导线长度（km）	测角中误差（″）	导线全长相对闭合差	测距中误差（mm）	平均边长（m）
三等	≤15	≤1.5	1/60 000	≤18	3 000
四等	≤10	≤2.5	1/40 000	≤18	1 600
一级	≤3.6	≤5	1/14 000	≤15	300
二级	≤2.4	≤8	1/10 000	≤15	200
三级	≤1.5	≤12	1/6 000	≤15	120

注：a. 当附合导线长度短于规定长度的 1/3 时，导线全长的绝对闭合差不应大于 0.13 m；

b. 导线网中，结点与高级点间或结点与结点间的导线长度不应大于附合导线规定长度的 0.7 倍；

c. 特殊情况下，导线的总长和平均边长可放长至本表规定长度的 1.5 倍，但其全长闭合差不应大于 0.26 m。

d. 当附合导线的边数超过 12 条时，其测角精度应提高一个等级。

（2）距离测量：采用二级测距仪，其 1 km 测距中误差（标称精度）不大于 15 mm。

①技术要求。

各等级平面控制网测距的主要技术指标见表 9-2。

表 9-2　各等级平面控制网测距的主要技术指标（《城市测量规范》（CJJ/T 8—2011））

等级	仪器等级	观测次数		总测回数
		往	返	
二等	Ⅰ级	1	1	6
三等	Ⅰ级	1	1	4
	Ⅱ级			6
四等	Ⅰ级	1	1	2
	Ⅱ级			4
一级	Ⅱ级	1	—	2
二、三级	Ⅱ级	1	—	1

注：1. 一测回是指照准目标一次，一般读数 4 次，可根据仪器出现的离散程度和大气透明度作适当增减。往返测回数各占总测回数的一半。

2. 根据具体情况，可采用不同时段观测代替往返观测，不同时段是指上午、下午或不同的白天。

②随边长测定的同时测定垂直角（中丝一测回，用于倾斜改正，同一测站指标差之差不

超过 24″)与气象数据;温度读记至 0.5 ℃,气压读至 100 Pa(或 1 mmHg)。图根导线仅在导线始末各测定一次气象数据,计算时取中数。

(3)导线的布设原则。

①一级(5″)导线可沿测区内的一类方位物和主要街、巷及道路布设,一般布设成多边形格网,首级控制点密度较大时,也可单条布设。二级(8″)导线一般以附合导线的形式布设,不得布设成起闭于一个点的闭合导线。一、二级导线相邻边长之比不宜超过 1∶3。导线网中,结点与高级点间或结点与结点之间的长度不应小于导线规定长度的 0.7 倍。

②图根导线一般也应为附合导线,但当遇到较大单位只有一个出入口时,允许采用闭合导线。死胡同等特殊情况下可布设支导线。

支导线边数不得超过 3 条,边长一般不应超过 80 m。距离一般采用往、返测各一测回,也可单向变换反光棱镜高度分别观测距离各一测回(每测回读二次数,较差 10 mm)。往返或两次观测经改平距后,距离较差不应大于 2 cm。支导线应尽量测定两个连接方向(DJ_2 仪器一测回、DJ_6 仪器二测回)。支导线之转折角(含只能测一个连接角的起始站),应进行左、右角分别观测一测回,其测站圆周角闭合差不应超过 40″。改平用倾角随距离测定,中丝一测回,在起始点测定一次气象数据。支导线必须从一级图根附合导线(含)以上控制点发展,支导线不能再发展。

(4)水平角观测的各项限差。

水平角观测限差见表 9-3。

表 9-3　水平角观测限差(《城市测量规范》(CJJ/T 8—2011))

等级	测回数		方位角闭合差(″)
	DJ_2	DJ_6	
三等	12	—	$\pm 3\sqrt{n}$
四等	6	—	$\pm 5\sqrt{n}$
一级	2	4	$\pm 10\sqrt{n}$
二级	1	3	$\pm 16\sqrt{n}$
三级	1	2	$\pm 24\sqrt{n}$

(5)光电测距导线平差计算。

①导线边长应进行:加、乘常数修正和气象、倾斜改正,一级(5″)、二级(8″)导线还应进行水平距离的高程归化和投影归化。

②一级(5″)导线一般采取整网平差,其最弱边边长相对误差应小于 1/20 000,但当首级控制点密度达到每平方千米不少于一点时,也可按条平差计算;二级(8″)、图根导线一般按条平差计算。

一、二级(5″、8″)导线应按下式计算测角中误差

$$m''_\beta = \pm\sqrt{\frac{1}{N}\left[\frac{F_\beta F_\beta}{n}\right]}$$

式中，F_β 为附合导线或闭合导线环的方位角闭合差(″)。n 为计算 F_β 时的测站数。N 为 F_β 的个数。

③计算取位:角度取至 1″,边长和平面坐标取至 0.001 m。

2. 高程控制测量

GNSS 控制网可采用拟合高程,但四等网应用四等水准联测其 20% 的点(最少不少于 6 点,且注意分布均匀)作为高程拟合的起算点;一级 GNSS 网应用四等水准联测 30% 左右的点,二级 GNSS 网则利用网中联测的所有四等点和一级点作为高程拟合的起算点。一、二级及图根点以测距导线施测时,其高程可采用相应等级电磁波测距高程导线施测。

1)四等水准测量

(1)技术要求。

四等水准测量技术要求见表 9-4。

表 9-4　四等水准测量技术要求(《城市测量规范》(CJJ/T 8—2011))

附合水准路线长	视距	前后视距差	前后视距累积差	红黑面读数差	红黑面所测高差之差	路线闭合差(mm)
15 km	100 m	3 m	10 m	3.0 mm	5.0 mm	$\pm 20\sqrt{L}$

注:L 为附合路线长度,以 km 为单位。

(2)采用 DS_3 型水准仪,水准仪 i 角不超过 20″;双面区格式木质标尺,标尺分划值 1 cm。一般用中丝读数法进行单程观测,用尺台作转点尺承,每测站观测顺序:

后视标尺黑面—后视标尺红面—前视标尺黑面—前视标尺红面。

直接读距离。

(3)四等支线水准须往返测或单程双转点观测。

路线往返测高差不符值:$\pm 20\ \text{mm}\sqrt{K}$($K$ 为路线长度,km)。

单程双转点法,左右路线转点差:4.0 mm。

支线水准线路长不得超过 5 km。

2)电磁波测距高程导线

(1)技术要求。

电磁波测距高程导线技术要求见表 9-5。

表 9-5　电磁波测距高程导线技术要求(《工程测量规范》(GB 50026—2007))

等级	垂直角观测				对向观测高程较差(mm)
	仪器精度	测回数	指标差较差	测回较差	
四等	2″	3	≤7″	≤7″	$40\sqrt{D}$
五等	2″	2	≤10″	≤10″	$60\sqrt{D}$

注:D 为电磁波测距边长度。

(2)一般随平面导线同时施测,也可以单独观测。单独施测时,其附合线路全长可为平面附合导线路线规定长度的 2 倍。垂直角采用中丝测定,一次读数,须往、返观测。当图根高程支导线点难以设置仪器时,也可采用变换觇标高的方法二次测定。

(3)仪器高和觇标高量到毫米。

(4)一级高程导线须起闭于相当于四等水准精度及以上的高程控制点,以下逐级发展,一级附合图根高程点还可以发展一次。

3)平差要求

四等水准与一级测距高程导线一般可组成结点网,按网进行平差,其他高程导线按条计算。高程计算值到0.001 m,按成果表取值:四等水准到0.001 m,其他到0.01 m。

3.控制点的编号

(1)四等 GNSS 点用汉语拼音简写加号数编号,如:CS01、CS02、…、CS99。

(2)一级控制点(一级 GNSS 点、5″导线点)全测区范围内统一编号,从Ⅰ001 ~ Ⅰ999。

(3)二级控制点(二级 GNSS 点、8″导线点),按测绘作业分期或分区编号,第一期或第一作业区为ⅡA1001 ~ ⅡA1999,第二期或第二作业区为ⅡB2001 ~ ⅡB2999,以下类推。

(4)图根控制点以地貌区域为单位进行编号(地貌区域由甲方划分),编号:

TA001、TA002、TA003、…、TA999

TB001、TB002、TB003、…、TB999

TC001、TC002、TC003、…、TC999

⋮

(5)全测区内不能有相同编号,利用旧点时,应严格按新点要求重新编号。

4.各级控制点的密度要求及标石规格

(1)每平方千米应有3个以上不低于5″精度的平面控制点;为满足发展图根的需要,每平方千米不少于16个二级控制点(二级 GNSS 点、8″导线点);图根点应满足测图需要,每平方千米一般不低于128点,每幅图的支导线点数,不能超过总图根点(含各级控制点)的1/3。每幅图埋石点的数量建成区为4个,非建成区为3个。埋石点必须是图根一级附合导线点以上的控制点(含)。

(2)标石规格。

①四等及一、二级控制点埋设一般普通标石:上底为12 cm×12 cm,下底为20 cm×20 cm,高60 cm(可参看《卫星定位城市测量技术标准》(CJJ/T 73—2010)附录B中附图B.0.5);图根埋石点规格为上底12 cm×12 cm,下底18 cm×18 cm,高40 cm。

②楼顶标石规格一律为上底20 cm×20 cm,下底30 cm×30 cm,高15 cm(参看《卫星定位城市测量技术标准》(CJJ/T 73—2010)图C.2.3)。

③在埋石困难的街道和水泥地面上,可打入直径为12 mm、长120 mm带十字的钢钉,在周围凿不少于20 cm×20 cm、深0.5 cm的方框,框宽1 cm,涂上油漆并填上等级及点号,并按标准进行整饰。

④各等级埋石点石面如图9-1所示。

⑤四等 GNSS 点须作点之记,点之记格式参照《卫星定位城市测量技术标准》(CJJ/T 73—2010)附录A;一级(5″)控制点应有点位说明。

(三)地形图测绘

采用解析法数字化成图,进行1:500比例尺地形图的测制。

1.野外数据采集

采用全站仪加 PC－E500 电子手簿进行全野外数据采集。外业测图一般以所测区域

GPS—E	国土	国土	国土
○	+	+	+
市国土局	Ⅰ517	ⅡA041	TB003
2000.10	2000.10	2000.10	2000.10

图9-1　各等级埋石点石面

(测区)为单位统一组织作业和组织数据。当测区较大时或有条件时,可在测区内按自然带状地物(如街道线、河沿线等)为变结构成分区界线,分成若干相对独立的分区。各分区的数据组织、数据处理和作业应相对独立,分区内及各分区间在数据采集和处理时不应存在矛盾,避免造成数据重叠或漏测。当有地物跨越不同分区时,该地物应完整地在某一分区内采集完成。

(1)图根控制点以上(含)各级控制点皆可作为野外数据采集时的测站点,数量不足时可按《大比例尺地形图机助制图规范》作技术要求补加测站,但其边长不得大于80 m,且应从图根二级附合导线以上点发展。

(2)测站定向后需用另一已知点进行定向检查。检查精度:平面小于0.10 m、高程小于0.08 m、仪器对中偏差不大于5 mm,仪器高觇标高量到0.01 m。测距二次读数取中数。当经纬仪$2C$值小于40″时,水平角可测半测回;垂直角测半测回,但垂直角指标差大于40″时,应进行指标差改正。每一测站测完后并应进行归零检查,归零差不应大于40″。

(3)测站至界址点、地物点的距离,地形点一般不超过120 m,测站至地形点的距离一般不超过150 m,最长不超过200 m。地形点间隔一般不大于15 m。棱镜中心点与地物点不能重合时,应注意加上相应改正数。

(4)点状要素(独立地物)能按比例表示时,应按实际形状采集,不能按比例表示时应精确测定其定位点或定线点。有方向性的点状要素应先采集其定位点,再采集其方向点(线)。

(5)所有境界拐点、地形点、地物点、地类界拐点原则上必须实施。按甲方要求:市、镇、村、街坊内标志性和较高的建筑物都应实测并注记一个高程点(一般取建筑物或构筑物的最高点)。

(6)具有多种属性的线状要素(线状地物、面状地物公共边、线状地物与面状地物边界线的重合部分),只可采集一次,但应处理好多种属性之间的关系。线状地物采集时,应视其变化测定,适当增加地物点的密度,以保证曲线的准确拟合。

(7)碎部点采集与控制测量同时进行时,碎部点坐标应以经平差后的控制点坐标计算得到,当控制测量成果检核超限时,测量控制点应重测,且重新计算碎部点坐标。

(8)采用数据测记模式时,一般应绘制草图。绘制草图时,采集的地物地貌,原则上遵照《图式》的规定绘制,对于复杂的图式符号可以简化或自行定义。草图必须标注所测点的测点编号,且标注的编号应与数据采集记录中测点的编号严格一致。草图上地形要素之间的相互位置必须清楚正确。地形图上须注记的各种名称、地物属性等,草图上必须标注清楚。

2. 地形图的内容

原则上按《城市测量规范》(CJJ/T 8—2011)及《图式》的规定和要求执行。

1)测量控制点

(1)国家级平面及高程控制点按《图式》中相应符号表示。

(2)已有C、D级GNSS点及现测四等GNSS点(E级)按《图式》编号4.1表示。

(3)一、二级控制点用《图式》编号4.1表示。

(4)图根点用《图式》4.1.4(埋石)、4.1.5(不埋石)符号表示。

(5)经四等水准联测高程注到0.001 m。三角高程注到0.01 m。

2)居民地和垣栅

(1)房屋以墙基为准,当墙体有多处凸凹时,小于图上0.4 mm可省略,装饰性的柱、垛和加固墙一般不表示。房屋两侧有突出山墙则房屋面积线以两山墙外侧连线绘出。

(3)凹进墙体的阳台和落地阳台按房屋表示。悬空阳台(飘阳)与飘楼用虚线表示(见图9-2(a)),飘楼注出其飘出层数,不注结构。悬空阳台应以底板投影测绘,若第二层为飘楼,第三层以上为飘阳,飘楼和飘阳按其投影位置分别表示(除重合外),当第三层以上阳台的位置规格不一时,按第三层阳台的位置与规格表示。当飘楼与飘阳重合时,应表示主要的。

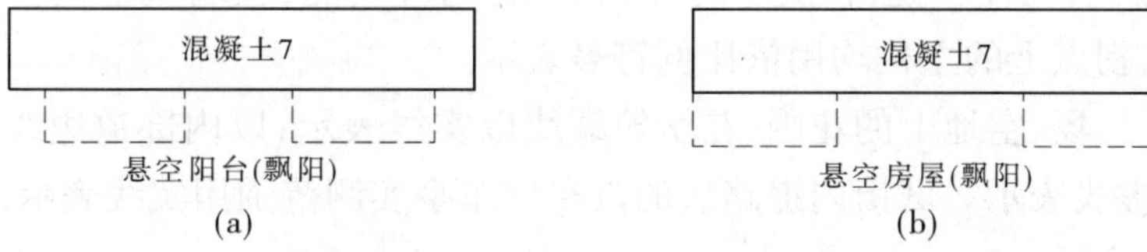

图9-2　凹进墙体的阳台和落地阳台

(3)柱廊以柱外围为准,四角和转角处的支柱位置应实测,中间若有支柱,应适当内插表示。门廊以柱或围护物外围为准,独立柱的门廊以顶盖投影为准,柱的位置实测;门顶以顶盖为准,柱位置实测;门墩以墩外围为准,墩的位置实测。

檐廊按外轮廓投影测绘,按《图式》编号4.3符号表示。建筑物周围实地宽0.5 m以上的飘檐、建筑物门前无支柱的门廊、雨罩也用此相应符号表示,有墙的一侧用实线绘出。在宾馆、医院、大单位门前的有行车通道的雨篷(罩)无论有柱无柱,均应测出,一般测其外边缘。

室外楼梯以上盖投影为准,图上宽度小于1 mm的不表示;台阶按投影测绘,但图上不足绘三级符号的不表示。

(4)房屋一般不综合,应逐个表示,不同层数、不同结构性质,主要房屋和附加房屋都应分割表示。不同层次的分割线用虚线。主要房屋和附加房屋分割线用实线,不同结构房屋分割线用实线。

①房屋层次以高出地坪的层次为准。阁楼、假层、装饰性塔楼、突出楼面的楼梯间、水箱间等不计层数。

分层表示困难时,以主体建筑层注记;层数相近而又较难分割的也可以占地面积较大的层数注记。

地下室不专门表示,室内高2.2 m以上且采光窗露出地坪的半地下室应计层数,一层建筑可不注层数。

②房屋结构按《图式》附录A规定,注"砼""混""砖"等。

以砖为墙体，瓦为顶盖，楼板为木时以砖 n 表示；楼板为钢筋混凝土时，以混 n 表示。

实地能明确判断以砖为墙体，钢筋混凝土为顶盖的房屋，注“混”，当面已装修，实地无法调查时，按“砼”房对待。

以砖为墙体，铁皮或石棉瓦为顶盖，住人或做车间的房屋以砖房表示。

下列房屋以简单房屋符号表示：依附其他房屋或围墙搭建，以铁皮或石瓦为顶盖堆放杂物的房屋；用简单材料搭建在江边、鱼塘边的茶楼、房屋；钢柱或钢筋混凝土为支承，四周以铁皮为墙体，铁皮或石棉瓦为顶盖的车、厂房，面积较大时加注其用途。

坟在内的房屋表示为“”。

（5）下列建筑一般可不表示：

①4 m^2 以下没有住人的简单房屋、棚房；沿住宅楼边自行围建的院内的小屋、杂物间。

②正在拆除的房屋，无人住的破房。

③临时性建筑。

④占用人行道，违章建造的简易房、活动房。

（6）围墙、栅栏、栏杆、篱笆和铁丝网等围护物，均应实测；在墙基上面栏杆的按围墙表示；所有的围墙、拐点上的立柱均用依比例符号表示。

街道、公路、广场、空地上的花圃、花坛轮廓线以实线表示；以内部道边线为轮廓线的花圃、花坛边线以虚线表示。城镇内道路边的汽车候车亭实测范围用实线表示，没有候车亭的公共汽车站可不表示。

（7）与界址相关的围墙均用依比例符号表示；与界址无关的遵照《图式》。

3）工矿建（构）筑物及其他设施

应准确表示其位置、形状和性质特征。

（1）依比例尺表示的，应实测其外部轮廓，并配置符号或按图式规定用依例尺符号表示；不依比例尺表示的，应准确测定其定位点或定位线，用不依比例尺符号表示。

（2）附属于其他建筑上的烟囱、贮水池、微波传送塔等地物，除特别高大及具明显方位意义者外，一般不绘。

（3）对实地有些建筑物、构筑物，《图式》中无相应规定符号，也不便归类表示，可实测其物体的地面几何图形，并加注专名。

4）交通及附属设施

（1）铁路线路及在测区内车站与附属设施，均按图式相应符号表示。

（2）公路按实测宽度依比例尺表示，并在图上每隔 15～20 cm 注出公路技术等级代码，国家干线公路（国道）还需注出路线编号。等级公路路肩宽度图上大于 1 mm 时依比例尺表示；小于 1 mm 时以 1 mm 绘出。公路中央隔离带、隔离墙，实地宽≤0.25 mm 时用 0.25 mm 粗线表示，大于 0.25 mm 依比例尺表示，如有植被应配置符号。

（3）机耕路、依比例尺表示的乡村路如路面宽不一致或行车轨迹不齐，可取中等宽度的平行线绘出。

（4）内部道路表示主干的、能构成路网及通达主要建筑物的，支岔、末梢不表示。

（5）路堤、路堑长度大于 5 m 和比高大于 0.5 m 时，应测出其范围，并应适当测注其坡顶、坡脚高程。

(6)道路通过居民地时不宜中断,应按实际位置测绘,但当进入街道时,用街道线代替。城区街道应将固定性安全岛、人行道、绿化带和街心花园绘出。

(7)涵洞孔径大于 1 m 时按比例表示,小于 1 m 时按不依比例尺符号描绘。

(8)道路两侧的排水沟一般不表示,修筑正规的按干沟符号表示。

(9)城镇内道路边的汽车停车亭实测范围用实线表示,没有停车亭的公共汽车站可不表示。

(10)铁路轨顶(曲线段取内轨顶)、公路路中、道路交叉处、桥面等应测注高程,隧道、涵洞应测注底面高程。

5)管线及附属设施

(1)电力线、通信线一般均应表示。杆位、塔位实测,可不连线,但应在杆架处绘出线路方向。多种线路在同一杆架上,且方向一致时只表示主要的。没有电杆而依附在墙上的配电线、电话线或只有一杆的进户线可不表示。

(2)架空的、地面上的、有管堤的管道均应实测,分别用相应符号表示,并注记传输物质的名称。

(3)地下管道检修井一般只表示位于街巷中及大单位内主要通道上及侧旁的;位于楼前屋后非干线上的检修井可不表示。

(4)室外地上和地下的消火栓、大型突出的阀门、室外供水龙头一般应表示。污水箅子和室外饮水龙头可摘要表示。

6)水系及附属设施

(1)河流、无明显坎沿的池塘的水涯线按测图时的水位施测。河流宽度小于图上 0.5 mm 时,用单线表示。

(2)人工沟渠、贮水池、经过修整的鱼池、水塘的水涯线以坎沿为准。沟渠宽度小于图上 1 mm 时,用单线表示。

(3)河流水位高及施测日期应测注。当同一河流不同期测图水位产生矛盾时,应考虑进行常水位修正。水渠应测注渠顶边和渠底高程;堤、坝应测注顶部及坡脚高程;池塘应测注塘顶边及塘底高程;泉、井应测注泉的出水口与井台高程,主要水井需量注井台至水面的深度。

7)境界

(1)表示到行政村(管理区)一级。镇界用《图式》编号 9.1.4 符号;行政村界提高一级用《图式》9.1.5 符号。

(2)镇界按甲方提供的市勘界办提供的界桩坐标(换算为××坐标系)和行政界线图等资料标定。行政村(管理区)界可参照甲方提供的土地详查界线资料经实地核定。争议界用图式中相应级未定界符号,并注“争议界”。

8)地貌和土质

(1)各种天然形成和人工修筑的坡、坎,其比高大于 0.5 m、图上长度大于 1 cm 时,应实测表示,坡度在 70°以上时表示为陡坎,70°以下时表示为斜坡。

(2)江侧、河边的滩涂地应表示出其相应土质。

(3)高程还应记点,图上每方格(10 cm×10 cm)一般不少于10点(含房屋、地物的高程点),应分布均匀。高程注记到厘米。高程注记点的位置要求按《城市测量规范》(CJJ/T 8—2011)4.55,并注意本设计书中有关规定。

9)植被

(1)耕地、园地、草地等不同地类均应实测其范围。地类界与地面上有实物的线状符号重合,可省略不绘,与地面无实物的线状符号(如架空管线、等高线)重合时,可将地类界移位0.2 mm绘出。

(2)零星树一般不表示,行树实地长小于10 m可不表示。耕地、园地面积小于30 m^2,其他地类小于75 m^2 可不单独表示。

(3)应注意植被符号整列与散列配置的区别。同一地段生长有多种植被,可按经济价值与数量适当取舍,符号配置不得超过3种(连同土质符号)。

(4)耕地内宽于0.1 m的田埂应实测表示,在图上宽于1 mm(含)的应用双线表示,小于1 mm的用单线表示。田块内应测注有代表性的高程。

10)注记

(1)调查并标注市镇、街巷、河流、道路、村庄、山头凹地、名胜古迹、广场、各级行政区划等地理名称、行政名称、自然名称。

(2)地名应以市地名管理部门公布的标准名称或有关部门编定的名称为准,二者不一致时,以前者为准。若标注有地名管理部门未公布的地名,应到当地村(居)委会盖章确认。行政村与自然名称不一致时或地理名称与自然名称不一致时,分别注自然名称或地理名称在前,行政名称或自然名称在后并加括号表示。地名有总名和分名时应同时调注。

(3)占地面积大于500 m^2 或较著名单位要调注名称。地形图上的单位名称应用目前正在使用的名称,名称太长时,可以缩写,但缩写后含义要清楚,隶属要明确。根据图面负载和需要,大的居住区及工厂、学校、医院等较大单位可酌情调注楼名、楼号、车间及部门名称。

3.数据处理

外业原始测量数据不能随意修改。数据应及时处理,并对照实地进行检核。

1)数据的整理和检查

外业数据(包括采用外业记录手簿记录的数据)应及时处理,形成图块。

整理和检查属性数据,并对照实地进行检查。当对照检查发现有矛盾时,如草图绘制有错误,应按照实地情况修改草图;如数据记录有错误,可修改测点编号、地形码和信息码,对于记录中的水平角、垂直角、距离、觇标高等观测数据不允许修改,要求返工重测。删除或标记作废记录,补充实测时来不及记录的卷尺量距点和公共点记录。

检查修改后的数据应及时存盘,并做备份。

2)数据分层

采用符合数字化地形地籍测绘与管理系统(GTC2000)软件的数据格式及其定义的图层,数据分层可参照表9-6,地形图为单色图,颜色统用黑色。

表 9-6　GTC2000 定义的图层名

图层意义	图层名
控制点层	KZD
界址点层	JZD
三角网层	SJW
等高线层	DGX
等深线层	DSX
图框层	TK
居民地层	JMD
垣栅层	YZH
工矿设施层	DLDW
植被层	ZBTZ
水系设施层	SXSS
地貌土质层	DMTZ
境界线层	JJ
道路设施层	DLSS
管线设施层	GXYZ
高程点层	GCD
展点号层	ZDH
汉字注记层	ZJ
面积注记层	MJZJ
骨架线层	VALUE
框架线层	BOUND
轴线层	AXES
Label 点与需建拓扑的多边形层	LADEL
用户层	0

3）等高线处理

数字高程模型及等高线应以测区或分区为单位建立和处理。数字高程模型（或等高线）应连续无缝，不应因为分幅而造成变形。数字地面模型建立时，应充分考虑各种地性线、断裂线和微地貌的表示，以保证地貌的真实性。生成等高线时必须采用严密的数学模型进行计算。

等高线生成后必须对照实地进行检查，发现错误应及时改正。

4）数据文件的组织和格式

数据处理完成后，数据文件应以测区为单位组织，以图幅为单位进行存储和管理。文件的组织和命名可参照相应图式的规定执行。

元数据文件为文本文件,且每幅图均应有一个元数据文件。

5)数据处理原则

(1)图形、属性数据处理应以测区或分区为单位统一进行,应建立拓扑关系。数据按标准图幅或特殊要求分幅时,应保证地形要素在本图和相邻图幅中,几何图形要素属性和拓扑关系的一致。线画必须光滑、自然、清晰、无挤压,无重复现象。

(2)图形数据。面状要素应封闭,无悬挂或过头现象。一个面状要素应能唯一标识。线画应连续,线画相交不允许有悬挂,不允许有线画被错误打断的现象,须连通的要素要保持连通。有方向性的要素,其符号必须正确。

(3)属性数据。描述每个地形要素特征的属性类型应完备,数据应符合相应规定的要求,不应有遗漏。点、线、面状要素属性表中,字段名、字段类型、字段长、字段顺序、属性与属性值应正确无误。

(4)注记。各种注记、说明注记及其指示应正确,无错误或遗漏。注记应尽量不压盖地物,其字体、字号、字数、字向、单位等应符合有关规定。特殊情况下,可缩小字号,但最小不应小于2 mm。

4.内业图形编辑

(1)采用符合软件的数据格式及其定义的图层等性能的地图编辑系统进行图形编辑。提交的地形图、地籍图数据必须是GTC系统的文件。

(2)图形编辑原则上分层分类进行,以防止丢、漏,但也可混合按面积进行,检查各层各类实体之间的关系,还可以以某紧密相关的层为背景进行编辑,具体可依图幅灵活选取。数据图形编辑基本上是在屏幕上进行的,在全面编辑、检查后在回放图上再进行一次目视检查,找出存在问题,修改完善。

(3)各种注记、线型、线宽及图廓整饰需符合《图式》规定和本设计书要求。

(4)在进行图形编辑时,必须严格采用"靠点""靠线"等方法,以防止线出头及结点不重合而影响图面美观。点状要素(独立地物、高程注记点等)要消除它们与其他点线之间的矛盾;对一切线状要素,可以在允许范围内,进行光滑、移动,调整它们之间的关系,如道路的平直;等高线的光滑协调;面状要素要确保它的封闭性与真实形状、尺寸。图形的公共边不得有多线重合现象,即公共边只能有一条线。

(5)数字地图的接边。对符合接边限差(±0.2 mm)的各边进行精确接边,检查边上各类地形元素的二异性,发现后予以排除,并特别注意:

①贯串两幅图的直线地物应保持原形。

②跨图幅的居民地、单位名称、注记及地物属性要合理。

(6)地形图的文件名,采用在图号(删小数点符号)前加英文字母"D"的方式表示,如D55225—38650。

五、检验验收

地形测量等成果,由担负任务的乙方实行作业小组自检、中队过程检查与大队最终检查,以确保测绘成果的准确性、适用性、完整性,达到设计的要求。

按《测绘合同》第十五条约定:各工期结束1个月内,乙方必须提交资料给××市国土局数字化测量办公室检查。

验收由甲方向有关主管部门提出并组织实施。验收依据××市国土局制定的测量验收有关规定。

六、上交资料

(1)技术设计书(十套)。

(2)技术总结报告(十套)。

(3)项目工作报告(十套)。

(4)最终检查报告(十套)。

(5)四等及5″控制点展点略图与通视图(三套)。

(6)四等及5″控制点计算、观测手簿(一套)。

(7)四等及5″、8″控制点成果表(包括已有和自测成果表三套)。

(8)四等点点之记(三套)。

(9)8″点及图根点计算、观测资料及成果表、埋石点的展点略图(观测资料一套,其他的各三套)。

(10)四等水准联测略图及计算资料(各三套)。

(11)1:500地形图(光盘五套、纸图二份,纸图按图号顺序从小到大排列)。

(12)地形图分幅接合图数据文件及纸质图(光盘五套、纸图二份)。

(13)按标准分幅为单位的元数据文件(光盘五套)。

(14)仪器检验资料(二套)。

(15)验收报告(十套)。

以上成果凡有数据、图形文件的,均应提供数据、图形光盘及使用说明书。上交成果的内容、格式、质量等必须按《实施细则》等规定和本技术设计书的要求执行,除以上成果外,其他的成果按有关规定执行。

任务二 技术总结的撰写及提交资料的内容

【任务目标】

1. 掌握技术总结的基本内容。
2. 掌握大比例尺数字测图技术设计书和技术总结的区别。
3. 能够自行撰写技术总结。

【学习过程】

1. 演示大比例尺数字测图技术总结实例。
2. 介绍技术总结的内容。
3. 介绍大比例尺数字测图技术设计书和技术总结的区别。
4. 实践撰写大比例尺数字测图技术总结。

活动一 测绘技术总结的基本内容

资源与器材:《测绘技术总结编写规定》(CH/T 1001—2005)。

一、概述

测绘技术总结是在测绘任务完成后,对测绘技术设计文件和技术标准、规范等的执行情况,技术设计方案实施中出现的主要技术问题和处理方法、成果(或产品)质量、新技术的应用等进行分析研究、认真总结,并做出的客观描述和评价。测绘技术总结为用户(或下工序)对成果(或产品)的合理使用提供方便,为测绘单位持续质量改进提供依据,同时为测绘技术设计、有关技术标准、规定的制定提供资料。测绘技术总结是与测绘成果(或产品)有直接关系的技术性文件,是长期保存的重要技术档案。

测绘技术总结分项目总结和专业技术总结。专业技术总结是测绘项目中所包含的各测绘专业活动在其成果(或产品)检查合格后,分别总结撰写的技术文档。专业技术总结所包含的测绘专业活动范畴以及各测绘专业活动的作业内容遵《测绘技术设计规定》(CH/T 1004—2005)中5.3.3的规定。项目总结是一个测绘项目在其最终成果(或产品)检查合格后,在各专业技术总结的基础上,对整个项目所做的技术总结。对于工作量较小的项目,可根据需要将项目总结和专业技术总结合并为项目总结。

项目总结由承担项目的法人单位负责编写或组织编写;专业技术总结由具体承担相应测绘专业任务的法人单位负责编写。具体的编写工作通常由单位的技术人员承担。技术总结编写完成后,单位总工程师或技术负责人应对技术总结编写的客观性、完整性等进行审核并签字,对技术总结编写的质量负责。技术总结经审核、签字后,随测绘成果(或产品)、测绘技术设计文件和成果(或产品)检查报告一并上交和归档。

二、测绘技术总结的内容

测绘技术总结(包括项目总结和专业技术总结)通常由概述、技术设计执行情况、成果(或产品)质量说明与评价、上交和归档的成果(或产品)及其资料清单四部分组成。

(一)项目总结的内容

1. 概述

(1)项目来源、内容、目标、工作量,项目的组织和实施,专业测绘任务的划分、内容和相应任务的承担单位,产品交付与接收情况等。

(2)项目执行情况:说明生产任务安排与完成情况,统计有关的作业定额和作业率、经费执行情况等。

(3)作业区概况和已有资料的利用情况。

2. 技术设计执行情况

主要内容包括:

(1)说明生产所依据的技术性文件,内容包括:

①项目设计书、项目所包括的全部专业技术设计书、技术设计更改文件。

②有关的技术标准和规范。

(2)说明项目总结所依据的各专业技术总结。

(3)说明和评价项目实施过程中,项目设计书和有关技术标准、规范的执行情况,并说明项目设计书的技术更改情况(包括技术设计更改的内容、原因的说明等)。

(4)重点描述项目实施过程中出现的主要技术问题和处理方法、特殊情况的处理及其达到的效果等。

(5)说明项目实施中质量保证措施(包括组织管理措施、资源保证措施和质量控制措施以及数据安全措施)的执行情况。

(6)当生产过程中采用新技术、新方法、新材料时,应详细描述和总结其应用情况。

(7)总结项目实施中的经验、教训(包括重大的缺陷和失败)和遗留问题,并对今后生产提出改进意见和建议。

3.成果(或产品)质量说明与评价

说明和评价项目最终测绘成果(或产品)的质量情况(包括必要的精度统计),产品达到的技术指标,并说明最终测绘成果(或产品)的质量检查报告的名称和编号。

4.上交和归档的成果(或产品)及其资料清单

分别说明上交和归档成果(或产品)的形式、数量等,以及一并上交和归档的资料文档清单。主要包括:

(1)测绘成果(或产品)。说明其名称、数量、类型等,当上交成果的数量或范围有变化时需附上交成果分布图。

(2)文档资料。包括项目设计书及其有关的设计更改文件、项目总结,质量检查报告,必要时也包括项目所包含的专业技术设计书及其有关的专业设计更改文件和专业技术总结,文档簿(图历簿)以及其他作业过程中形成的重要记录。

(3)其他须上交和归档的资料。

(二)专业技术总结的主要内容

1.概述

(1)测绘项目的名称、专业测绘任务的来源;专业测绘任务的内容、任务量和目标,产品交付与接收情况等。

(2)计划与实际完成情况、作业率的统计。

2.技术设计执行情况

(1)说明专业活动所依据的技术性文件,内容包括:

①专业技术设计书及其有关的技术设计更改文件,归档时也包括本测绘项目的项目设计书及其设计更改文件;

②有关的技术标准和规范。

(2)说明和评价专业技术活动过程中,专业技术设计文件的执行情况,并重点说明专业测绘生产过程中专业技术设计书的更改情况(包括专业技术设计更改内容、原因的说明等)。

(3)描述专业测绘生产过程中出现的主要技术问题和处理方法、特殊情况的处理及其达到的效果等。

(4)当作业过程中采用新技术、新方法、新材料时,应详细描述和总结其应用情况。

(5)总结专业测绘生产中的经验、教训(包括重大的缺陷和失败)和遗留问题,并对今后生产提出改进意见和建议。

3.测绘成果(或产品)质量情况

说明和评价测绘成果(或产品)的质量情况(包括必要的精度统计)、产品达到的技术指标,并说明测绘成果(或产品)的质量检查报告的名称和编号。

4. 上交测绘成果(或产品)和资料清单

说明上交测绘成果(或产品)和资料的主要内容和形式,主要包括:

(1)测绘成果(或产品)。说明其名称、数量、类型等,当上交成果的数量或范围有变化时需附上交成果分布图。

(2)文档资料。专业技术设计文件、专业技术总结、检查报告,必要的文档簿(图历簿)以及其他作业过程中形成的重要记录。

(3)其他须上交和归档的资料。

三、某单位制订的测绘技术总结编写内容示例

(1)项目概述。

(2)技术标准执行情况。

(3)使用的仪器设备、器材,及其计量检定或检校、校准情况。

(4)新技术、新方法、新材料应用。

(5)利用已有成果资料情况。

(6)特殊问题处理,特别是新项目实施过程中的主要技术问题、技术措施、效果等应详细总结。

(7)作业定额、工天利用率、作业率统计。

(8)成果质量评价。

(9)有关精度指标统计和专业成果质量统计。

(10)质量结果评价、分析。

(11)存在的主要问题。

(12)对技术设计、实施方案、作业方法、技术指标等的意见和建议、经验或教训。

(13)附图、附表和上交测绘成果资料清单。

活动二　大比例尺数字测图技术总结实例

一、测区概述

(一)任务来源和目的

为加强土地管理和满足城镇规划建设的需要,建立数字化地形地籍数据库和国土管理信息系统,实现国土管理现代化、科学化、规范化。受××测绘队(甲方)委托,××测量队(乙方)承揽××市××镇境内约56.6 km^2 的1∶500地形地籍测量任务。约31.462 km^2 建成区1∶500数字化地形地籍测量;约25.138 km^2 非建成区1∶500数字化地形测量。

(二)测区概况

××镇处××经济走廊中间,紧靠××市的附城区,地势东南高、西北低。北邻××江,××江流经测区,地形较为破碎,小丘与洼地并存。小丘一般高20 m左右,散列分布,走向零乱,洼地多经人工改造成鱼塘或农田。

年平均气温22 ℃,降雨量1 800 mm,夏季常有台风侵袭。

××铁路横贯测区,联网公路纵横交错,并有水运码头,水陆交通便利。供水、电力、通信设施齐全,投资环境优越。

测区内基本完成了非农建设用地的土地登记发证，积累了一些地籍调查和测量资料，为这次地形地籍测量奠定了一个良好的基础。

（三）成图比例尺、坐标系及高程基准

地形图成图比例尺为1∶500，平面坐标系用××坐标系，采用中央子午线××°的3°带高斯投影，高程系统采用1985国家高程基准。基本等高距平地、丘陵地为0.5 m，山地为1 m。本测区采用0.5 m等高距。

（四）作业与检查的技术依据

（1）《城市测量规范》（CJJ/T 8—2011）。

（2）《国家三、四等水准测量规范》（GB/T 12898—2009）。

（3）《图式》。

（4）《全球定位系统（GPS）测量规范》（GB/T 18314—2009）。

（5）《地籍调查规程》（TD 1001—2012）。

（6）《工程测量规范》（GB 50026—2007）。

（7）××市国土局2000年12月制定的《××市1∶500数字化地形地籍测量项目技术设计书》及其附件（以下简称"项目设计书"）。

（8）××市国土局制定的土地确权和地籍调查测量验收有关规定。

（9）审批后的本技术设计书及作业期中的补充技术规定。

（10）《1∶500　1∶1 000　1∶2 000外业数字测图规程》（GB/T 14912—2017）。

（11）《数字测绘成果质量检查与验收》（GB/T 18316—2008）。

（12）《测绘技术设计规定》（CH/T 1004—2005）。

（五）生产组织与完成工作量

1. 生产组织情况

为了保质保量完成××镇数字化地形图测图任务，我队精心组织，严格管理，让有多年GNSS控制测量经验的二中队承担四等GNSS及首级控制测量，让有多年数字化测图经验的数字化中队承担数字化地形图测图及地籍调查任务。

根据××镇国土分局的要求，结合本测区特点，前期控制测量我队共投入14人，4台GNSS接收机、1台全站仪、1台水准仪、1台打印机、1台计算机、2辆汽车，于××××年9月20日至××××年1月10日完成全部首级控制测量。于××××年11月至××××年7月31日先后分5期共投入45名有丰富经验和技术水平的作业技术人员。其中工程师5人，助理工程师10人，技术员30人。配置了高性能的计算机18台，高精度全站仪16台，来确保××数字化地形图测图的顺利完成。为了保证质量，我队设有三名对数字化作业有丰富工作经验和检查经验的人员进行质量检查，另外，还设一名对质量进行全面监督和检查的工作人员。

××××年9月至××××年10月我队投入8人配合××分局完成了××镇地籍调查工作。

2. 完成工作量

我队共完成Ⅳ等控制点38个（其中利用旧标石13个、埋石11个、地面刻标2个、楼顶标石12个），一级（5″）点119个，二级（8″）点687个，根据测图加密图根控制点6 687个（其中埋石图根2 378个），完成56.6 km^{2}的数字化地形图测量，并完成17个村32 000多宗，

31.462 km^2 的地籍调查及宗地图、地籍图制作工作。

(六)已有资料利用情况

1.控制资料利用情况

由甲方提供的××省××公司1999年编制的××市××镇外围1:1 000地形测量控制成果表。C、D级GNSS点作为在测区内布设首级控制——四等控制网的起算点。

由甲方施测位于测区内及附近的二、三等水准点作为地形测量高程控制的起算点。

已有成果为××坐标系,1985国家高程基准。

2.地形图资料利用情况

由甲方提供的××省国土厅××××年航测成图的1:10 000地形图(1980西安坐标系,1985国家高程基准)和甲方测制的××镇1:1 000地形图以及××镇国土所编制的"××镇全图"作为划分地块和选点的参考用图。

二、作业方法、质量和有关的技术依据

(一)首级控制测量

1.使用的仪器和设备

(1)××型GNSS接收机4台,××全站仪1台,××型水准仪1台。

(2)计算机1台。

以上设备全部经过检验合格,达到要求,能够作业,其具体技术指标见测绘仪器检定证书(略)。

2.控制点布设及精度

根据测区需要,测区共布设Ⅳ等控制点38个,一级(5″)控制点119个,二级(8″)控制点687个。其中四等及一级(5″)控制点平面均采用GNSS观测并整体平差;高程一部分采用四等水准联测,一部分采用GNSS拟合高程。

二级(8″)控制点平面一部分采用GNSS观测整网平差,一部分采用红外附合导线观测、平差;高程一部分采用GNSS拟合高程,一部分采用红外高程导线施测。

(二)图根控制测量

1.使用的仪器和设备

8台××型全站仪,5台计算机,1台绘图仪,8个电子手簿。以上设备全部经过检验合格,达到要求,能够作业。

2.图根控制精度汇总

第一期中,根据测图需要,共加密图根(TA)83条、(TB)79条、(TC)66条,总计导线228条,一级图根导线183条,二级图根导线45条;图根点1 889个,埋石点479个,全部用附合导线或闭合导线施测,施测的方法均符合技术设计书的规范要求,施测精度良好。其中导线点位移差最大的为18 cm,最小的为0.3 cm。导线相对闭合差最大的为1/2 274,最小的为1/205 783。小于1/2限差的有212条,占93%,1/2~3/4限差的有4条,占1.8%,大于3/4限差的有12条,占5.2%。方位角闭合差最大的为-97″,最小的为0″。小于1/2限差的有174条,占76%,大于1/2限差的有54条,占24%。高程闭合差最大的为9.4 cm,最小的为0 cm,大于1/2限差的有2条,占0.9%,其余226条导线高程闭合差均小于1/2限差,占99.1%。

受篇幅限制，其余四期图根控制精度汇总略。

（三）地形图的测绘

（1）图幅比例尺为 1∶500，采用 50 cm×50 cm 正方形分幅，图幅号按图幅西南角坐标数编号，X 坐标在前，Y 坐标在后，X，Y 坐标取整千米数最后三位，注记到 0.01 km。

（2）地形图测绘用全站仪全野外数据采集，数据传输到计算机，采用多用途数字地形地籍测绘与管理系统 GTC2000 进行数据处理，并进行内业编辑成图。先以块为单位做成块图，经检查合格后，再用块图裁成分幅图。

（3）地形图完成情况。全部五期共完成了××区等总计约 58 km^2 的数字化地形图测图，993 幅分幅图。并于××××年 8 月 1～16 日通过××市国土资源局监理组验收，质量评定为优。具体每期完成情况略。

（4）地籍调查及地籍图制作。

①地籍调查：采用新测的数字化地形图作为地籍调查的工作底图，在工作底图上划分街道、街坊界、预编宗地号；根据预编好的工作底图，到实地全野外诸宗进行调查，丈量宗地边长，填写宗地调查表，权属主签字确认，所在村、居委会签署证明材料。

②地籍图制作：根据全野外地籍调查的工作底图，在数字化地形图上，把界址点、界址线及块地线上图，输入宗地属性，编辑地籍图。

三、成果的质量检查与问题的处理及说明

采用小组自查，中队过程检查，大队最终检查的三级检查制度。

（1）对各种观测，计算手簿进行了 100% 的检查，并予以认真的复查，各类成果表均经二次校核，发现问题及时处理，手簿记载齐全，格式符合规定，计算方法正确。

（2）埋石点点位状况中队野外 100% 的检查，大队分批对埋石点进行抽查，埋石点密度满足设计书要求，且标志清楚，易找，埋石点符合规格，稳定且标石表面字迹清晰，点位合理，通视良好，便于以后利用。

（3）图由小组作业完成后进行 100% 的自查互检后，上交到中队，中队再对每一幅图进行 100% 的内、外查，再上交到大队三查，大队再对图幅进行 100% 的室内检查和不少于 30% 的外业检查，并对各小组普遍存在的问题及时讲给每个作业员，督促他们提高作业质量，这样基本就把所有的差、错、漏都消灭在作业过程中。地形图精度良好，满足城市测量规范及技术设计书的要求。

（4）对所有图幅都分批进行了边长和地物点检测，其检测精度见表 9-7。

对以上检查中所发现的问题及带普遍性的问题，及时予以处理。

（5）中队对所有的块图进行信息查询，发现错误及时改正，大队进行了抽查，保证了所有图幅信息正确，表示合理，并且对所有的块图进行了 GIS 数据转换，保证用 GIS 数据能二次生成图形，并对所有地形图及地籍块图进行了入库前的数据检查和修改，达到了入库要求。

（6）对于所有的宗地图，在作业员自查的基础上，中队组织了二查，大队进行抽查，并对所有的宗地图经过用户复核，对于发现的问题及时予以纠正和处理，努力做到实地、工作底图、宗地图、地籍图四统一；宗地属性、调查表与实地情况三统一；努力做到零差错，对国土局负责，对用户负责。

表 9-7　检测精度

项目		边长检测		点位检测		粗差率	图幅质量	
期数	检查单位	量边数	边长中误差(cm)	测点数	检测点中误差(cm)		优质图幅数	占总图幅比例
一期	中队	821	3.0	650	2.5	1.8%		
	大队			874	3.0	1.5%	38	15.4%
二期	中队	575	2.2	500	2.3	1.0%		
	大队			600	2.99	0.9%	52	24.3%
三期	中队	561	3.0	498	2.5	2.3%		
	大队			510	3.0	1.5%	31	16.9%
四期	中队	512	2.9	461	2.2	1.2%		
	大队			520	3.2	1.7%	33	20.2%
五期	中队	498	1.6	310	2.7	1.6%		
	大队			455	2.3	1.3%	45	25%

(7)需要说明的几个问题：

①由于首级控制做得较早，有些点已经破坏，导致一些图根导线边数和长度超过规定，但考虑到其各项指标良好，且精度良好，作为困难地区特殊处理。

②由于我队小组多，同时做图根控制，图根点号有大幅跳号现象，但不影响成图质量。

③由于本次地形、地籍测量跨时长，本地经济发展速度快，城市建设日新月异，新增地物多、地形变化快，再加上城市道路改造，控制点破坏严重，部分地物、道路及附属设施在地籍调查时已经改变或调查后已发生改变，已与原地形图无法匹配，必须进行修补测。

④由于农田保护区不在原合同范围内，后为追加测量范围，故第一次未做首级控制，因此对 18.6 km^2 的地形图补测部分，重新布设了 5″、8″导线；并对在地籍调查中发生变化的部分地物、地貌进行了修补测，使得地籍图的现势性更强。

⑤在地籍调查时尽量使用原宗地预编号，但由于调查过程中有合并宗地、分割宗地及部分宗地不能确权等问题存在，故宗地号有跳号现象存在，由于考虑到重新编号签字工作量及工作难度大，在不影响宗地调查的情况下不予重新编号，但绝对不允许有重号出现。

⑥对于地形测量时不能进入的区域及地籍调查时所发现的、不能满足精度的宗地，重新进行了测量，并及时修改了原地形图。

四、技术结论

专业技术设计方案具体，内容齐全。各级控制施测方法正确，精度良好，埋石点分布，数量与标石规格皆合乎规定，地形测图与数字化方法合理，各种注记准确无误，能较好地反映实地地貌，图内信息准确无误，提供的块图可进行 GIS 数据和图形的相互转换，并且满足地理信息入库要求，各项资料整理规范，整齐美观，上交资料齐全，整体成果质量较好，完全可以提供客户使用。

五、经验与体会

(1)地图测绘与地籍测绘是一项较烦琐的工作,我们这次能顺利地完成任务,与××市国土局的大力支持和××镇国土分局的积极配合是分不开的,特别是他们的主管领导经常下一线了解情况,解决问题,为我们的工作赢得了宝贵的时间。

(2)关于资料,一定要做系统、全面、定性、定量分析,对发现的问题及时处理,不留尾巴,只有准备充分,才能减少或避免工作中的失误,提高效率。

(3)领导重视、宣传到位是本项工作圆满完成的重要保证。特别是地籍调查开始时,市局主管领导及技术负责人曾多次组织测量队和分局领导召开座谈会,就作业过程中存在的问题及时进行沟通和协商,共同探讨解决办法,及时提出指导建议,努力推动调查工作的顺利进行。分局领导对此项工作高度重视,通过与政府部门沟通,利用电视、通告及组织村组以上土地管理员及各村主任、书记和主管土地的领导,召开地籍调查动员会,大力宣传数字化测量和地籍调查的必要性和重要性。通过宣传,使全镇所有村民及居民对数字化测量和地籍调查的重要性有了充分的认识,为后期的地籍调查顺利进行奠定了坚实的基础。

(4)整个××市32个镇区2 000多km^2地形测量,1 000多km^2地籍测量同时开始,同时有20多家甲级单位参与作业,这就要求市局一开始就要有专管技术的负责人统一监管,对所有的技术问题有明确的规定,并对作业过程中出现的问题及时给予解决和统一,在这一点上市局做得比较欠缺,特别是在地籍调查中关于标准的问题,在大面积调查开始后始终得不到统一,致使测量队与分局调查工作造成窝工和返工。

(5)在地籍调查的工作方式上这次是非常成功的,因为地籍调查是一项政策性和技术性很强的工作,二者缺一不可,这次采用国土分局主要负责掌握调查的政策性问题,负责调查表格的填写、权源资料的收集、权利人签字盖章;村组负责现场叫人,开据相关证明;测量队负责现场宗地丈量及宗地草图绘制、宗地图制作、地籍图编绘等技术性问题。这样相互弥补了分局对技术问题上的不足与测量队在政策理解上的不足;有村组的参与又解决了现场叫人难的问题,使调查的工作效率得到了很大的提高。

(6)在质量管理上,甲方除了一开始对相关技术问题做出明确规定外,还应设一名专管技术的总工,负责作业过程中的技术监督和遇到的技术问题的汇总及解答。这样可以解决事情有人问但无人解决的尴尬局面,避免作业队伍对技术问题各自理解上的不同而导致返工,有利于技术口径的统一。乙方更要严格管理,严把质量关,发现问题及时召开技术会议,以免再次出现同类问题,督促每个作业员经常学习技术设计书和图式以及各种相关规范,熟练应用软件,来提高每个作业员的素质,只有这样才能提高整个产品质量。

(7)现在是市场经济社会,成本与质量是个矛盾,高质量需要较大的成本和投入,建议国土局提高测绘价格,或提高对优质图的奖励比例。

六、附图、附表

(1)块图接合图。

(2)图幅接合图。

(3)地籍索引图。

(4)四等及5″控制点展点略图与通视图。

(5)精度统计表。

①四等水准精度统计表1张。

②GNSS网精度统计表1张。

③GNSS网公用点联测精度统计表1张。

④二级导线精度统计表3张。

⑤仪器检定书:

GNSS仪器检定书4张;

水准仪检定书1张;

水准标尺检定书1张;

全站仪检定书17张。

七、上交资料清单

(1)技术总结报告。

(2)项目工作总结。

(3)最终检查报告。

(4)四等及5″控制点展点略图与通视图。

(5)四等及5″控制点计算、观测手簿。

(6)四等及5″控制点成果表。

(7)四等点点之记。

(8)8″点计算、观测手簿。

(9)图根点计算、观测手簿。

(10)8″图根点成果表及埋石点展点略图。

(11)四等水准联测略图及计算资料。

(12)1∶500地形块图(光盘　套　张)。

(13)1∶500地形分幅图(光盘　套　张)。

(14)1∶500地籍块图(光盘　套　张)。

(15)1∶500地籍分幅图(光盘　套　张)。

(16)宗地图(光盘　套　张)。

(17)地籍索引图(含街道、街坊分区示意图光盘　套　张)。

(18)丈量原始记录、宗地草图(1套　张)。

第五篇　数字测图成果应用及测绘新技术

本篇主要介绍了数字测图成果在工程建设等方面的应用和数字地形测量最近几年的一些新技术，通过本篇的学习使学生掌握数字地形图在工程建设中的应用、数字地面模型的建立与应用，了解三维激光扫描和无人机航测技术等数字地形测量发展的新方向。

项目十　数字地形图的应用

【项目说明】

利用数字地形图可以很容易地获取各种地形信息，如量测任意点的坐标、点与点之间的距离、点的高程等，还可以很方便地制作各种专业用图。本项目主要介绍数字地形图在工程建设中的应用、数字地面模型的建立与应用等内容。

【项目任务】

1. 数字地形图在工程建设中的应用。
2. 数字地面模型的相关应用。

【项目成果】

1. 数字地形图在工程建设中的应用成果。
2. 数字地面模型成果。

任务一　数字地形图在工程建设中的应用

【任务目标】

1. 熟悉 CASS9.1 软件使用。
2. 掌握 CASS9.1 软件中数字地形图在工程建设中的应用。

【学习过程】

1. 介绍 CASS9.1 软件界面。
2. 学习基本几何要素的量测方法和手段。
3. 学习土方量计算的各种方法。
4. 学习计算面积的方法。

【学习成果】

数字地形图在工程建设中的应用成果。

随着计算机技术的迅速发展及向工程建设各个领域的渗透，数字地图在工程建设中的应用也越来越广泛，如在 AutoCAD 软件环境下，利用数字地形图可以很方便地查询各种工程建设中需要的基本几何要素；应用专业软件可以非常方便地进行面积、土方量计算和地形三维轴测图以及纵、横断面图的绘制等。

针对工程建设对地形信息的需求及量测工作，以南方测绘公司的 CASS9.1 数字化成图软件中工程应用部分为例，从基本要素的查询、土方量计算、断面图的绘制和面积应用等方面介绍数字地图在工程建设中的应用。

活动一　基本几何要素的量测

资源与器材：计算机、CASS9.1 测图软件、CASS9.1 样例数据 "Dgx.dat"。

地形图的基本几何要素主要包括指定点坐标、两点间距离和方位角、线段长度、实体面积等。通过本活动掌握 CASS9.1 软件中对指定点坐标、两点间距离和方位角、线段长度、实体面积进行测量的方法和手段。

在如图 10-1 所示的南方 CASS9.1"工程应用"菜单中，可以执行"查询指定点坐标"命令，然后用鼠标点取所查询的点即可得到该点的实地坐标。

同样，在该"菜单"中，分别执行"查询两点距离及方位\查询线长\查询实体面积"命令，然后用鼠标分别点取所要查询的两点、点取图上曲线、点取待查询的实体边界线（实体应该是闭合的），即可得到所查询的两点的实地距离及方位、图上曲线长度、实体面积。

图 10-1　南方 CASS9.1 "工程应用"菜单

活动二　土石方量的计算

资源与器材：计算机、CASS9.1 测图软件、CASS9.1 样例数据 "Dgx.dat"。

通过本活动掌握 CASS9.1 软件中对土方量进行计算的方法和手段。

一、由 DTM 计算土方量

由 DTM 计算土方量模型计算土方量是根据实地测定的地面点坐标(X,Y,Z)和设计高程，通过生成三角网，计算每一个三棱锥的填、挖量，最后累计得到指定范围内填方和挖方的土方量，并绘出填、挖分界线。

用 DTM 模型计算土方量的方法有两种：一种是进行完全计算，它包含重新建立三角网的过程，又分为"根据坐标计算"和"根据图上高程点计算"两种方法；另一种是依照图上的三角网进行计算，此法直接采用图上已有的三角形，不再重建三角网。

(一)完全计算

1. 根据坐标计算过程

用复合线沿需要计算土方量的区域画出闭合线,注意不要拟合。

执行"工程应用\DTM 法土方计算\根据坐标文件"命令项,命令行提示选择边界线,用鼠标点取所画的复合线,弹出如图 10-2 所示的"DTM 土方计算参数设置"对话框。

其中:

区域面积:该值为复合线围成的多边形的水平投影面积。

平场标高:指设计要达到的目标高程。

边界采样间距:边界插值间隔的设定,默认值为 20 m。

边坡设置:选中"处理边坡"复选框后,则坡度设置功能变为可选,选中放坡的方式(向上或向下:指平场高程相对于实际地面高程的高低,平场高程高于地面高程,则设置为向下放坡,系统就不能计算向内放坡和向范围线内部放坡的工程量),然后输入坡度值。

设置好计算参数后,点击"确定",命令行显示:

"挖方量 = ××××立方米,填方量 = ××××立方米"

同时创建了三角网、填挖方的分界线(白色线条)和 AutoCAD 信息提示框,如图 10-3 所示。

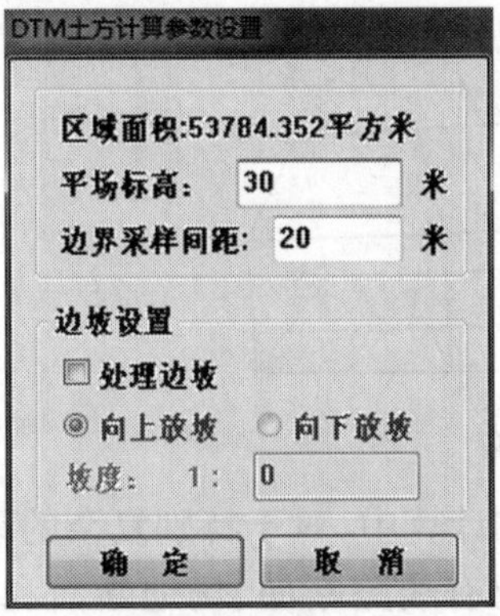

图 10-2 "DTM 土方计算参数设置"对话框

图 10-3 AutoCAD 信息提示框

关闭对话框后,系统提示:

请指定表格左下角位置: < 直接回车不绘表格 >(用鼠标在图上适当位置点击)

CASS 9.1 会在该处绘出一个表格,包含平场面积、最小高程、最大高程、平场标高、挖方量、填方量和图形,如图 10-4所示。

2. 根据图上高程点计算操作过程

首先展绘高程点,然后用复合线沿需要计算土方量的区域画出闭合线,注意不要拟合;执行"工程应用\DTM 法土方计算\根据图上高程点"命令项;命令行提示选择边界线,用鼠标点取所画的闭合复合线;输入边界插值间隔,设定的默认值为 20 m;根据实际需要在提示中进行选择,选"1"则选取高程点的边界,选"2"再键入"ALL"将选取图上所有绘出的高程点。在提示中输

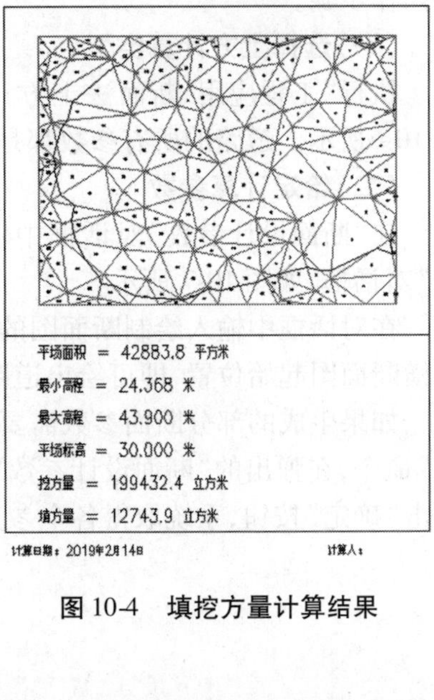

图 10-4 填挖方量计算结果

入场地平整标高(设计高程),屏幕上即显示填、挖方量和填、挖土方的分界线。

(二)根据图上三角网计算

对上述用完全计算功能生成的三角网进行必要的添加或删除,使结果符合实际地形。选择"工程应用\DTM 法土方计算\根据图上三角网"命令项;在提示"平场标高"后输入平整后的目标高程、用鼠标在图上选取三角形,一般是拉对角线批量选取,屏幕上即显示填、挖方量和填、挖方的分界线。

二、用断面法进行土方量计算

当地形复杂、起伏变换较大,或者地块狭长、挖填深度较大,断面又不规则时,宜选择断面法进行土方量计算。图 10-5 为线路的测量断面图形,利用横断面法进行土方量计算时,可根据线路长度,一般都采用按一定的间距 L 截取平行的断面,计算出各横断面的面积 S_1,S_2,S_3,…,S_n,然后用梯形公式计算出总的土方量。

断面法计算土方量的公式为

$$V = \sum_{i=2}^{n} V_i = \sum_{i=2}^{n} \frac{(S_{i-1} + S_i)L}{2} \tag{10-1}$$

式中,S_{i-1}、S_i为第 i 单元线路起、终断面的填(挖)方面积;L 为间隔长;V_i为填(挖)方体积。

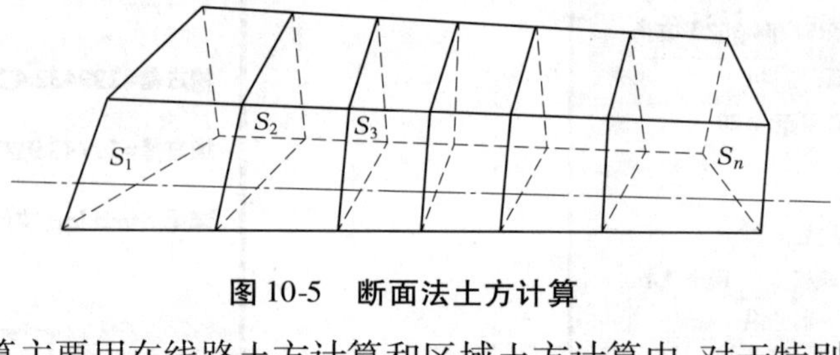

图 10-5　断面法土方计算

断面法土方计算主要用在线路土方计算和区域土方计算中,对于特别复杂的地方,可以用任意断面设计方法。CASS9.1 中断面法土方计算主要有线路断面、场地断面和任意断面三种计算方法。该方法计算操作比较复杂,下面以道路断面法土方计算为例,简要介绍其主要操作步骤。

(一)选择土方计算类型

执行"工程应用\断面法土方计算\道路断面"命令,弹出"断面设计参数"对话框,如图 10-6所示。道路的所有参数都是在这个对话框中进行设置的。

(二)给定计算参数

在"断面设计参数"对话框中输入道路的各种参数。按"确定"后,打开"绘制纵断面图"对话框,如图 10-7 所示。

在对话框中输入绘制断面图的横向比例和纵向比例,单击"确定",在屏幕上适当处指定横断面图起始位置,即可绘出道路的纵断面图。

如果生成的部分断面参数需要修改,可执行"工程应用\断面法土方计算\修改设计参数"命令,在弹出的"断面设计参数"对话框中,可以非常直观地修改相应参数。修改完毕后单击"确定"按钮,系统取得各个参数,自动对断面图进行修正,实现"所改即所得"。

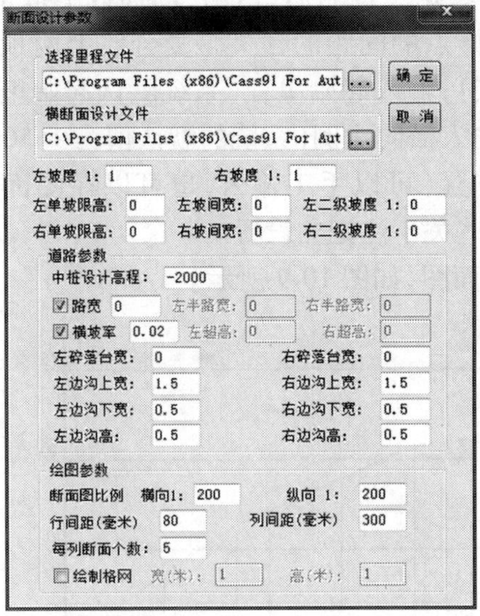

图 10-6 “断面设计参数”对话框

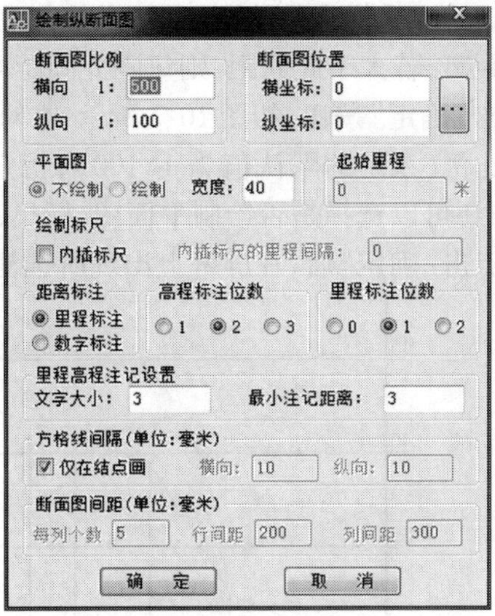

图 10-7 “绘制纵断面图”对话框

(三)计算工程量

执行“工程应用\断面法土方计算\断面土方计算”命令,按命令行提示,选择要计算土方的断面图和指定土方计算表位置,系统自动在图上绘出土石方计算表。

三、其他计算土方量的方法

在“工程应用”菜单中,用鼠标点取下拉菜单,分别选用“方格网法土方计算”和“等高线法土方计算”命令项,根据软件的应用功能可以很方便地完成土方量的计算。若在某区域内进行土方平衡计算,用鼠标点取“区域土方平衡”后,很容易得到土方平衡设计高程,这些对工程设计是很有用的。

活动三 断面图的绘制

资源与器材:计算机、CASS9.1 测图软件、CASS9.1 样例数据 “Dgx. dat”。

通过本活动掌握 CASS9.1 软件中对断面图绘制的方法和手段。

CASS9.1 有“根椐已知坐标”“根据里程文件”“根据等高线”“根据三角网”等几种绘制断面图的方法。

一、根据已知坐标生成断面图

首先在数字地图上用复合线画出断面方向线。在 CASS9.1 中,执行“工程应用\绘断面图\根据已知坐标”命令,命令行提示“选择断面线”,用鼠标点取复合线,弹出“断面线上取值”对话框,如图 10-8 所示。

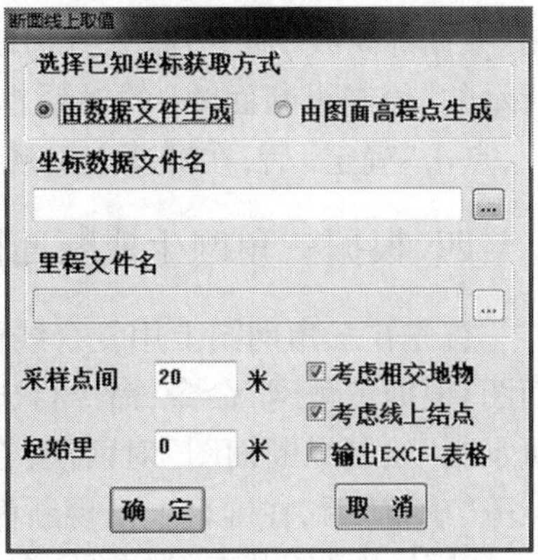

图 10-8 “断面线上取值”对话框

在对话框中,选择“由数据文件生成”单击“...”按钮。

弹出“输入高程点数据文件名”对话框，选择高程点数据文件名后，返回“断面线上取值”对话框。输入采样点的间距（系统默认值为 20 m，采样点的间距的含义是复合线上两顶点之间的距离，若大于此间距，则每隔此间距内插一个点）；输入起始里程（系统默认起始里程为 0）单击“确定”按钮，如图 10-7 所示，在对话框中，输入横向比例（系统的默认值为 1∶500）和纵向比例（系统的默认值为 1∶100），指定断面图位置（可以手工输入，也可以在图面上拾取）。还可以选择是否绘制平面图、标尺、标注及一些关于注记的设置。

点击“确定”后，在屏幕上出现所选复合线的断面图，如图 10-9 所示。

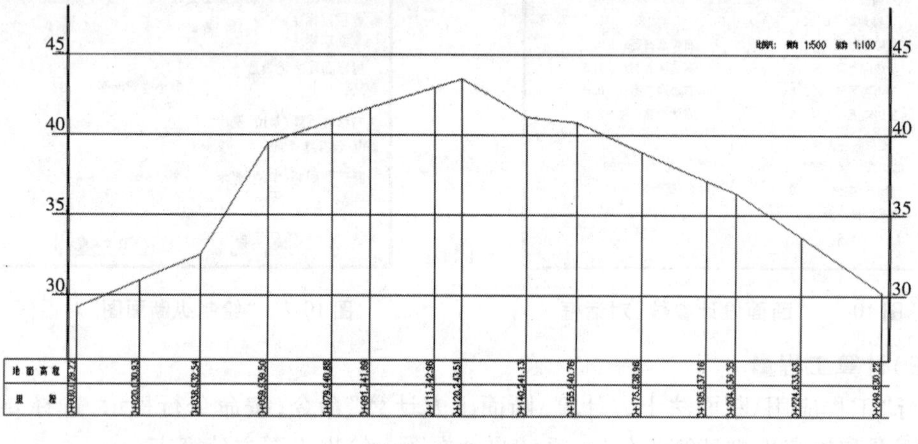

图 10-9　纵断面图

二、根据里程文件生成断面图

执行“工程应用\绘断面图\根据里程文件”命令，弹出“输入断面里程数据文件名”对话框，在对话框中输入断面里程数据文件名，点击“确定”后，弹出如图 10-7 所示的“绘制纵断面图”对话框，在对话框中，输入横向比例和纵向比例，指定断面图位置，点击“确定”后，在屏幕上出现断面图。

三、根据等高线生成断面图

首先在等高线图上用复合线画出断面方向线。在 CASS9.1 中，执行“工程应用\绘断面图\根据等高线”命令，命令行出现提示“选择断面线”，用鼠标点取复合线，弹出如图 10-7 所示的“绘制纵断面图”的对话框，在对话框中，输入横向比例和纵向比例，指定断面图位置，点击“确定”后，在屏幕上出现断面图。

四、根据三角网生成断面图

首先在三角网图上用复合线画出断面方向线。在 CASS9.1 中，执行“工程应用\绘断面图\根据三角网”命令，命令行出现提示“选择断面线”，用鼠标点取复合线，弹出如图 10-7 所示的“绘制纵断面图”对话框，在对话框中，输入横向比例和纵向比例，指定断面图位置，点击“确定”后，在屏幕上出现断面图。

此外，在“绘断面图”菜单下还有“绘设计线\计算断面面积\查询断面点\绘制断面图框”等功能。

活动四 面积应用

资源与器材:计算机、CASS9.1 测图软件、CASS9.1 样例数据"Dgx.dat"。

通过本活动掌握 CASS9.1 软件中计算面积的方法和手段。

面积应用是数字地图在工程建设中应用的一个重要内容,应用范围非常广泛,如在地籍和土地管理等方面有广泛的应用,应用功能与专业应用软件密切相关,这里仅介绍一些在工程建设中常用的面积应用方法,其中包括用复合线凑面积、计算并注记实体面积等。

一、用复合线凑面积

通过调整封闭复合线(不拟合)的一点或一边,把该复合线面积凑成所要求的面积。

(一)调整一点

如果选择调整一点,复合线被调整点将随鼠标的移动而移动,整个复合线的形状也会跟着发生变化,同时可以看到屏幕左下角实时显示变化着的复合线面积,待该面积达到所要求数值,点击鼠标左键确定被调整点的位置。如果面积数变化太快,可将图形局部放大后再使用本功能。

(二)调整一边

若选择调整一边,复合线被调整边将会平行向内或向外移动,以达到所要求的面积值。

二、计算并注记实体面积

(一)计算指定范围内的面积

执行"工程应用\指定范围内的面积"命令。根据提示选择下列内容。

(二)1.选目标/2.选图层/3.选指定图层的目标<1>:

输入"1":要求用鼠标指定需计算面积的地物,可用窗选、点选等方式,计算结果注记在地物重心上,且用青色阴影线标示。

输入"2":系统提示输入图层名,然后把该图层的封闭复合线地物面积全部计算出来并注记在重心上,且用青色阴影线标示。

输入"3":先选图层,再选择目标,特别是采用窗选时系统自动过滤,只计算注记指定图层被选中的以复合线封闭的地物。底行提示为:

是否对统计区域加青色阴影线?<Y>

总面积 = ×××平方米

(三)统计指定区域的面积

该功能是用来累加注记在图上的面积的。

执行"工程应用\统计指定区域的面积"命令。根据底行的提示"选择对象"选择面积文字注记,用鼠标拉一个窗口即可,在底行可得到总面积统计结果。

(四)计算指定点所围成的面积

执行"工程应用\指定点所围成的面积"命令。根据底行的提示"输入点",用鼠标指定想要计算的区域的第一点,底行将一直提示输入以下各点,直到按鼠标的右键或回车键确认指定区域封闭(结束点和起始点并不是同一个点,系统将自动封闭结束点和起始点)。在底行可得到总面积统计结果。

任务二　数字地面模型及其应用

【任务目标】

1. 了解数字地面模型。

2. 掌握数字地面模型的建立过程。

3. 掌握数字地面模型的应用。

【学习过程】

1. 学习数字地面模型的基本知识。

2. 学习使用 CASS9.1 建立数字地面模型、学习数字地面模型(DTM)的构建过程的相关知识。

3. 学习 DTM 在各个领域中的应用。

【学习成果】

在上机实习中完成 CASS9.1 建立数字地面模型。

活动一　数字地面模型(DTM)

一、数字地面模型的概念

数字地面模型(DTM),是在空间数据库中存储并管理的空间数据集的通称,它是以数字形式按一定的结构组织在一起,表示实际地形特征的空间分布,是地形属性特征的数字描述。只有在 DTM 的基础上才能绘制等高线。

DTM 的核心是地球表面特征点的三维坐标数据和一套对地面提供连续描述的算法。最基本的 DTM 至少包含了相关区域内一系列地面点的平面坐标(x,y)和高程(Z)之间的映射关系,即 $Z=(x,y)$,$x,y\in$ DTM 所在区域。此外,在数字地面模型中还包括高程、平均高程、极值高程、相对高程、最大高差、相对高差、高程变异、坡度、坡向、坡度变化率、地面形态、地形剖面、地性线、沟谷密度以及太阳辐射强度、观察可视面、三维立体观察等因素。

DTM 的数字表示形式包括离散点的三维坐标(测量数据),由离散点组成的规则或不规则的网络结构,依据模型及一定的内插和拟合算法自动生成等高线、断面、坡度等图形。

由于 DTM 是带有空间位置特征和地形属性特征的数字描述,包含地面起伏和属性两个含义。当 DTM 中地形属性为高程时就是数字高程模型(digital elevation model,简称 DEM),一般情况下指以网络组织的某一区域地面高程数据。例如,在航片数据采集中,数据往往是规则网格分布,其平面位置可由起算点坐标和点间网格的边长确定,只提供点的列号即可,这时其地形特征是指地面点的高程。在地理信息系统中,DEM 是建立 DTM 的基础数据。

二、数字地面模型的特点

与传统纸质地形图相比,DTM 作为地面起伏形态和地形属性的一种数字描述形式有以下特点。

(一)以多种形式显示地形信息

地形数据经过计算机软件处理后,可根据应用需求生成各种比例尺的地形图、纵横断面图和立体图等。传统纸质地形图一经制作完成,其比例尺很难改变,若要改变或绘制成其他形式的地形图，则需要进行大量的人工处理。

（二）保持精度不变

DTM 由于采用了数字媒介，图形采用 DTM 直接输出，因而精度不会损失。用人工的方法制作的传统纸质地形图或其他种类的地图，精度会受到损失；另外，随着时间的推移，图纸将产生变形，也会失去原有的精度。

（三）方便实现自动化和实时化

由于 DTM 是数字形式的，所以增加或改变地形信息只需将修改信息直接输入到计算机，经软件处理后立即可产生实时化的各种地形图。传统纸质地形图要增加或修改都必须重复相同的工序，劳动强度大而且周期长，不利于地形图的实时更新。

总之，数字地面模型的主要特点有便于存储、更新、传播和计算机处理；根据需要选择比例尺；适合各种定量分析与三维建模。

三、DTM 的数据结构简介

数据结构是一门研究非数值计算的程序设计问题中计算机操作对象以及它们之间的关系和操作等的科学。DTM 的数据结构对 DTM 的应用有着重要的影响，不同的数据结构采用的算法不同，占用的存储空间大小不同，进行计算的效率也不相同。

DTM 是由离散数据点构造生成的，最初在构造 DTM 时多采用离散点结构，这种结构的 DTM 中只包含了分块、分类存储的离散点坐标和某些断裂线，例如房屋边线、陡坎等地物的连接信息，这是一种最简单的结构，实际上很少采用。目前常用的数据结构是网格结构，在等高线和断面图的绘制中广泛应用，即将离散点连接成多边形格网。它可分为规则格网和不规则格网，下面介绍这两种格网的结构。

（一）规则格网结构

规则格网结构是将离散的原始数据点依据插值算法求算出规则形状的节点坐标，每个节点坐标有规律地放在 DTM 中。最常用的规则格网结构是矩形格网，如图 10-10(a)所示。

规则格网表示方法是把 DTM 表示成高程矩阵：

$$DTM = \{Z_{ij}\} \tag{10-2}$$

式中 $i=1,2,\cdots,m;j=1,2,\cdots,n$。

如图 10-10 所示为几种规则格网的 DTM。

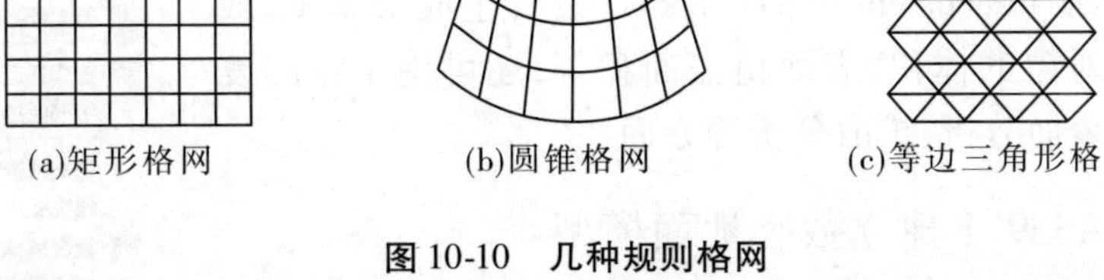

(a)矩形格网 (b)圆锥格网 (c)等边三角形格网

图 10-10 几种规则格网

利用规则格网结构可以比较方便地进行数据的检索，可以用统一的算法完成检索和插值计算。规则格网应用于不规则边界区域对不位于格网节点的边界处需要进行特殊处理。

（二）不规则格网结构

以原始数据的坐标位置作为格网的节点，组成不规则格网。由于野外采集测点具有不规则性,因此在实际作业时,建立的格网结构是不规则格网结构,与规则格网结构相比较,它可以克服规则格网结构的不足,可在野外采集的原始数据的基础上直接建立格网结构。因此,在实际应用时,大多采用不规则三角网(triangle irregulation network,简称 TIN),如图 10-11所示。

图 10-11　不规则三角形格网

显然,建立不规则格网能够较好地克服规则格网结构的缺点,不改变野外采集数据和数据精度,所以这样的格网节点更好地保存了原有地形信息所表达的地形特征;利用 TIN 追逐等高线的算法也相对简单;TIN 能较好地使用规则的边界区域。

活动二　数字地面模型的建立

资源与器材:计算机、CASS9.1 测图软件。

通过本活动掌握数字地面模型(DTM)的构建过程。

数字地面模型(DTM),是在一定区域范围内规则格网点或三角网点的平面坐标(X,Y)和其地物性质的数据集合,如果此地物性质是该点的高程 Z,则此数字地面模型又称为数字高程模型(DEM)。这个数据集合从微分角度三维地描述了该区域地形地貌的空间分布。DTM 作为一种新兴的数字产品,与传统的矢量数据相辅相成,各领风骚,在空间分析和决策方面发挥越来越大的作用。借助计算机和地理信息系统软件,DTM 数据可以用于建立各种各样的模型以便解决一些实际问题,主要的应用有:按用户设定的等高线生成等高线图、透视图、坡度图、断面图、渲染图、与数字正射影像 DOM(document object model)复合生成景观图,或者计算特定物体对象的体积、表面植盖面积等,还可用于空间复合、可达性分析、表面分析、扩散分析等方面。

一、使用 CASS9.1 建立数字地面模型

(1)移动鼠标至屏幕顶部菜单"等高线"项,按左键,出现如图 10-12所示的下拉菜单。

(2)移动鼠标,并单击"建立 DTM",出现如图 10-13 所示对话窗。

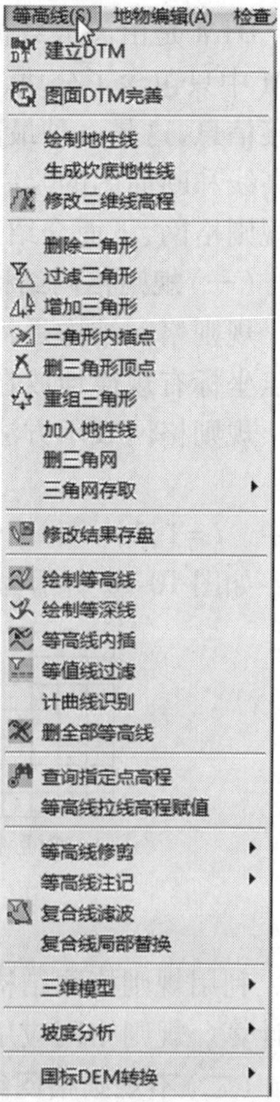

图 10-12　等高线下拉菜单

(3)点击“由数据文件生成”,点击...按钮选择对应的数据文件,或者点击“由图面高程点生成”直接在图面选取图形,按“确定”按钮后出现如图 10-14 所示对话框。

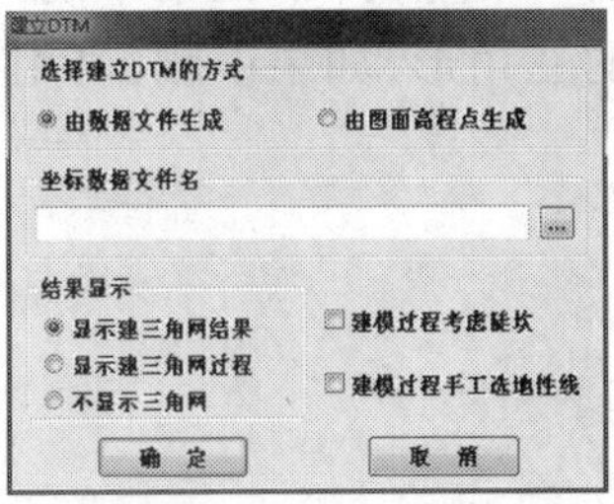

图 10-13　建立 DTM 对话框

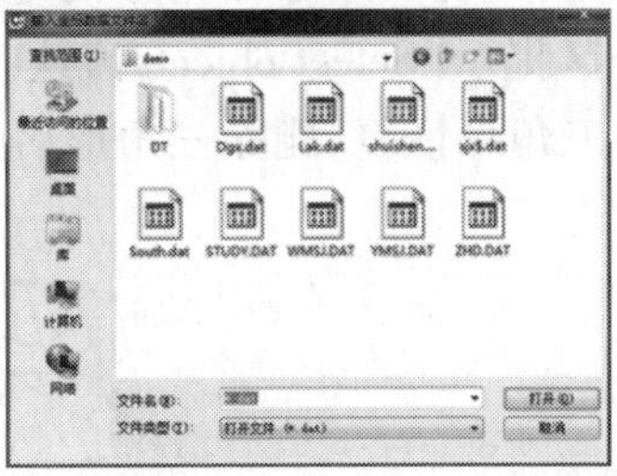

图 10-14　选择建模高程数据文件

如果需要考虑陡坎或者地性线,可以在“建模过程考虑陡坎”或者“建模过程手工选地性线”前面打“√”,也可以两个同时选择。

说明:(1)此处提问在建立三角网时是否要考虑坎高因素。如果要考虑坎高因素,则在建立 DTM 前系统自动沿着坎毛线的方向插入坎底点(坎底点的高程等于坎顶线上已知点的高程减去坎高),这样新建坎底的点便参与三角网组网的计算。因此,在建立 DTM 之前必须先将野外的点位展出来,再用捕捉最近点方式将陡坎绘出来,然后还要赋予陡坎各点坎高。

(2)地性线是过已知点的复合线,如山脊线、山谷线。如有地性线,可用鼠标逐个点取地性线,如地性线很多,可专门新建一个图层放置,提示选择地性线时选定测区所有实体,再输入图层名将地性线挑出来。

二、修改数字地面模型(修改三角网)

一般情况下,由于地形条件的限制在外业采集的碎部点很难一次性生成理想的等高线,如楼顶上控制点。另外,还因现实地貌的多样性和复杂性,自动构成的数字地面模型与实际地貌不太一致,这时可以通过修改三角网来修改这些局部不合理的地方。

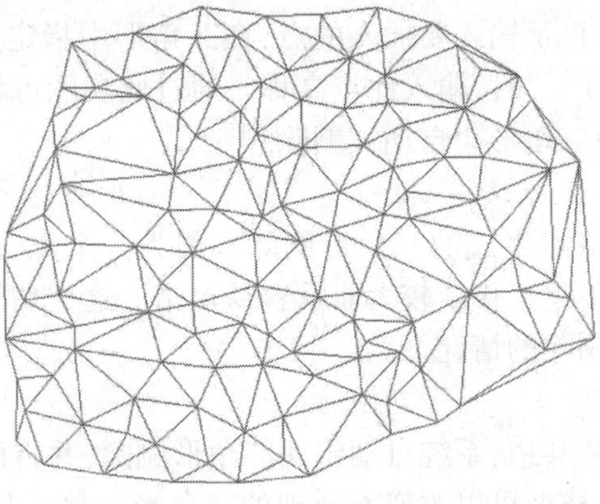

图 10-15　用数据建立的三角形

（一）删除三角形

如果在某局部内没有等高线通过，则可将其局部内相关的三角形删除。删除三角形的操作方法是：先将要删除三角形的地方局部放大，再选择"等高线"下拉菜单的"删除三角形"，命令区提示"Select objects："这时便可选择要删除的三角形，如果误删，可用"U"命令将误删的三角形恢复，删除三角形后如图 10-16 所示。

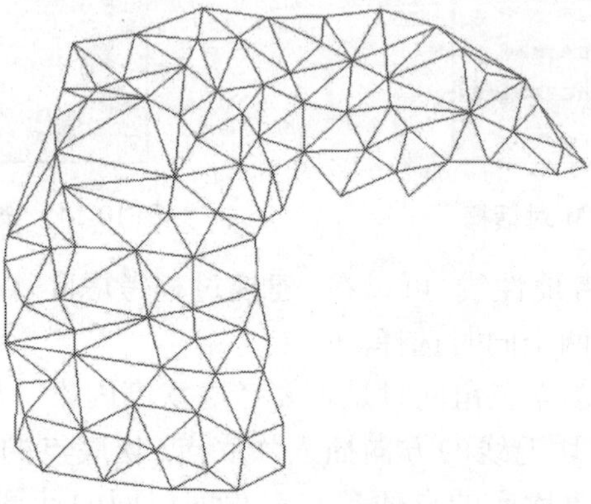

图 10-16　将右下角的三角形删除

（二）过滤三角形

可根据用户需要输入符合三角形中最小角的度数或者三角形中最大边长最多大于最小边长的倍数等条件的三角形。如果出现 CASS9.1 在建立三角网后无法绘制等高线的情况，可以过滤掉部分形状特殊的三角形，另外，如果生成的等高线不光滑，也可以用此功能将不符合要求的三角形过滤掉再生成等高线。

（三）增加三角形

如果要增加三角形，可选择"等高线"菜单中的"增加三角形"项，依照屏幕的提示在要增加三角形的地方用鼠标点取，如果点取的地方没有高程点，系统会提示输入高程。

（四）三角形内插点

选择此命令后，可根据提示输入要插入的点：在三角形中指定点（可输入坐标或用鼠标直接点取），提示"高程（米）="时，输入此点高程。通过此功能可将此点与相邻的三角形顶点相连构成三角形，同时原三角形会自动被删除。

（五）删三角形顶点

用此功能可将所有由该点生成的三角形删除。因为一个点会与周围很多点构成三角形，如果手工删除三角形，不仅工作量较大而且容易出错。这个功能常用在发现某一点坐标错误时要将它从三角网中剔除的情况下。

（六）重组三角形

指定两相邻三角形的公共边，系统自动将两三角形删除，并将两三角形的另两点连接起来构成两个新的三角形，这样做可以改变不合理的三角形连接。如果因两三角形的形状特殊无法重组，会有出错提示。

（七）删三角网

生成等高线后就不再需要三角网了，这时如果要对等高线进行处理，三角网比较碍事，可以用此功能将整个三角网全部删除。

(八)修改结果存盘

通过以上命令修改了三角网后,选择"等高线"菜单中的"修改结果存盘"项,把修改后的数字地面模型存盘。这样,绘制的等高线不会内插到修改前的三角形内。

注意,修改了三角网后一定要进行此步操作,否则修改无效!

当命令区显示"存盘结束!"时,表明操作成功。

【知识导航】

数字地面模型(DTM)的构建过程:

建立DTM有各种方法,由于地球表面本身的非解析性,若采用某种代数式和曲面拟合的算法来建立地形的整体描述是比较困难的,因此一般建立区域的数字地面模型是在该区域内采集相当数量可表达地形信息的地形数据(三维空间离散的采样值)来完成的。

但是,实际地形由于受到表面既有连续也有如断裂和挖损等不连续等因素的影响,加之在构造DTM时采集的地形数据量也是有限的,采样点的位置、密度,以及选择构造DTM的算法及应用时的插值算法,均有可能影响DTM的精度和使用效率。因此,如何选择构造DTM的算法及应用时的插值算法,利用采集的有限数据来准确表达实际地形变化是DTM研究的重要方向和课题。

1. 数据获取

DTM的数据获取就是提取已测定的地貌特征点,即将一个连续的地形表面转化成一个以一定数量的离散点来表示的离散地表。因此,这些离散点数据的获取是建立数模工作中花费时间最长、用工最多,而且是最重要的一个环节,它直接影响到建模的精度、效率和成本。

DTM数据的获取主要有人工量取(用方格网在地形图上逐点量取和内插求出网格点的三维坐标)、手扶跟踪、数字测图、扫描输入等。

2. 数据转换

不同来源的原始数据的类型是各种各样的,如三维坐标、距离、高程、方位角等。这些数据除具有离散点的坐标信息外,还包括了离散点之间的地形关系及地物特征等信息。因此,DTM系统除应具有各种类型数据输入的接口,能接收不同设备、不同方式传输的数据外,还要有数据格式转换的功能。在对不同来源的原始数据进行数据转换处理时,应利用转换模块对原始数据进行分类,将坐标数据、连接信息、地物特征等按DTM系统的标准格式分别存放。为了保证DTM系统应有的精度以准确表达实际的地形变化,在对不同来源的数据进行标准格式转换时不得影响或改变原始数据的精度。

3. 数据预处理

1)原始数据的预处理

通过数据采集和数据转换后,即可得到一个区域内的DTM原始数据。这些输入计算机的数据中,还含有一些不符合建模要求的数据。因此,在建模前对这些数据进行过滤和剔除,以顺利完成构网建模,这种在建模前对原始数据的处理称为数据的预处理。数据的预处理主要指数据过滤、粗差剔除、重合或近重合数据的剔除、给定高程限值和必要的数据加密等内容。

2）地形地物特征信息的提取

为了便于计算机程序识别，提高工作效率以及保证等高线的绘制精度和正确走向，除地面坐标数据外，地形和地物的特征信息（如地性线、断裂线、路沿、房屋边线等）是DTM不可缺少的信息。这些信息是由地形地物的特征代码及连接点关系代码表示的。从原始数据中提取地形地物特征的依据是数据记录中的特定编码，不同类型的原始数据在不同的测量软件中有各自的编码方式。

DTM系统的特征提取功能有以下几项内容：

（1）识别原始数据记录中的特征编码。

（2）将地性线特征编码及相关空间定位数据转换成DTM标准数据格式。

（3）提取地性线、断裂线以及特殊地形（如陡坎等）。

（4）数据编辑。

4. 构网建立数字模型

1）不规则三角形格网（TIN）的建立

TIN是不规则格网中最简单的一种结构，它是利用测区内野外测区采集的所有地形特性点构造出的邻接三角形组成的格网形结构，大比例尺数字测图的建模一般都采用这种方式。由于它保持了细部点的原始精度，从而使整个建模精度得到保证。

（1）建立TIN的基本过程。

TIN的每一个数据元素的核心是组成不规则三角形三个顶点的三维坐标，这些坐标数据完全来自外业原始测量成果。在外业作业过程中，地形点的选择往往是那些能代表地形坡度的变换点或平面位置的特征点，因此这些点在相关区域内呈离散型（非规则和非均匀）分布。将这些离散点按照一定的规则（一般采用"就近连接原则"）构造出相互连接的三角形格网结构。如果测定了地性线，构网时位于地性线上的相邻点被强制连接成三角网的各条边。网中每个三角形所决定的空中平面就是该处实际地形的近似描述。根据几何原理，可以计算格网中的三角形数目，若区域中有n个离散数据点，它们可以构成互不交叉的三角形个数最多不超过$2n-5$个。

建立TIN的基本过程是根据外业实测的地形特征点的三维坐标按照"就近连接原则"将邻近的三个离散点相连接构成初始三角形，再以这个三角形的三条边为基础连接与其邻近的点组成新的三角形，如此依次连接直到所有三角形都无法扩展成新的三角形，所有点均包含在这些三角形构成的三角网中为止。为了保证DTM网格具有较高的精度，应注意构网时把地性线作为TIN中三角形的边，扩展TIN时先从地性线特征开始。

（2）生成TIN格网的几种算法。

在构成TIN时，由于取相邻离散点的判断准则不同，就产生了生成TIN的不同算法。目前构造TIN时常用的算法主要有以下几种。

①最近距离算法。所谓最近距离算法就是在生成TIN时，先在离散点中找到两个距离最近的点（一般可以从地性线开始），以两点连线为基础，寻找与此段连线最近的离散点构成三角形，以此三角形三条边为基础按同样规则扩展，构成新的三角形，如此反复，直到没有可扩散的离散点或所有三角形的边均无法再构造出新的三角形为止。

应用最近距离算法判断和选择最近离散点时要注意是离散点与线段端点所形成的角最大，如图10-17所示。

②最小边长算法。这种算法在生成 TIN 时，首先在离散点中找到两个距离最近的点构成基础边，如图 10-18 中边，在其余离散点中进行比较，选择到距离之和最小的点作为三角形的另一个顶点，构成三角形，如此按同样的方法进行扩展，直到所有的离散点都包含在三角形格网为止。

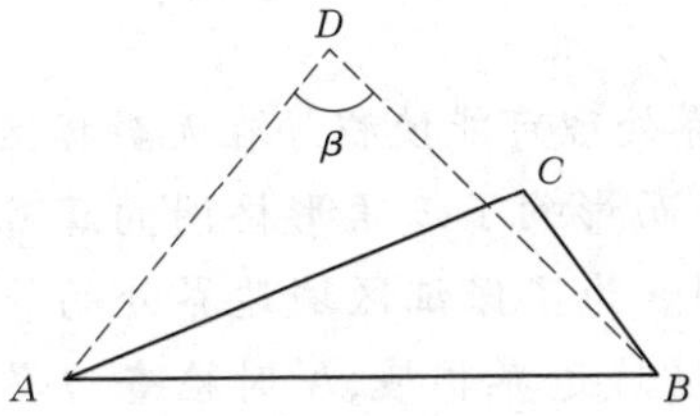

图 10-17 最近举例法

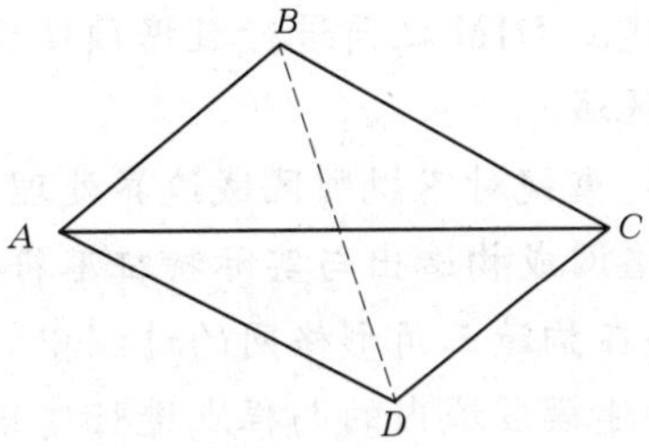

图 10-18 最小边长算法

③泰森(Taiesson)多边形算法。泰森多边形算法实质是将分布在平面区域内的一组离散点用直线分隔，使每个离散点都包含在一个由这些离散点所组成的多边形内。在进行分隔时，要求每一个多边形只包含一个离散点，而这个离散点应位于多边形的外接圆圆心上，如图 10-19 中的虚线所示。把每两个相邻的泰森多边形中的离散点用直线连接后生成的三角形称为泰森多边形的直线对偶，又称 Delaunay 三角形，如图 10-19 中的实线所示。该三角形的特点是：每个 Delaunay 三角形的外接圆内不包含其他离散点，而三角形的最小内角达到最大值。

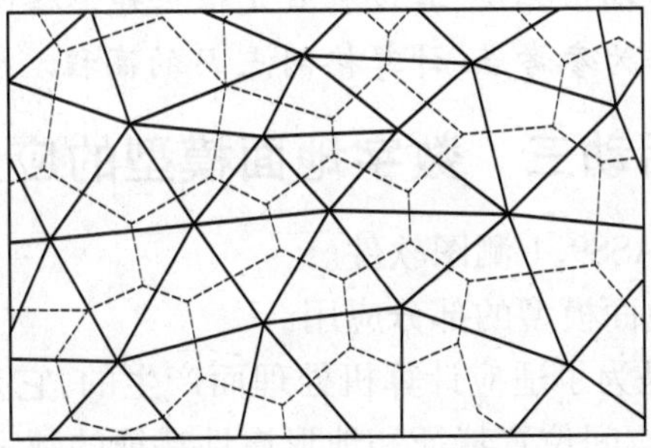
图 10-19 泰森多边形算法

在构造 TIN 时可以通过构造泰森多边形产生 Delaunay 三角形，也可以根据 Delaunay 三角形的特点直接构成 TIN。

TIN 建立过程中应重视的问题。地形图上的地貌形态是用等高线(一种地貌符号)配合一些特殊的地貌符号来综合表示的。常见的用等高线描述的基本地貌有山头、洼地、鞍部、山脊、山谷等。在绘制等高线时如遇到房屋、道路等地物必须断开。因此，在建立 TIN 的过程中必须考虑特殊地貌和地物对 TIN 结构的影响，并进行相对应的特殊处理。为此在 TIN 建立过程中应充分重视以下几个问题。

一是重视对地性线的处理。由于 TIN 结构的 DTM 是以三角形为基本单元表达实际地形的，具体来讲就是每个三角形所决定的空间平面就是该处实际地形的近似描述，所以在构造三角形时必须重视对地性线的处理，使山脊线、山谷线等地性线不通过 TIN 中任何一个三角形内部,否则会造成三角形格网数字地面模型与实际地形的不符。为此,要求在外业进行数据采集时,必须做好地性线的编码信息记录工作,以保证建模与绘制的等高线较好地吻合。

二是重视对断裂线的处理。在地貌符号中陡坎、雨裂、冲沟等是地面坡度变化陡峭的特殊地形,其变化不连续处的地形边线称为断裂线。在建立 TIN 时必须包含剧烈变化地形的断裂线信息,才能使 DTM 最大限度地反映出实际地形。对断裂线的实际处理方法是在输入数据及建立 DTM 之前进行数据预处理和分类,把断裂线信息提出来并扩展成一个狭窄的条形闭合区域。

三是重视对不规则区域边界处理。不规则区域边界处理可能使程序在无数据区构造出三角形格网或构造出与实际特征不符的三角形格网,从而影响了三角形格网的正确性。所以,需要在构造三角形格网的过程中加入对边界的识别。为了保证区域边界处的等高线走势,要按建模区域内的高程点进行建模,不允许 TIN 向区域边界扩展,N 时检查边界附近的三角形格网是否有异常的三角形等。

2)矩形格网的建立

矩形格网是将区域平面划分为相同大小的矩形单元,以每个单元的顶点作为 DTM 的数据结构基础,它是规则形状格网中较为常见的一种。建立矩形格网的原始数据来源于两个方面:一是外业数字测图获得的地物、地貌特征点坐标,这些采集点的分布是离散的、不规则的;二是在航测的立体模型上按等间隔直接采集矩形格网的顶点坐标。

数字测图中,外业采集的离散点的区域分布是不规则的。在构造矩形格网时,要求在构建过程中既保持原始数据中地形特征的信息,又尽可能在保持原始数据精度的前提下通过数学方法将这些离散点格网化,算出新的规则格网交点的坐标。

常用的数学方法是高程插值算法,其过程就是根据矩形格网给定的平面坐标,利用邻近的已知高程的离散采集点作为参考点,计算格网点 P 的高程。

活动三　数字地面模型的应用

资源与器材:计算机、CASS9.1 测图软件。

通过本活动掌握数字地面模型的部分应用。

数字地面模型(DTM)是为了适应计算机处理而产生的,它是在空间数据库中存储并管理空间数据的集合,是带有空间位置特征和地形属性特征的数字描述,也是建立不同层次的环境和信息系统不可缺少的组成部分。目前 DTM 已是建立不同层次的地理信息系统(GIS)不可缺少的组成部分,也即 DTM 的生成已成为 GIS 数据源研究的重要课题之一。在信息系统分析并以此为依据进行规划和决策时,十分重视地表属性的三维特征,诸如高度、坡度、坡向等重要的地貌要素,并使这些要素成为产生应用中的基础数据,它们可以广泛地应用在多种领域,如公路、铁路、输电线的选线,水利工程的选址,军事制高点的选择,土壤侵蚀、土地类型的分析等,还可应用于测绘、制图、遥感等领域。DTM 在各个领域中的应用是以以下几个方面应用为基础的。

一、绘制等高线图

格网型 DTM 将区域表示为规则或不规则的格网单元,从矩形格网某个单元的边开始,利用格网数据结构存储的格网节点信息及附加的格网单元结构生成等高线。

对于用常规方法测图所绘制的等高线，若用柯培公式来衡量等高线的高程精度，对于比例尺为1:1 000的地形图在平坦地区为±0.12 m，因此可以在地形图上用插值方法求一点高程。利用DTM绘制等高线的高程精度，实际上就是DTM的插求点的高程中误差。一般认为，影响DTM在高程方面的主要因素有地形类别、插值算法、外业采集的地形点密度和采集方式、粗差剔除等四个方面。通过试验，其等高线的高程精度通常可达到±(0.3～0.4) m，可以满足1:1 000比例尺测图时《1:500 1:1 000 1:2 000外业数字测图规程》(GB/T 14912—2017)对丘陵地区的高程要求，即不应大于1/2基本等高距的要求。对于数字测图，一般可采用增加高程注记的办法以提高整个图幅的高程精度。所需高程点可以通过高程注记点或通过格网模型内插求得，不再利用大比例尺数字地形图通过等高线内插求得，这是数字测图在用图观点上的一种变革。

二、坡度图与坡向图

坡度和坡向是互相联系的两个参数。坡度反映斜坡的倾斜程度，是水平面与局部地表之间的正切值，是斜度—高度变化的最大比率，常用百分比测量；坡向反映斜坡所面对的方向，是坡向—变化比率最大的方向，按从正北方向起算的角度测量。

坡度和坡向的计算通常使用3像素×3像素的网格窗口，每个窗口中心为一个高程点。窗口在DEM数据矩阵中连续移动后完成整幅图的计算工作。

在计算出各地表单元的坡度后，可对坡度计算值进行分类，使不同类别与显示该类别的颜色或灰度对应，即可得到坡度图。

在计算出每个地表单元的坡向后，可制作坡向图。坡向图是坡向的类别显示图，因为任意斜坡的倾斜方向可取方位角0°～360°中的任意方向。通常把坡向分为东、南、西、北、东北、西北、东南、西南8类，加上平地共9类，并以不同的色彩显示，即可得到坡向图。

三、地形剖面图

用DEM可以很方便地制作任一方向的地形剖面。根据工程设计的路线，只要知道剖面线在DEM中的起点和终点位置，就可以唯一地确定其与DEM格网的各个交点的平面位置和高程以及剖面线上相交点之间的距离，然后以选定的垂直比例尺和水平比例尺，按距离和高程绘出地形剖面图。

剖面线端点的高程按求单点高程的方法计算，剖面线与DEM格网的交点高程可采用简单的线形内插计算。

同理，可以沿给定的某方向绘制地层图及其在土地景观中点与点之间是否相互通视的视线图，这些在军事活动、测绘、城市和旅游点的规划等工作中都有非常重要的意义。

四、地面模型透视图

前面提到，当DTM中地形属性为高程时就是数字高程模型DEM，一般情况下指以网络组织的某一区域地面高程数据。根据数字高程模型绘制透视立体图是DEM的一个非常重要的应用。将三维地面表示在二维屏幕上实际是一个投影问题。为了取得与人视觉一致的观察效果，产生立体感形象逼真的透视图，数字高程模型三维图形显示一般采用二点透视投影变换，其本质就是通过三维到二维的坐标转换、隐藏线处理，把三维空间数据投影到二维屏幕上，进行透视变换。图 10-20 为 DEM 的二点透视立体示意图。

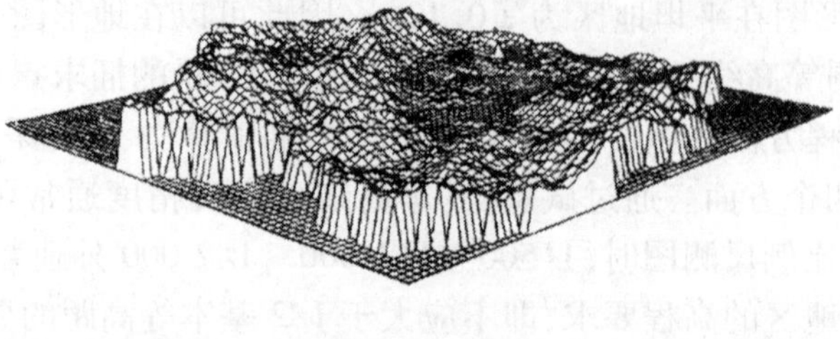

图 10-20　DEM 的二点透视立体示意图

在利用 DEM 绘制透视立体图时，要使三维图形显示具有立体图形的效果，必须对三维图形特有的隐藏线、隐藏面进行处理。否则，三维图形将失去立体感，显示的线条将杂乱模糊，容易产生二义性或多义性。所谓的隐藏线是指三维物体在其投影视像给定后，沿投影线观察图形时，由于物体（图形）中表面的遮盖，某些线段成为不可见线段，这些不可见线段就是隐藏线。

为了消除多义性，增强立体感，在显示过程中应对实体中被遮盖的部分进行消影处理。对于消影处理，现有多种成熟有效的算法，相关内容请参阅计算机图形学。

三维透视立体图是人们熟悉和习惯的数字模型形式之一，它能非常直观地反映地形的立体形态，与采用等高线表示地形形态相比有其自身独特的优点，更接近人们的直观视觉。特别是随着计算机图形处理能力的增强以及屏幕显示系统的发展，立体图的制作具有更大的灵活性，人们可以根据不同的需要，对同一个地形形态做出各种不同的立体显示。例如局部放大，改变放大倍率以夸大立体形态，改变视点位置以便从不同的角度进行观察，甚至转动立体图形让人们更好地研究地形的空间形态等。

五、CASS 下利用 DTM 绘制三维模型

建立了 DTM 之后，就可以生成三维模型，观察立体效果。

移动鼠标至“等高线\三维模型\绘制三维模型”项，弹出如图 10-21 所示，选择相应的高程点，点击“打开”按键。命令区提示：

图 10-21　选择相应高程点文件

输入高程乘系数<1.0>:输入5。

输入格网间距<8.0>:默认直接回车。

如果用默认值,建成的三维模型与实际情况一致。如果测区内的地势较为平坦,可以输入较大的值,将地形的起伏状态放大。因本图坡度变化不大,输入高程乘系数将其夸张显示。

是否拟合?(1)是(2)否<1>回车,默认选(1),拟合。

这时将显示此数据文件的三维模型,如图10-22所示。

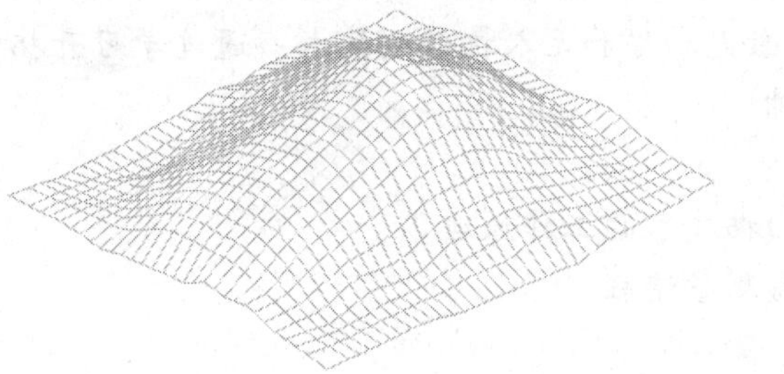

图10-22　三维效果

另外,利用“低级着色方式”“高级着色方式”功能还可对三维模型进行渲染等操作,利用“显示”菜单下的“三维静态显示”的功能可以转换角度、视点、坐标轴,利用“显示”菜单下的“三维动态显示”功能可以绘出更高级的三维动态效果。

思考题

1. 如何在数字地形图上确定直线的距离?
2. 数字地形图在各个领域的基础应用有哪些?试简述其内容。
3. 什么是地面数字模型?它有什么用途?
4. 数字地面模型在各个领域的基础应用有哪些?试简述其内容。
5. 如何应用数字地形图绘制断面图?

项目十一　数字地形测量新技术

【项目说明】

本项目是根据测绘技术的发展进行编写的，通过本项目的学习使学生了解数字地形测量发展的新方向，三维激光扫描和无人机航测技术。通过学习开拓学生的视野，为以后工作和学习打下良好的基础。

【项目任务】

1. 了解三维激光扫描技术的工作原理。

2. 掌握无人机摄影测量流程。

【项目成果】

1. 通过学习掌握三维激光扫描技术的分类及特点。

2. 掌握无人机摄影测量流程。

任务一　三维激光扫描技术

【任务目标】

1. 了解三维激光扫描技术发展背景及应用领域。

2. 了解三维激光扫描技术的工作原理、分类、基本功能及主要特点。

【学习过程】

课件展示。

【学习成果】

学生总结提交一份三维激光扫描技术的应用领域、分类及特点。

活动一　知识准备

资源与器材：计算机、投影仪。

本活动主要介绍三维激光扫描技术相关知识。

一、发展背景

三维激光扫描技术（3D laser scanning technology）也被叫作实景复制技术，出现于 20 世纪 90 年代中期，已成为一种领先的自动化高精度立体扫描技术。三维激光扫描使用格网扫描的方法，快速测量出目标在空间中的三维坐标信息，过程中不需使用棱镜，能在短时间内生成能显示出来的复杂曲面的物理模型，不同于其他方法，能从 3D 角度展现物体的形变状态。

现在测绘领域中的一个新的热点就是研究如何使用地面三维激光扫描技术。在不接触目标的情况下使用高速激光测量，此技术能在短时间内轻松测量拥有复杂轮廓的物体，并获得物体的几何图形数据，将采集获得的数据导入相应处理软件，在统一的坐标系中生成空间位置坐标或模型数据，输出时可以选择多种不同格式，应对不同的软件和项目。

传统单点测量方法的范围小、精度低，三维激光扫描仪能在更大的范围以更高的分辨率快速生成目标的三维坐标数据。坐标数据转化成三维激光扫描图像只需进行可视化处理。应用领域广泛，包括变形监测、工程测量、地形测量、古建筑和文物保护、断面和体积测量等都可使用。这项技术具有多种特征如快速性，不接触性，实时、动态、主动性，高密度、高精度，数字化、自动化，这项技术很有可能会像 GPS 技术一样，再次更新测量技术。

传统手段采集空间数据的单点三维坐标需要大量仪器，如全站仪、GPS 等，需要搬运大量仪器设备。即使使用了如此多的设备，这种对点的测量方法在判断监测物体移动和变形时也不能很好完成，测量到大型、结构复杂的物体时，采集工作量非常大，且会生成大量点云数据，这种测量方法操作烦琐、效率低，获得的数据效果也不好，遇到险峻地形显得更加无能为力。三维激光扫描技术不同于传统技术，需携带的仪器少，能在各种天气工作，人员劳动强度低。由于内业自动化程度高，获得数据后的处理非常简便高效。

二、在文化遗产保护领域的应用

伴随着信息技术的高速发展，一个国家的信息基础建设是否完善，全都依赖于其文化遗产的数字化发展程度。这种遗产数字化不仅具有非常现实的社会价值，也能带来巨大的经济效益。将文化遗产数字化能成为一份保障，万一遗产出现意外，保存好的数据记录能够成为遗产重新修整和完善的依据；文化遗产数字化能促进旅游业的发展，利用数字技术，在网上生成虚拟的旅游景点，能充分发掘旅游文化资源，将彻底改变以往的旅游服务模式。这股新兴力量与当下的“素质教育”也有着重大联系。在提高人们的文化素质的同时，也促进人们形成一种现代文化的思维方式，能进一步改变人们的精神世界；文化遗产数字化还能推动教育的发展，现在的教育开始向数字技术、信息技术靠拢，在这种市场需求下，大量的文化遗产，不论是否可接触，都在向着最有意义的产业资产转变，这种利用数字化信息系统在虚拟空间重现的地理历史信息，可以与博物馆、图书馆等收藏的文字资料结合，如果再加上专家学者的解说，就能让传统的素质教育进入一个新的阶段。

对仅剩下残迹的古建筑、古遗址进行修复还原时可以利用三维激光扫描技术，对文物和实景拍摄测量后通过计算机三维图形建模便能模拟重现原来的场景，便于修复；计算机三维图形技术能轻松设计三维物体，在文物的复制仿制工艺方面有着出色的表现；在保管、展示文物时，利用这项技术对文物建立三维模型，在电脑中保存其数据，便于文物辅助复原，加强了文物保护。在加快文物保护部门和博物馆管理进入信息技术时代时，也让文物展现和保护的方式更先进。

三、在空间信息技术领域应用研究现状

目前，全世界各国都在研究地球空间信息技术，如何高效采集、处理和应用这些信息是各国的主要研究方向。其中如何迅速准确地获取空间信息并对其进行自动化处理是“数字地球”正在抓紧解决的关键问题。传统工程测量方法测角或测距的技术已经相当成熟完善，无论理论还是设备都发展到非常高的水平，如 GPS 能全天候测量任意一个点的三维坐标，但是这些手段只适用于单点或疏散的对象，无法很好地测量大量密集的目标，这些技术基本就无法很好地发挥作用。三维激光扫描测量技术则为人们提供了另一种选择，能在这

些传统技术无能为力时获得目标详细的空间信息。激光扫描技术结合了惯性导航系统(INS)、全球定位系统(GPS)、电荷耦合(CCD)等技术,在获取大型数字高程模型或者建立城市三维图像时表现出巨大优势,能快速获取局部地区的地理信息,扩展了测量和遥感技术的技术手段。

三维激光扫描技术已经成为全球各科研单位的重点研究对象。如何完善其基础理论和技术运用成为一个重要课题。加速发展激光扫描技术需要大量此方面的沟通交流。同时还经常开展各类会议,用来增强开发者、数据供应商和用户三者之间的联系,向对方展示研究成果,探讨今后该如何发展以及更好地运用这种技术。三维激光扫描技术在空间信息技术领域的应用越来越广,发展越来越快,这对于满足人们的需求并提高生活水平有着很大的好处。

四、在其他领域应用研究现状

伴随着不断发展的计算机硬件环境,三维激光扫描技术和三维建模的发展也越发成熟,此技术能在更多领域中使用,现在已经不再单单出现在科学研究中,也能在日常人民生活的视野中发现它。在制造业里,基于三维激光扫描技术产生的快速原型法对产品模型设计和研发做出了巨大贡献,运用这种方法,产品的设计和制造周期被大幅缩短,降低了研发成本,从而满足工业生产需求,成为将来制造业的一大关键技术。为此,各研究机构正在将其作为重点进行研究。三维激光扫描技术能进行立体数据重构和造型,在医疗领域也有很多应用。牙齿矫正和颅骨修复工作正需要这种技术。使用三维激光扫描技术建立立体模型,然后进行安全辨识是国防单位、法律执行机关及政府机构所需要的技术。

在电子游戏方面,游戏的真实性和场景的华丽程度正在考验着制作者,以往的2D游戏已经不能满足制作者的要求,于是3D游戏应运而生。无论是人物设计还是场景构建,都采用了三维激光扫描技术,得到惊人的成果。游戏画面具有了良好的视觉效果和冲击力,人物和场景更加精致细腻,这是之前2D游戏无法展现出来的。3D技术不止在游戏界有着显著表现,被广泛运用的三维建模技术在制作电影特技领域,也有不错的成果。对演员、道具等实物扫描并生成三维模型后,许多危险的镜头不再需要演员去冒险,使用鼠标在计算机面前操作便能完成以往无法完成的特效,制作速度和效果也有大幅提升。三维建模技术在电影制作业取得的进展在这几年尤为突出。这都归功于三维激光扫描技术的发展,相对这些领域中大量的技术需求也推进了三维激光扫描技术的研究。

如今,我国国民经济快速增长,为工程测量发展带来严峻挑战的同时也提供良好的机遇。三维激光扫描技术的目的是获取物体三维模型数据(还包含了数据的测量和后期处理工作),和传统测量手段不同,成为了立体数据获得与重建技术系统中最新的技术。激光三维扫描测量技术能够在不接触目标的情况下获得高精度、全面的数据,工作效率高于传统测量,尤其在需要测量困难危险地区的地形时,有传统测量方法不具有的优势。

三维激光扫描技术还处于发展阶段,一套完整的激光三维扫描测量仪器的售价都比较高,但随着技术的进步,以后仪器的价格将会大幅降低,软件的功能也会得到提升改善,激光三维扫描测量将会更多地出现在平时的地形测量中,能为测量工作带来更多便利,为人员减少工作量,具有广阔的应用空间。

这种技术在文物古迹保护、建筑、规划、土木工程、工厂改造、室内设计、建筑监测、交通事故处理、法律证据收集、灾害评估、船舶设计、数字城市、军事分析等方面也进行众多试验、应用和探索。

活动二 三维激光扫描技术

资源与器材:计算机、投影仪。

本活动主要介绍三维激光扫描技术。

一、三维激光扫描技术原理

三维激光扫描技术是一种新技术,越发引起国内研究领域的关注。基于激光测距的原理,记载大批被测物体表面密集的点的立体坐标、反射率和纹理等数据,能迅速复原建立被测对象的立体模型及线、面、体等各种图形数据,相较于传统的单点测量,三维激光扫描技术又被称为从单点测量转变到面测量的革命性技术,是因为三维激光扫描系统可以密集地获取大量目标物体的数据点。

三维激光扫描系统包含采集数据的硬件部分和处理数据的软件部分。根据不同的载体,三维激光扫描系统又能分为机载、车载、地面和手持型几类。

地面三维激光操作系统由地面三维激光扫描仪、点云数据处理平台、电源及其他附属配件组成。扫描仪内部装有激光测距系统和激光扫描系统,同时还有 CCD(是 20 世纪发展起来的一种新型半导体器件指电荷耦合器件,是一种用电荷量表示信号大小,用耦合方式传输信号的探测元件,可做成集成度非常高的组合件。)和仪器内部控制、校正系统。

三维激光扫描的基本思路是在待测对象上投射具有特殊结构形状的激光光源,形成光条纹,然后使用左右两侧的摄像机拍摄图像,取得激光条纹的立体信息,为了迅速获取被测对象表面的三维坐标数据,激光发生器和左右摄像机同时也在围绕被测对象旋转。最后利用激光测距原理,通过高速激光发射器在短时间内测出空间三维坐标。测站到扫描点的扫描斜距 r 通过三维激光扫描每一个扫描点得到,综合考虑扫描的水平方向角(由 x 轴正方向逆时针旋转到扫描方向在水平面内投影的夹角)、垂直方向角(仰角为正、俯角为负),算出每一扫描点与测站之间的三维空间相对坐标差。将扫描仪看作方形,它的扫描轴线(y 轴)与主机侧壁平行,x 轴与该侧壁垂直,z 轴与仪器底面垂直。建立局部坐标系统 $o—xyz$,如图 11-1所示,扫描点 O 的坐标为:

$$\begin{cases} x = r\cos\varphi\cos\theta \\ y = r\sin\varphi\cos\theta \\ z = r\sin\theta \end{cases}$$

图 11-2 为扫描仪工作原理图。

使用这项技术能直接获得地形表面的高密度数据,称这种空间数据点为点云数据,然后高精度的数字地面模型只需对数据进行三维坐标处理就可获得。

二、三维激光扫描技术分类

根据测量方式三维激光扫描可分为基于脉冲式、相位差或三角测距原理三种。

根据不同用途可分为室内型和室外型。通常基于相位差原理的三维激光扫描仪只有较短的测程,一般为百米左右。而基于脉冲式原理的三维激光扫描仪则不同,其测程较长,最远的可达 6 km。

生产来源有：青岛恒准，Z + F，Surphaser，I - site，Riegl，徕卡，天宝，Optech，拓普康，Faro等来自中国、德国、美国、澳大利亚 maptek、奥地利、瑞士、加拿大、日本等国家的厂家。

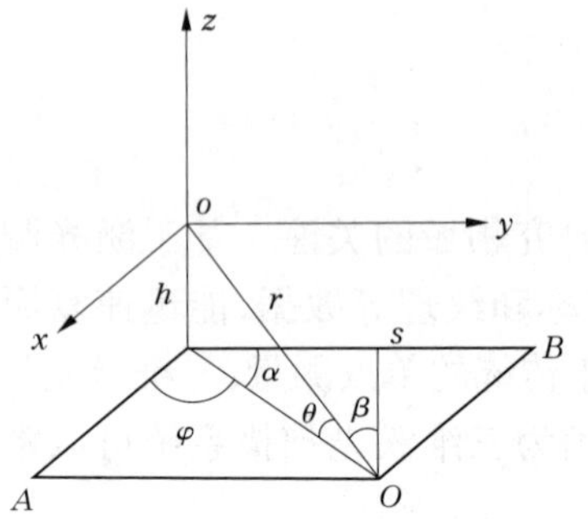

图 11-1　几何关系示意图

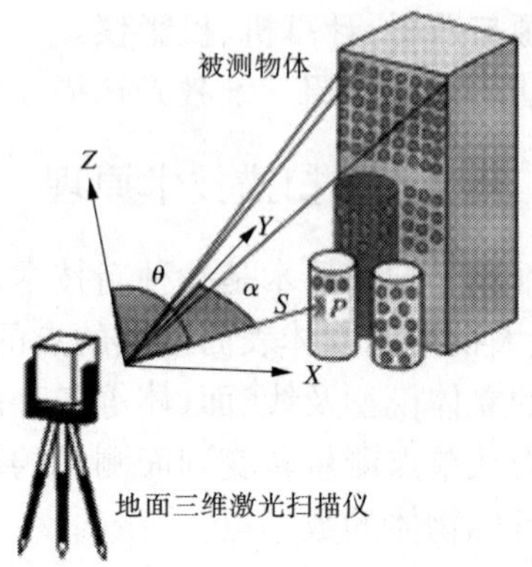

图 11-2　扫描仪工作原理图

三、三维激光扫描技术基本功能

三维激光扫描仪通常具备图像三维测量和快速扫描功能。

(1)三维测量：在通常的测量观念中，测量得到数据，之后输出的结果都是二维的(如CAD 出图)，随着数字化技术不断发展，3D 数据已经开始逐渐取代 2D 数据，因为其比 2D 更加直观。三维激光扫描仪除了测量点的 X,Y,Z 信息外，还同时测量了 R，G，B 颜色信息和物体反色率的信息，因为能得到这样全面的信息，所以会出现一种物体在电脑里真实重现的感觉，这通过传统测量手段是无法实现的。

(2)快速扫描：快速扫描是扫描仪诞生产生的原因，在以往的测量手段中，测量每一个点的时间都需要 2 ~ 5 s，更甚者要花费几分钟的时间来进行一个点的坐标测量工作，在现在的科技发展情况下，这样的效率根本无法满足测量的需求，三维激光扫描仪的产生则提供了一种全新的选择，最开始 1 000 点每秒的测量速度已经让测量界难以置信，而现在脉冲扫描仪(scanstation2)最大速度已经达到每秒 50 000 点，相位式扫描仪 Surphaser 三维激光扫描仪更是能达到 120 万点每秒的测量最高速度，这是能够使用三维激光扫描仪详细描述物体的基本要求，无法测量古文体、工厂管道、隧道、地形等复杂领域的情况已经不再困扰测量人员。

四、三维激光扫描技术主要特点

(1)非接触式。三维激光扫描技术的实现是基于非接触式高速激光测量原理的，对目标体直接进行扫描或采集表面大量点的三维坐标信息时不像传统手段那样需要反射棱镜。遇到类似目标危险、环境恶劣、人员无法到达这些往常的测量技术无法进行工作的特殊情况时，便能体现出三维激光扫描技术的明显优越性。

(2)数字化程度高、扩展性强。三维激光扫描系统采集的是以数字信号表示的数据，全都具有数字特征，更容易在之后进行处理、分析、输出、显示等操作。还拥有配备了友好用户界面的处理软件，在与其他常用软件进行数据交换和共享时也非常方便，为拓宽其应用范围，与外接数码相机、GPS 一同使用也可以，可见其扩展性较好。

(3)高分辨率。为生成具有高分辨率的成果,三维激光扫描技术能够快捷采集高质量、高密度的三维数据。

(4)应用广泛、适应性强。三维激光扫描技术对环境要求不大,适宜在野外进行测量工作,被广泛应用于工程建设的各范畴,拥有优良的技术特征。

任务二　无人机航空摄影测量技术

【任务目标】

1. 了解无人机航空摄影测量的相关知识。

2. 了解无人机航空摄影测量的工作流程。

【学习过程】

课件展示。

【学习成果】

总结无人机航测与无人机倾斜摄影测量的区别。

【案例】

根据××市规划局要求,将在其辖区规划一新型社区,社区位于××和××两村交界处,面积约10 km^2。任务要求半个月内完成测区比例尺为1:500的地形图。

社区位于××市境西部,距市区20 km。山、岗、平各占1/3,人口4.6万。境内煤炭、石灰石、铝钒土等矿藏丰富。

活动一　知识准备

资源与器材:计算机、投影仪。

本活动主要介绍无人机航测的相关知识。

无人机航空摄影测量简称无人机航测,是指在无人机上用航摄仪对地面连续摄取像片,结合地面控制点测量、调绘和立体测绘等步骤,绘制地形图的作业。是传统航空摄影测量的有力补充。

一、无人机航测系统组成

无人机航空摄影测量技术系统包括空中摄影系统、地面控制系统、数据处理系统三个部分。

空中摄影系统主要包含飞行平台、数码相机和自动驾驶仪,用来完成空中测量摄影工作;地面控制系统主要由地面运输、无人机地面控制系统和数据接收与交换系统组成,用来完成无人机控制、数据信号接收工作;数据处理系统主要包括航线设计、影像质量检查和数据后处理软件,用来完成摄影测量工作前期航线制定和后期数据处理工作。

二、无人机航测特点

(一)快速航测反应能力

无人机航测通常低空飞行,空域申请便利,受气候条件影响较小。对起降场地的要求限制较小,可通过一段较为平整的路面实现起降,在获取航拍影像时不用考虑飞行员的飞行安全,对获取数据时的地理空域以及气象条件要求较低,能够解决人工探测无法达到的地区监测功能。升空准备时间 15 min 即可、操作简单、运输便利。车载系统可迅速到达作业区附近设站,根据任务要求每天可获取数十至两百平方千米的航测结果。

(二)突出的时效性和性价比

传统高分辨率卫星遥感数据一般会面临两个问题,第一是存档数据时效性差;第二是编程拍摄可以得到最新的影像,但一般时间较长,同样时效性相对也不高。无人机航拍则可以很好地解决这一难题,工作组可随时出发,随时拍摄,相比卫星和有人机测绘,可做到短时间内快速完成,及时提供用户所需成果,且价格具有相当的优势。相比人工测绘,无人机每天至少几十平方千米的作业效率必将成为今后小范围测绘的发展趋势。

(三)监控区域受限制小

我们国家面积辽阔,地形和气候复杂,很多区域常年受积雪、云层等因素影响,导致卫星遥感数据的采集受到一定限制。传统的大飞机航飞国家有规定和限制,如航高大于 5 000 m,这样就不可避免地存在云层的影响,妨碍成图质量。另外,还有一定的危险性,在边境地区也存在边防的问题。而无人小飞机就很好地解决了这些问题。不受航高限制,成像质量、精度都远远高于大飞机航拍。

(四)地表数据快速获取和建模能力

系统携带的数码相机、数字彩色航摄相机等设备可快速获取地表信息,获取超高分辨率数字影像和高精度定位数据,生成 DEM、三维正射影像图、三维景观模型、三维地表模型等二维、三维可视化数据,便于在各类环境下进行应用系统的开发和应用。

三、无人机行业应用

(1)国土局、测绘局、规划局、建设局、设计院、大专院校、科研单位。

(2)风光片、电视剧、广告片、专题片。

(3)企事业单位、旅游景点、房地产、高尔夫球场、开发区。

(4)城市宣传、展会宣传。

(5)大型户外活动、奠基、庆典、晚会。

(6)电力、水利、交通、环保、监控。

(7)数字城市、电子地图、GIS 应用、实景三维。

(8)部队、公安、国安、反恐。

(9)消防、武警、交管、城建。

(10)地震灾害评估。

活动二　无人机航测

资源与器材:计算机、投影仪。

本活动主要介绍无人机航测的实施过程。

常规的飞机航测从审批流程到获取数据需要 3 ~ 4 个月时间,且对于小于 50 km^2 的测区,独立拍摄成本极高。无人机航测成图技术的实现,对于我国一带一路建设、农村土地确权、小城镇规划、新农村建设等小范围、高标准用图的需求具有重大意义。

在实际工作中,为获取合适的比例尺影像图,测绘无人机航拍摄影技术已成为目前最重要的手段。测绘无人机可进行高分辨率的全覆盖航拍,通过选取地面控制点进行正射纠正,提高影像的几何精度,增强可解译性,获取现势性强、精度高的正射影像图。无人机航拍小组只需配备2~3人,且操作简单方便,航拍任务结束后对数据进行检查,合格后可进行后续的数据处理工作。

一、准备阶段

(1)确定测绘任务中的具体项目需求,从而选择合理的无人机摄影设备的型号。目前除了倾斜摄影和小面积测绘可能会采用多旋翼机,一般工程测绘是以固定翼无人机为主。

(2)进行测绘项目整体资料的收集和调整。

(3)进行测绘项目航线设计、现场勘查和飞机检查工作,从而为测量做好前期准备。

二、外业实施阶段

(1)进行现场测量环境与设备的检查,如果发现存在摄影漏洞,需要进一步根据现场的地形重新进行航线设计,重新开始航拍工作;如果没有漏洞,则可以按照原始的航拍路线进行技术处理。

(2)按照获取影像设计像控点的分布,并完成像控点的测量和记录,在此过程中,根据畸变差修正后的影像资料对像控点进行测量并修正记录。完整准确的外业测量记录可为内业数据处理奠定基础。

外业的作业效果受地形因素影响最大,尤其是地形复杂险峻的山区。作业效率低,由于地形复杂,经常绕路,转场困难;有时山高,飞机飞上去没有信号,增加作业风险,飞机一旦失控就可能飞丢。

三、内业数据处理阶段

这一阶段主要分为数据采集与数据编辑两部分。一方面对DEM(数字高程模型)和DOM(数字正射影像数据集)生成处理,利用技术手段和数据处理手段实现基本数据模型的生成;另一方面对DEM和DOM数据生成的结果进行成果质量检测,保障数据输出的真实性,输出DEM和DOM成果,随后,完成DLG(数字规划地图)制作,输出DLG成果。

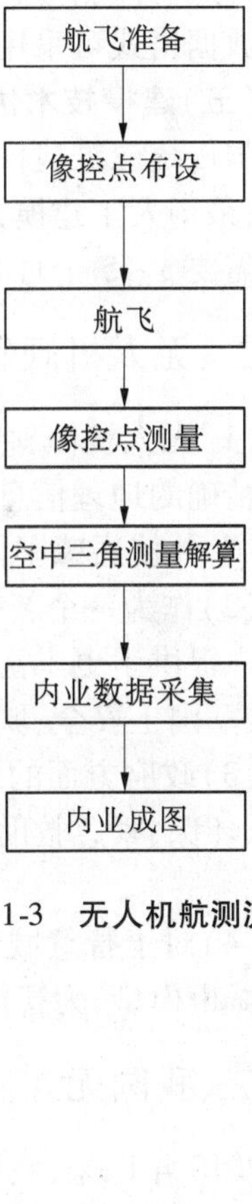

图11-3　无人机航测流程

四、无人机航测流程

无人机航测流程见图11-3。

活动三　无人机倾斜摄影测量

资源与器材:计算机、投影仪。

本活动主要介绍无人机倾斜摄影测量的应用、趋势及实施过程。

无人机倾斜摄影技术是国际测绘领域近些年发展起来的一项高新技术,颠覆了以往正射影像只能从垂直角度拍摄的局限,通过在同一飞行平台上搭载多台传感器,同时从一个垂直、四个倾斜等五个不同的角度采集影像,获取丰富的建筑物顶面及侧视的高分辨率纹理。

不仅能够真实地反映地物情况,高精度地获取物方纹理信息,还可通过先进的定位、融合、建模等技术,生成真实的三维城市模型。

一、无人机倾斜摄影技术特点

(一)反映地物周边真实情况

无人机倾斜摄影相对于正射影像,可以让用户从多个角度观察地物,更加真实地反映地物的实际情况,极大地弥补了正射影像应用的不足。

(二)可实现单张影像量测

无人机倾斜摄影通过配套软件的应用,可直接基于成果影像进行包括高度、长度、面积、角度、坡度等的量测,扩展了在行业中的应用范围。

(三)建筑物侧面纹理可采集

针对三维数字城市应用,利用航空摄影大规模成图的特点,利用从倾斜影像批量提取及贴纹理的方式,能够有效地降低城市三维建模成本。

(四)数据量小易于网络发布

无人机倾斜摄影获取影像相较于三维 GIS 技术庞大的三维数据,数据量要小得多,其影像的数据格式可采用成熟的技术快速进行网络发布,实现数据共享。

(五)建模技术优势

与传统三维建模 3DsMax、AutoCAD 等软件相比,倾斜摄影测量能有效提升模型的生产效率,采用人工建模方式一两年才能完成的一个中小城市的建模工作,通过倾斜摄影建模方式只需要 3 ~5 个月时间即可完成,大大降低了三维模型数据采集的经济代价和时间代价。

二、无人机倾斜摄影技术应用

(1)无人机倾斜影像不仅能够真实地反映地物情况,而且还通过采用先进的定位技术,嵌入精确的地理信息、更丰富的影像信息、更高级的用户体验,极大地扩展了遥感影像的应用领域,并使遥感影像的行业应用更加深入。

(2)作为一个新兴的技术方法在三维建模和工程测量中有广泛的前景。由于倾斜影像为用户提供了更丰富的地理信息、更友好的用户体验,在欧美等发达国家已经广泛应用于应急指挥、国土安全、城市管理、房产税收等行业。

(3)政府方面的税收评估、公共安全、执法行动、规划发展、消防;公共事业方面的灾害评估、环保、紧急救助;企业方面的保险、房地产;以及公众方面的位置服务、互联网应用、旅游等。

(4)对于智慧城市的发展提供了很大的推动力,其提供的一系列的地物信息,可以构建三维城市模型,为智能化的管理提供了便利条件。

三、我国无人机倾斜摄影技术发展现状和展望

2010 年以来,我国多家研究机构进行了大量的探索和尝试,并获得了丰富的经验和相关技术。全国有很多案例,如乌鲁木齐三维自动化建模等。

(一)目前面临的问题

匹配倾斜航空摄影后期数据影响的过程中,由于倾斜影响摄影比例尺不一致、分辨率差异、地物遮挡等情况造成获得的数据当中含有非常多的粗差,严重威胁着后续的影像空中三

角测量精度。怎样使用倾斜摄影测量当中的大量冗余信息进行数据的高精度匹配成为提升倾斜摄影技术实用性的关键。

无人机作为倾斜摄影测量实用的载体,为了增加其便携性和灵活性,无人机的续航能力不强。因此,电池的续航能力成为其推广的限制条件,研制体积小、长续航的电池迫在眉睫。

(二)发展趋势

无人机倾斜摄影测量已经成为未来航空摄影测量的重要手段和国家航空遥感监测体系的重要补充,逐步从研究开发阶段发展到了实际应用阶段。应用成果已在公安、应急、测绘、旅游、环保等行业得到了应用验证,受到越来越多的研究者和生产者的青睐和好评,大大地扩大了倾斜摄影测量技术的应用范围,其社会效益、经济效益显著,具有广阔的应用前景和推广价值。

基于无人机倾斜摄影的实景三维模型大量的应用探索工作还在进一步深入开展。基于无人机倾斜摄影实景三维模型、全景全息数据库与互联网的结合也许正是智慧城市未来主要的发展方向。

将来的进步当中,需要将更加深层次的创新点进行挖掘,在这样的前提下获取最多的成果。对于摄影测量来讲,不应该只是限制在比较狭窄的现有的技术范围当中来,需要将更加广泛的技术整合起来,例如将红外技术、雷达以及光谱技术整合,这些都能够融汇于倾斜摄影的范畴。保证在无人机的帮助下,开拓更加广阔的测量范围,利用三维建模来取得大规模的云数据。

对于无人机倾斜摄影测量,解析了最根本的测量原理和技术特点,与正射影像常规方式相比较,更加重视三维性的立体空间,重新设定了最原始的测量模型。从发展的趋势来讲,其具备非常高的精准和真实性,将信息处理的总体速度加快。经过不断的完善,无人机倾斜摄影测量会将目前的应用空间拓展,发挥了更加高层次的测量价值。

四、无人机倾斜摄影流程

无人机倾斜摄影流程见图 11-4。

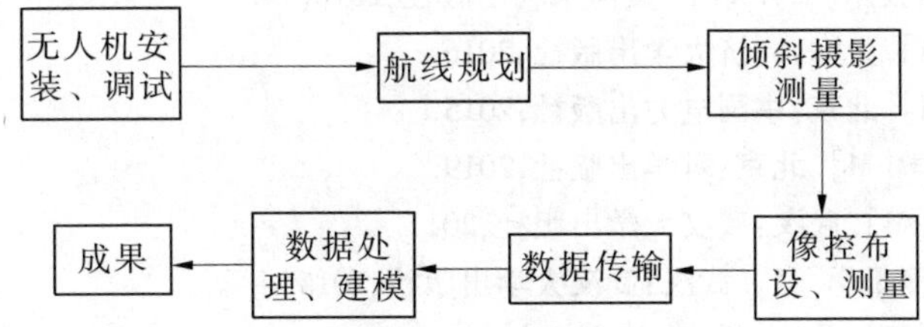

图 11-4　无人机倾斜摄影流程

思考题

1. 三维激光扫描技术基本功能有哪些?
2. 三维激光扫描技术有哪些特点?
3. FARO 扫描仪如何使用?
4. 无人机航测系统由哪几部分组成?
5. 无人机航测如何实施?

参考文献

[1] 中华人民共和国住房和城乡建设部. 城市测量规范:CJJ/T 8—2011[S]. 北京:中国建筑工业出版社,2012.

[2] 中国国家标准化管理委员会. 国家三、四等水准测量规范:GB/T 12898—2009[S]. 北京:中国标准出版社,2017.

[3] 中国国家标准化管理委员会. 1:500　1:1 000　1:2 000 外业数字测图技术规程:GB/T 14912—2017[S]. 北京:中国标准出版社,2018.

[4] 中国国家标准化管理委员会. 国家基本比例尺地图图式　第 1 部分:1:500　1:1 000　1:2 000 地形图图式:GB/T 20257. 1—2017[S]. 北京:中国标准出版社,2017.

[5] 中华人民共和国住房和城乡建设部. 卫星定位城市测量技术规范:CJJ/T 73—2010[S]. 北京:光明日报出版社,2010.

[6] 中国国家标准化管理委员会. 全球定位系统(GPS)测量规范:GB/T 18314—2009[S]. 北京:中国质检出版社,2009.

[7] 中国国家标准化管理委员会. 测绘成果质量检查与验收[S]:GB/T 24356—2009. 北京:中国标准出版社,2009.

[8] 中国国家标准化管理委员会. 数字测绘成果质量检查与验收[S]:GB/T 18316—2008. 北京:中国标准出版社,2008.

[9] 国家测绘局人事司,国家测绘局职业技能鉴定指导中心. 测量基础[M]. 哈尔滨:哈尔滨地图出版社,2007.

[10] 国家测绘局人事司,国家测绘局职业技能鉴定指导中心. 地籍测绘(技师版)[M]. 北京:测绘出版社,2010.

[11] 陈贺. 基础测量技术[M]. 郑州:黄河水利出版社,2015.

[12] 益鹏举. GNSS 测量技术[M]. 郑州:黄河水利出版社,2010.

[13] 程效军. 测量学[M]. 上海:同济大学出版社,2016.

[14] 邓念武. 测量学[M]. 北京:中国电力出版社,2015.

[15] 李文天. 现代测量学[M]. 北京:科学出版社,2019.

[16] 马驰. 测量学基础[M]. 武汉:武汉大学出版社,2017.

[17] 潘正风. 数字地形测量学[M]. 武汉:武汉大学出版社,2015.

[18] 翟翊. 现代测量学[M]. 北京:测绘出版社,2016.

[19] 法如国际贸易(上海)有限公司. FARO 三维激光扫描仪[J]. 军民两用技术与产品,2006(7):27.

[20] 马立广. 地面三维激光扫描测量技术研究[D]. 武汉:武汉大学,2005.

[21] 王正荣,邹时林. 数字测图[M]. 郑州:黄河水利出版社,2012.

[22] 纪勇. 数字测图技术[M]. 郑州:黄河水利出版社,2008.